Adobe

Adobe InDesign CC 2018 经典教程 彩色版

[美] 凯莉·科德斯·安东（Kelly Kordes Anton） 蒂娜·德贾得（Tina DeJarld）著
张海燕 译

人民邮电出版社
北京

图书在版编目（CIP）数据

Adobe InDesign CC 2018经典教程 : 彩色版 / (美)
凯莉·科德斯·安东 (Kelly Kordes Anton) , (美) 蒂
娜·德贾得 (Tina DeJarld) 著 ; 张海燕译. -- 北京 :
人民邮电出版社, 2018.12
ISBN 978-7-115-49480-1

Ⅰ. ①A… Ⅱ. ①凯… ②蒂… ③张… Ⅲ. ①电子排
版一应用软件一教材 Ⅳ. ①TS803.23

中国版本图书馆CIP数据核字(2018)第224974号

◆ 著　　[美] 凯莉·科德斯·安东（Kelly Kordes Anton）
　　　　[美] 蒂娜·德贾得（Tina DeJarld）
译　张海燕
责任编辑　傅道坤
责任印制　焦志炜

◆ 人民邮电出版社出版发行　　北京市丰台区成寿寺路 11 号
邮编　100164　　电子邮件　315@ptpress.com.cn
网址　http://www.ptpress.com.cn
河北画中画印刷科技有限公司印刷

◆ 开本：800×1000　1/16
印张：26
字数：609 千字　　2018 年 12 月第 1 版
印数：1 – 2 000 册　　2018 年 12 月河北第 1 次印刷

著作权合同登记号　图字：01-2017-4810 号

定价：128.00 元

读者服务热线：(010) 81055410　印装质量热线：(010) 81055316
反盗版热线：(010) 81055315
广告经营许可证：京东工商广登字 20170147 号

内容提要

本书由 Adobe 公司的专家编写，是 Adobe InDesign CC 2018 软件的正规学习用书。

全书共 15 课，涵盖了 InDesign 工作区简介、InDesign 基本操作、设置文档和处理页面、使用对象、排文、编辑文本、排版艺术、处理颜色、使用样式、导入和修改图形、制作表格、处理透明度、打印及导出、创建包含表单域的 Adobe PDF 文件、创建版面固定的 EPUB 等内容。

本书语言通俗易懂并配以大量的图示，特别适合 InDesign 新手阅读；有一定使用经验的用户也可从中学到大量高级功能和 InDesign CC 2018 新增的功能。本书也适合各类培训班学员及广大自学人员参考。

作者简介

Kelly Kordes Anton 参与编写和编辑过几十部有关出版技术和 InDesign 的图书与培训资料，其中包括本书的前 6 个版本。她现在是 MillerCoors 公司的协调沟通专员，该公司坐落在闻名遐迩的 Coors Banquet 啤酒产地 Golden Brewery。

Tina DeJarld 从 InDesign 1.0 推出之前，就一直奋战在将计算机屏幕上的设计变成印刷品的前沿阵地。她作为印前专家和美工设计师，处理过数以千计的庞大而复杂的项目，深谙 InDesign 最佳实践和技巧。

致谢

倘若没有众多合作者的强大支持，本书不可能付梓。这里要感谢 Nancy Davis 打造了一个强大的团队；感谢技术编辑 Chad Chelius 确保每句话都准确无误；感谢 Candyce Mairs 验证了本书介绍的每个操作步骤；感谢 Dan Foster 和 Scout Festa 找出并改正了所有的拼写错误；感谢排版工程师对所有版面进行润色并准备好用于印刷的文件；感谢 Pearson 资深制作编辑 Tracey Croom 监督整个制作过程，确保每个人都熟悉细节并避免偏离轨道。另外，感谢 John Cruise 所做的宝贵贡献，本书处处都留下了他的烙印。还要感谢如下摄影师提供了课程文件使用的众多照片：John Anton、Shauneen Hutchinson、Sylvia Bacon、Diane Supple 和 Eric Shropshire。

前言

欢迎使用 Adobe InDesign CC 2018。InDesign 是一个功能强大的版面设计和制作应用程序，提供了精确的控制以及同其他 Adobe 专业图形软件的无缝集成。使用 InDesign 可制作出专业品质的彩色文档，并使用在高速彩色印刷机印刷或通过各种输出设备（如桌面打印机和高分辨率排印设备）打印。使用它还可设计在各种电子设备（如平板电脑、智能手机和电子图书阅读器）上查看的出版物，并以多种格式（如 PDF、HTML 和 EPUB）导出 InDesign 文档。

作者、美术师、设计人员和出版商能够通过各种媒介，与比以前任何时候都广泛的受众进行交流，InDesign 通过与其他 Creative Cloud（CC）应用程序无缝地集成，为此提供了支持。

关于经典教程

本书是在 Adobe 产品专家支持下编写的 Adobe 图形和出版软件官方培训系列丛书之一。读者可按自己的节奏阅读其中的内容。如果读者是 Adobe InDesign 新手，将从中学到掌握该程序所需的基本知识；如果读者有一定的 Adobe InDesign 使用经验，将发现本书介绍了很多高级功能和最佳实践，其中包括有关如何使用 InDesign 最新版本的提示和技巧。

每个课程都提供了完成项目的具体步骤。读者可按顺序从头到尾阅读本书，也可根据兴趣和需要选读其中的课程。每课末尾都有练习，让您能够进一步探索该课介绍的功能，另外，还有复习题及其答案。

必备知识

要使用本书，读者应能够熟练使用计算机和操作系统，包括如何使用鼠标、标准菜单和命令以及打开、保存和关闭文件。如果需要复习这方面的内容，请参阅您使用的操作系统自带的帮助材料。

注意：对于随操作系统而异的操作，本书先讲 Windows 操作，再讲 macOS 操作，并在括号内注明操作系统，如按住 Alt（Windows）或 Option（macOS）键并单击。

安装 Adobe InDesign

使用本书前，应确保系统设置正确并安装了所需的软件和硬件。

本书没有提供 Adobe InDesign 软件，读者必须单独购买（详情请参见 Adobe 官网）。除 Adobe

InDesign CC 外，本书有些地方还用到了 Adobe Bridge 和其他 Adobe 应用程序，您必须通过 Adobe Creative Cloud 按屏幕说明安装它们。

桌面应用程序 Adobe Creative Cloud

除 Adobe InDesign CC，本书还用到了桌面应用程序 Adobe Creative Cloud，这是一个管理中心，让您能够管理数十种 Creative Cloud 应用程序和服务。您可使用它来同步和分享文件、管理字体、访问照片和设计素材库以及展示和搜索创意作品。

Creative Cloud 桌面应用程序会在您下载第一个 Creative Cloud 产品时自动安装。如果您安装了 Adobe Application Manager，它将自动更新为 Creative Cloud 桌面应用程序。

如果您还没有安装 Creative Cloud 桌面应用程序，可前往 Adobe 网站的 Creative Cloud 下载页面或 Adobe Creative Cloud 桌面应用程序页面下载。

本书使用的字体

在本书课程使用的字体中，有些是 Adobe InDesign 自带的，有些不是 Adobe InDesign 自带的，但可通过 Typekit 获取。Typekit 是 Adobe 提供的一项字体订阅服务，让您能够访问一个庞大的字体库，以便在桌面应用程序和网站中使用这些字体。Typekit 服务集成到了 InDesign 字体选择功能和 Creative Cloud 桌面应用程序中，只要订阅了 Creative Cloud，就订阅了 Typekit 服务。

在 Creative Cloud 应用程序中，默认会与 Typekit 同步，因此当您打开课程文件时，如果它使用了没有安装的 Typekit 字体，将显示包含"同步字体"按钮的"缺失字体"对话框。如果禁用了 Typekit 字体同步，"缺失字体"对话框将包含"打开 Typekit"按钮。

> Id **注意**：有关 Typekit 的更详细信息，请参阅 Typekit 主页。有关如何使用 Creative Cloud 安装 Typekit 字体的更详细信息，请参阅 Creative Cloud 帮助文档。

保存和恢复 InDesign Defaults 文件

InDesign Defaults 文件存储了程序的首选项和默认设置，如工具设置和默认度量单位。为确保您的 Adobe InDesign 首选项和默认设置与本书使用的相同，阅读本书的课程前，将 InDesign Defaults 文件移到其他文件夹。阅读完本书后，将保存的 InDesign Defaults 文件移回到原来的文件夹，这将恢复以前使用的首选项和默认设置。

> Id **注意**：进入新课程时，有些面板可能依然处于打开状态，即便您恢复了 InDesign Defaults 文件。在这种情况下，可手工关闭这些面板。

移动当前的 InDesign Defaults 文件

通过将 InDesign Defaults 文件移走，可让 InDesign 自动创建一个新的 InDesign Defaults 文件，其中所有的首选项和默认设置都为出厂设置。

1. 退出 Adobe InDesign。
2. 找到 InDesign Defaults 文件（有关该文件在 Windows 和 macOS 中的位置，请参阅下文的介绍）。
3. 如果您要恢复定制的首选项，可将 InDesign Defaults 文件拖放到另一个文件夹中；否则系统直接将其删除。
4. 启动 Adobe InDesign CC。

> Id **注意：**如果您从未启动 Adobe InDesign CC 或移走了 InDesign Defaults 文件，您将找不到它。首次启动 Adobe InDesign CC 时，InDesign 将创建 InDesign Defaults 文件；在您使用 Adobe InDesign CC 的过程中，InDesign 将根据您执行的操作更新这个文件。

在 Windows 中查找 InDesign Defaults 文件

在 Windows 中，InDesign Defaults 文件位于如下文件夹：[启动盘]\用户\[用户名]\\AppData\Roaming\Adobe\InDesign\Version 13.0-J\zh_CN。

- 在 Windows7、Windows 8 和 Windows 10 中，文件夹 AppData 默认被隐藏。要显示这个文件夹，可在控制面板中单击“外观和个性化”，再单击“文件夹选项”（Windows 7 和 Windows 8）或“文件资源管理器选项”（Windows 10）。
- 在“文件夹选项”或“文件资源管理器选项”对话框中，单击“查看”标签，并选中单选按钮“显示隐藏的文件、文件夹和驱动器”，再单击“确定”按钮。

> Id **注意：**显示隐藏的文件后，如果还是找不到 InDesign Defaults 文件，可使用操作系统提供的文件查找功能查找 InDesign Defaults。

在 macOS 中查找 InDesign Defaults 文件

在 macOS 中，InDesign Defaults 文件位于如下文件夹：[启动盘]/Users/用户名/Library/Preferences/Adobe InDesign/Version 13.0-J/zh_CN。

- 文件夹名称可能随您安装的语言版本而异。
- 在 macOS 10.9 和更晚的版本中，文件夹 Library 被隐藏。要访问这个文件夹，可选择 Finder 菜单“前往”>“前往文件夹”。在“前往文件夹”对话框中，输入 ~/Library，再单击“确定”或“前往”按钮。

恢复保存的 InDesign Defaults 文件

如果您将定制的 InDesign Defaults 文件移到了其他地方，可采取如下步骤来恢复它。

1. 退出 Adobe InDesign。
2. 将保存的 InDesign Defaults 文件拖放到原来的文件夹中，并替换当前的 InDesign Defaults 文件。

资源与支持

本书由异步社区出品，社区（https://www.epubit.com/）为您提供相关资源和后续服务。

配套资源

本书提供如下资源：

- 完成本书课程所需的素材文件。

要获得以上配套资源，请在异步社区本书页面中点击 配套资源 ，跳转到下载界面，按提示进行操作即可。注意：为保证购书读者的权益，该操作会给出相关提示，要求输入提取码进行验证。

提交勘误

作者和编辑尽最大努力来确保书中内容的准确性，但难免会存在疏漏。欢迎您将发现的问题反馈给我们，帮助我们提升图书的质量。

当您发现错误时，请登录异步社区，按书名搜索，进入本书页面，点击“提交勘误”，输入勘误信息，点击“提交”按钮即可。本书的作者和编辑会对您提交的勘误进行审核，确认并接受后，您将获赠异步社区的 100 积分。积分可用于在异步社区兑换优惠券、样书或奖品。

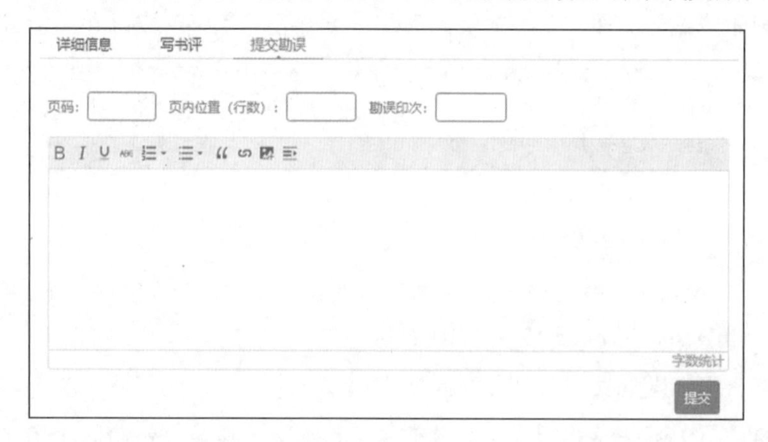

扫码关注本书

扫描下方二维码，您将会在异步社区微信服务号中看到本书信息及相关的服务提示。

与我们联系

我们的联系邮箱是 contact@epubit.com.cn。

如果您对本书有任何疑问或建议，请您发邮件给我们，并请在邮件标题中注明本书书名，以便我们更高效地做出反馈。

如果您有兴趣出版图书、录制教学视频，或者参与图书翻译、技术审校等工作，可以发邮件给我们；有意出版图书的作者也可以到异步社区在线提交投稿（直接访问 www.epubit.com/selfpublish/submission 即可）。

如果您是学校、培训机构或企业，想批量购买本书或异步社区出版的其他图书，也可以发邮件给我们。

如果您在网上发现有针对异步社区出品图书的各种形式的盗版行为，包括对图书全部或部分内容的非授权传播，请您将怀疑有侵权行为的链接发邮件给我们。您的这一举动是对作者权益的保护，也是我们持续为您提供有价值的内容的动力之源。

关于异步社区和异步图书

"异步社区"是人民邮电出版社旗下 IT 专业图书社区，致力于出版精品 IT 技术图书和相关学习产品，为作译者提供优质出版服务。异步社区创办于 2015 年 8 月，提供大量精品 IT 技术图书和电子书，以及高品质技术文章和视频课程。更多详情请访问异步社区官网 https://www.epubit.com。

"异步图书"是由异步社区编辑团队策划出版的精品 IT 专业图书的品牌，依托于人民邮电出版社近 30 年的计算机图书出版积累和专业编辑团队，相关图书在封面上印有异步图书的 LOGO。异步图书的出版领域包括软件开发、大数据、AI、测试、前端、网络技术等。

异步社区

微信服务号

目　录

第1课 工作区简介

课程概述

本课介绍如下内容：

- 打开文档；
- 选择和使用工具；
- 使用应用程序栏和控制面板；
- 管理文档窗口；
- 使用面板；
- 定制工作区；
- 修改文档的缩放比例；
- 导览文档；
- 使用上下文菜单和面板菜单；
- 修改界面首选项。

本课需要大约 45 分钟。

启动 InDesign 之前，先到异步社区的相应页面将本书的课程资源下载到本地硬盘中，并进行解压。

InDesign的用户界面非常直观，让用户很容易创建出引人注目的排版文件。要想充分利用InDesign强大的排版和设计功能，用户必须熟悉其工作区。工作区由应用程序栏、控制面板、文档窗口、菜单、粘贴板、工具面板和其他面板组成。

1.1 概述

在本课中，读者将练习使用工具和面板，并导览一个简单的排版文件。这是文档的最终版本，读者不用修改对象、添加图形或编辑文本，而只使用它来探索 InDesign 的工作区。

> **注意**：如果还没有从异步社区下载本课的项目文件，现在就下载吧，详情请参阅“前言”。

1. 为确保您的 Adobe InDesign 首选项和默认设置与本课使用的一样，将 InDesign Defaults 文件移到其他文件夹，详情请参阅“前言”中的“保存和恢复 InDesign Defaults 文件”。
2. 启动 Adobe InDesign。
3. 在 InDesign 起始屏幕中，单击左边的“打开”按钮，如图 1.1 所示（如果没有出现起始屏幕，就选择菜单“文件”>“打开”）。

图1.1

4. 打开硬盘中文件夹 InDesignCIB\Lessons\Lesson01 中的 01_Start.indd 文件，如图 1.2 所示。

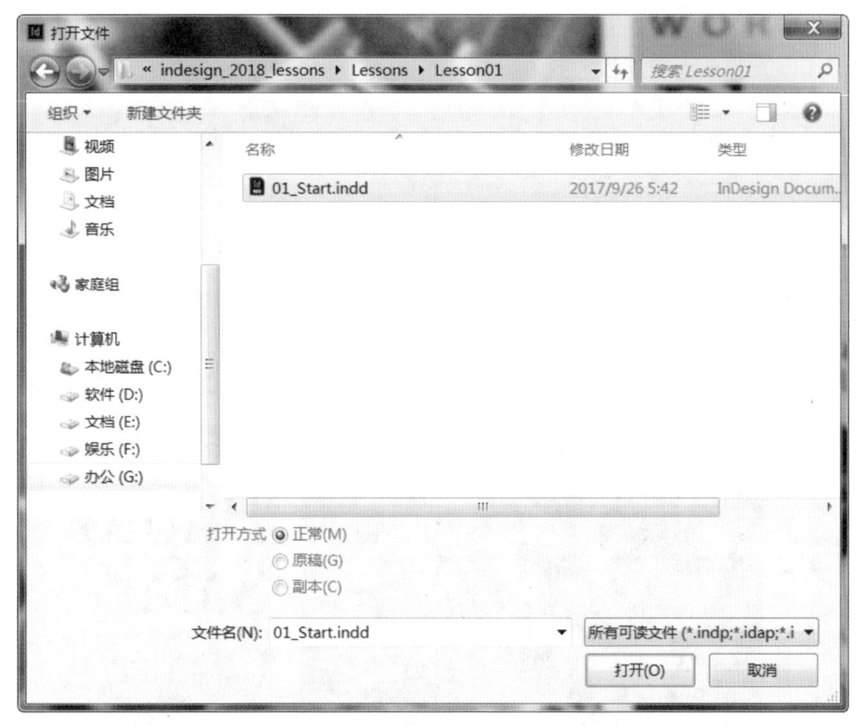

图1.2

> **注意：**如果出现“缺失字体”对话框，请单击“同步字体”按钮，这将使系统通过 Adobe Typekit 访问所有缺失的字体。同步字体后，单击“关闭”按钮。有关如何使用 Adobe Typekit 的更详细信息，请参阅本书的前言。

5. 选择菜单“文件”>“存储为”，将文件重命名为 01_Introduction.indd，并将其存储到文件夹 Lesson_01 中。

> **注意：**在本书的屏幕截图中，显示的界面都是“中等浅色”的。在您的屏幕上，诸如面板和对话框等界面元素要暗些。本章后面将介绍如何修改界面首选项。

6. 为确保面板和菜单命令与本章使用的一致，请选择菜单“窗口”>“工作区”>“[高级]”，再选择菜单“窗口”>“工作区”>“重置[高级]”。
7. 为以更高的分辨率显示这个文档，请选择菜单“视图”>“显示性能”>“高品质显示”。
8. 使用文档窗口中的滚动条向下滚动到这张明信片的第二页，再向上滚动到第一页。

1.2 工作区简介

InDesign 工作区包括用户首次打开或创建文档时看到的一切（如图 1.3 所示）：

- 位于屏幕顶部的菜单栏、应用程序栏和控制面板；

- 停放在屏幕左边的工具面板；
- 停放在屏幕右边的常用面板。

> **提示：**用户可以根据工作方式定制 InDesign 工作区。例如，可以只显示常用的面板、最小化和重新排列面板组、调整窗口的大小等。

图1.3

1.2.1 选择和使用工具

工具面板包含用于创建和修改页面对象、添加文本和图像及设置其格式、处理颜色的工具。默认情况下，工具面板停靠在工作区的左边。在本节中，您将选择并尝试使用多个工具。

> **提示：**InDesign 页面的基本构件是对象，这包括框架（用于放置文本和图形）和直线。

使用选择工具

使用选择工具可移动对象以及调整对象的大小，还可选择对象以设置其格式，如设置颜色。这里将通过单击来选择选择工具，后面您将尝试使用其他选择工具的方法。

1. 找到屏幕左边的工具面板。

2. 将鼠标光标指向工具面板中的每个工具，以了解每个工具都叫什么。
3. 单击工具面板顶部的选择工具（ ▶ ），如图 1.4 所示。
4. 单击鸟喙附近以选择包含小鸟照片的图形框架。
5. 向右上方拖曳框架，看看这个框架将如何移动，如图 1.5 所示。

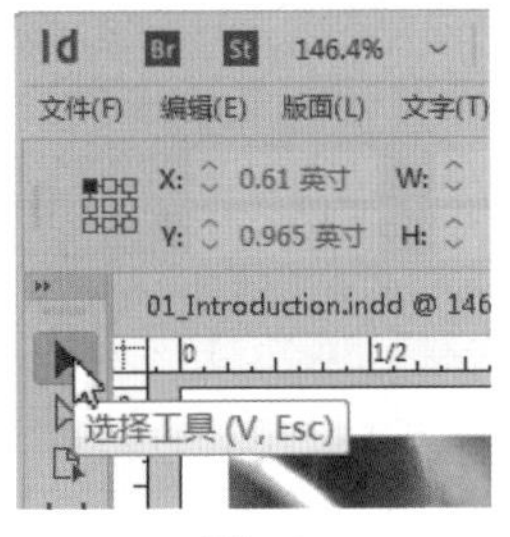

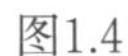

图1.4

图1.5

> **注意：**如果您在拖曳前单击并按住鼠标，将在拖曳时看到对象的幻影预览。

6. 松开鼠标后按 Ctrl + Z（Windows）或 Command + Z（macOS）键撤销移动操作。
7. 在依然选择了选择工具的情况下，单击页面中的其他对象，并将它们拖曳到其他地方。在这个页面中，还有另一幅包含在图形框架的图像。另外，这个页面还包含一个矩形文本框和一个椭圆形文本框架。每次移动对象后，请立即撤销所做的操作。

使用文字工具

下面将注意力转向文字工具，它让您能够输入和编辑文本以及设置文本的格式。这里不通过单击来选择它，而使用键盘快捷键来选择它。

1. 将鼠标光标指向文字工具（ T. ）以显示其工具提示。括号内的字母是用于选择工具的键盘快捷键，这里为 T。

> **注意：**插入点位于文本中时，单字母快捷键不管用。

2. 将鼠标光标指向其他工具，看看它们的单字母键盘快捷键都是什么。
3. 按键盘键 T 选择文字工具，再在明信片右边的单词 travel 和句点后面单击，如图 1.6 所示。

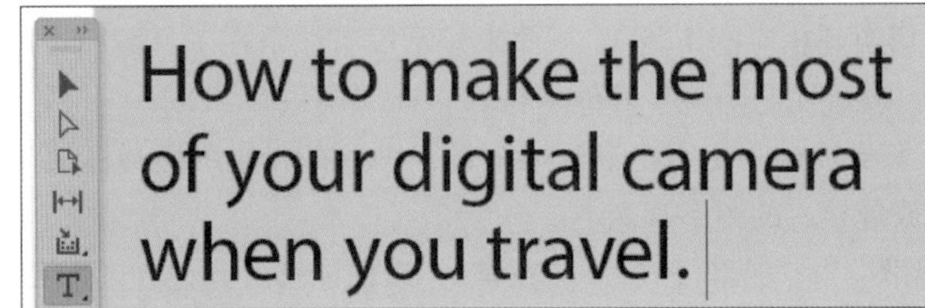

图1.6

4. 输入一个空格和几个字符，感受一下文字工具的用法。
5. 按 Ctrl + Z（Windows）或 Command + Z（macOS）键撤销对明信片中文本的修改。
6. 在依然选择了文字工具的情况下，在其他单词中单击并进行修改。每次修改后立即撤销所做的操作。

> Id **提示**：学习使用 InDesign 和尝试不同的设计方案时，别忘了可撤销任意数量的修改。

使用直线工具和抓手工具

现在将注意力转向直线工具，它让您能够创建水平线、垂直线和斜线。尝试完直线工具后，按键盘快捷键 H 暂时切换到抓手工具。当松开这个快捷键后，InDesign 将重新选择之前选择的工具。这是快速切换到其他工具的技巧很有用，例如，可以使用抓手工具移动到页面的另一个区域，再在这个区域绘制一条直线。

1. 单击直线工具（ ）以选择它，如图 1.7 所示。
2. 在页面的任何地方单击并拖曳，以绘制一条直线。按 Ctrl + Z（Windows）或 Command + Z（macOS）键撤销绘制直线的操作。
3. 在依然选择了直线工具的情况下按住 H 键，这将选择抓手工具（ ）。
4. 拖曳鼠标以查看页面的其他区域，如图 1.8 所示。当松开 H 键后，将重新选择直线工具。

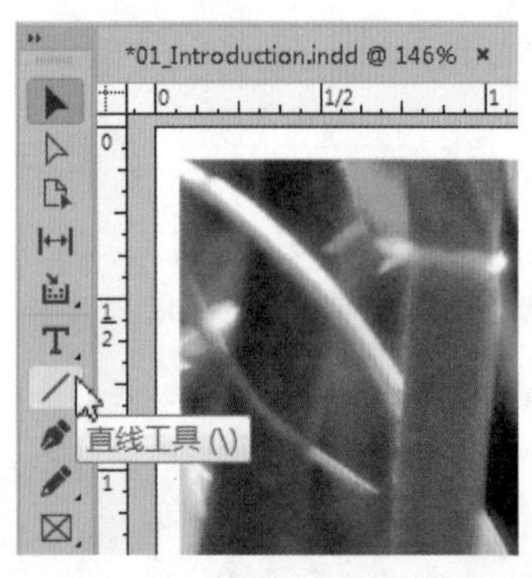

图1.7

图1.8

使用矩形框架工具和椭圆框架工具

至此，已经介绍了 3 种方式来选择工具面板中显示的工具：单击、按键盘快捷键以及按住键盘快捷键（这将暂时切换到相应的工具）。下面来显示没有显示在工具面板中的工具。如果工具图标的右下角有三角形，就说明它隐藏了其他工具。

在这个练习中，您将选择并使用矩形框架工具，再选择并使用椭圆框架工具。这些工具让您能够创建框架，用于放置导入的图形和文本。

1. 选择菜单“视图”>“屏幕模式”>“正常”，以便能够看到包含图形和文本的框架。
2. 按 F 键选择矩形框架工具（ ）。

3. 向左滚动以便能够看到文档周围的粘贴板（参见 1.2.4 节）。单击并拖曳以创建一个矩形图形框架，如图 1.9 所示。
4. 按 Ctrl + Z（Windows）或 Command + Z（macOS）键撤销框架创建操作。
5. 要显示椭圆框架工具，那么在矩形框架工具上单击并按住鼠标，这将显示隐藏在它后面的工具。
6. 选择椭圆框架工具（ ⊗ ），如图 1.10 所示。注意，在工具面板中显示的是椭圆框架工具，而不再是矩形框架工具。

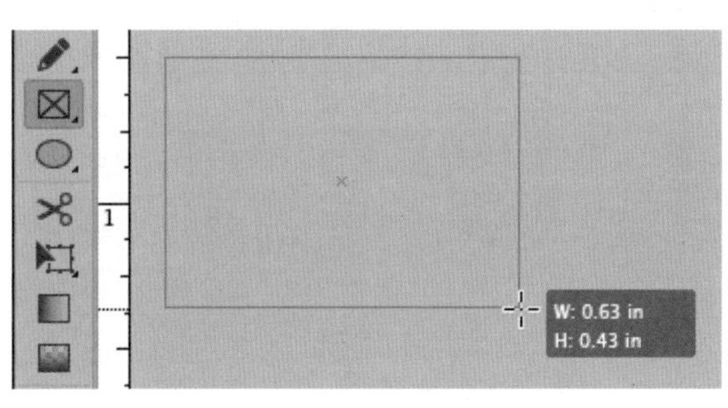

图1.9

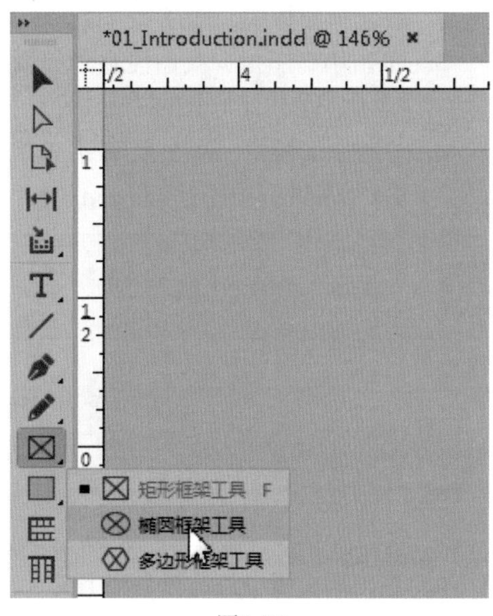

图1.10

7. 在页面的任何地方单击并拖曳，以创建一个椭圆图形框架。根据需要多次按 Ctrl + Z（Windows）或 Command + Z（macOS）键，以撤销框架创建操作。

> Id **提示：**可按住 Alt（Windows）或 Option（macOS）键并单击工具面板中的工具，这将在这个工具和它隐藏的工具之间切换。

8. 单击椭圆框架工具并按住鼠标以显示这组工具中的所有工具，再选择矩形框架工具，以显示它。矩形框架是默认显示的工具。
9. 研究其他隐藏的工具：单击每个带三角形的工具并按住鼠标，以查看它隐藏的其他工具。隐藏了其他工具的工具包括：
   - 文字工具；
   - 钢笔工具；
   - 铅笔工具；
   - 矩形框架工具；
   - 矩形工具；

- 自由变换工具；
- 颜色主题工具。

1.2.2 控制面板

控制面板位于屏幕顶部（在 macOS 中，位于应用程序栏下方；在 Windows 中，位于菜单栏下方），它可以让用户能够快速访问与当前选择的对象相关的选项。

1. 选择菜单“视图”>“屏幕模式”>“正常”，以便能够看到包含图形和文本的框架。
2. 在工具面板中，选择“选择”工具（ ）。
3. 单击小鸟图像，我们注意到控制面板中有很多选项，可用于控制选定对象（一个图形框架）的位置、大小和其他属性，如图 1.11 所示。
4. 在控制面板中，单击 X、Y、W 和 H 旁边的箭头，以调整选定框架的位置和大小。按 Ctrl + Z（Windows）或 Command + Z（macOS）键撤销所有的修改。

> Id **提示：**要调整对象的位置和大小，可在这些字段中输入值，还可使用鼠标拖曳对象。

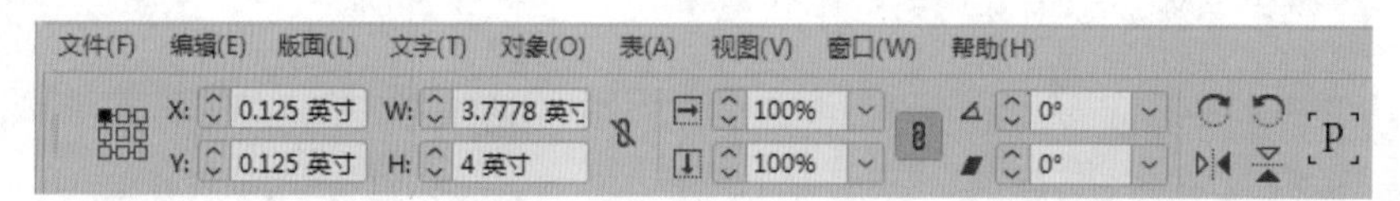

图1.11

5. 在工具面板中，选择文字工具（ T. ）。
6. 单击单词 Safari，您将发现控制面板发生了变化，其中包含能够控制段落和字符格式的选项。
7. 双击选择单词 Safari，再单击字段“字体大小”中的下箭头，以减小字体大小，如图 1.12 所示。

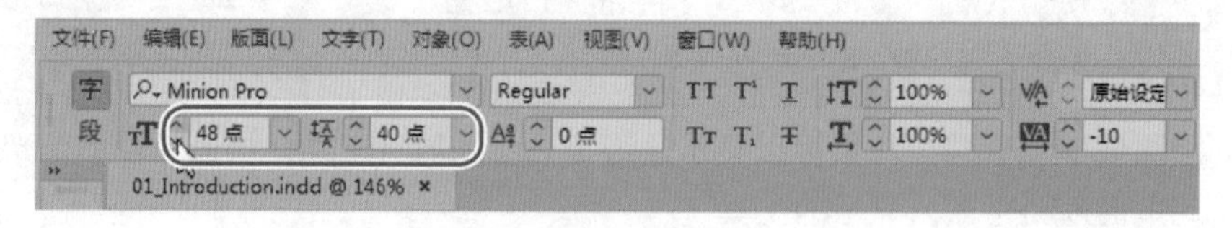

图1.12

8. 按 Ctrl + Z（Windows）或 Command + Z（macOS）键撤销所做的修改。
9. 单击粘贴板（页面外面的空白区域）以取消选择文本。

1.2.3 应用程序栏

默认工作区的顶部是应用程序栏，通过它可快速访问最常用的排版功能，包括修改文档的缩放比例、显示和隐藏参考线以及管理多个文档窗口。应用程序栏还让您能够访问 Adobe 资源，如

Adobe Stock 作品。

要了解应用程序栏中的控件，可将鼠标光标指向它以显示工具提示，如图 1.13 所示。

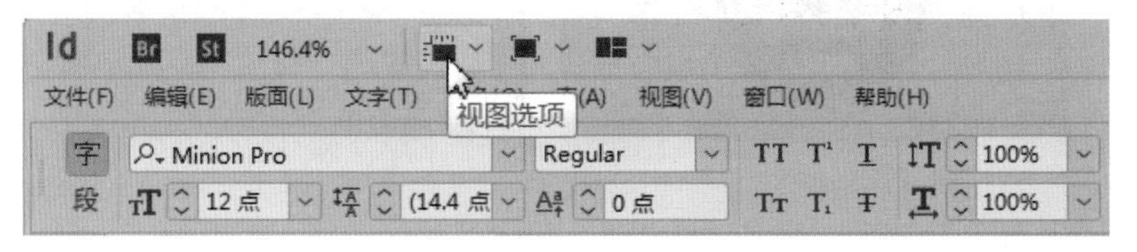

图1.13

在 macOS 中，我们可将应用程序栏、文档窗口和面板组合成一个整体，这称为应用程序框架。在 macOS 中，也可将它们分开：

- 要禁用应用程序框架，可选择菜单“窗口”>“应用程序框架”；
- 禁用应用程序框架后，可隐藏应用程序栏，为此可选择菜单“窗口”>“应用程序栏”；
- 在 macOS 中隐藏应用程序栏后，视图缩放控件将显示在文档窗口的左下角。

1.2.4 文档窗口和粘贴板

工作区由文档窗口和粘贴板组成，它们具有如下特征：

- 用于显示文档的不同页面的控件位于文档窗口左下角；
- 每个页面或跨页周围都有粘贴板；
- 可将粘贴板用作工作区域或存储区域，例如，在其中放置还未包含在页面中的设计元素。

> **提示：**要修改粘贴板的大小，可选择菜单“编辑”>“首选项”>“参考线和粘贴板”。

下面来看看粘贴板以及文档窗口提供的功能。

1. 为查看该文档的所有页面以及粘贴板，从应用程序栏的“缩放级别”下拉列表中选择 50%，如图 1.14 所示。

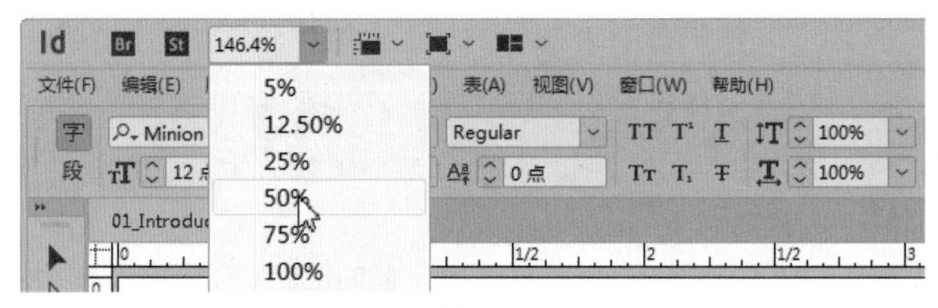

图1.14

2. 在工具面板中选择“选择”工具（ ）。
3. 单击包含单词“free community workshop series”的文本框架，将这个框架拖放到粘贴板中，如图 1.15 所示。由此可见，将粘贴板用作存储区域有多容易。

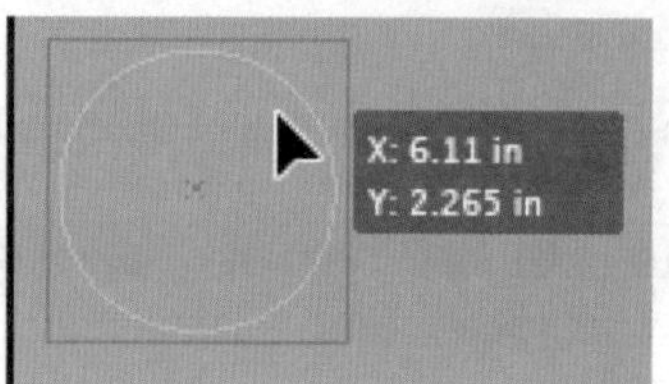

图1.15

> **注意：**如果您使用的显示器很小，可能无法直接将文本拖曳到粘贴板中，但您依然能够明白粘贴板可用作存储区域。

4. 按 Ctrl + Z（Windows）或 Command + Z（macOS）键撤销所做的修改。
5. 选择菜单“视图”>“使跨页适合窗口”。
6. 在文档窗口的左下角，单击页码框右边的箭头，这将打开一个包含文档页面和主页的列表。
7. 从下拉列表中选择 2（如图 1.16 所示），在文档窗口中显示第 2 页。

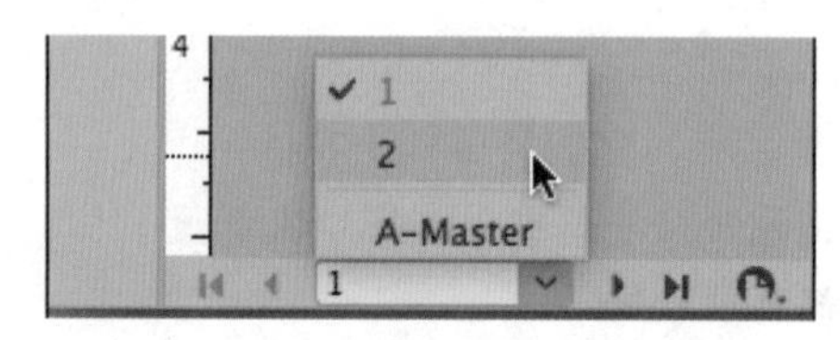

图1.16

8. 选择菜单“视图”>“屏幕”>“预览”，将框架参考线隐藏起来。

1.2.5 使用多个文档窗口

当您打开了多个文档时，每个文档都显示在主文档窗口的独立选项卡中。您还可打开单个文档的多个窗口，这样可查看版面的不同部分。下面来打开另一个窗口，以便能够看到对标题的修改将如何影响整个页面。这里使用的文档排列方法适用于同一个文档的不同视图，也适用于多个文档。

1. 选择菜单“窗口”>“排列”>“新建‘01_Introduction.indd’窗口”。然后将出现一个名为 01_Introduction.indd:2 的新窗口；而原来的窗口名为 01_Introduction.indd:1。

> **提示：**应用程序栏让您能够快速访问窗口管理选项。要查看所有这样的选项，请单击“排列文档”按钮。

2. 在工具面板中选择缩放工具（🔍）。
3. 在第二个窗口（01_Introduction.indd:2）中，拖曳出一个环绕单词 WORKSHOP 的选框以放大它。
4. 按键盘上的 T 键选择文字工具（T.）。
5. 在第二个窗口中，在单词 WORKSHOP 后面单击，再输入 S，使其变成复数 WORKSHOPS，如图 1.17 所示。

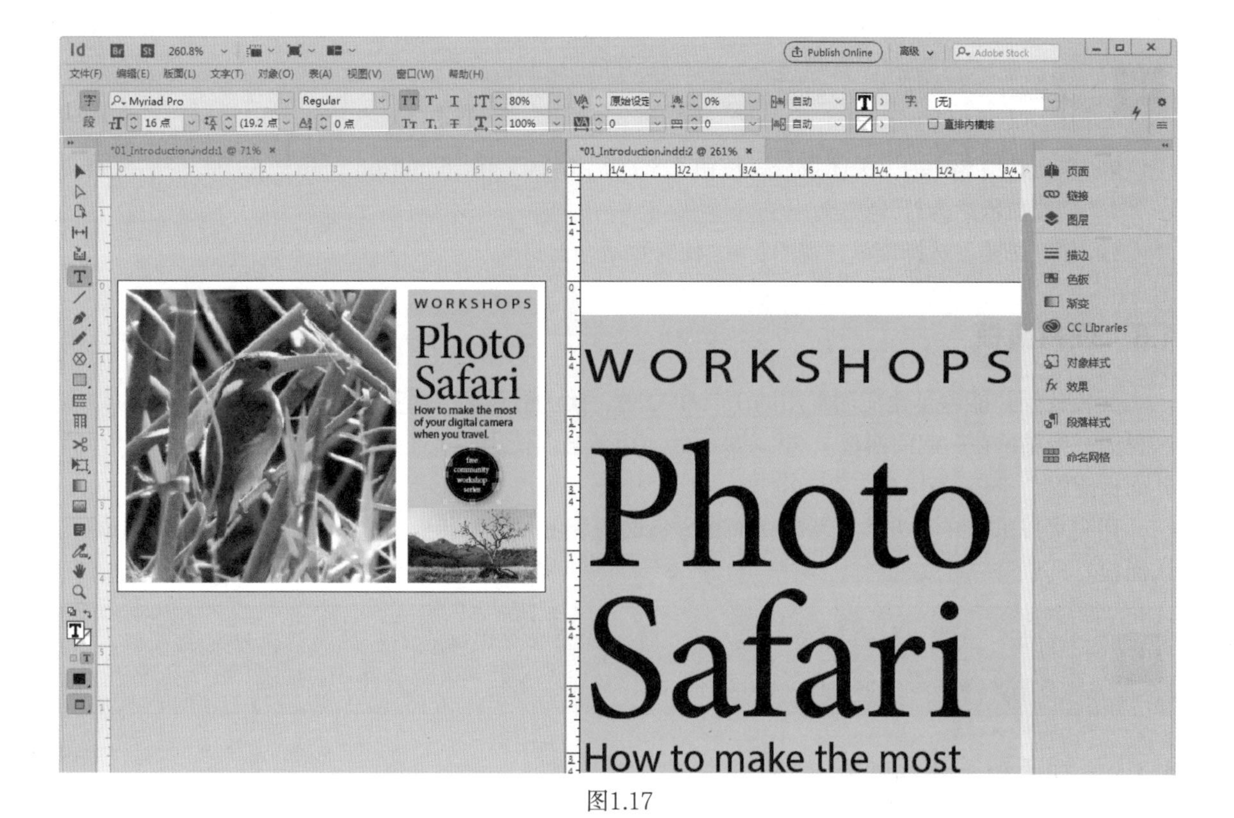

图1.17

6. 按 Ctrl + Z（Windows）或 Command + Z（macOS）键恢复单词 WORKSHOP。

7. 选择菜单“窗口” > “排列” > “合并所有窗口”，如图 1.18 所示，这将为每个窗口创建一个选项卡。

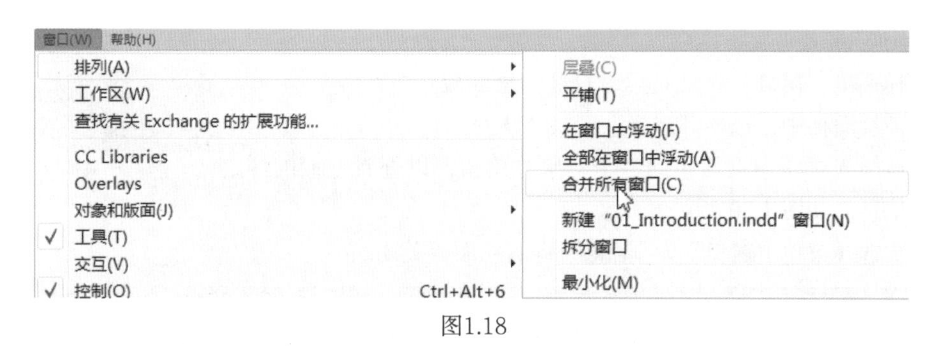

图1.18

8. 单击左上角（控制面板下方）的选项卡可选择要显示哪个文档窗口，如图 1.19 所示。

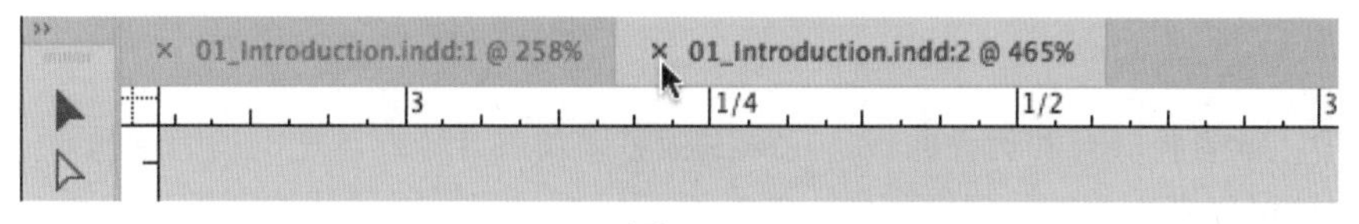

图1.19

> **注意**:在您的屏幕上，这两个文档窗口的排列顺序可能相反，但这对后续步骤没有影响。

9. 单击选项卡中的“关闭窗口”按钮（X）将窗口 01_Introduction.indd:2 关闭，但原来的文档窗口依然为打开状态。
10. 如有必要，选择菜单“视图”>“使跨页适合窗口”。

1.3 使用面板

面板让用户能够迅速使用常用的工具和功能。默认情况下，面板停放在屏幕右边（可将停靠区视为一组粘贴在一起的面板）。默认显示的面板随当前使用的工作区而异，每个工作区都会存储其面板配置。

用户可以采取各种方式重新组织面板，下面将练习打开、折叠和关闭“高级”工作区中的默认面板。

> **提示**：熟悉 InDesign 后，您可尝试根据需要配置面板和工作区。您很快就会发现，哪些面板您用得最多、喜欢将它们放在什么地方以及什么样的尺寸最合适。

1.3.1 打开和关闭面板

要显示隐藏的面板，可在菜单“窗口”（或其子菜单）中选择相应的面板名。如果面板名前有勾号，就说明该面板已打开，且位于所属面板组中其他所有面板的前面。在这个练习中，您将打开、使用并关闭信息面板，这个面板提供了有关文档中选定对象的详细信息。

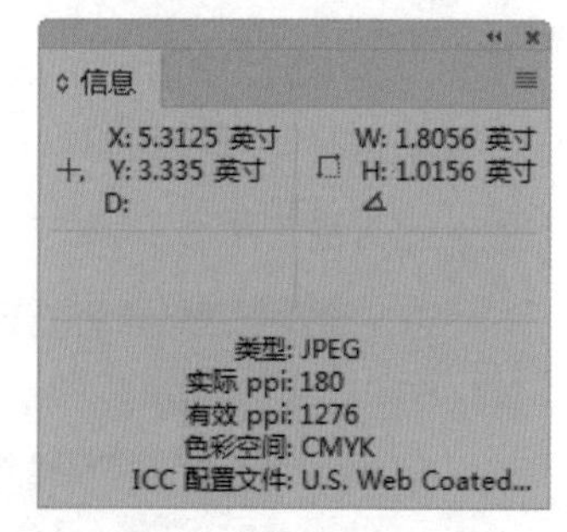

图1.20

1. 选择菜单“窗口”>“信息”，打开信息面板。
2. 在工具面板中，选择“选择”工具（▶）。
3. 将鼠标光标指向页面中的各个对象并单击，以查看它们的详细信息，如图 1.20 所示。
4. 再次选择菜单“窗口”>“信息”将信息面板关闭。

> **提示**：面板处于浮动状态时，可单击“关闭”按钮（✕）将其关闭。

1.3.2 展开和折叠面板

在本节中，读者将展开和折叠面板、隐藏面板名以及展开停靠区中的所有面板。

1. 在文档窗口右边的默认停靠区中，单击页面面板的图标以展开该面板，如图 1.21 所示。

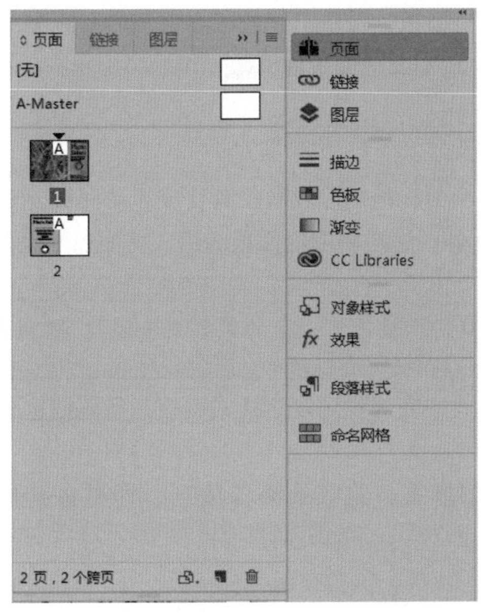

图1.21

在您需要打开面板并在较短的时间内使用它后再关闭时，这种方法很方便。

2. 使用完页面面板后，要想折叠它，可单击面板名称右边的双箭头（»），也可再次单击面板图标。
3. 要缩小面板停放区的宽度，可将面板停放区的左边缘向右拖曳，直到面板名被隐藏，如图 1.22 所示。

> Id 提示：单击双箭头按钮可展开 / 折叠面板。

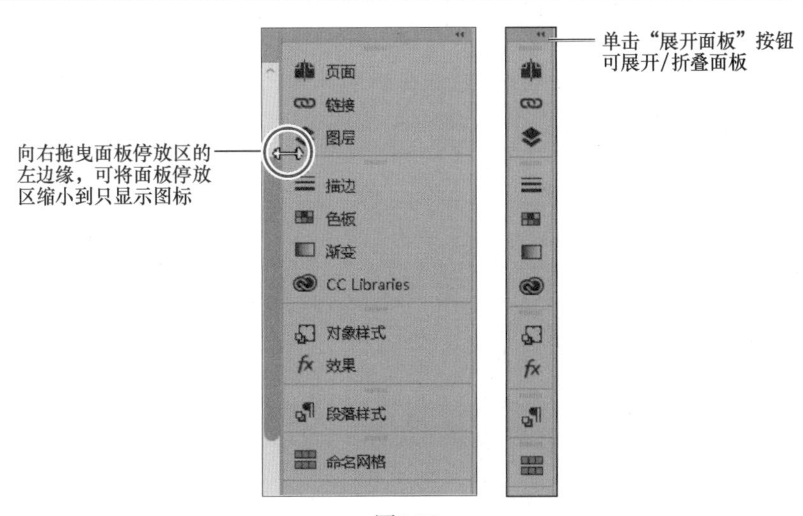

图1.22

4. 要展开停放区中的所有面板，可单击停放区右上角的双箭头（ « ），如图 1.22 所示。为方便完成下一个练习，请不要让面板展开。

1.3.3　重新排列和定制面板

在这个小节中，您将把一个面板拖出停放区使其变成浮动面板，然后将另一个面板拖进该面板，以创建一个自定义面板组。此外，您还将取消面板编组、将面板堆叠并将其折叠成图标。

> **注意：**如有必要，双击停放区右上角的双箭头（ » ），将所有面板都展开。

1. 在右边的默认面板停放区底部找到段落样式面板。您将把这个面板拖出停放区，使其变成浮动的。
2. 拖曳段落样式面板的标签，将其拖离停放区，即可将其从停放区中删除，如图 1.23 所示。

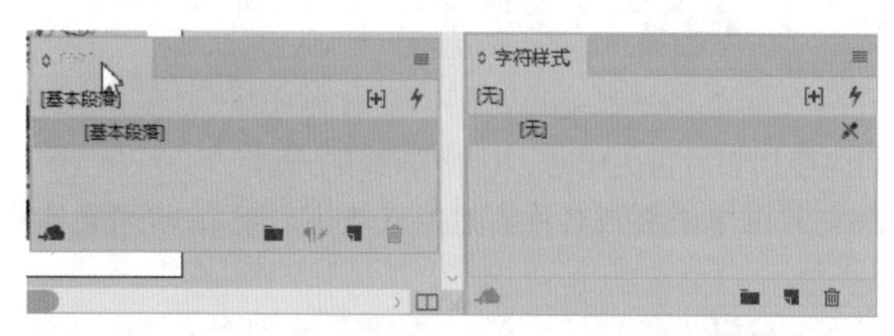

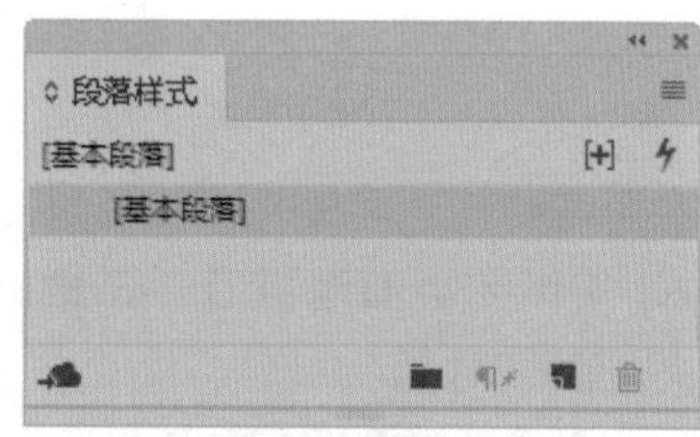

图1.23

接下来，把字符样式面板添加到浮动的段落样式面板中以创建一个面板组。

3. 在面板停放区底部附近找到字符样式面板，通过拖曳其标签将其拖曳到段落样式标签右边的灰色区域。
4. 当段落样式面板周围出现蓝线后松开鼠标，如图 1.24 所示。

> **提示：**设置文本格式时，将字符样式面板和段落样式面板编组很有帮助。您可将这个面板组放在方便的地方，并将其他面板折叠起来以腾出空间。

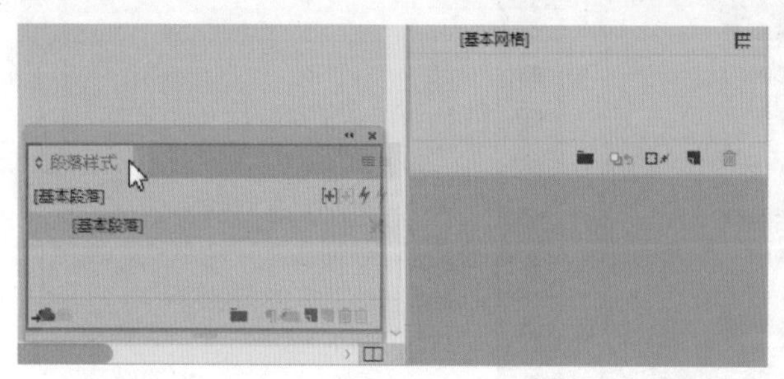

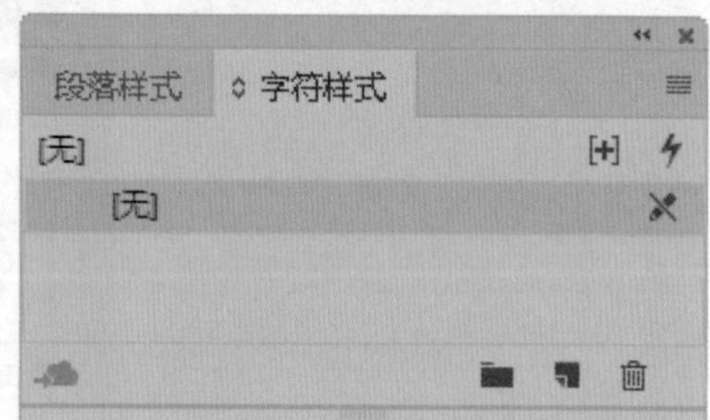

图1.24

5. 要取消面板编组，可通过拖曳其中一个面板的标签以将面板拖离面板组，如图 1.25 所示。

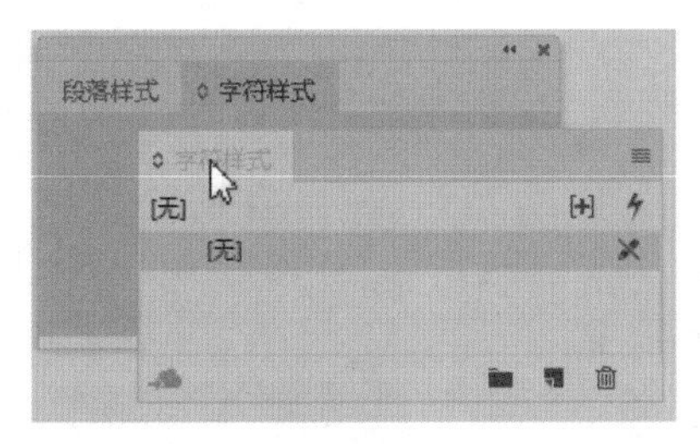

图1.25

还可将浮动面板以垂直方式堆叠起来，下面就来尝试这样做。

6. 通过拖曳标签将字符样式面板拖曳到段落样式面板的底部，出现蓝线后松开鼠标，如图 1.26 所示。

> **提示：**从停放区分离出来的面板被称为浮动面板。对于浮动面板，单击标题栏中的双箭头可展开 / 最小化它。

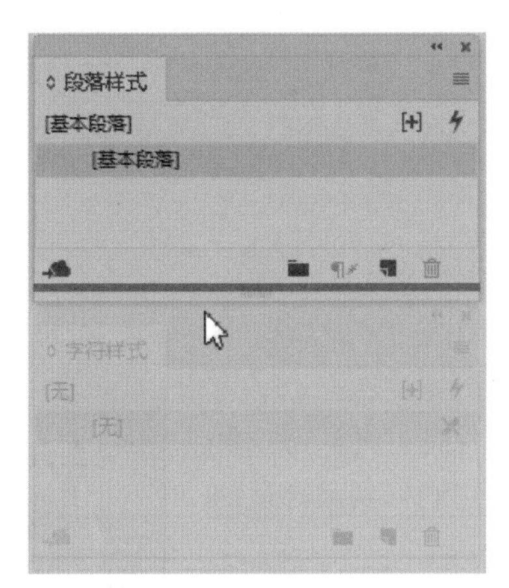

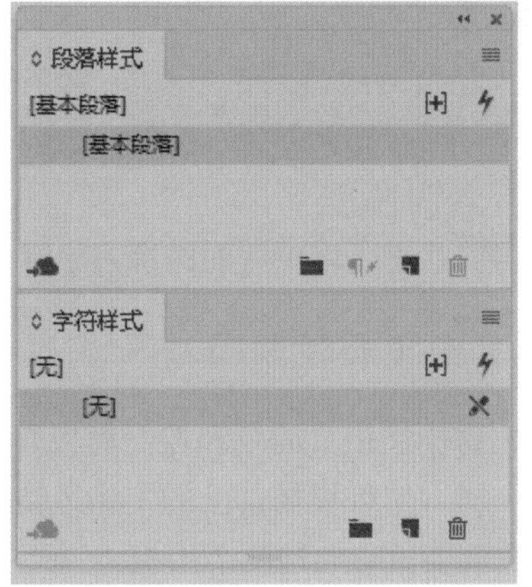

图1.26

现在，这两个面板将堆叠而不是编组。堆叠的面板垂直相连，可通过拖曳最上面的面板的标题栏将它们作为一个整体进行移动。下面来尝试调整堆叠面板的大小。

7. 拖曳任何一个面板的右下角以调整大小，如图 1.27 所示。

> **提示：**对于浮动面板，可拖曳右下角或左下角来调整宽度和高度，可拖曳下边缘来调整高度，可拖曳左边缘或右边缘来调整宽度。对于停放在停放区的面板，可拖曳左下角来调整宽度和高度，可拖曳左边缘来调整宽度，可拖曳下边缘来调整高度。

8. 将字符样式面板的标签拖放到段落样式面板标签的旁边，将这两个面板重新编组，如图 1.27 所示。

9. 双击面板标签旁边的灰色区域，将面板组最小化，如图 1.28 所示。再次双击该区域可展开面板组。

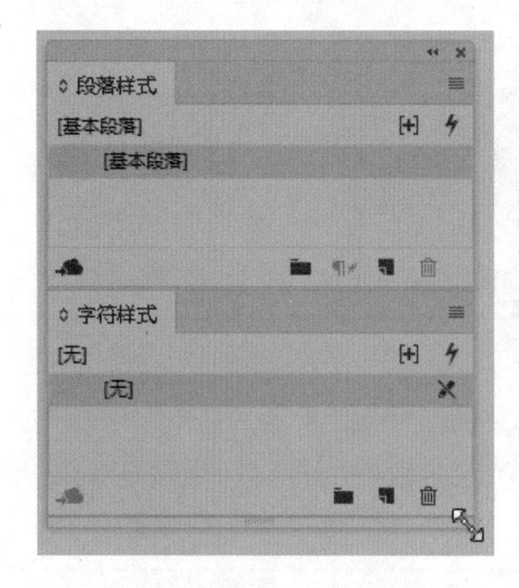

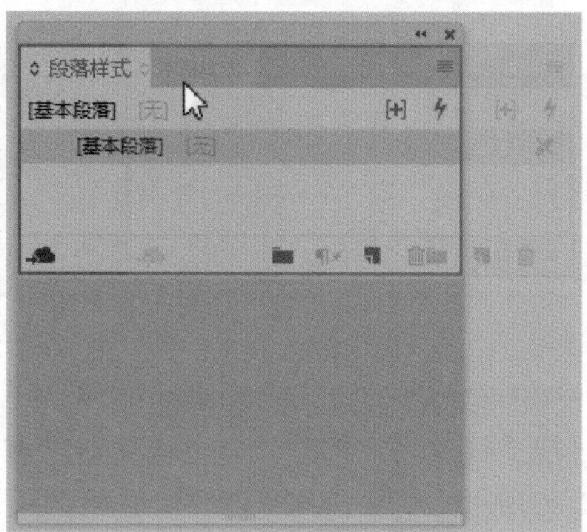

图1.27

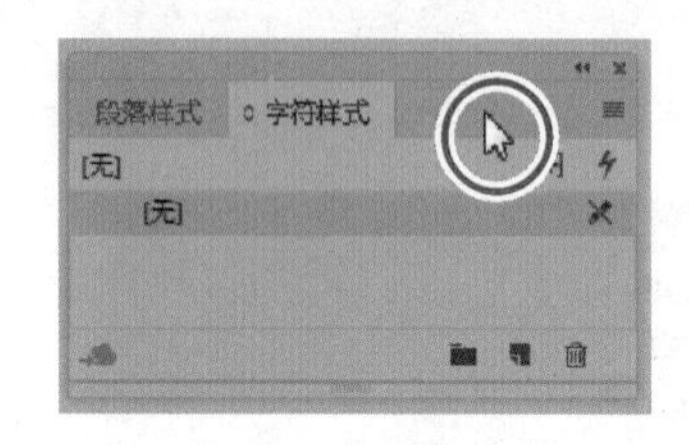

图1.28

保留面板的当前状态，以供后面的练习中存储工作区。

1.3.4 移动工具面板和控制面板

一般情况下，您会让工具面板和控制面板始终保持打开状态。然而，像其他面板一样，您可根据自己的工作风格将它们移到最合适的位置。在这里，您将尝试移动这两个面板。

1. 为让工具面板浮动在工作区中，您可通过拖曳其虚线栏，将这个面板拖曳到粘贴板中，如图 1.29 所示。

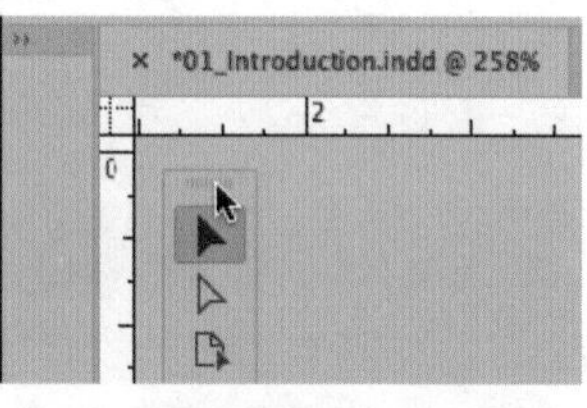

图1.29

> **提示：**要让工具面板离开停放区，可拖曳其标题栏，也可拖曳标题栏下方的虚线栏。

工具面板处于浮动状态后，可使其显示为垂直两栏、垂直一栏或水平一行。要水平显示工具面板，它必须处于浮动状态（未停放在停放区）。

2. 在工具面板处于浮动状态的情况下，单击其顶部的双箭头（»）。工具面板将变成水平一行的状态，如图 1.30 所示。

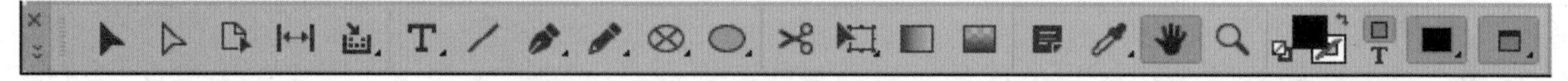

图1.30

3. 单击工具面板中的双箭头（ ），将其变成垂直两栏的状态，再次单击双箭头将变成默认布局。
4. 要再次停放工具面板，可通过拖曳顶部的虚线栏（ ）将工具面板拖曳到屏幕最左边。
5. 在工作区左边缘出现蓝线时松开鼠标，如图 1.31 所示。

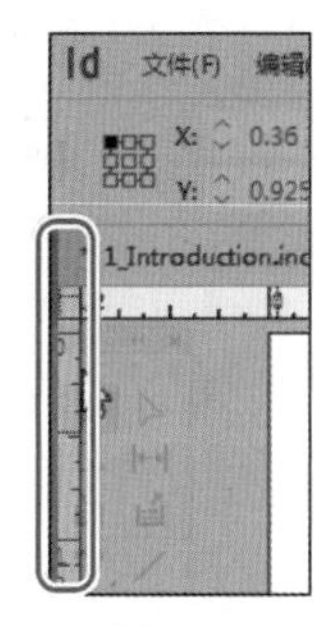

图1.31

如果您不想让控制面板停放在文档窗口顶部，可将其移到其他地方。

6. 在控制面板中，拖曳左端的垂直虚线栏（ ），将控制面板拖曳到文档窗口中。松开鼠标后，控制面板将处于浮动状态。

> **提示：**要定制控制面板显示的选项，可单击该面板右端的齿轮图标。

7. 要重新停放这个面板，可单击其右端的“控制面板”菜单按钮（ ），并选择“停放于顶部”，如图 1.32 所示。

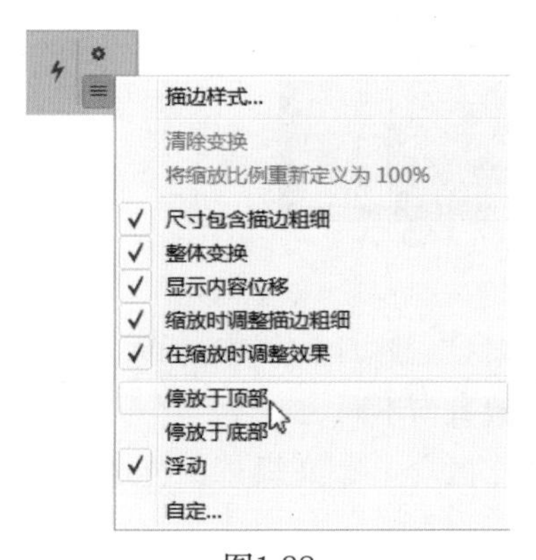

图1.32

> **提示：**您也可这样来停放控制面板；拖曳其虚线栏，直到停放位置出现水平蓝线为止。

1.4 定制工作区

工作区是面板和菜单的配置（工作区不会保存文档窗口的配置）。InDesign 提供了多种专用工作区，如数字出版、印刷和校样以及排版规则。用户不能修改这些工作区，但可保存自定义工作区。在这个练习中，您将保存前面所做的面板定制，还将定制界面的外观。

> **提示：**要进一步定制工作区，可选择菜单“编辑”>“菜单”来控制哪些命令将出现在 InDesign 菜单中。例如，在屏幕较小的笔记本电脑上，您可能希望菜单更短；而新用户可能希望菜单包含的命令更少。在存储工作区时，也可存储对菜单所做的定制。

1. 选择菜单“窗口”>“工作区”>“新建工作区”。
2. 在“新建工作区”对话框中，在文本框“名称”中输入Styles。如有必要，选中复选框“面板位置”和“菜单自定义”，再单击“确定”按钮，如图1.33所示。
3. 打开菜单“窗口”>“工作区”，您将发现当前选择了这个自定义工作区。
4. 应用程序栏右端的下拉列表显示的也是当前选定的工作区。单击这个下拉列表可选择其他工作区，如图1.34所示。

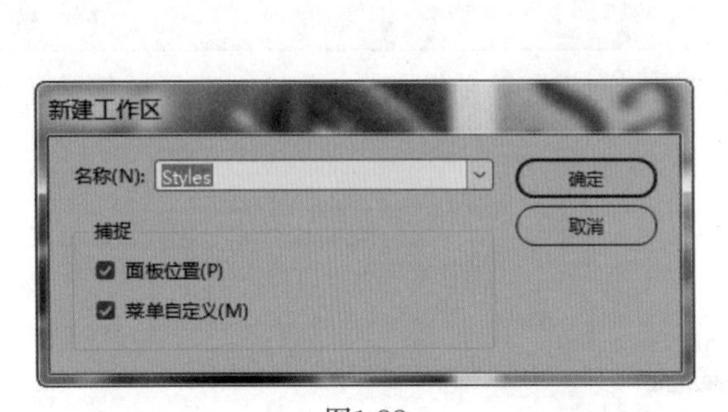

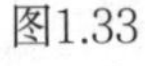
图1.33

图1.34

5. 在子菜单“窗口”>“工作区”或应用程序栏中的“工作区”下拉列表中选择每个工作区，看看它们的面板和菜单配置有何不同。
6. 选择菜单“窗口”>“工作区”>“[高级]”，再选择菜单“窗口”>“工作区”>“重置[高级]”。

1.5 修改文档的缩放比例

InDesign中的控件让用户能够以5% ~ 4000%的比例查看文档。打开文档后，当前的缩放比例显示在应用程序栏下拉列表“缩放级别”中，它还显示在窗口标题栏或文档标签中文件名的后面，如图1.35所示。

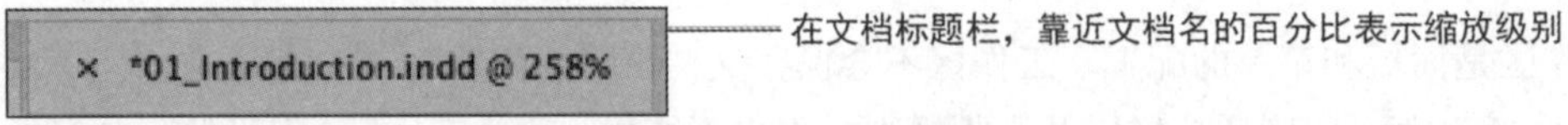

× *01_Introduction.indd @ 258%

在文档标题栏，靠近文档名的百分比表示缩放级别

图1.35

> **提示**：使用键盘快捷键，可快速将缩放比例设置为200%、400%和50%。在Windows中，将缩放比例设置为这些值的快捷键分别为Ctrl + 2、Ctrl + 4和Ctrl + 5；在macOS中，快捷键分别为Command + 2、Command + 4和Command + 5。

1.5.1 使用“视图”命令

您可以采取下述方式轻松地缩放文档视图。

- 从应用程序栏的下拉列表“缩放级别”中选择一个百分比，按预设值缩放文档，如图 1.25 所示。
- 在“缩放级别”框中单击鼠标，然后输入所需的缩放比例并按回车键。
- 选择菜单“视图”>“放大”将缩放比例增大到上一个预设值。
- 选择菜单“视图”>“缩小”将缩放比例缩小到下一个预设值。
- 选择菜单“视图”>“使页面适合窗口”在文档窗口中显示整个目标页。
- 选择菜单“视图”>“使跨页适合窗口”在文档窗口中显示整个目标跨页。
- 选择菜单“视图”>“实际尺寸”以 100% 的比例显示文档。
- 从应用程序栏的下拉列表“缩放级别”中选择一个百分比，按预设值缩放文档。
- 单击“缩放级别”框，输入所需的缩放比例，再按回车键，如图 1.36 所示。
- 按 Ctrl + =（Windows）或 Command + =（macOS）键将缩放比例增大到上一个预设值。
- 按 Ctrl + -（Windows）或 Command + -（macOS）键将缩放比例缩小到下一个预设值。

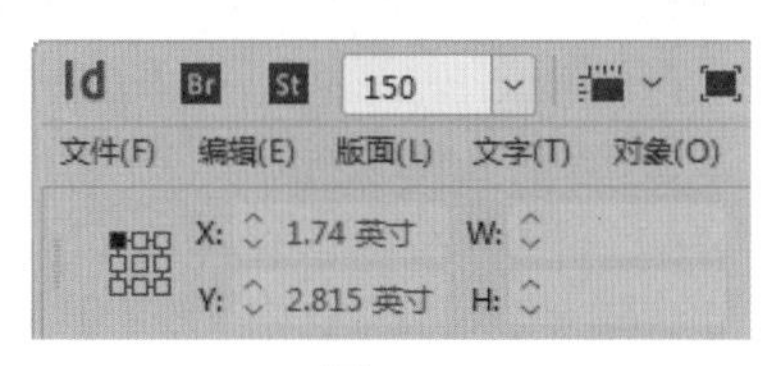

图1.36

1.5.2 使用缩放工具

除使用“视图”菜单中的命令外，您还可使用缩放工具来缩放文档视图。下面来练习使用缩放工具。

1. 选择菜单“视图”>“实际尺寸”，将文档的缩放比例设置为 100%。
2. 选择工具面板中的缩放工具（），将鼠标指向第一页右下角的树木图像。注意，缩放工具中央有个加号，如图 1.37 所示。

图1.37

3. 单击鼠标 3 次。每次单击时图像都将放大到下一个预设比例，且单击的位置位于窗口中央。

> Id **提示：**使用缩放工具单击来放大图像时，务必单击要查看的目标对象，确保它位于窗口中央。

下面来缩小视图。

4. 将鼠标光标指向树木图像并按住 Alt（Windows）或 Option（macOS）键，缩放工具中央将出现一个减号。
5. 在按住 Alt/Option 键的情况下单击鼠标 3 次，视图将缩小。

可使用缩放工具拖曳出一个环绕特定区域的矩形框以放大该区域。放大比例取决于矩形框的尺寸：矩形框越小，放大比例越大。

> Id **注意：**如果您使用的是 Mac，并安装了兼容的图形处理单元（GPU）卡，那么缩放工具将支持动画缩放，详情请参阅后面的旁注。

6. 根据需要滚动鼠标，以便能够看到包含单词“free community workshop series”的黑色椭圆文本框架。
7. 在依然选择了缩放工具的情况下，按住鼠标拖曳出一个环绕该文本框架的矩形框，再松开鼠标，如图 1.38 所示。

图1.38

8. 选择菜单“视图”>“使页面适合窗口”。
9. 在设计和编辑过程中，经常需要使用缩放工具。您可以使用键盘临时选择缩放工具，而不取消对当前工具的选择。做法如下。

- 单击工具面板中的“选择”工具（▶），再将鼠标光标指向文档窗口内。
- 按住 Ctrl + 空格键（Windows）或 Command + 空格键（macOS），鼠标光标将从选择工具图标将变成缩放工具图标，然后单击小鸟以放大视图。
- 松开按键后，鼠标光标将恢复为选择工具图标。

> Id **注意：**Windows 或 macOS 系统首选项可能覆盖一些 InDesign 键盘快捷键。如果键盘快捷键不管用，请检查系统首选项。

10. 选择菜单“视图”>“使页面适合窗口”让页面居中。

使用动画缩放

如果您使用的是Mac，并安装了兼容的图形处理单元（GPU）卡，就可使用InDesign改进的视图功能。在这种情况下，“视图”菜单中的“显示性能”默认被设置为“高品质显示”，而您可启用动画缩放（通过选择菜单“InDesign CC”>“首选项”>“GPU性能”）。

当您使用缩放工具时，动画缩放提供了平滑的动画显示。

- 单击并按住鼠标时：从外逐渐放大到中央。
- 在按住Option键的情况下单击并按住鼠标时：从中央开始往外缩小。
- 按住鼠标并向右拖曳时：放大。
- 按住鼠标并向左拖曳时：缩小。
- 按住Shift键并拖曳时：可使用标准的矩形框放大。

1.6 导览文档

在 InDesign 文档中导览的方式有多种，其中包括使用页面面板、使用抓手工具、使用“转到页面”对话框以及使用文档窗口中的控件。在使用 InDesign 的过程中，您可能发现自己更喜欢某种方法。找到喜欢的方法后，记住其快捷键可以让这种方法使用起来更容易。例如，如果您喜欢在“转到页面”对话框中输入页码，请记住打开这个对话框的快捷键。

1.6.1 翻页

您可使用页面面板、文档窗口底部的“页面”按钮、滚动条或其他方法来翻页。页面面板包含当前文档中每个页面的图标，双击页面图标或页码可切换到相应的页面或跨页。下面来练习翻页。

1. 单击页面面板图标以展开页面面板。
2. 双击第 2 页的页面图标（如图 1.39 所示），在文档窗口中显示这一页。

Id **提示**：想要翻页也可使用“版面”菜单中的命令：“第一页”“上一页”“下一页”“最后一页”“下一跨页”和“上一跨页”。

3. 双击第 1 页的页面图标，在文档窗口中居中显示第 1 页。
4. 要返回到文档的第 1 页，可使用文档窗口左下角的下拉列表。单击向下的箭头，并选择 2。

下面使用文档窗口底部的按钮来切换页面。

5. 不断单击页码框左边的“上一页”按钮（向左的按钮），直到显示第 1 页。

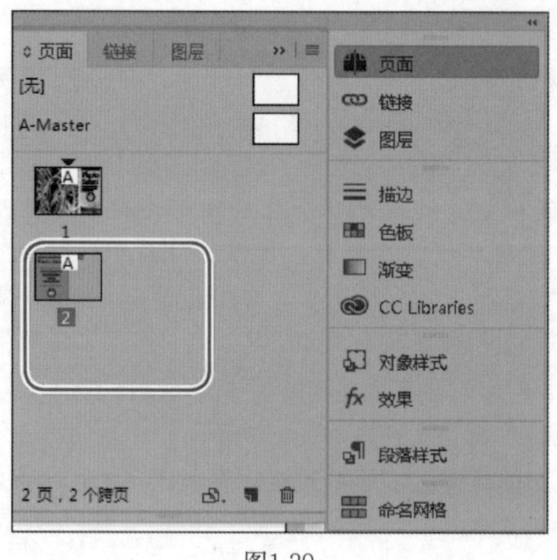

图1.39

6. 不断单击页码框右边的“下一页”按钮（向右的按钮，如图1.40所示），直到显示第2页。

> **注意：**如果选择了菜单“视图”>“使跨页适合窗口”，文档窗口底部的导航控件将是针对跨页（而不是页面）的。

7. 选择菜单“版面”>“转到页面”。
8. 在“转到页面”对话框中输入或选择1，再单击“确定”按钮，如图1.41所示。

图1.40

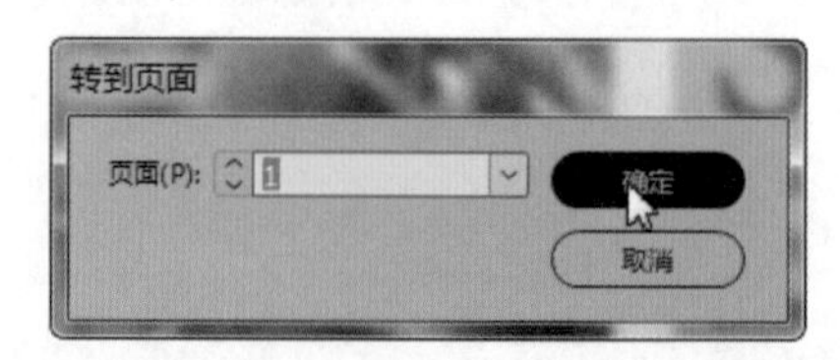

图1.41

> **提示：**菜单“版面”>“转到页面”的键盘快捷键为Ctrl + J（Windows）或Command + J（macOS）。

1.6.2 使用抓手工具

使用工具面板中的抓手工具可移动文档的页面，直到找到要查看的内容。下面来练习使用抓手工具。

1. 在应用程序栏中的“缩放级别”下拉列表中选择400%。
2. 选择抓手工具（ ）。

> Id 提示：使用选择工具时，可按空格键暂时切换到抓手工具。使用文字工具时，可按 Alt（Windows）或 Option（macOS）键暂时切换到抓手工具。

3. 在文档窗口中按住鼠标并沿任何方向拖曳，再向下拖曳以便在文档窗口中显示第 2 页。
4. 在选择了抓手工具的情况下，在页面上单击并按住鼠标，这将显示视图矩形，如图 1.42 所示。

- 拖曳该矩形以查看页面的其他区域或其他页面。
- 松开鼠标以显示该视图矩形包括的页面。
- 显示视图矩形时，按键盘上的箭头键可调整该矩形的大小。

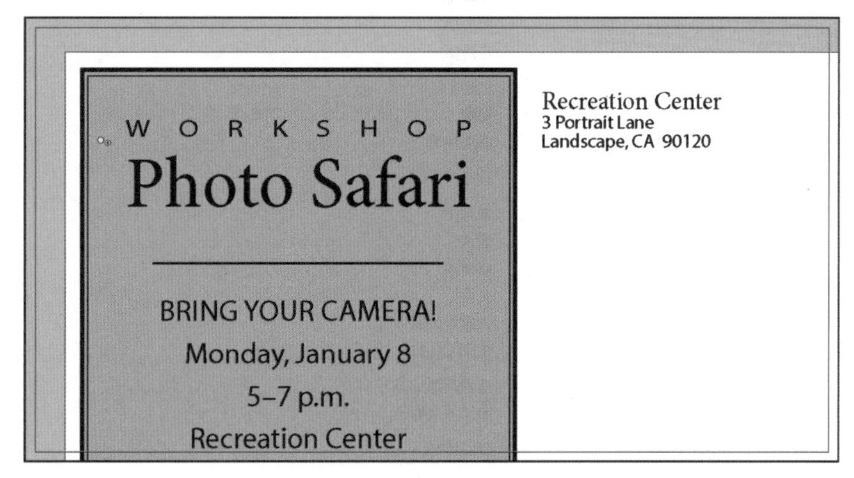

图1.42

5. 双击工具面板中的抓手工具使页面适合窗口。

1.7 使用上下文菜单

除屏幕顶部的菜单外，用户还可使用上下文菜单列出与活动工具或选定对象相关联的命令。要显示上下文菜单，可将鼠标光标指向文档窗口中的选定对象或任何位置，再单击鼠标右键（Windows）或按住 Control 键并单击（macOS）。

> Id 提示：在使用文字工具编辑文本时，窗口也可显示上下文菜单，该菜单让用户能够插入特殊字符、检查拼写以及执行其他与文本相关的任务。

1. 使用"选择"工具（▶）单击页面中的任何对象，如包含回信地址（即以 Recreation Center 打头的文本）的文本框架。
2. 在这个文本框架上单击鼠标右键（Windows）或按住 Control 键并单击（macOS），并观察有哪些菜单项，如图 1.43 所示。
3. 选择页面中其他类型的对象并打开上下文菜单，以查看可用的命令。

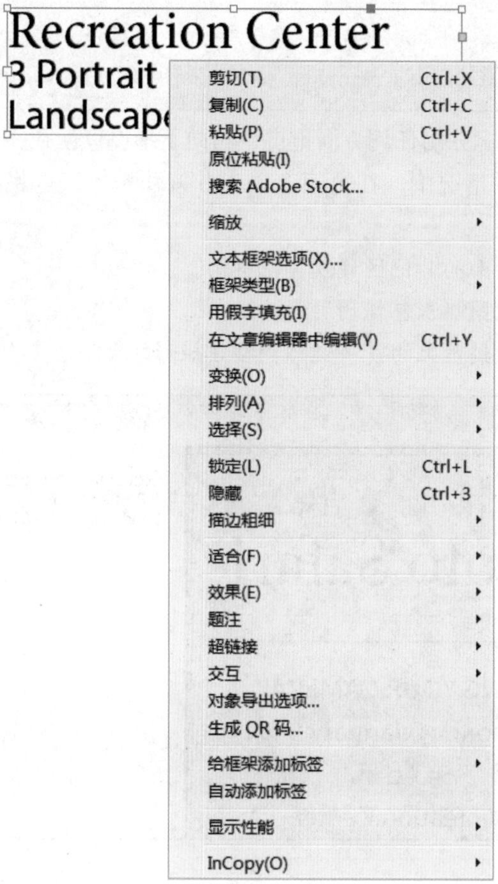

Recreation Center
3 Portrait
Landscape

剪切(T) Ctrl+X
复制(C) Ctrl+C
粘贴(P) Ctrl+V
原位粘贴(I)
搜索 Adobe Stock...
缩放
文本框架选项(X)...
框架类型(B)
用假字填充(I)
在文章编辑器中编辑(Y) Ctrl+Y
变换(O)
排列(A)
选择(S)
锁定(L) Ctrl+L
隐藏 Ctrl+3
描边粗细
适合(F)
效果(E)
题注
超链接
交互
对象导出选项...
生成 QR 码...
给框架添加标签
自动添加标签
显示性能
InCopy(O)

图1.43

1.8 使用面板菜单

大多数面板都有其特有的选项，要使用这些选项，可单击面板“菜单”按钮打开面板菜单，其中包含适用于当前面板的命令和选项。

下面修改色板面板的显示方式。

1. 选择菜单“窗口”>“颜色”>“色板”以显示色板面板；将色板面板拖出停放区，使其变成浮动的。

> Id **注意**：如有必要，单击标题栏中的双箭头（»），将该面板展开。

2. 单击色板面板右上角的面板“菜单”按钮（≡）打开面板菜单。

可使用色板面板的面板菜单来新建色板、加载其他文档中的色板等。

3. 从色板面板菜单中选择“大色板”，如图 1.44 所示。

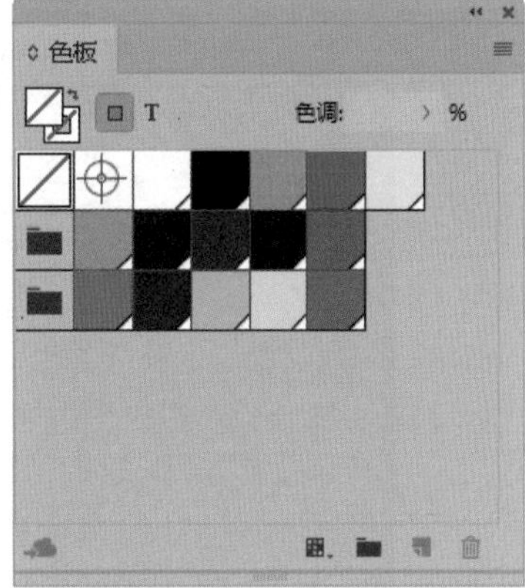

图1.44

1.9 修改界面首选项

用户可通过首选项来修改整体颜色、各种工具的工作方式以及面板的配置，从而定制 InDesign 的界面。“首选项”对话框中的有些设置影响应用程序（InDesign 本身），而其他的只影响活动文档。如果您在没有打开任何文档的情况下修改与文档相关的首选项，将影响所有新文档（不影响既有文档）。下面来看看界面首选项，它影响应用程序。

> Id **注意：**本书的屏幕截图显示的是“中等浅色”界面，但您可根据喜欢使用任何颜色主题。

1. 选择菜单“编辑”>“首选项”>“界面”（Windows）或“InDesign CC”>“首选项”>“界面”（macOS），以定制 InDesign 的外观。
2. 在“外观”部分，单击最右端的“浅色”框，如图 1.45 所示。
3. 尝试其他选项，再重新选择默认设置“中等深色”。
4. 单击“首选项”对话框中的各个面板，看看其他 InDesign 定制选项。例如，首选项“显示性能”让您能够指定在 InDesign 文档中如何显示图像（“快速”“典型”或“高品质”）。
   - 在本章开头，您通过菜单“视图”修改了显示性能，但这种修改是暂时性的，不会随文档保存。
   - 在没有打开任何文档的情况下修改这个首选项将影响所有文档。

研究完“首选项”对话框后，单击“确定”按钮。

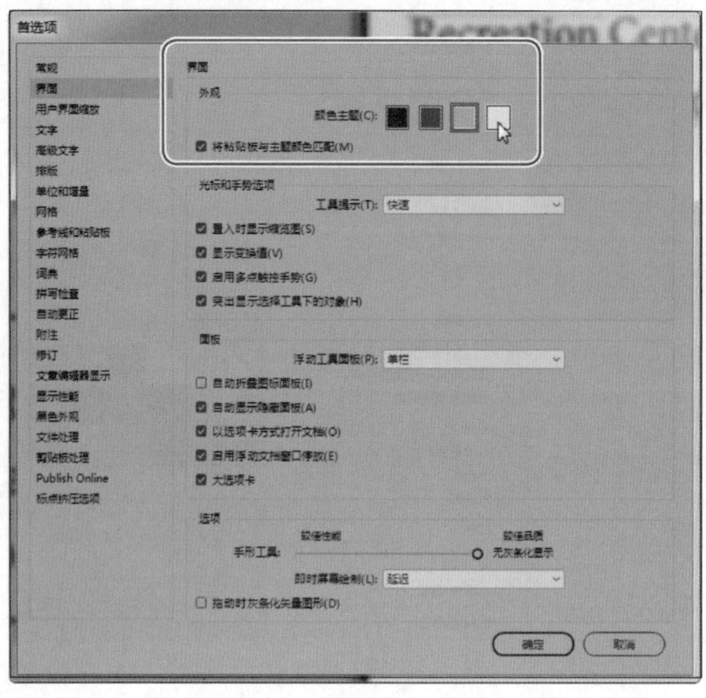

图1.45

> **提示：**如果您的计算机安装了兼容的 GPU 卡，InDesign 将自动使用 GPU 来显示文档，并将显示性能设置为“高品质”。

1.10 练习

了解工作区后，使用文档 01_Introduction.indd 或自己的文档尝试完成下面的任务。

> **提示：**要详尽地了解 InDesign 面板、工具和其他功能的用法，可使用“帮助”菜单。

- 选择菜单“窗口”>“实用程序”>“工具提示”，以显示有关选定工具的信息。选择各个工具，以更深入地了解它们。
- 选择菜单“窗口”>“评论”>“附注”打开相应的面板组。这个面板组包含任务面板、附注面板和修订面板，用于协同编辑和设计文档。
- 查看“键盘快捷键”对话框（可通过选择菜单“编辑”>“键盘快捷键”打开它），更深入地了解现有的键盘快捷键及如何修改它们。
- 复习菜单配置以及如何在“菜单自定义”对话框（选择菜单“编辑”>“菜单”可打开它）中编辑它们。
- 根据需要组织面板，并选择菜单“窗口”>“工作区”>“新建工作区”来创建自定义工作区。

1.11 复习题

1. 有哪些修改文档缩放比例的方式？
2. 在 InDesign 中如何选择工具？
3. 显示面板的方式有哪 3 种？
4. 如何创建面板组？

1.12 复习题答案

1. 可从菜单“视图”中选择命令以放大、缩小、使页面适合窗口等，也可从工具面板中选择缩放工具，再在文档上单击或拖曳鼠标光标以缩放视图。另外，可使用键盘快捷键来缩放文档视图，还可使用应用程序栏中的“缩放级别”框。
2. 要选择工具，可在工具面板中单击，也可按其键盘快捷键（条件是当前选择的不是文字工具）。例如，可以按 V 来选择选择工具，按住相应的键盘快捷键暂时切换到选择工具；要选择隐藏的工具，可将鼠标光标指向工具面板中的工具并按住鼠标，在隐藏的工具出现后选择它。
3. 要显示面板，可单击其面板图标或面板标签，也可在菜单“窗口”中选择其名称，如选择菜单“窗口”>“对象和版面”>“对齐”。还可通过菜单“文字”访问与文字相关的面板，例如，选择菜单“文字”>“字形”。
4. 将面板图标拖出停放区使面板变成自由浮动的状态。将其他面板的标签拖放到自由浮动的面板的标题栏中。可将面板组作为一个整体进行移动和调整大小。

第2课 熟悉InDesign

课程概述

本课介绍如下内容：

- 查看版面辅助工具；
- 使用印前检查面板检查潜在的制作问题；
- 输入文本及对文本应用样式；
- 导入文本及串接文本框架；
- 导入图形；
- 对象的移动、旋转、描边和填充；
- 使用段落样式、字符样式和对象样式自动设置格式；
- 在演示文稿模式下预览文档。

本课需要大约 60 分钟。

启动 InDesign 之前，先到异步社区的相应页面将本书的课程资源下载到本地硬盘中，并进行解压。

Amuse-
Bouche

Bakery & Bistro

Relax in our elegant dining room and enjoy handcrafted artisan breads, irresistable appetizers, seasonal entrées, and homemade desserts. Our chef's inspired amuse-bouches tantalize your tastebuds and are the talk of the town.

Starters & Small Plates

Try *baked garlic, home-made tater tots, hummus, mussels* and more for appetizers. Share small plates such as *portobello sliders, seared scallops and jumbo lump crab cakes.*

Entrées & Desserts

Indulge in our chef's daily creations, such as *pesto cavatappi or grilled organic chicken,* and be sure to leave room for *scrumptious croissant bread pudding or lemon mousse.*

InDesign版面的组成部分是对象、文本和图形。版面辅助工具（如参考线）有助于调整对象大小和放置对象，而样式让您能够自动设置页面元素的格式。

2.1 概述

本课使用的文档是一张标准尺寸的明信片，是为印刷并邮寄而设计的。另外，您也可将这张明信片导出为 PDF 文件用于电子邮件营销。正如读者将在本课中看到的，不管输出媒介是什么，InDesign 文档的组成部分都相同。在本课中，您将添加文本和图像，然后做必要的格式设置。

> **注意**：如果还没有从异步社区下载本课的项目文件，现在就这样做，详情请参阅“前言”。

1. 为确保您的 Adobe InDesign 首选项和默认设置与本课使用的一样，请将 InDesign Defaults 文件移到其他文件夹，详情请参阅“前言”中的“保存和恢复 InDesign Defaults 文件”。
2. 启动 Adobe InDesign。
3. 在出现的 InDesign 起点屏幕中，单击左边的“打开”按钮（如果没有出现起点屏幕，就选择菜单“文件”>“打开”）。
4. 打开硬盘中文件夹 InDesignCIB\Lessons\Lesson02 中的文件 02_Start.indd。
5. 如果出现“缺失字体”对话框，请单击“同步字体”按钮，这将通过 Adobe Typekit 访问所有缺失的字体。同步字体后，单击“关闭”按钮。有关如何使用 Adobe Typekit 的更详细信息，请参阅本书的前言。
6. 为确保面板和菜单命令与本章使用的一致，请选择菜单“窗口”>“工作区”>“[高级]”，再选择菜单“窗口”>“工作区”>“重置 [高级]”。
7. 为以更高的分辨率显示这个文档，请选择菜单“视图”>“显示性能”>“高品质显示”。
8. 选择菜单“文件”>“存储为”，将文件重命名为 02_Postcard.indd，并将其存储到文件夹 Lesson_02 中。
9. 如果要看看这个文档完成后是什么样的，请打开文件 02_End.indd，如图 2.1 所示。您可让这个文档保持打开状态，供工作时参考。
10. 为处理文档做好准备后，单击文档窗口左上角的标签 02_Postcard.indd 切换到这个文档。

> **注意**：为提高对比度，本书的屏幕截图显示的界面都是“中等浅色”的。在您的屏幕上，诸如面板和对话框等界面元素要暗些。

2.2 查看参考线

像本章这样修订已有文档，是入门级 InDesign 用户的典型工作。当前，这个明信片文档是在预览模式下显示的：在标准窗口中显示作品，并隐藏参考线、网格、框架边缘和隐藏字符等非打印元素。要处理这个文档，您需要能够看到参考线和隐藏字符（如空格和制表符）。熟悉 InDesign 后，您将知道哪种视图模式最合适。

图2.1

1. 单击并长按工具面板底部的“屏幕模式”按钮，再从菜单中选择“正常”（ ），如图 2.2 所示。

> **提示：** 其他视图模式包括出血（用于审核出血区域，这些区域可容纳超出页面边界的对象）、辅助信息区（显示出血区域外面的区域，这种区域可包含印刷说明、作业签署信息等）和演示文稿（满屏显示，非常适合用来向客户展示设计理念）。

此操作将显示版面辅助元素。例如，使用淡蓝色的非打印线条标识已有文本框架和对象，因为我们显示了框架边缘（即选择了菜单“视图”>“其他”>“显示框架边缘”）。下面来显示其他版面辅助元素。

2. 在应用程序栏中，单击“视图选项”按钮（ ）并选择“参考线”，如图 2.3 所示。务必确保“参考线”左边有勾号。

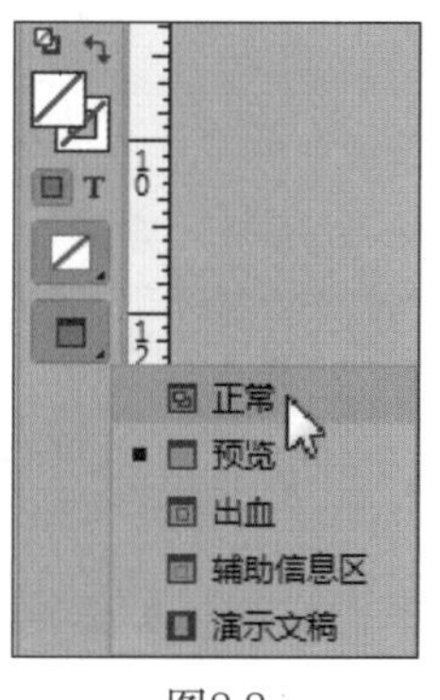

图2.2

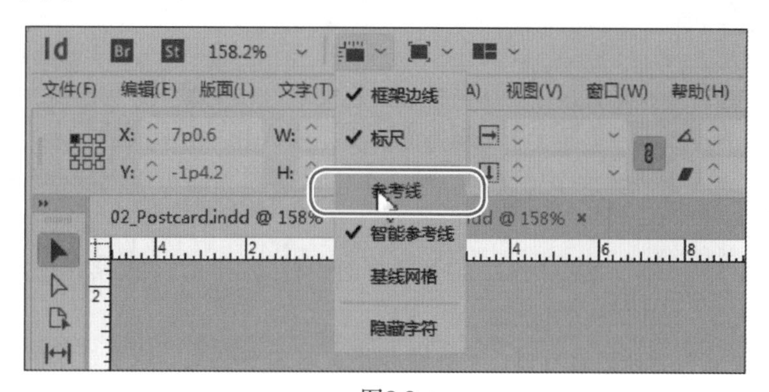

图2.3

显示参考线后，我们可以容易且精确地放置对象，包括对齐到参考线。参考线不会被打印出来，也不会限制将打印或导出的区域。

3. 在“视图选项”菜单中选择“隐藏字符”。务必确保“隐藏字符”左边有勾号。

显示非打印的隐藏字符，如制表符、空格及换行符，有助于精确地选择文本并设置其样式。一般而言，在编辑文本或设置其格式时，最好将隐藏字符显示出来。

> Id **提示**：应用程序栏中的命令也可在主菜单中找到，这包括“视图”>“网格和参考线”>“显示参考线”以及“文字”>“显示隐藏字符”。

4. 处理这个文档时，请在必要时使用在第 1 课学到的技能来移动面板、重新排列面板以及滚动和缩放。

2.3 在工作时执行印前检查

每当您着手处理文档时（无论是从空白处创建文档还是修订已有文档），都必须关注输出问题。例如，文档中所有的线条都足够粗，能够打印出来吗？正确地显示了颜色吗？在本书的课程中，您将更深入地学习这些问题。

在出版中，对文档进行评估，找出潜在的输出问题的过程被称为印前检查。InDesign 提供了实时印前检查功能，让用户能够在创建文档时对其进行监视，以防发生输出问题。

要定制实时印前检查，我们可创建或导入制作规则（这称为配置文件），让 InDesign 根据它们来检查文档。InDesign 提供的默认配置文件会指出一些潜在的问题，如缺失字体（系统上没有安装的字体）和溢流文本（文本框架中容纳不下的文本）。

1. 选择菜单“窗口”>“输出”>“印前检查”打开印前检查面板。

使用“[基本]（工作）”印前检查配置文件时，InDesign 发现了一个错误，印前检查面板和文档窗口左下角的红色印前检查图标（●）指出了这一点。根据印前检查面板中列出的错误，可知该问题为“文本”类型。

> Id **提示**：请注意文档窗口的左下角，看看是否有错误出现。您可双击字样“错误”来打开印前检查面板，以了解错误的详细情况。

2. 要查看错误，在印前检查面板中单击“文本”旁边的箭头。
3. 单击“溢流文本”旁边的箭头，再单击“文本框架”。
4. 为了解这个错误的详情，单击印前检查面板底部的字样“信息”旁边的箭头，如图 2.4 所示。
5. 双击“文本框架”定位到页面中有问题的文本框架并选择它，您也可单击右边的“页面”栏中的页码链接。

这将选择包含标题、子标题和正文的文本框架。这个框架的出口（位于框架右下角上方的小方框）中有个红色加号（+），这表明有溢流文本。

6. 使用“选择”工具（▶）向下拖曳文本框架底部的手柄，让高度大约为 12p10，如图 2.5 所示。
7. 单击粘贴板以取消选择文本框架。

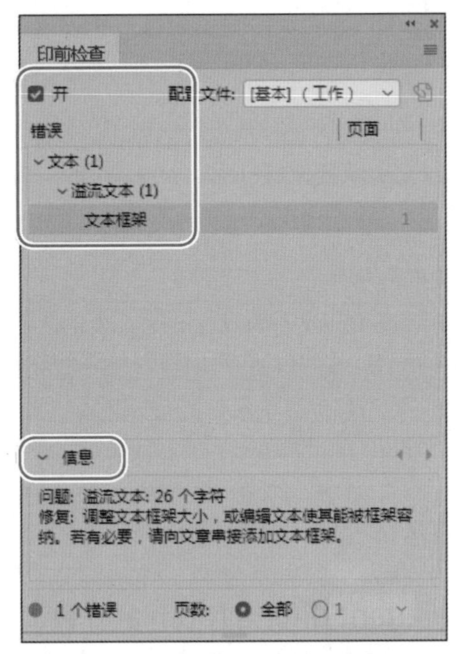

图2.4

图2.5

Id **提示：**要增大存在溢流文本的文本框架，一种快速方式是双击文本框架下边缘中央的手柄。为消除溢流文本，也可修改文本、缩小字号或使用自动调整大小功能（选择菜单“对象”>“文本框架选项”，再设置“自动调整大小”）。

8. 选择菜单“视图”>“使页面适合窗口”。

现在，InDesign 的文档窗口和印前检查面板的右下角显示“无错误”，如图 2.6 所示。

图2.6

9. 关闭印前检查面板，再选择菜单“文件”>“存储”保存所做的工作。

2.4 添加文本

在 InDesign 中，大多数文本都包含在文本框架内（文本也可包含在表格单元格内或沿路径排列）。您可直接将文本输入文本框架内，也可从字处理程序中导入文本文件。在导入文本文件时，您可将文本添加到现有的框架中，也可在导入时创建框架。如果文本在当前文本框架中容纳不下，可连接到其他文本框架中。

2.4.1　输入文本并对文本应用样式

现在可以开始处理这张未完成的明信片了。首先，编辑标题下方的文本，并对其应用样式。

1. 选择文字工具（T.）并单击单词 Cafe 后面。
2. 按 Backspace（Windows）或 Delete（macOS）键 4 次，将单词 Cafe 删除，如图 2.7 所示。

> Id **提示**：要编辑文本、设置文本的格式或创建新的文本框架，可使用文字工具。

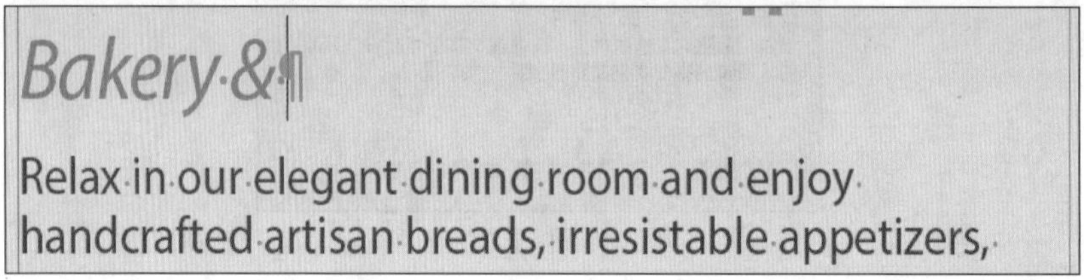

Bakery·&·¶
Relax·in·our·elegant·dining·room·and·enjoy·
handcrafted·artisan·breads,·irresistable·appetizers,·

图2.7

3. 在文本框架中输入 Bistro，将旅馆名从 Bakery & Cafe 改为 Bakery & Bistro，如图 2.8 所示。

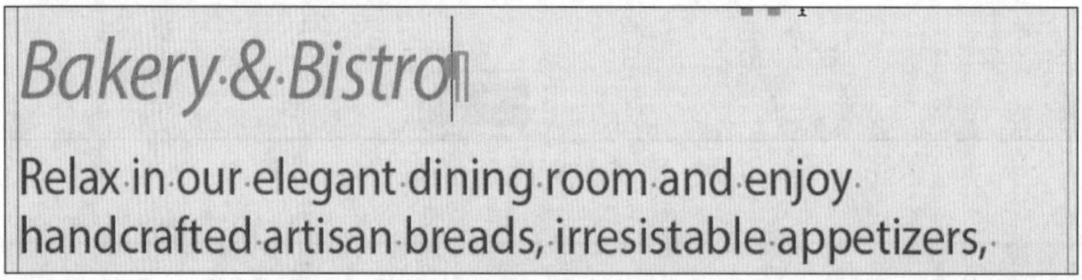

Bakery·&·Bistro¶
Relax·in·our·elegant·dining·room·and·enjoy·
handcrafted·artisan·breads,·irresistable·appetizers,·

图2.8

4. 在插入点依然位于文本中的情况下单击 4 次，以选择 Bakery & Bistro。
5. 如有必要，在控制面板中单击“字符格式控制”图标（A），再从“字体样式”下拉列表中选择 Bold，如图 2.9 所示。

> Id **注意**：如有必要，使用选择工具拖曳文本框架的下边缘，以便能够容纳所有文本。

InDesign CC
File
Edit
Layout
Type
268.8%
Myriad Pro
Bold
15 pt
6 pt

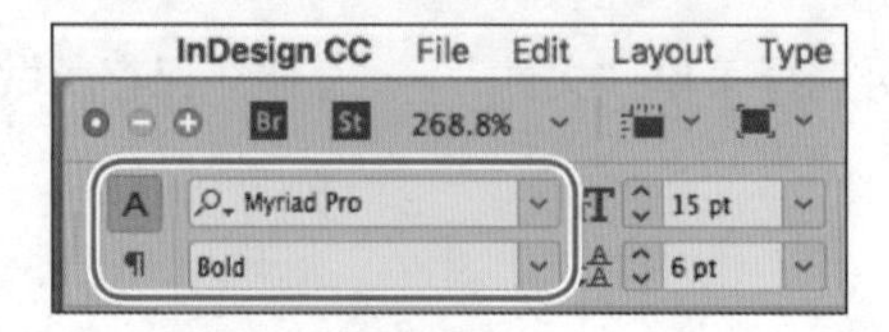

图2.9

6. 选择菜单“文件”>“存储”保存所做的工作。

设置文本样式和指定文本位置的选项

InDesign提供了设置字符和段落格式的选项，还提供了在框架中定位文本的选项。下面是一些常用的选项。

字符格式：字体、字体样式、字体大小、行距、全部字母大写。

段落格式：诸如居中等对齐方式以及缩进、段前/后间距。

文本框架选项：列数、内边距、垂直对齐。

控制面板、段落面板（“文字”>“段落”）和字符面板（“文字”>“字符”）提供了设置文本样式所需的所有选项。要在框架中定位文本，可选择菜单“对象”>“文本框架选项”，这个菜单项打开的对话框中的很多选项也包含在控制面板中。

2.4.2 置入文本和排文

在大多数出版流程中，作者和编辑都使用字处理程序。在基本完成文本后，他们将文件发送给图形设计人员。为完成这张明信片，我们接下来使用“置入”命令将一个 Microsoft Word 文件导入到页面底部的一个文本框架中，再将第一个文本框架和第二个文本框架串接起来。

1. 使用“选择”工具（ ）单击粘贴板的空白区域，确保没有选择任何对象。
2. 选择菜单“文件”>“置入”。在“置入”对话框中，确保没有选中复选框“显示导入选项”。
3. 切换到文件夹 Lessons\Lesson02 并双击文件 Amuse.docx。

鼠标光标将变成载入文本图标（ ）。接下来将这些文本添加到明信片左下角的文本框架中（文本框架由淡蓝色非打印线标识）。

Id **提示：**鼠标光标变成载入文本图标后，就会有多种选择：可拖曳鼠标光标创建新的文本框架、在已有文本框架中单击或单击以在页面的栏参考线内新建文本框架。

4. 将鼠标光标指向左下角的文本框架并单击，如图 2.10 所示。

Id **注意：**请参阅最终的课程文档 02_End.indd，确定要将文本放在什么地方。

Word 文件中的文本出现在这个文本框架中，但这个文本框架装不下所有文本。文本框架出口中的红色加号（+）表明有溢流文本。下面将两个文本框架串接起来以便文本排入其他文本框架中。

5. 使用选择工具选择包含置入文本的文本框架。

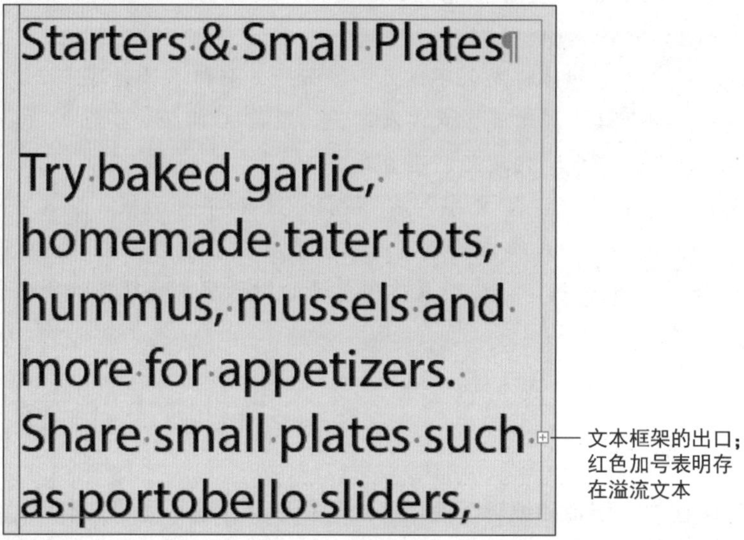

Starters & Small Plates
Try baked garlic, homemade tater tots, hummus, mussels and more for appetizers. Share small plates such as portobello sliders, seared

Starters & Small Plates

Try baked garlic, homemade tater tots, hummus, mussels and more for appetizers. Share small plates such as portobello sliders,

文本框架的出口；红色加号表明存在溢流文本

图2.10

6. 单击该文本框架的出口以选择它。再次单击出口，鼠标光标将变成载入文本图标。立即在右边的本框架中单击，如图 2.11 所示。

Starters & Small Plates

Try baked garlic, homemade tater tots, hummus, mussels and more for appetizers. Share small plates such as portobello sliders,

Starters & Small Plates Try baked garlic, homemade tater tots, hummus, mussels and more for appetizers. Share small plates such as portobello sliders, seared

图2.11

提示：串接的文本框架中的所有文本都被称为“文章”。

此时，还存在溢流文本（如图 2.12 所示），本章后面将通过设置文本的样式来解决这个问题。

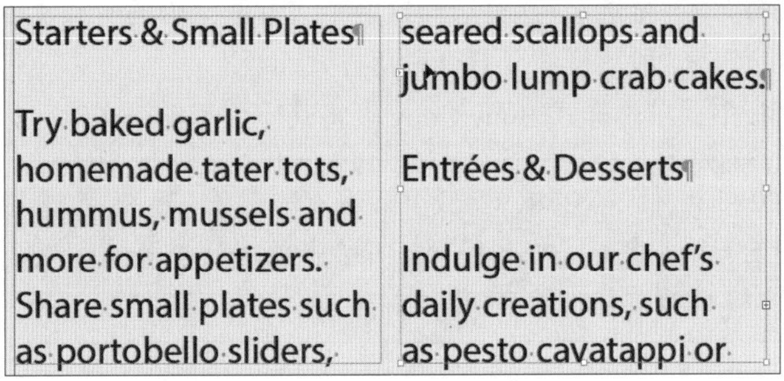

图2.12

> **注意：**由于不同的字体版本存在差别，您在框架中看到的文本可能稍有不同。

7. 选择菜单“文件”>“存储”。

2.5　使用样式

InDesign 提供了段落样式、字符样式和对象样式，让您能够快速且一致地设置文本和对象的格式，更重要的是，您只需编辑样式就可完成全局修改。样式的工作原理如下。

- 段落样式包含应用于段落中所有文本的格式属性，如字体、字体大小和对齐方式。只需在段落中单击便可选择该段落，还可选择其中的任何一部分。
- 字符样式只包含字符属性，如字体样式（粗体或斜体）和字体颜色等，它们只应用于段落中选定的文本。字符样式通常用于突出段落中特定的文本。
- 对象样式让您能够设置选定对象的格式，如填色和描边颜色、描边效果和角效果、透明度、投影、羽化、文本框架选项以及文本绕排。

> **提示：**段落样式可包含用于段落开头和段落文本行的嵌入样式。这让您能够自动设置常见的段落格式，如首字母大写并下沉，且第一行的字母都大写。

接下来将学习设置文本的段落样式和字符样式。

2.5.1　应用段落样式

这张明信片基本完成了，我们创建好了您所需的所有段落样式。下面首先对两个串接的文本框架中的所有文本应用样式 Body Copy，再对标题应用样式 Subhead。

> **提示：**在很多出版环境（包括市场营销和广告宣传领域）中，文本都被称为文字，这就是作者和编辑被称为文字撰写人或文字编辑的原因。

1. 选择文字工具（T.），再单击包含新导入文本的两个文本框架之一。
2. 选择菜单“编辑”>“全选”，这将选择这两个文本框架中的所有文本。
3. 选择菜单“文字”>“段落样式”打开段落样式面板。
4. 在段落样式面板中，单击样式 Body Copy 以将其应用于整篇文章，如图 2.13 所示。

> **注意：**如果应用的样式（Body Copy）后面有加号（+），就说明文本的格式与样式指定的格式不完全一致。要解决这种问题，可单击段落样式面板底部的“清除优先选项”按钮（¶*）。第 9 课将更详细地介绍样式。

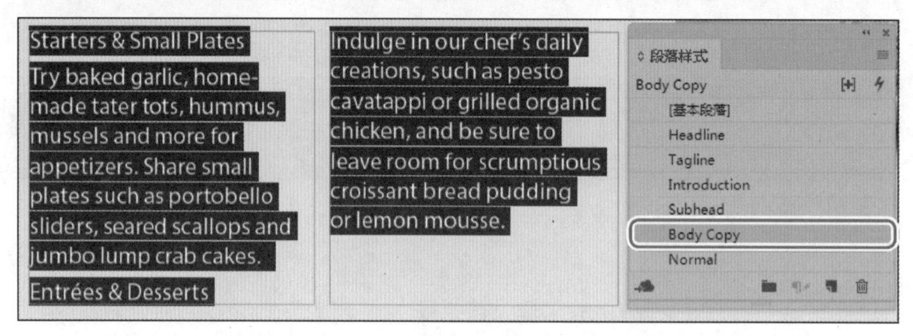

图2.13

5. 使用文字工具，在文章第一行文本（Starters & Small Plates）中单击。

从该行末尾的隐藏字符（回车）可知，这行实际上是一个段落，因此可使用段落样式设置其格式。

6. 在段落样式面板中单击样式 Subhead。
7. 对 Entrées & Desserts 也应用段落样式 Subhead，如图 2.14 所示。

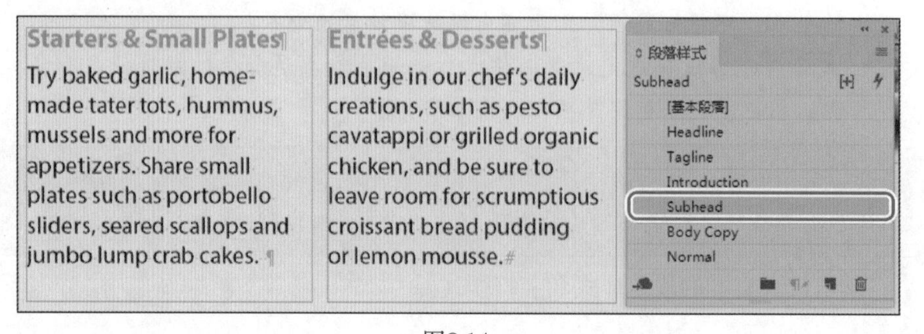

图2.14

8. 选择菜单“文件”>“存储”。

2.5.2 设置文本格式以便基于它创建字符样式

突出段落中的一些关键字可引起读者的注意力。对于这张明信片中的文字而言，您可以设置一些单词的格式使其更突出，再基于这些单词创建字符样式，最后快速将该字符样式应用于其他选定的单词。

> Id **提示：**别忘了，在您处理文档时，可根据需要将面板从停放区拖出、调整其大小以及移动它们。从很大程度上说，采用什么样的面板布局取决于屏幕有多大。有些 InDesign 用户使用双显示器，并将其中一个显示器专门用于管理面板。

1. 使用缩放工具（ ）放大明信片左下角的第一个文本框架，该文本框架包含标题 Starters & Small Plates。
2. 使用文字工具（ ）选择第一段中的文本“baked garlic，homemade tater tots，hummus，mussels”。
3. 如有必要，在控制面板中单击“字符格式控制”图标（ ）。
4. 从控制面板左端的“字体样式”下拉列表中选择 Italic，但保留字体为 Myriad Pro。
5. 在控制面板中，单击“填色”下拉列表旁边的箭头，再单击 Colorful_Theme 旁边的箭头，将这个色板文件夹展开。
6. 选择名为“C=23 M=97 Y=99 K=1”的色板，将文本设置为这种颜色，如图 2.15 所示。

图2.15

7. 在文本框架中单击以取消选择文本，并查看修改结果，然后选择菜单“文件”>“存储”。

2.5.3 创建并应用字符样式

设置文本的格式后，您便可使用这些格式创建字符样式了。

1. 使用文字工具（ ）重新选择文本“baked garlic，homemade tater tots，hummus，mussels”。
2. 如有必要，选择菜单“文字”>“字符样式”打开字符样式面板。
3. 按住 Alt（Windows）或 Option（Mac OS）键并单击字符样式面板底部的“创建新样式”按钮，如图 2.16 所示。

> Id **注意：**按住 Alt（Windows）或 Option（macOS）键并单击“创建新样式”按钮，将打开“新建字符样式”对话框，让您能够立即为样式命名。这也适用于段落样式面板和对象样式面板。

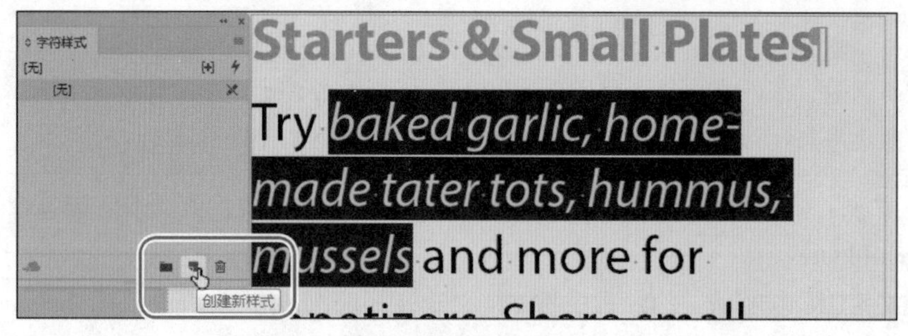

图2.16

样式名默认为“字符样式 1”，如“新建字符样式”对话框所示。该新样式包含选定文本的特征，如“新建字符样式”对话框中的“样式设置”部分所示。

> Id **注意：**如果没有出现“新建字符样式”对话框，可双击字符样式面板中的“字符样式 1”。

4. 在文本框“样式名称”中输入 Red Italic。
5. 选中“新建字符样式”对话框底部的复选框“将样式应用于选区”。
6. 如有必要，取消选择右下角的复选框 :“添加到 CC 库”，再单击“确定”，如图 2.17 所示。

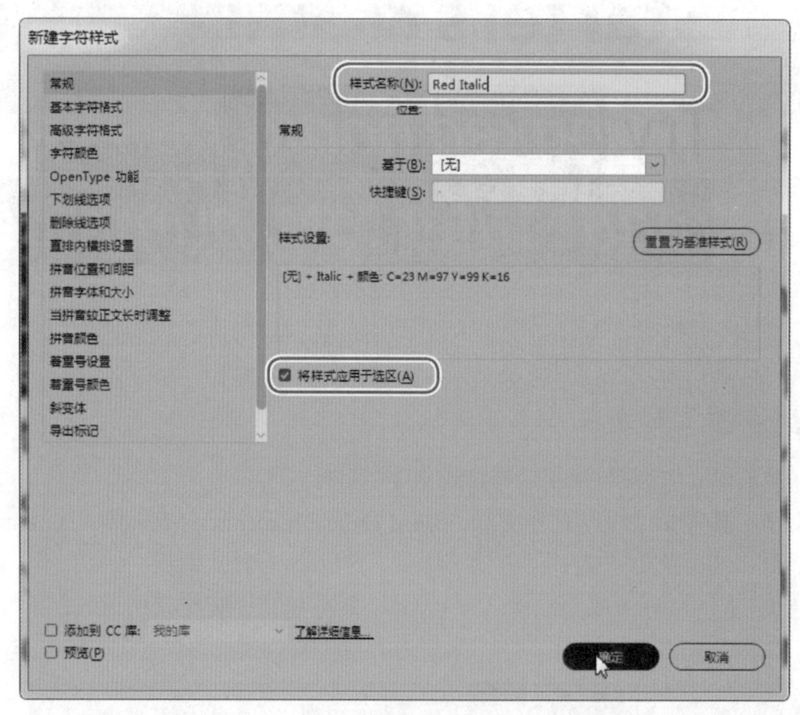

图2.17

7. 使用文字工具选择第一个文本框架中的文本“portobello sliders，seared scallops and jumbo lump crab cakes”及其后面的句点。

8. 在字符样式面板中，单击样式 Red Italic。

由于应用的是字符样式而非段落样式，因此该样式只影响选定文本（而不是整个段落）的格式。

> Id **提示：**排版人员通常对应用了样式的单词后面的标点应用同一种样式。例如，如果单词为斜体，则将它后面的标点也设置为斜体。是否这样做取决于排版人员的设计偏好和风格指南，关键是保持一致。

9. 使用文字工具选择第二个文本框架中的文本及其后面的逗号。
10. 在字符样式面板中，单击样式 Red Italic。
11. 重复上述过程，将字符样式 Red Italic 应用于文本“croissant bread pudding or lemon mousse.”，如图 2.18 所示。

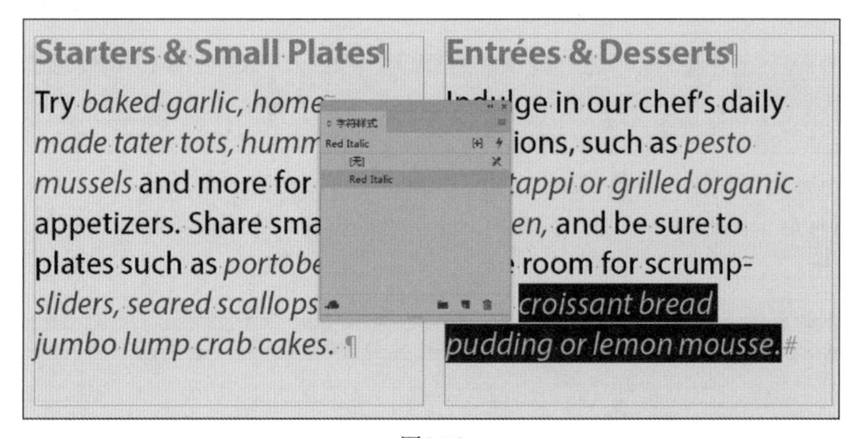

图2.18

12. 选择菜单“文件”>“存储”。

2.6 处理图形

为在明信片中添加最后一个设计元素，下面我们导入一个图形并调整其大小和位置。InDesign 文档使用的图形都在框架中。我们可使用“选择”工具（ ）来调整框架的大小以及图形在框架中的位置。第 10 章将更详细地介绍如何处理图形。

1. 选择菜单“视图”>“使页面适合窗口”。

下面在明信片的右上角添加一个图形。

> Id **提示：**可将图形置入已有框架中，也可在置入图形时新建一个框架。还可将图形文件从桌面拖曳到 InDesign 页面或粘贴板中。

2. 选择菜单“编辑”>“全部取消选择”确保没有选中任何对象。
3. 选择菜单“文件”>“置入”。在“置入”对话框中，确保没有选中复选框“显示导入选项”。
4. 切换到文件夹 Lessons\Lesson02，再双击文件 DiningRoom.jpg。

鼠标光标将变成载入图形图标（），其中显示了该图形的预览。如果在页面上单击，InDesign将创建一个图形框架并将图形以实际大小置入其中，但这里将创建一个图形框架来放置该图形。

5. 将载入图形图标指向明信片右上角的淡蓝色和粉红色参考线的交点，如图 2.19 所示。

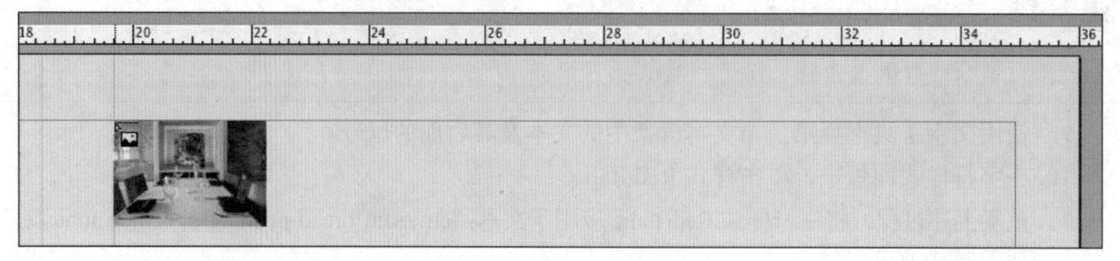

图2.19

> **注意：** 请参阅最终的课程文档 02_End.indd，确定要将这个图形放在什么地方。

6. 向右下方拖曳鼠标（如图 2.20 所示），直到到达页面右边的参考线。

当松开鼠标后，图形将被添加到页面中，还将自动创建一个图形框架，该框架的高度取决于该图形的长宽比。

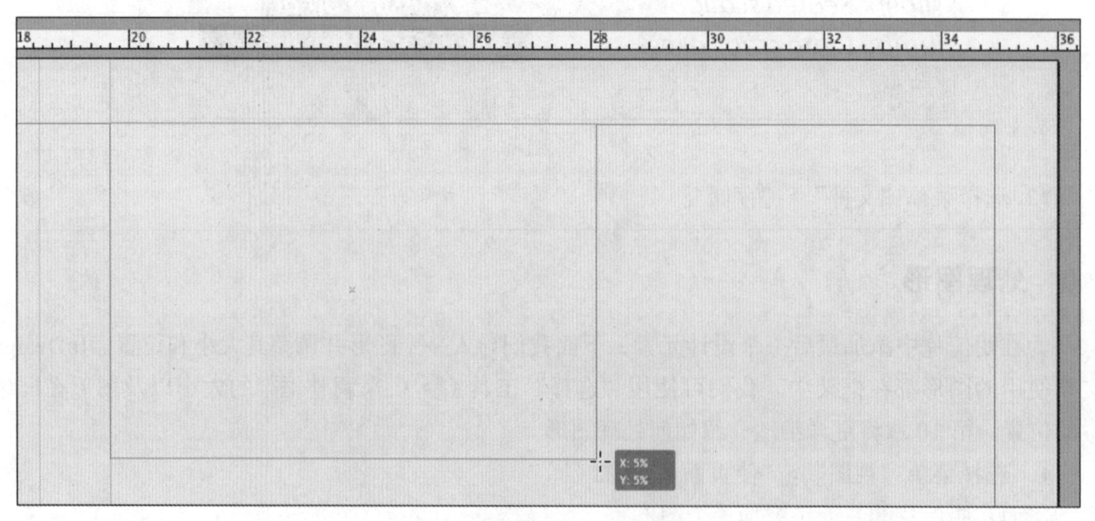

图2.20

> **提示：** 在页面中置入图形时，如果您新建了一个框架，图形将自动缩放以适合该框架。您也可使用控制面板中的缩放控件精确调整图形的大小，这将在第 10 章中详细地介绍。

7. 使用“选择”工具（）向上拖曳图形框架底部中间的手柄，可通过拖曳 8 个调整大小手柄中的任何一个来裁剪图形，如图 2.21 所示。

使用选择工具缩小框架，以裁剪其中的图形

图2.21

8. 按 Ctrl + Z（Windows）或 Command + Z（macOS）键撤销裁剪。
9. 在依然选择了“选择”工具的情况下，将鼠标光标指向图形，图形中央将出现内容抓取工具（◎）。
10. 单击内容手形抓取工具选择该图形，在图形框架内拖曳图形到理想位置，如图 2.22 所示。

提示：调整图形的位置时，要更严格地对其进行控制，可在拖曳时按住 Shift 键，这样图形将只能水平、垂直或沿 45° 角移动。在使用选择工具调整框架大小或在框架内移动图形前，如果用鼠标单击并暂停一会儿，框架外面将出现被裁剪掉的部分图形的幻影。

图2.22

11. 按 Ctrl + Z（Windows）或 Command + Z（macOS）键来移动图形。图形的最终位置应为第 6 步指定的位置。
12. 选择菜单“文件”>“存储”。

2.7 处理对象

InDesign 页面的组成部分是对象——文本框架、图形框架、线条等。一般而言，我们可使用选择工具移动对象的位置并调整其大小。对象有填充（背景）颜色以及描边（轮廓或边框）颜色，您可通过指定宽度和样式来定制它们。您可自由移动对象、将其与其他对象对齐或根据参考线或数值准确地放置它们。另外，您还可调整对象大小和缩放对象，以及指定文本如何沿它们绕排。要了解有关对象的更多内容，请参阅第 4 章。下面，我们来尝试一些与对象相关的功能。

2.7.1 移动和旋转对象

在页面左边的粘贴板中，有一个刀叉图形，这是使用 InDesign 绘图工具创建的。您将把这个图形移到饭店名 Amuse-Bouche 的右边，再旋转它。

1. 选择菜单"视图">"使页面适合窗口"，让页面在文档窗口中居中。如有必要，将其向左移动以便能够看到粘贴板上的白色图形。
2. 使用"选择"工具（▶）单击这个刀叉图形。
3. 将这个图形拖放到标题 Amuse-Bouche 的右边，如图 2.23 所示。

图2.23

4. 为微调这个对象的位置，在控制面板中输入如下值。

- X：11p5。
- Y：3p0。

5. 为旋转这个图形，在文本框"旋转角度"中输入 30°，如图 2.24 所示。

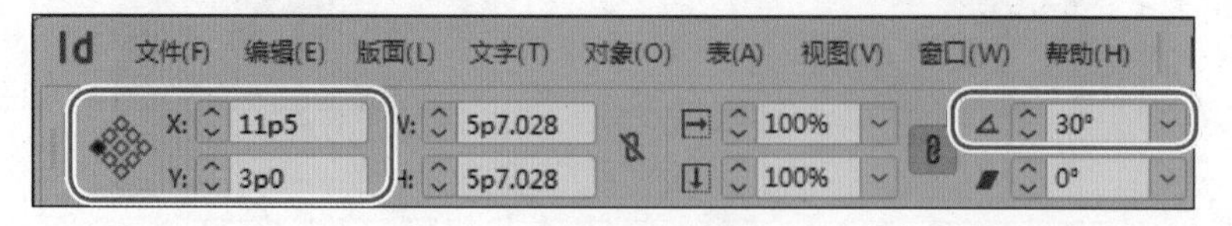

图2.24

> **注意**：当您在控制面板中的文本框 X 和 Y 中输入值时，对象将根据参考点自动调整位置。要修改参考点，可单击文本框 X 和 Y 左边的参考点图标（）中的相应方框。

6. 选择菜单“文件”>“存储”。

2.7.2 修改对象的描边和填充

在选择了对象的情况下，我们可修改其描边（轮廓或边框）的粗细和颜色。

1. 使用“选择”工具（ ）选择刀叉图形。
2. 选择菜单“窗口”>“描边”打开描边面板。在“粗细”文本框中输入“1 点”并按回车键，如图 2.25 所示。

图2.25

3. 在依然选择了该图形对象的情况下，单击右边的色板面板图标。
4. 单击色板面板顶部的“描边”框（ ），确保指定的是描边颜色而不是填充颜色。描边框是两个重叠框中位于右下角的那个。
5. 单击文件夹 Colorful_Theme 旁边的箭头，以显示其中的色板，再单击名为“C=61 M=28 Y=100 K=9”的绿色色板。

> Id **注意**：如有必要，拖曳色板面板的右下角将面板加大，以便能够看到 Colorful_Theme 中的色板。

6. 在依然选择了该图形对象的情况下，单击色板面板顶部的“填充”框（ ），以便设置对象的填充色。
7. 单击名为“C=23 M=97 Y=99 K=16”的色板，如图 2.26 所示。

> Id **提示**：要快速将描边颜色和填充色分别恢复到默认的黑色和无，可选择菜单“编辑”>“全部取消选择”，再按 D 键。

8. 在粘贴板上单击以取消选择所有对象。
9. 选择菜单“文件”>“存储”。

图2.26

2.8 应用对象样式

与段落样式和字符样式一样，我们通过将属性存储为样式，这样可快速且一致地设置对象的格式。在这个练习中，您将把已有的对象样式应用于两个包含正文的文本框架上。

1. 选择菜单“视图”>“使页面适合窗口”。
2. 选择菜单“窗口”>“样式”>“对象样式”打开对象样式面板。
3. 使用“选择”工具（ ）单击包含子标题 Starters & Small Plates 的文本框架。
4. 在对象样式面板中，单击样式 Green Stroke and Drop Shadow。
5. 单击包含子标题 Entrées & Desserts 的文本框架。
6. 在对象样式面板中，单击样式 Green Stroke and Drop Shadow，如图 2.27 所示。

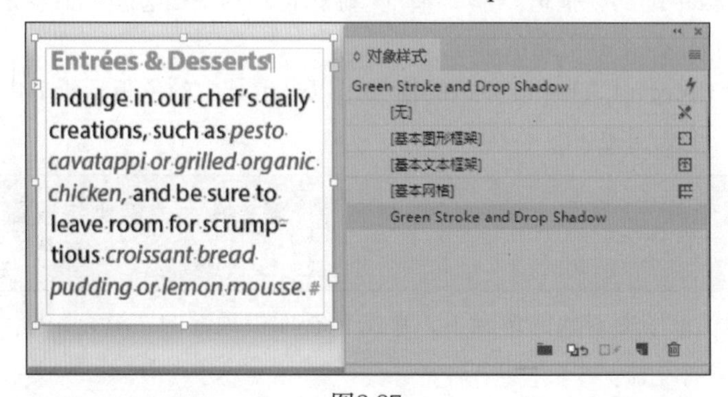

图2.27

7. 选择菜单“文件”>“存储”。

2.9 在演示文稿模式下查看文档

在演示文稿模式下，InDesign 界面将完全隐藏，文档会占据整个屏幕。这种模式非常适合用来向客户展示设计理念。

Id **提示**：在演示文稿模式下，不能编辑文档，但在其他模式下可以。

1. 单击工具面板底部的“屏幕模式”按钮（▣）并按住鼠标，再选择“演示文稿”（◘）。
2. 查看文档后，按 Esc 键退出演示文稿模式，该文档将以之前的模式（正常）显示。
3. 选择菜单“视图” > “屏幕模式” > “预览”，在不显示版面辅助元素的情况下查看文档。
4. 选择菜单“视图” > “实际尺寸”以实际输出尺寸显示文档。
5. 选择菜单“文件” > “存储”。

祝贺您完成了 InDesign 入门之旅！

InDesign最佳实践

在制作明信片的过程中，您尝试使用了文档的基本构件，并遵循了文档创建的最佳实践。遵循最佳实践可确保创建的文档易于格式化、修订和复制。下面列出了一些最佳实践。

- 开始时执行印前检查。收到要处理的文档后，马上使用实时印前检查功能确认文档能正确地输出。例如，如果文档缺失字体，就先安装缺失的字体，再接着往下处理文档。
- 不要堆叠对象。使用单个而不是多个对象来实现所需的格式。例如，在本章中，对包含正文的两个文本框架应用了文本外边距、描边粗细、描边颜色、投影等设置。InDesign新手可能通过堆叠多个框架来实现这样的外观，但需要移动、对齐对象或修改格式时，这将导致您必须做更多的工作。
- 将文本框架串接起来。InDesign新手喜欢将文本置入或粘贴到不同的文本框架中，但这样做时，您需要分别选择框架中的文本并设置其格式。如果将文本排入串接的框架中，它们将作为一个整体，被称为文章。相比于独立的文本框架，文章的优点之一是，可选择文章中的所有文本并设置其格式，同时可将其作为一个整体来进行查找/修改和拼写检查。创建的文档很长（如书籍）时，将文本框架串接起来至关重要，这有助于控制文本的位置以及执行修订。
- 始终使用样式来设置格式。InDesign提供了样式，可用于设置对象、段落、文本行、字符、表格和表格单元格的格式。通过使用样式，您可快速且一致地设置文档内容的格式。另外，需要修改格式时，只需更新样式，您就可将修改应用于整个文档。例如，对于本章的明信片，如果您要修改正文的字体，只需编辑段落样式Body Copy的字符格式即可。您可轻松地更新样式，以反映新的格式设置；您还可以在文档之间共享样式。

您将在本书后续章节更深入地学习这些最佳实践。

2.10 练习

要学习更多 InDesign 知识，请在这个明信片文档中尝试下述操作。

- 使用控制面板中的选项修改文本的格式。
- 对文本应用不同的段落样式和字符样式，将不同的对象样式应用于对象。
- 移动对象和图形的位置并调整其大小。
- 双击一个段落样式、字符样式或对象样式，并修改其格式设置，注意观察这些修改将如何影响应用了该样式的文本或对象。

2.11 复习题

1. 如何确定版面是否存在将导致输出问题的问题？
2. 哪种工具能创建文本框架？
3. 哪种工具让您能够将文本框架串接起来？
4. 哪种符号表明文本框架有容纳不下的文本（即溢文）？
5. 哪种工具可用于同时移动框架及其中的图形？
6. 哪个面板包含可用于修改选定框架、图形或文本的选项？

2.12 复习题答案

1. 如果版面不符合选定印前检查配置文件的要求，印前检查面板将报告错误。例如，如果文本框架包含溢流文本（即无法容纳所有的文本），将报告错误。文档窗口的左下角也会列出印前检查错误。
2. 使用文字工具创建文本框架。
3. 要串接文本框架，可使用选择工具。
4. 文本框架右下角的红色加号表明有溢文。
5. 使用选择工具拖曳可移动图形框架及其包含的图形，您还可在框架内移动图形。
6. 控制面板提供了对当前选定内容进行修改的选项，这些内容可以是字符、段落、图形、框架和表格等。

第3课 设置文档和处理页面

课程概述

本课介绍如下内容：

- 将自定义文档设置存储为预设；
- 新建文档并设置文档默认值；
- 编辑主页；
- 创建新主页；
- 将主页应用于文档页面；
- 在文档中添加页面；
- 重新排列和删除页面；
- 修改页面大小；
- 创建章节标记及指定页码编排方式；
- 编辑文档页面；
- 打印到纸张边缘；
- 旋转文档页面。

本课大约需要 90 分钟。

启动 InDesign 之前，先到异步社区的相应页面将本书的课程资源下载到本地硬盘中，并进行解压。

Egrets and Herons

Preserving habitat

Of the more than 400 species of birds found in the Carolinas, perhaps the most majestic are the colonial wading birds. Characterized by long legs, long necks and long, pointed bills, these charismatic and graceful denizens of shores, lagoons, and wetlands search for food—fish, frogs, and small invertebrates, such as shrimp, crabs, and crayfish.

Herons and egrets both belong to the Ardeidae family, however, there is no clear distinction between the two. In general, species that are white or have ornate plumage are called egrets. You can identify herons and egrets in flight because of their retracted necks, unlike their cousin the ibis, which flies with an outstretched neck. In the late 1800s, Great Egrets were hunted nearly to extinction for their feathers. This led to the first laws protecting endangered birds.

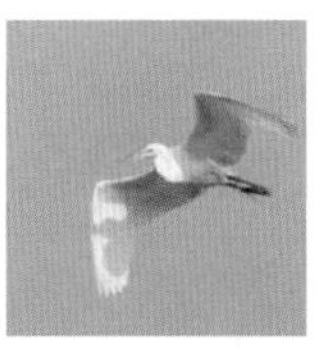

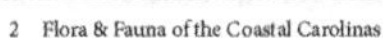

2 Flora & Fauna of the Coastal Carolinas

Monarch Butterflies

Amazing migration

As a result of what researchers assert is a "catastrophic drop" in the number of monarchs migrating from the northern part of the United States and Canada to Mexico, a number of conservation efforts are underway. Mexican authorities have redoubled efforts to stop illegal logging in the mountain area where the butterflies spend the winter. In August 2014, scientists from a number of organizations filed a petition with the U.S. Fish and Wildlife Service requesting that monarchs be listed as "threatened."

Perhaps the most significant efforts are being made with respect to the monarchs' most important food source and larval host—milkweed plants. The world's struggle against weeds may be succeeding, but in winning that war, the battle to save the monarch is being lost. Milkweed loss means monarch loss. Experts today are studying ways to restore milkweed growth in the areas frequented by migrating butterflies. Even citizen scientists and backyard gardeners can help by planting milkweed, but caution is also required because not every variety of milkweed is appropriate for monarch purposes.

F&F

Flora & Fauna of the Coastal Carolinas 3

使用设置文档的工具，可确保版面一致、简化制作工作、最大限度地提高工作的效率和速度。

3.1 概述

在本课中，您将新建一篇 8 页的新闻稿（其中包含一个 4 页的插页），并在其中一个跨页中置入文本和图形。

> **注意：**如果您还没有从异步社区下载本课的项目文件，现在就这样做，详情请参阅“前言”。

1. 为确保您的 Adobe InDesign 首选项和默认设置与本课使用的一样，请将 InDesign Defaults 文件移到其他文件夹，详情请参阅“前言”中的“保存和恢复 InDesign Defaults 文件”。
2. 启动 Adobe InDesign。为确保面板和菜单命令与本课使用的相同，选择菜单“窗口”>“工作区”>“[高级]”，再选择菜单“窗口”>“工作区”>“重置 [高级]”。开始工作之前，您将学习如何新建文档。
3. 为查看完成后的文档，打开硬盘中文件夹 InDesignCIB\Lessons\Lesson03 中的文件 03_End.indd，如图 3.1 所示。如果出现“缺失字体”对话框，请单击“同步字体”按钮，此时将通过 Adobe Typekit 访问所有缺失的字体。同步字体后，单击“关闭”按钮。

图3.1

> **注意：**如果出现一个警告对话框，指出文档链接的源文件已修改，请单击“更新链接”按钮。

4. 滚动文档以查看其他页面。选择菜单“视图”>“屏幕模式”>“正常”，以便能够看到参考线和页面中的占位框架。导览到本课中您将完成的唯一一个跨页——页面 2 ~ 3。此外您还将创建两个主页。

5. 查看完毕后关闭文件 03_End.indd，也可以让其处于打开状态以便后续参考。

3.2 创建并保存自定义文档设置

在 InDesign 中，您可保存常用的文档设置，包括页数、页面大小、分栏和边距。在创建文档时，直接选择保存的文档参数（文档预设），不但可节省时间，而且可以确保一致性。

1. 选择菜单“文件”>“文档预设”>“定义”。
2. 在“文档预设”对话框中，单击“新建”按钮。
3. 在“新建文档预设”对话框中，做如下设置（如图 3.2 所示）。

- 在文本框“文档预设”中输入 Newsletter。
- 在文本框“页数”中输入“8”。
- 确保选择了复选框。
- 从“页面大小”下拉列表中选择 Letter。
- 在“分栏”部分，将栏数设置为“3”，将栏间距设置为“1p0”。
- 在“边距”部分，确保没有选中图标“将所有设置设为相同”（ ），以便我们能够分别设置不同的边距。将上设置为“6p0”，将下、内和外都设置为“4p0”。InDesign 会自动将其他度量单位转换为毫米。

> **提示：**所有对话框和面板都可使用任何支持的度量单位。要使用非默认单位，只需在值后面输入要使用的单位指示符，如 p（皮卡）、pt（点）、cm（厘米）、mm（毫米）或 in（英寸）。要修改默认单位，可选择菜单“编辑”>“首选项”>“单位和增量”（Windows）或“InDesign CC”>“首选项”>“单位和增量”（macOS）。

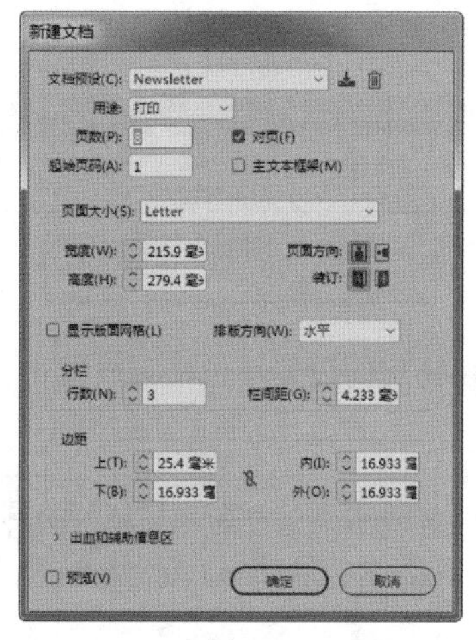

图3.2

4. 单击“出血和辅助信息区”左边的箭头，以显示更多选项。选中或删除“出血”部分的文本框“上”中的内容，再输入“3.175”。确保选中了图标“将所有设置设为相同”，从而将“下”“内”和“外”设置为同样的值。在“下”文本框中单击，您会注意到 InDesign 自动将其他度量单位（这里是英寸）转换为毫米（默认出血值为 0p9，即 1/8 英寸），如图 3.3 所示。

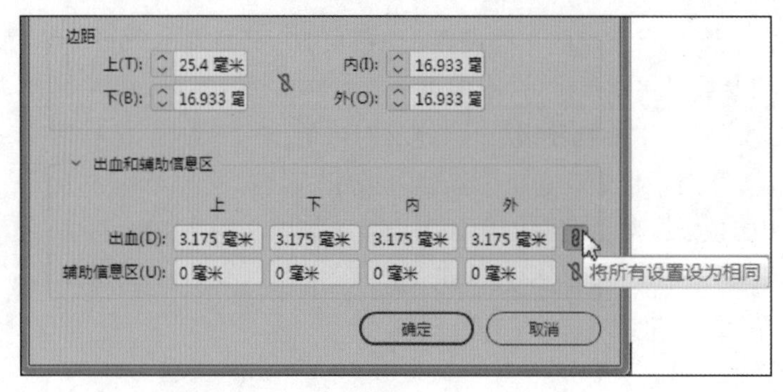

图3.3

出血值指定了页面周围可打印的区域，它用于打印延伸到纸张边缘外面的设计元素，如图片或彩色背景。制作完成后，出血区域将被裁剪被丢弃掉。

5. 在两个对话框中都单击“确定”按钮，以保存该文档预设。

3.3 新建文档

新建文档时，您可在“新建文档”对话框中选择作为起点的文档预设，也可指定多种文档设置，这包括页数、页面大小、栏数等。在本节中，您将使用前面刚创建的文档预设 Newsletter。

1. 选择菜单“文件”>“新建”>“文档”。
2. 在“新建文档”对话框中，选择预设 Newsletter，为此您得先单击对话框顶部的标签“已保存”，如图 3.4 所示。

图3.4

3. 单击“创建”按钮。

InDesign 将使用选定文档预设指定的设置（包括页面大小、页边距、栏数和页数）来创建一个新文档。

> **提示：**要基于文档预设新建文档，也可选择菜单“文件”>“文档预设”>“[预设名]”。选择该菜单时如果按住 Shift 键，将跳过“新建文档”对话框，直接打开一个使用该预设新建的文档。

4. 单击页面面板图标或选择菜单“窗口”>“页面”，以打开页面面板。如有必要，向下拖曳页面面板的右下角，直到所有文档页面图标都可见。

页码编排方式简介

所有的多页出版物都有两种页码编排方式，一是生成物理页面的物理折纸结构，二是放在页面上的编号。在第二种方式中，我们可以使用章节，其中每个章节都重新编排页码，并可采用很多不同的配置。这里只介绍物理折纸结构。

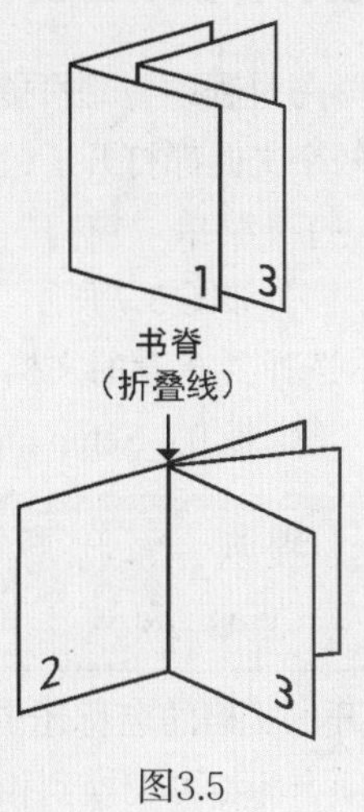

图3.5

所有印刷材料（如杂志和书籍）都有书脊，其结构是由折纸方式决定的。最简单的折纸方式是，在纸张中间折叠一次，生成两个矩形页面。如果将两张对折的纸张嵌套，并在对折的地方（书脊）进行装订，将得到一个8页的小册子。这个小册子的第1页位于书脊的右边。翻过第1页后，您将看到一个位于书脊左边的页面（第2页）和一个位于书脊右边的页面（第3页），如图3.5所示。

当您创建由对页组成的文档时，InDesign将在页面面板中呈现这种结构。第1页位于表示书脊的中心线的右边，第2页在中心线左边。推而广之，所有奇数页都位于中心线右边，而所有偶数页都位于中心线左边。要让文档的第1页位于书脊左边，必须在“文档设置”对话框中将起始页面设置为偶数。

一条水平线将页面面板分成了两部分，如图 3.6 所示。上半部分显示了主页的缩览图。主页类似于背景模板，可将其应用于文档的任何页面。主页包含所有文档页面中都有的元素，如页眉、

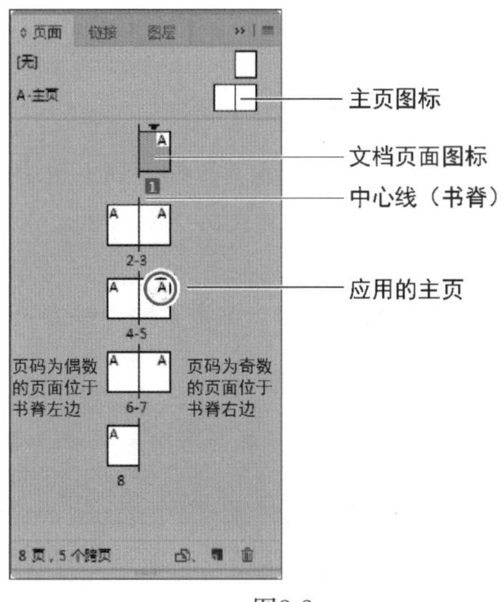

图3.6

页脚和页码（您将在本章后面处理主页）。下半部分显示了文档页面的图标。在这个文档中，主页（默认名为 A- 主页）是由两个对页组成的跨页。

5. 选择菜单“文件”>“存储为”，将文件命名为“03_Setup.indd”并切换到文件夹 Lesson03，再单击“保存”按钮。

3.4 在打开的 InDesign 文档之间切换

在学习过程中，您可能从新建的文档切换到完成后的文档以便参考。如果这两个文档都打开了，您可在它们之间切换。

1. 打开菜单“窗口”，其底部列出了当前打开的所有 InDesign 文档，如图 3.7 所示。
2. 选择要查看的文档，它将出现在最前面。准备好继续往下做时，请选择 03_Setup.indd。

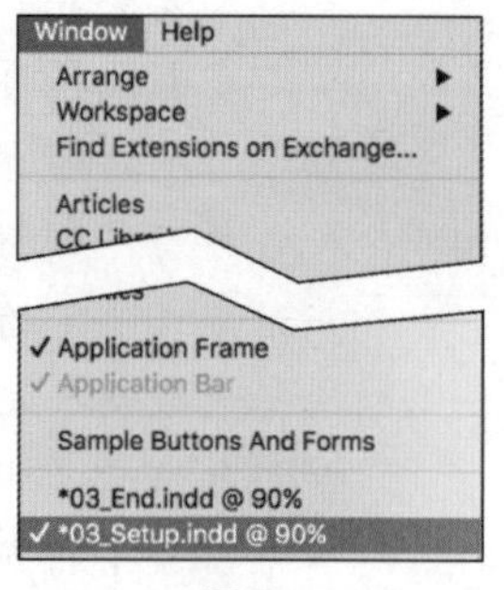

图3.7

Id 提示：在打开的 InDesign 文档之间切换的键盘快捷键为 Ctrl + `（Windows）或 Command + `（macOS）。在键盘上，` 键位于 Tab 键上方。

打开的文档的名称还出现在文档窗口顶部的选项卡标签中，其中最左边的是最先打开的文档。单击选项卡标签可切换到相应的文档。

3.5 编辑主页

在文档中添加图形框架和文本框架前，需要设置主页，主页用作文档页面的背景。加入到主页中的所有对象，都将出现在该主页应用于的文档页面中。

在这个文档中，您将创建两个主页跨页：一个包含网格和页脚信息；另一个包含用于放置文本和图形的占位框架。创建多个主页可让文档中的页面不同，同时确保设计的一致性。

3.5.1 在主页中添加参考线

参考线是非打印线，可帮助用户准确地排列元素。加入到主页中的参考线将出现在该主页应用于的所有文档页面中。就这个文档而言，我们将加入一系列的参考线和栏参考线，用作定位图形框架、文本框架和其他对象的网格。

1. 在页面面板的上半部分，双击“A- 主页”。该主页跨页的左页面和右页面将出现在文档窗口中。

提示：如果该主页的两个页面没有在屏幕上居中，双击工具面板中的抓手工具让它们居中。

2. 选择菜单“视图”>“使跨页适合窗口”同时显示该主页的两个页面。
3. 选择菜单“版面”>“创建参考线”。

4. 选中复选框“预览”，这样可以在修改时看到其效果。
5. 在“创建参考线”对话框的“行”部分，在文本框“行数”中输入“4”，在文本框“行间距”中输入“0p0”。
6. 在“栏”部分，在文本框“栏数”中输入“2”，在文本框“栏间距”中输入“0p0”。

> Id **注意**：栏间距指的是相邻栏之间的距离。

7. 对于“参考线适合”，选择“边距”（如图 3.8 所示）。注意到除创建预设 Newsletter 时指定的边距参考线和栏参考线外，主页中还出现了水平参考线和垂直参考线。

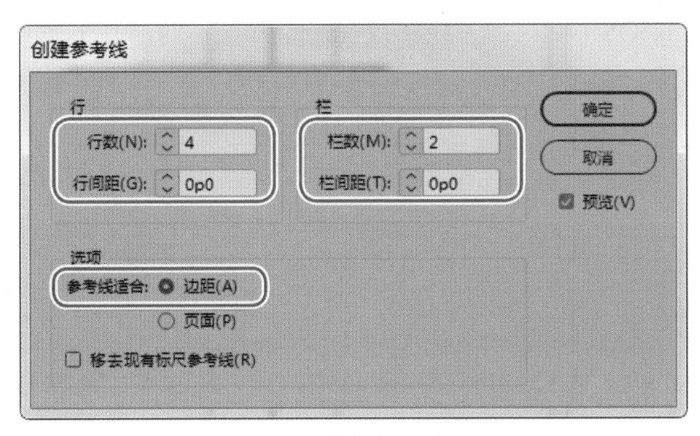

图3.8

选择“边距”而不是“页面”时，将在版心内而不是页面内创建参考线。处理文档页面时，可使用这些参考线来定位和对齐对象。

8. 单击“确定”按钮。

> Id **提示**：也可分别在各个文档页面中添加参考线，而不是在主页中添加，使用的命令与上文的相同。

3.5.2 从标尺拖曳出参考线

可从水平（顶部）和垂直（左边）标尺中拖曳出参考线，从而在各个页面中添加更多帮助对齐的参考线。如果拖曳水平参考线时按住 Ctrl（Windows）或 Command（macOS）键，参考线将应用于整个跨页。拖曳时如果按住 Alt（Windows）或 Option（macOS）键，水平参考线将变成垂直参考线，而垂直参考线将变成水平直参考线。

在本课中，您将在页面的上边距和下边距中分别添加页眉和页脚。为准确地放置页眉和页脚，您将添加两条水平参考线和两条垂直参考线。

> Id **提示**：页眉是放在页面顶部的文本，与正文是分开的。页眉可包含页码、出版物名称、发行日期等信息。放在页面底部时，这样的文本被称为页脚。

1. 打开变换面板（选择菜单“窗口”>“对象和版面”>“变换”）。在文档窗口中移动鼠标（但不要单击），注意水平标尺和垂直标尺。标尺中的细线指出了当前的鼠标位置，另外控制面板和变换面板中呈灰色的 X 和 Y 值也指出了鼠标的位置。

2. 按住 Ctrl（Windows）或 Command（macOS）键，再单击水平标尺并向下拖曳到 2p6 处，如图 3.9 所示。拖曳时，Y 值显示在鼠标右边，它还显示在控制面板和变换面板中的“Y”文本框中。创建参考线时按住 Ctrl（Windows）或 Command（macOS）键，这将导致参考线横跨该跨页的两个页面及两边的粘贴板。如果没有按住 Ctrl（Windows）或 Command（macOS）键，参考线将仅横跨松开鼠标时所在的页面。

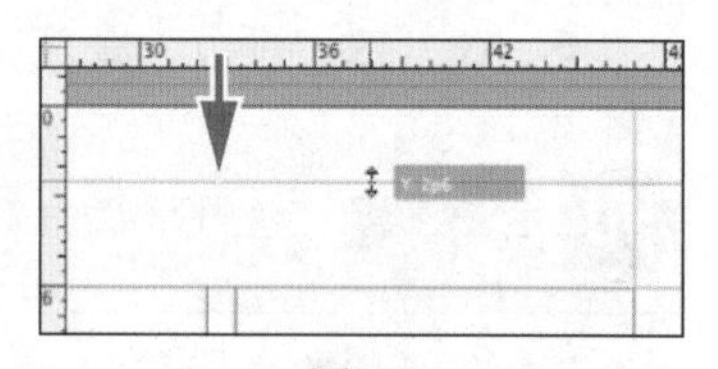

图3.9

> **提示：**您也可以在拖曳参考线时不按住 Ctrl 或 Command 键，并在粘贴板上松开鼠标。这样，参考线将横跨跨页的所有页面和粘贴板。

> **注意：**变换面板中的控件与控制面板中的控件类似。您可使用这两个面板中的任意一个完成众多常见的修改，如调整位置、大小、缩放比例和旋转角度。

3. 按住 Ctrl（Windows）或 Command（macOS）键，从水平标尺再拖曳出两条参考线，并将它们分别放在 5p 和 63p 处。

4. 按住 Ctrl（Windows）或 Command（macOS）键并从垂直标尺上拖曳出一条参考线至 17p8 处，拖曳时注意控制面板中的 X 值。该参考线将与附近的栏参考线对齐。如果拖曳时显示的 X 值不是 17p8，请让参考线的 X 值尽可能地接近 17p8，然后保持选定参考线，在控制面板或变换面板中选择 X 的值，输入“17p8”并按回车键。

5. 按住 Ctrl（Windows）或 Command（macOS）键，再从垂直标尺拖曳出一条参考线至 84p4 处，如图 3.10 所示。

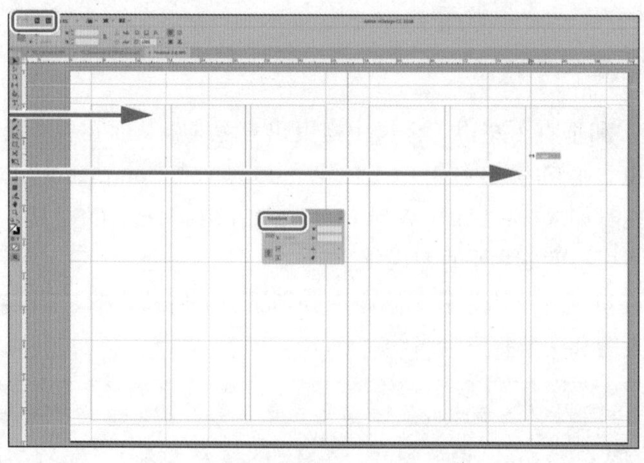

图3.10

6. 关闭变换面板或将其拖入面板停放区，再选择菜单“文件” > “存储”。

3.5.3 多重复制、粘贴和删除参考线

对于 InDesign 参考线，您必须明白的一个重要概念是，它们的行为与其他对象类似，很多处理对象的技巧也适用于参考线。一个重要的技巧是多重复制。

在本节中，您将多重复制参考线、复制并粘贴参考线、删除参考线。

1. 在页面面板中，双击第 6 页中的图标，以切换到这个页面。从垂直标尺拖曳出一条参考线，并将其放在 3p 处。
2. 使用选择工具拖曳出一个环绕该参考线的方框，以选择它。它被选中时，参考线的颜色更深。
3. 选择菜单“编辑”>“多重复制”打开“多重复制”对话框。在文本框“计数”中输入“3”，并将水平位移设置为 3p。单击复选框“预览”以查看复制结果。按住 Shift 键，并单击与水平位移对应的上箭头 4 次，将水平位置设置为“7p0”（也可直接输入 7p）。如果不按住 Shift 键，每次单击将增加 1 点。单击“确定”按钮，如图 3.11 所示。

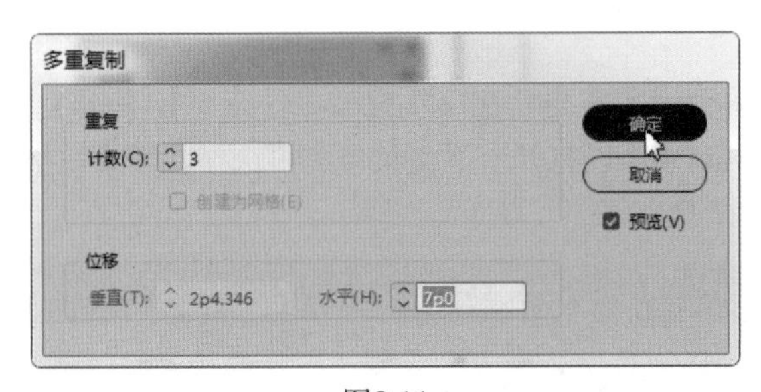

图3.11

4. 使用选择工具拖曳出一个环绕这 4 条参考线的方框，以选择这些参考线，再选择菜单“编辑” > “复制”。
5. 在页面面板中，双击页面 8 的图标。选择菜单“编辑” > “原位粘贴”，这些参考线将出现在第 8 页中，且其位置与在第 6 页的位置完全相同。在需要复制设计，但又不值得为此创建主页时，这种技巧很有用。您还可在文档之间复制并粘贴参考线。
6. 如果您要修改版面，删除不再需要的参考线很有帮助。使用选择工具拖曳以选择刚粘贴到第 8 页的 4 条参考线，再选择菜单“编辑” > “清除”或按 Delete 键。

3.5.4 在主页中创建文本框架

在主页中加入的所有文本或图形，都将出现在该主页应用于的所有文档页面中。为创建页脚，您将添加出版物名称（Flora & Fauna of the Coastal Carolinas），并在左主页和右主页的底部添加页码标记。

1. 切换到左主页并确保能够看到其底端。如有必要，放大视图并使用滚动条或抓手工具（ ）滚动文档。

2. 从工具面板中选择文字工具（ T. ），单击左主页第 1 栏下方的参考线交点处并拖曳，以创建一个文本框架。当您拖曳到参考线处时，十字线旁边将出现一个白色箭头，如图 3.12 所示。

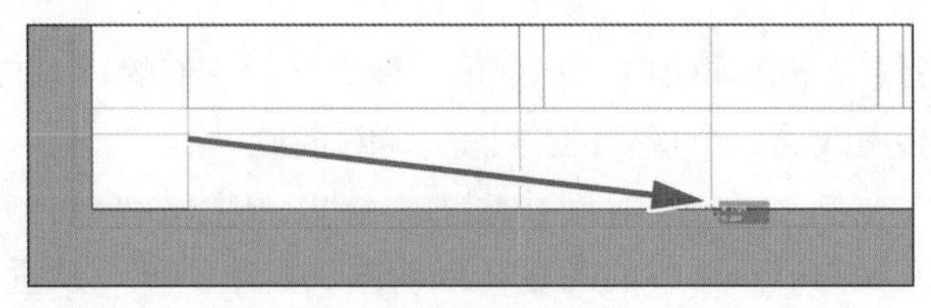

图3.12

> **注意：**使用文字工具绘制框架时，框架的起点位于黑色箭头的位置。当鼠标指向参考线时，这个箭头将变成白色的。

3. 当插入点位于新文本框架中时，选择菜单“文字”>“插入特殊字符”>“标志符”>“当前页码”。

文本框架中将出现字母“A”。在基于该主页的文档页面中，正确的页面将被显示，如在第 2 页中将显示“2”。

4. 为在页码后插入一个全角空格，在文本框架中单击鼠标右键（Windows）或按住 Control 键并单击鼠标（macOS）以打开上下文菜单，再选择“插入空格”>“全角空格”。也可从“文字”菜单中选择该命令。

> **提示：**全角空格的宽度与当前字体的大小相等。例如，在 12 点的文本中，全角空格的宽度为 12 点。术语全角空格源自金属活字印刷时代，指的是大写字母 M 的宽度。

5. 在全角空格后输入“Flora & Fauna of the Coastal Carolinas”，如图 3.13 所示。

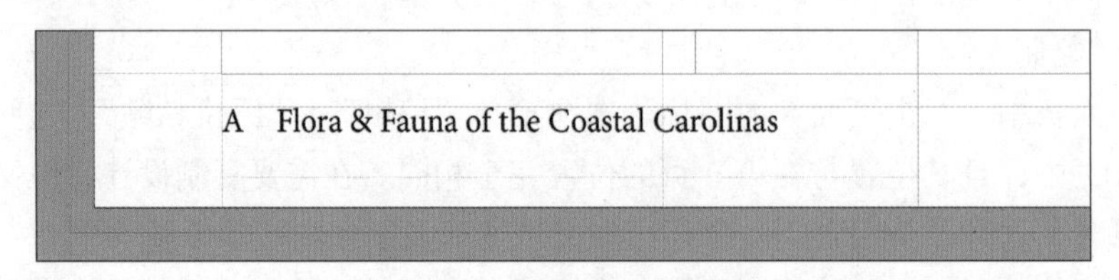

图3.13

6. 单击文档窗口的空白区域或选择菜单“编辑”>“全部取消选择”，以取消选择该文本框架。

下面复制左主页中的页脚，将其复制到右主页中，并调整文本，让两个主页的页脚互为镜像。

7. 选择菜单“视图”>“使跨页适合窗口”，以便能够同时看到这两个主页。
8. 使用“选择”工具（ ▶ ）选择左主页页脚文本框架，按住 Alt（Windows）或 Option（macOS）键并将这个文本框架拖曳到右主页中，使其同右主页中的参考线对齐，如图 3.14 所示。

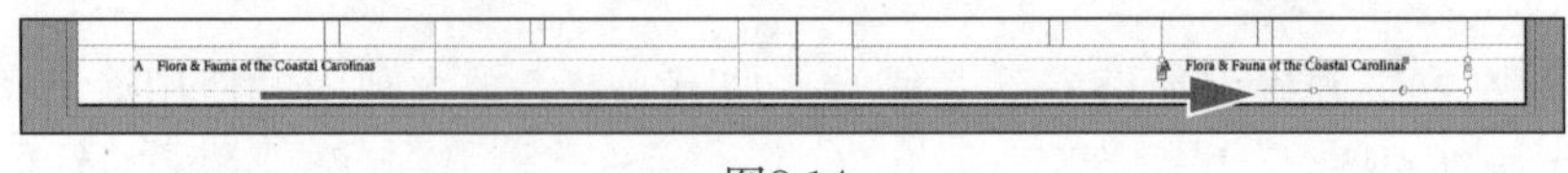

图3.14

> **提示：**按住 Alt（Windows）或 Option（macOS）键并拖曳文本框架时，如果还按住了 Shift 键，移动的方向将被限定为 45° 的整数倍。

9. 选择文字工具（T.），再在右主页的文本框内部单击以创建一个插入点。
10. 单击控制面板中的“段落格式控制”按钮（¶），再单击“右对齐”按钮，如图 3.15 所示。

单击控制面板左下角的“段落格式控制”按钮以显示对齐选项

图3.15

> **提示：**根据您的显示器的大小，在控制面板中，段落格式控制选项可能出现在字符格式控制选项右边。在这种情况下，就无须单击“段落格式控制”按钮。

现在，右主页的页脚文本框架中的文本是右对齐的。下面修改右主页的页脚，将页码放在文本“Flora & Fauna of the Coastal Carolinas”的右边。

11. 删除页脚开头的全角空格和页码。
12. 通过单击将插入点放在文本“Flora & Fauna of the Coastal Carolinas”后面，再选择菜单“文字” > “插入空格” > “全角空格”。请注意，在您执行下一步添加当前页码前，您不会看出页脚有什么变化。
13. 选择菜单“文字” > “插入特殊字符” > “标志符” > “当前页码”，在全角空格后面插入“当前页码”字符，结果如图 3.16 所示。

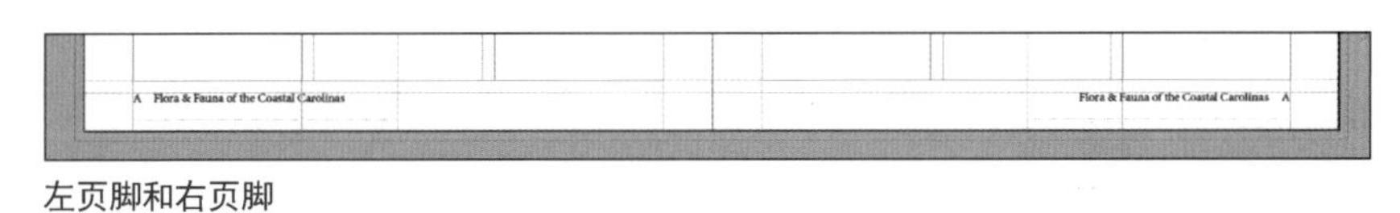

左页脚和右页脚

图3.16

14. 选择菜单“编辑” > “全部取消选择”，再选择菜单“文件” > “存储”。

3.5.5 重命名主页

当文档包含多个主页时，您可能需要给每个主页指定含义更明确的名称，使其更容易区分，下面将该主页重命名为“3-column Layout”。

1. 如果页面面板没有打开，请选择菜单“窗口” > “页面”。确保 A- 主页被选定，单击页面面板右上角的面板菜单按钮，并选择“‘A- 主页’的主页选项”（≡）。
2. 在文本框“名称”中输入“3-column Layout”，再单击“确定”按钮，如图 3.17 所示。

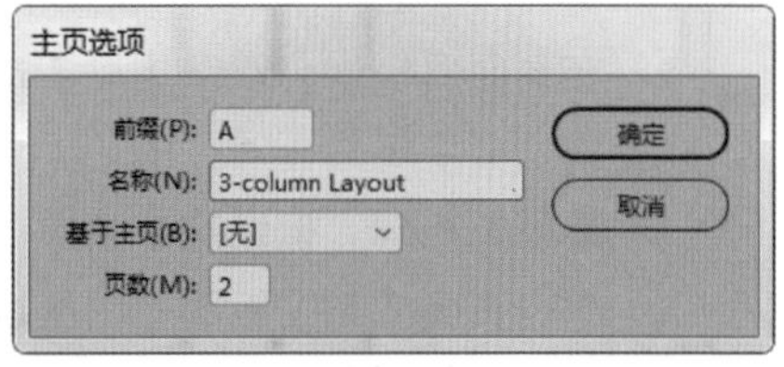

图3.17

Id 提示：在“主页选项”对话框中，除主页的名称外，您还可修改主页的其他属性，如前缀、页数以及是否基于其他主页。

3.5.6 添加占位文本框架

这篇新闻稿的每个页面都包含文本和图形。每个页面的主文本框架和主图形框架都相同，因此接下来在主页 3-column Layout 的左页面和右页面中添加一个占位文本框架和一个占位图形框架。

提示：要在主页跨页的左页面和右页面中使用不同的边距和分栏设置，可双击各个页面，再选择菜单“版面”>“边距和分栏”修改选定页面的设置。

1. 在页面面板中，双击主页 3-column Layout 的左页面图标（如图 3.18 所示），使左页面位于文档窗口中央。
2. 选择文字工具（T.），单击页面左上角的水平和垂直边距参考线的交点，再通过拖曳创建一个文本框架。该文本框架在水平方向横跨两栏，在垂直方向从上边距延伸到下边距，如图 3.19 所示。

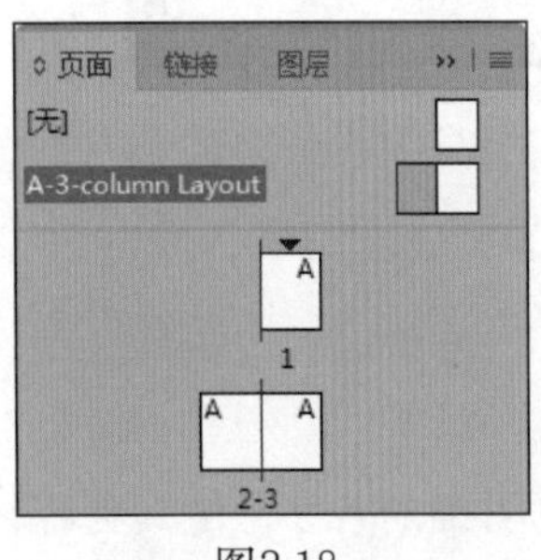

图3.18

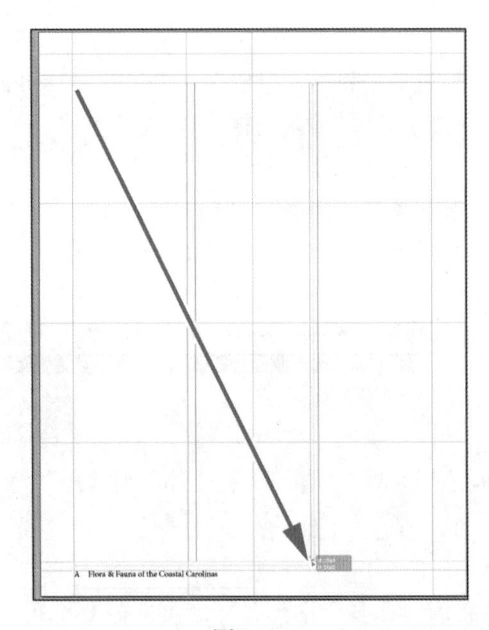

图3.19

3. 在页面面板中，双击主页 3-column Layout 的右页面图标，使右页面位于文档窗口中央。
4. 使用文字工具（T.）在右页面上创建一个文本框架，其宽度、高度和位置都与左页面的文本框架相同。确保这个文本框架的左上角与页面左上角的边距参考线交点对齐。
5. 单击页面或粘贴板的空白区域，或者选择菜单“编辑”>“全部取消选择”。
6. 选择菜单“文件”>“存储”。

3.5.7　添加占位图形框架

在每个页面中创建用于放置主文本的文本框架后，接下来在主页 3-column Layout 中添加两个图形框架。和文本框架类似，这些图形框架也用于放置要在文档页面中添加的图形，以确保设计的一致性。

> Id　**注意：**并非在每个文档中都需要创建占位框架。例如，对于海报、名片和广告等单页文档，创建主页和占位框架可能没有任何好处。

虽然矩形工具（□）和矩形框架工具（⊠）有一定的可替代性，但矩形框架工具（包含一个不可打印的 X）更常用于创建图形占位。

1. 从工具面板中选择矩形框架工具（⊠）。
2. 将十字线鼠标光标指向右页面的上边距参考线和右边距参考线的交点。

单击并向左下方拖曳以创建一个框架。在水平方向上，该框架的宽度为一栏，并沿垂直方向延伸到下一条标尺参考线，如图 3.20 所示。

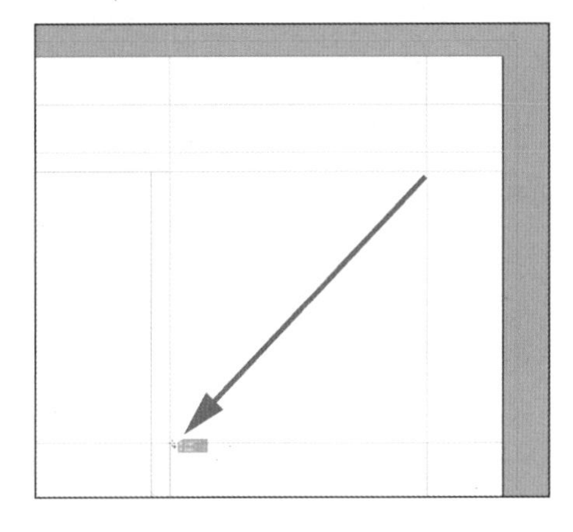

图3.20

3. 在左页面上创建一个大小和位置与此相同的占位图形框架。
4. 使用选择工具单击页面或粘贴板的空白区域，也可选择菜单“编辑”>“全部取消选择”。
5. 选择菜单“文件”>“存储”。

3.5.8　再创建一个主页

在同一个文档中可创建多个主页。您可独立地创建每个主页，也可从一个主页派生出另一个主页。如果从一个主页派生出其他主页，对父主页所做的任何修改都将自动地在子主页中反映出来。

> Id　**提示：**对于新闻稿和杂志等对页中包含出版日期的出版物来说，创建父/子主页是不错的选择。这样每次制作新出版物时，可首先修改父主页中的日期，进而自动修改所有子主页中的日期。

例如，主页 3-column Layout 可应用于该新闻稿的大部分页面，还可从其派生出另一组主页，这些主页共享一些重要的版面元素，如页边距和当前页码字符。

为满足不同的设计要求，下面创建另一个主页，将其改为两栏并对版面进行修改。

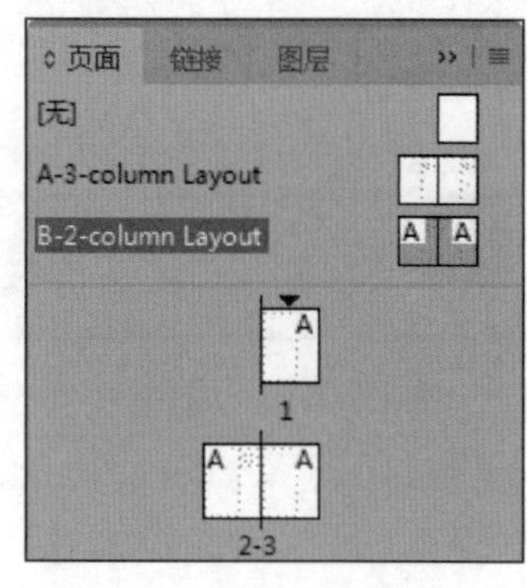

图3.21

1. 从页面面板菜单中选择“新建主页”。
2. 在文本框“名称”中输入“2-column Layout”。
3. 从下拉列表“基于主页”中选择“A-3-column Layout”，再单击“确定”按钮。

在页面面板顶部，注意到主页 B-2-column Layout 的每个页面图标中都有字母 A（如图 3.21 所示），这表明主页 B-2-column Layout 是从主页 A-3-column Layout 派生而来的。如果修改主页 A-3-column Layout，所做的修改都将在 B-2-column Layout 反映出来。读者可能还注意到了，很难选择来自父主页的对象，如页脚。本课后面将介绍如何选择并覆盖主页中的对象。

> **注意：** 如果页面面板中没有显示所有主页图标，可单击将主页图标和文档页面图标分开的分隔条，并向下拖曳直到能够看到所有的主页图标。

4. 选择菜单“版面”>“边距和分栏”。
5. 在“边距和分栏”对话框中，将栏数改为 2，再单击“确定”按钮。

3.5.9 覆盖主页对象

使用两栏版面的文档页面不需要占位框架，这意味着在主页 B-2-column Layout 中，只需要从 A-3-column Layout 继承而来的页脚框架和标尺参考线。下面来删除主页 B-2-column Layout 中的占位框架。

1. 使用“选择”工具（ ）单击主页 B-2-column Layout 的左页面中的图形框架，什么都没有发生。这是因为这个框架是从父主页那里继承而来的，无法通过简单的单击来选择它。
2. 按住 Shift + Ctrl（Windows）或 Shift + Command（macOS）键，再单击该图形框架。框架被选中了，它不再被视为主页对象。按 Backspace 或 Delete 键，将这个框架删除。
3. 使用同样的方法删除右页面的占位图形框架以及左、右页面的占位文本框架。
4. 选择菜单“文件”>“存储”。

> **提示：** 要覆盖多个主页对象，可按住 Shift + Ctrl（Windows）或 Shift + Command（macOS）键，并使用选择工具拖曳出一个环绕要覆盖的对象的方框。

3.5.10 修改父主页

为给这篇新闻稿创建好主页，您将在主页 A-3-column Layout 的顶部添加多个页眉元素，并在其右页面上再添加一个页脚元素。然后，您将查看主页 B-2-column Layout，发现这些新对象被自动添加到这个主页中。

这里不手动添加页眉和页脚框架，而是导入片段。片段是包含 InDesign 对象（包括它们在页面或跨页中的相对位置）的文件，可像图形文件那样，使用菜单“文件”>“置入”将片段导入到版面中。InDesign 让用户能够将选定对象导出为片段文件并将片段置入到文档中。本课后面将再次使用片段。有关片段的更多内容，请参阅第 10 课。

注意：第 4 课将更详细地介绍如何创建和修改文本框架、图形框架和其他对象。

1. 在页面面板中，双击主页名 A-3-column Layout 以显示这个跨页。
2. 选择菜单“文件”>“置入”。切换到文件夹 InDesign CIB\Lessons\Lesson03\Links，单击文件“Snippet1.idms”，再单击“打开”按钮。
3. 将载入片段图标（ ）置于该跨页的左上角（红色出血参考线相交的地方），再单击鼠标置入该片段。

提示:要创建片段，您可在页面或跨页中选择一个或多个对象。选择菜单“文件”>“导出”,在“保存类型”（Windows）或“格式”（macOS）下拉列表中选择“InDesign 片段”，再选择文件的存储位置、指定文件名并单击“保存”按钮。

这个片段在每个页面顶部放置一个页眉，并在右页面底部放置一个导入的图形。每个页眉都包含一个空的蓝色图形框架和一个包含白色占位文本的文本框架，如图 3.22 所示。

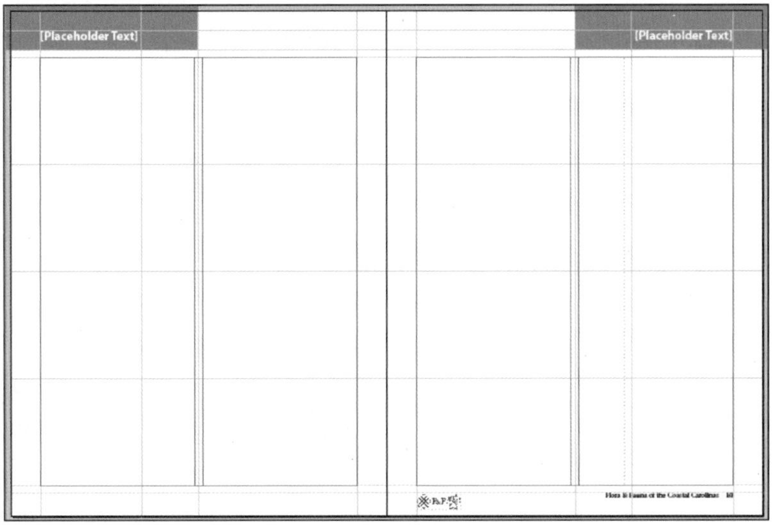

图3.22

4. 在页面面板中，双击主页名 B-2-column Layout。

注意，您刚才在主页 A-3-column Layout 中添加的新元素，也自动添加到了这个子主页中。

5. 切换到主页 A-3-column Layout。单击左边的蓝色图形框架以选择它，打开色板面板，并单击绿色色板。现在切换到主页 B-2-column Layout，您将发现左边的页眉框也变成了绿色的，如图 3.23 所示。

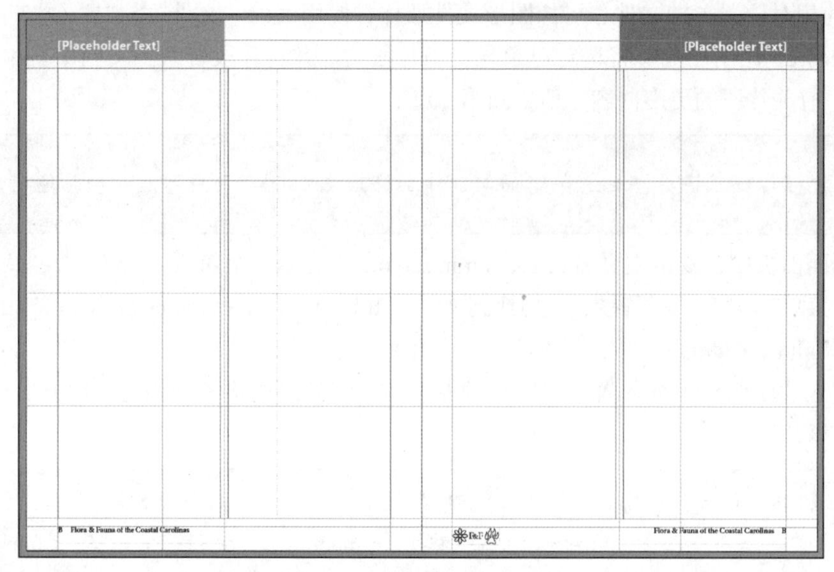

图3.23

6. 选择菜单“文件”>“存储”。

> **提示**：父子主页结构让您能够快速修改共用元素，而无须对多个对象做同样的修改。

3.6 将主页应用于文档页面

创建好所有主页后，该将它们应用于文档页面了。默认情况下，所有文档页面都采用主页 A-3-column Layout 的格式。下面将主页 B-2-column Layout 应用于该新闻稿的几个页面，并将主页“无”应用于封面，因为封面不需要包含页眉和页脚。

要将主页应用于文档页面，可在页面面板中将主页图标拖放到文档页面图标上，也可使用页面面板菜单中的命令。

> **提示**：对于大型文档，在页面面板中水平排列页面图标可能更方便，为此可从页面面板菜单中选择“查看页面”>“水平”。

1. 在页面面板中，双击主页名 B-2-column Layout，并确保所有的主页图标和文档页面图标都可见。

2. 将主页名 B-2-column Layout 或其图标拖放到第 4 页的页面图标上，等该文档页面图标出现黑色边框（这表明选定主页将应用于该页面）后，松开鼠标，如图 3.24 所示。

3. 将主页名 B-2-column Layout 或其图标拖放到第 5 页的页面图标上，再将其拖曳到第 8 页的页面图标上。
4. 双击页面面板中的页码 4 ~ 5 以显示这个跨页。注意到其两个页面都采用了主页 B-2-column Layout 的两栏布局，还包含您在父主页 A-3-column Layout 中添加的页眉和页脚元素。另外，注意到这两个页面都显示了正确的页码，这是因为您在主页 A-3-column Layout 中添加了“当前页码”字符。
5. 双击第 1 页的页面图标。这个文档页面基于主页 A-3-column Layout，因此包含页眉和页脚元素，但这个新闻稿封面不需要这些元素。
6. 从页面面板菜单中选择“将主页应用于页面”。在“应用主页”对话框中，从下拉列表“应用主页”中选择“[无]”，在文本框“于页面”中输入 1，再单击“确定”按钮，如图 3.25 所示。

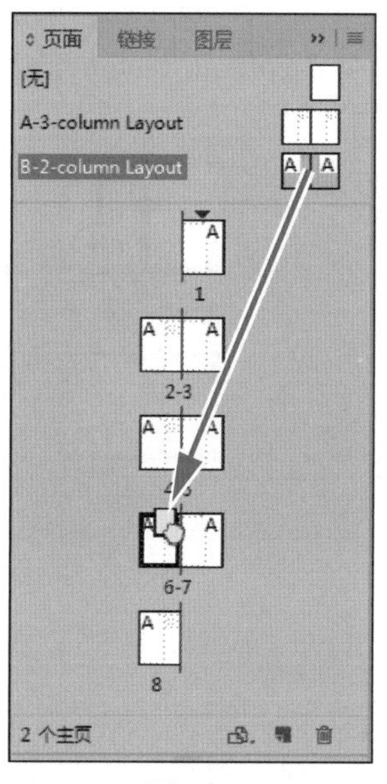

图3.24

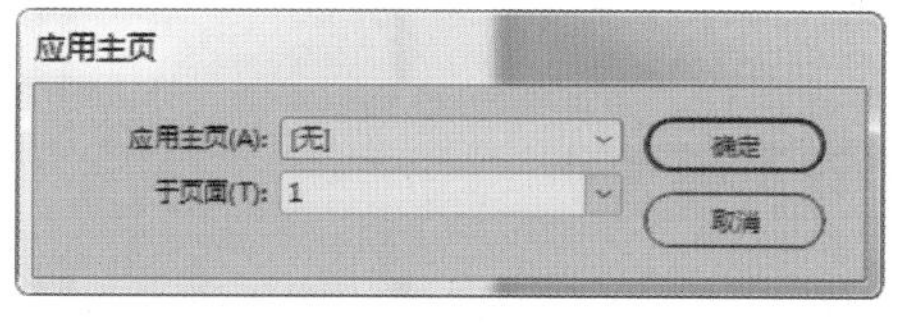

图3.25

7. 选择菜单“文件” > “存储”。

3.7 添加文档页面

您可在已有文档中添加新页面。下面在这篇新闻稿中添加 6 个页面，在本课后面，您将把其中 4 个页面作为“特殊部分”，并使用不同的页面尺寸和页码编排方式。

1. 从页面面板菜单中选择“插入页面”。
2. 在“插入页面”对话框中，在文本框“页数”中输入“6”，从下拉列表“插入”中选择“页面后”，在相应的文本框（哪个页面后）中输入“4”，再从下拉列表“主页”中选择“[无]”，如图 3.26 所示。

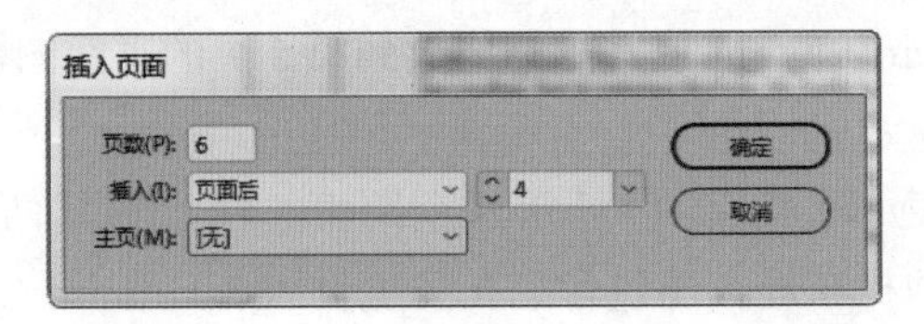

图3.26

3. 单击“确定”按钮，这将在文档中添加 6 个页面。增加页面面板的高度，以便能够看到所有文档页面。

3.8 重新排列和删除页面

在页面面板中，您可重新排列页面，还可删除多余的页面。

1. 在页面面板中，单击第 12 页以选择它。注意到它是基于主页 A-3-column Layout 的。将该页面的图标拖曳到第 11 页的页面图标上，后者是基于主页 B-2-column Layout 的。等手形图标内的箭头指向右边（这表示将把第 11 页向右推）时，松开鼠标，如图 3.27 所示。

   注意到现在的第 11 页是基于主页 A-3-column Layout 的，而原来的第 11 页变成了第 12 页，但第 13 ~ 14 页未受影响。

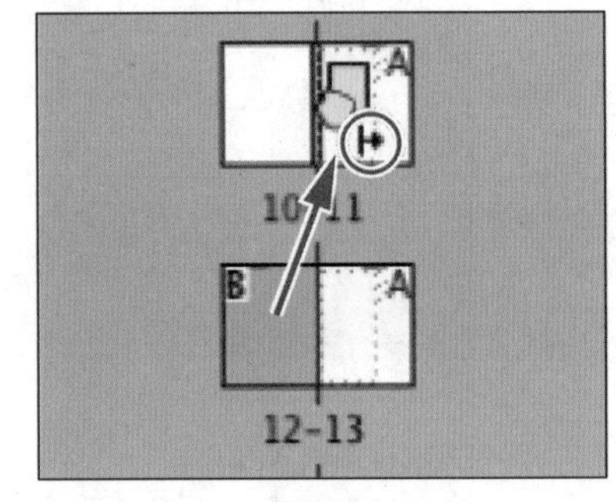

图3.27

2. 单击第 5 页，再按住 Shift 键并单击第 6 页。
3. 单击页面面板底部的“删除选中页面”按钮（ ），将这两页从文档中删除，这样文档只剩下 12 页。
4. 选择菜单“文件”>“存储”。

3.9 修改页面大小

下面修改本课前面创建的“特殊部分”的页面大小，在这篇新闻稿中创建一个插页，然后快速设置这两个跨页。

1. 从工具面板中选择页面工具（ ）。在页面面板中，单击第 5 页，再按住 Shift 键并单击第 8 页。第 5 ~ 8 页的页面图标将呈高亮显示（如图 3.28 所示），您将修改这些页面的大小。
2. 在控制面板中，在“W”文本框中输入“36p”，在“H”文本框中输入“25p6”。每次输入数值后都按回车键，将该值应用于选定页面。这些数值将生成一个 6 × 4.25 英寸（标准的明信片大小）的插页。
3. 在页面面板中，双击第 4 页，再选择菜单“窗口”>“使跨页适合窗口”。注意到这个跨页包含的两个页面大小不同，如图 3.29 所示。
4. 使用页面工具选择第 5 ~ 8 页。
5. 为给选定页面设置新的边距和栏参考线，选择菜单“版面”>“边距和分栏”以打开“边距和分栏”对话框。在“边距”部分，确保选择了中间的“将所有设置设为相同”按钮（ ），以便输入一个设置可以同时影响 4 个边距，再在“上”文本框中输入“1p6”。在“栏”部分中，在“栏数”文本框中输入 1，再单击“确定”按钮。

6. 选择菜单“文件”>“存储”。

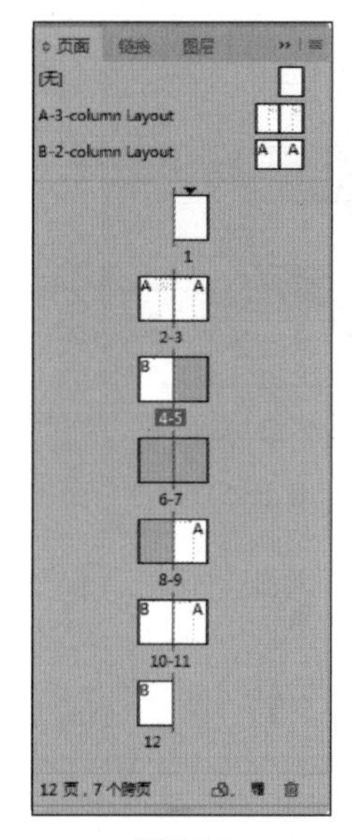

图3.28

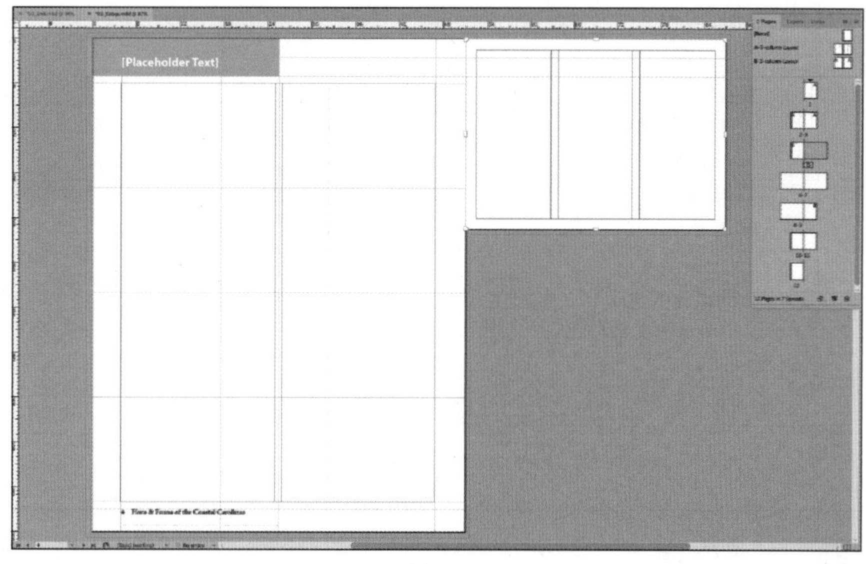

图3.29

3.10 添加章节以修改页码编排方式

您刚创建的特殊部分将使用独立的页码编排方式。通过添加章节，您可使用不同的页码编排方式。您将从特殊部分的第 1 页开始一个新章节，并调整这部分后面的页面的编码，确保它们的页码正确。

1. 选择“选择”工具（ ）。在页面面板中，双击第 5 页的图标以选择并显示这个页面。
2. 从页面面板菜单中选择“页码和章节选项”，或者选择菜单“版面”>“页码和章节选项”。在“新建章节”对话框中，确保选中了复选框“开始新章节”和单选按钮“起始页码”，并将起始页码设置为 1。
3. 在“新建章节”对话框的“编排页码”部分，从下拉列表“样式”中选择“i，ii，iii，iv”，再单击“确定”按钮，如图 3.30 所示。
4. 查看页面面板中的页面图标，您将发现从第 5 页开始，页码为罗马数字，如图 3.31 所示。在包含页脚的页面中，页码也为罗马数字。

   下面指定这个特殊部分后面的页面使用阿拉伯数字作为页码，并使其页码与这部分前面那页（第 4 页）的页码相连。
5. 在页面面板中，单击第 v 页的页面图标以选择它。

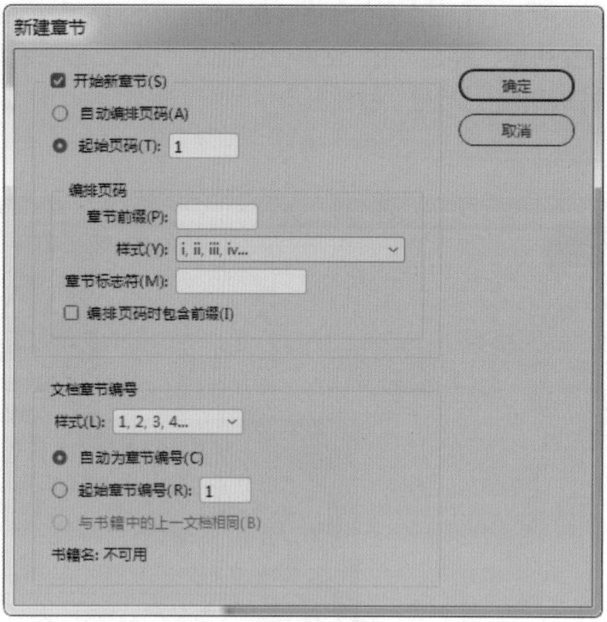

新建章节

☑ 开始新章节(S)
○ 自动编排页码(A)
◉ 起始页码(T): 1

编排页码
章节前缀(P):
样式(Y): i, ii, iii, iv...
章节标志符(M):
☐ 编排页码时包含前缀(I)

文档章节编号
样式(L): 1, 2, 3, 4...
◉ 自动为章节编号(C)
○ 起始章节编号(R): 1
○ 与书籍中的上一文档相同(B)
书籍名: 不可用

确定
取消

图3.30

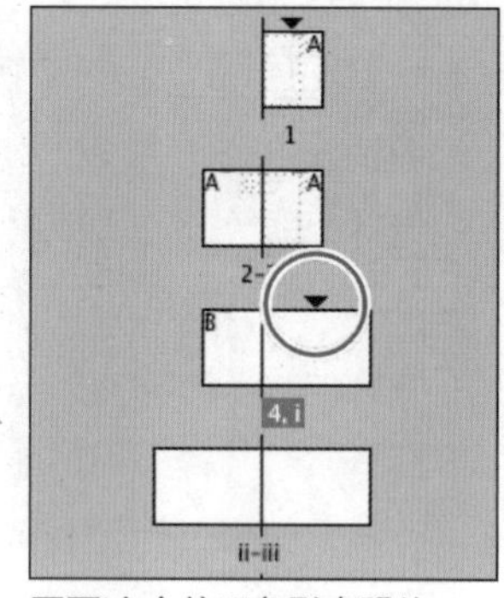

页面i上方的三角形表明从这里开始了新章节

图3.31

> **注意：**单击页面图标将把页面指定为目标页面，以便对其进行编辑，但不会在文档窗口中显示它。要导航到某个页面，请在页面面板中双击其页面图标。

6. 从页面面板菜单中选择“页码和章节选项”。
7. 在“新建章节”对话框中，确保选中了复选框“开始新章节”。
8. 选中单选按钮“起始页码”并输入“5”，将该章节的起始页码设置为5，从而接着特殊部分前面的页面往下编排页码。
9. 从下拉列表“样式”中选择“1, 2, 3, 4”，再单击“确定”按钮。现在，页面被正确地重新编排页码。在页面面板中，我们注意到在页码为1、i和5的页面图标上方有黑色三角形，如图3.32所示，这表明从这些地方开始了新章节。在这个文档中，页面5接着第一章节往下编排页码，但完全可采用另一种页码编排方式。这里的重点是，不管文档使用的页码编排方式如何，在页面面板中，页面上方的三角形都表明开始了一个新章节。
10. 选择菜单“文件”>“存储”。

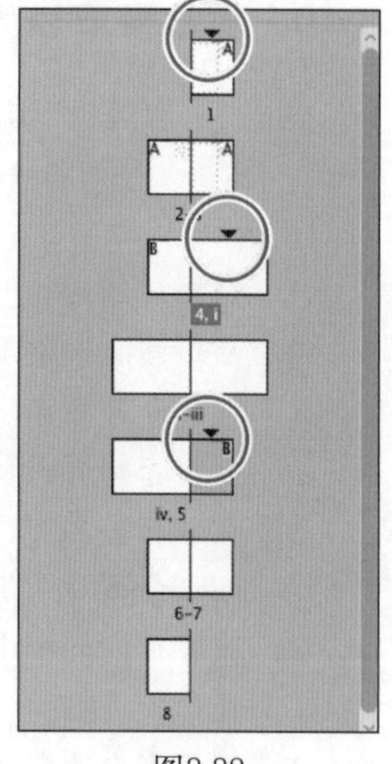

图3.32

3.11 覆盖主页对象及置入文本和图形

设置好这个12页出版物（8页的指南和4页的插页）的基本框架后，您便可给文档页面添加内容了。为了解前面创建的主页将如何影响文档页面，您将在包含第2页和第 3 页的跨页中添加文本和图形。第 4 课将更详细地介绍如何创建和修改对象，因此这里将简化排版过程，以最大限度地减少您的工作量。

1. 选择菜单“文件”>“存储为”，将文件重命名为 03_Newsletter.indd，切换到文件夹 Lesson03，并单击“保存”按钮。
2. 在页面面板中，双击第 2 页（而不是第 ii 页）的页面图标，再选择菜单“视图”>“使跨页适合窗口”。

   由于对第 2 ~ 3 页应用了主页 A-3-column Layout，因此它们包含主页 A-3-column Layout 中的参考线、页眉、页脚和占位框架。

   为导入通过其他应用程序创建的文本和图形（如使用 Adobe Photoshop 创建的图像或使用 Microsoft Word 创建的文本），您将使用“置入”命令。
3. 选择菜单“文件”>“置入”。如有必要，可依次打开文件夹 InDesignCIB\Lessons\Lesson03\Links。单击文件 Article1.docx，再按住 Ctrl（Windows）或 Command（macOS）键并单击文件 Article2.docx、Graphic1.jpg 和 Graphic2.jpg，以选择这 4 个文件。单击“打开”按钮。鼠标光标将变成载入文本图标（），并显示您要置入的文本文件 Article1.docx 的前几行，如图 3.33 所示。

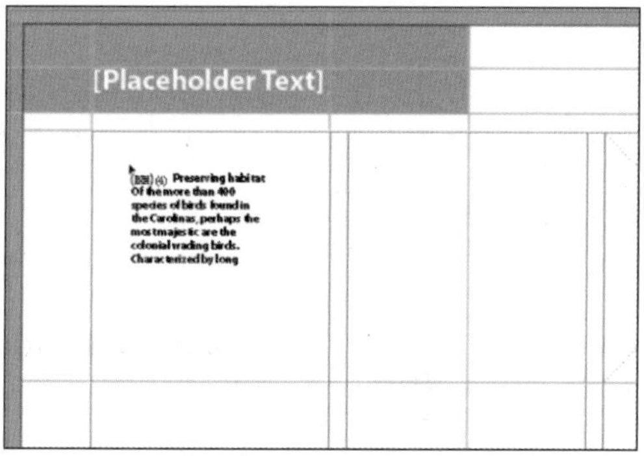

图3.33

4. 将鼠标指向第 2 页的占位文本框架并单击，将文件 Article1.docx 的文本置入该框架。注意，载入文本图标后有字样（4），这表明载入了 4 项可置入的内容。

Id **注意：**在导入文本或图形时，如果 InDesign 发现鼠标下面有现成框架，它将显示括号。在这种情况下，InDesign 将使用现成的文本框架或图形框架，而不创建新的框架。

5. 为置入余下的 3 个文件，单击第 3 页的文本框架，以置入文件 Article2.docx，然后单击第 2 页的图形框架，以置入文件 Graphic1.jpg，最后单击第 3 页的图形框架，以置入文件 Graphic2.jpg。结果如图 3.34 所示。
6. 选择菜单“编辑”>“全部取消选择”。

   下面导入一个片段，以完成这个跨页的排版工作。

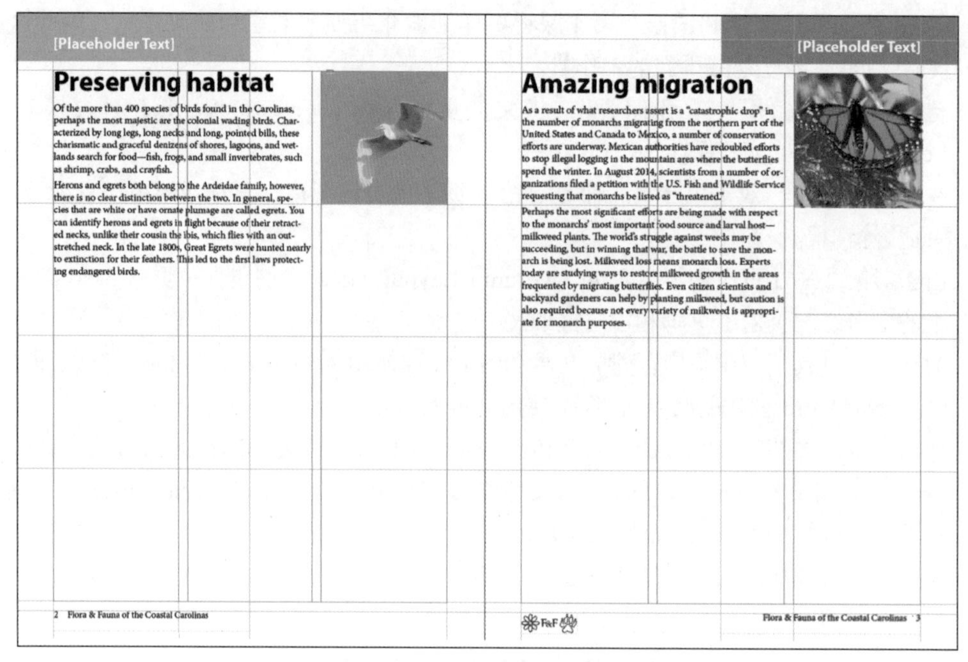

图3.34

7. 选择菜单“文件” > “置入”，单击文件 Snippet2.idms，再单击“打开”按钮。
8. 将载入片段图标（ ）指向该跨页左上角（红色出血参考线相交的地方），再单击鼠标置入该片段。结果如图 3.35 所示。

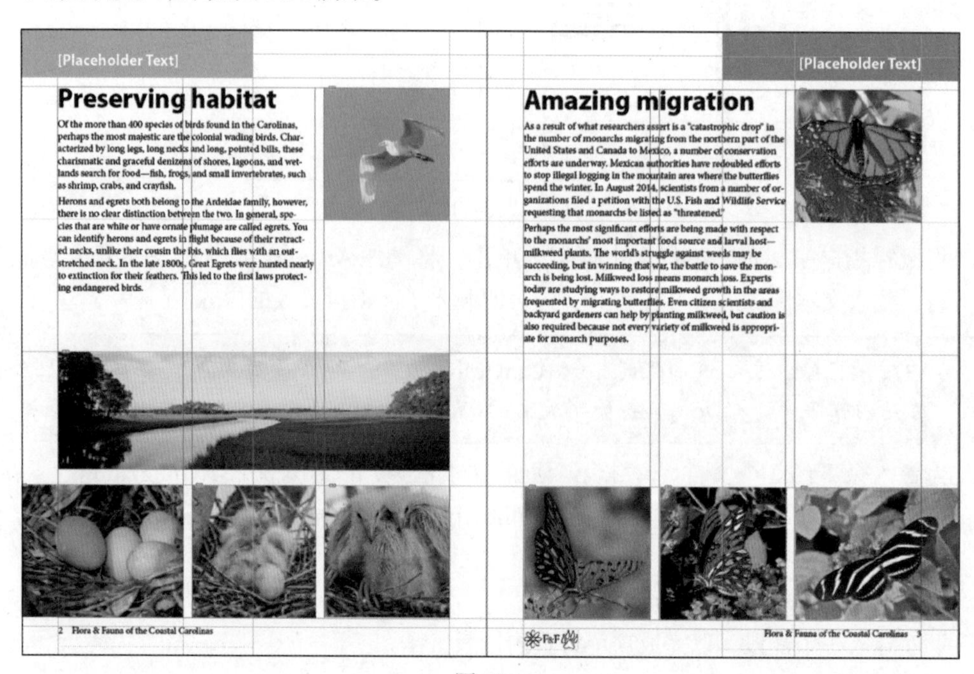

图3.35

9. 选择菜单“编辑”>“全部取消选择”或单击页面或粘贴板的空白区域，以取消选择所有对象。

10. 选择菜单“文件”>“存储”。

接下来，您将覆盖这个跨页中的两个主页对象——两个包含页眉文本的文本框架，然后再用新的文本替换占位文本。

替换占位文本

1. 选择文字工具（T.）。按住 Shift + Ctrl（Windows）或 Shift + Command（macOS）键，并单击第 2 页中包含 Placeholder Text 的占位文本框架，再将其中的文本替换为 Egrets and Herons。
2. 重复第 1 步，将第 3 页的页眉文本改为 Monarch Butterflies。
3. 选择菜单“编辑”>“全部取消选择”。
4. 选择菜单“文件”>“存储”。

3.12 打印到纸张边缘：使用出血参考线

设置文档时必须牢记的一个重要概念是，是否有元素将打印到纸张边缘。如果是这样，就需要考虑如何做到这一点。我们在新闻稿模板中设置的出血参考线让您能够做到这一点。

页面将印刷到很大的纸张上，而不是像办公用打印机那样将每页都打印到一张纸上。例如，小型数字印刷机一次印刷 2 个页面，而大型胶印机一次印刷 8 个页面。在印制过程中，考虑到细微的偏移，为此我们采用的方式之一是出血。印刷出来的材料堆成堆并进行切割，即便刀片非常锋利，也无法保证每次都在图像边缘切割。成堆地切割纸张时，为确保边缘完美，要打印到边缘的元素都必须延伸到切割线外面，如图 3.36 所示。

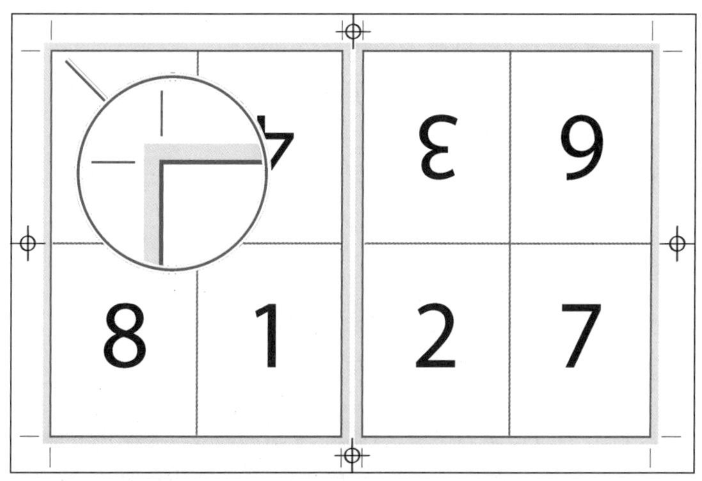

印刷纸张，粉红的线条表示切割线，蓝色表示出血区域。
注意到出血区域是切割线外面的部分

图3.36

文档包含将打印到纸张边缘的照片或其他元素时，必须让这些元素延伸到切割线外面。这样切割的将是印刷出来的图像，而不是空白纸张，从而确保边缘是整洁的。制作文档时，必须尽早核实这一点，因为其中的照片或其他元素可能不够大，从而没有延伸的页面边缘。下面来学习如何核实元素是否延伸到了页面边缘，并在没有延伸到边缘时修复问题。

1. 使用“选择”工具（▶）双击页面面板中第 2 页的图标，以显示它。
2. 选择菜单“视图”>“屏幕模式”>“正常”，并注意红色出血参考线。
3. 先来看左边和右边的照片。注意到左边的鸟蛋照片延伸到了红色出血参考线，这意味着切割纸张时，边缘将会是整洁的。
4. 接着看右边的蝴蝶照片，注意到它只延伸到页面边缘。这张照片必须至少延伸到红色出血参考线。为此，使用选择工具单击这张照片，将右边的手柄向右拉，让照片框到达或超过红色出血参考线，如图 3.37 所示。

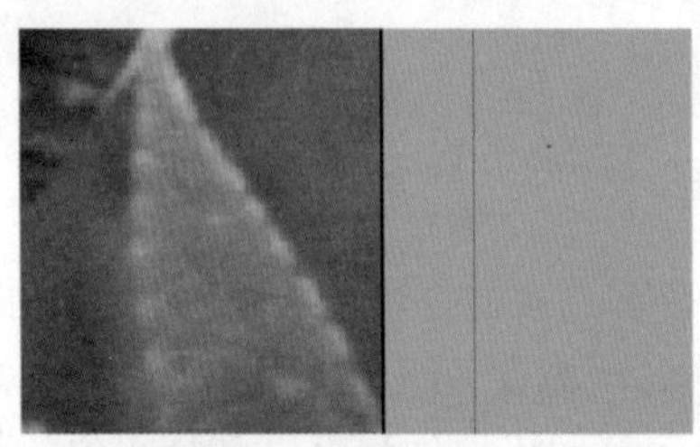
放大的蝴蝶图像，该图像只延伸到页面边缘，而没有延伸到出血参考线

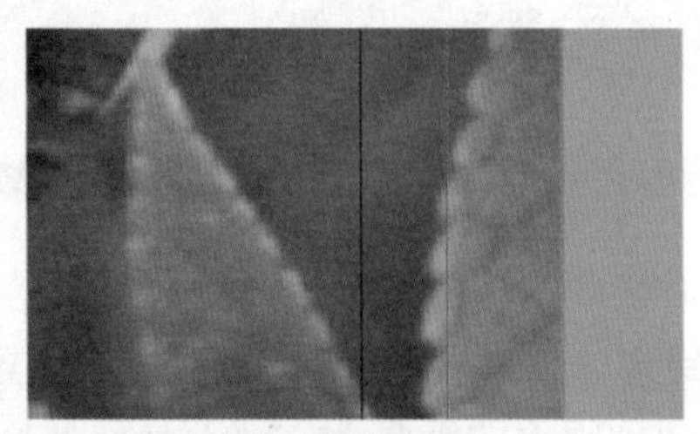
扩大图像使其越过出血参考线

图3.37

5. 现在来看看这个跨页的顶部。注意，左边的绿色图形框架比右边的蓝色图形框架低。尝试使用选择工具单击它，您将发现无法选择它，因为它是主页中的对象。在页面面板中双击主页 A-3-column 以显示它，现在可以选择绿色图形框架了。选择后向上拖曳上边缘中央的手柄，使其到达或超过红色出血参考线后松开鼠标。
6. 切换到第 2 页，现在绿色图形框架超过了出血参考线。现在，每个使用这个主页的文档页面都是正确的，您无须分别修复它们。
7. 选择菜单“文件”>“存储”。

3.13 查看完成后的跨页

现在，您可以隐藏参考线和框架，看看完成后的跨页什么样子。

1. 选择“视图”>“使跨页适合窗口”，并在必要时隐藏所有面板。

> Id **提示：**要隐藏所有面板（包括工具面板和控制面板），可按 Tab 键。再次按 Tab 键，可重新显示所有的面板（使用文字工作处理文本时，无法这样做）。

2. 选择菜单“视图”>“屏幕模式”>“预览”，以隐藏粘贴板以及所有的参考线、网格和框架边缘，如图 3.38 所示。预览模式最适合用来查看页面印刷并裁切出来后是什么样的。

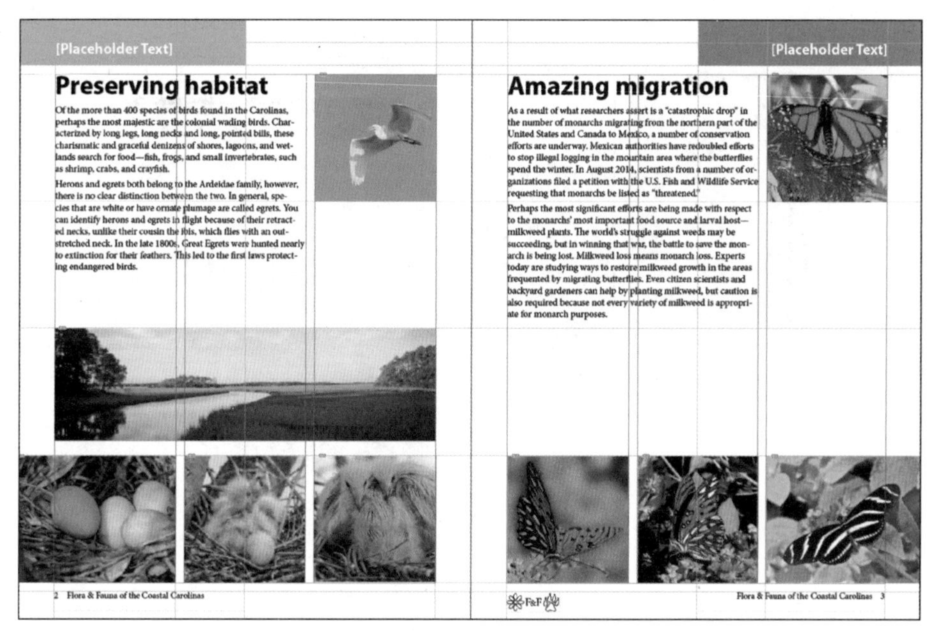

图3.38

至此，您通过处理一个 12 页的文档，知道了如何将对象加入到主页，以确保整个文档的设计一致。

3. 选择“文件”>“存储”。

祝贺您学完了本课。

旋转跨页

在有些情况下，您可能需要旋转页面或跨页以方便查看和编辑。例如，采用标准尺寸的杂志可能包含纵向页面和一个横向的日历页面。为获得这样的横向页面，可将所有对象旋转90°，但修改版面和编辑文本时，将需要转头或旋转显示器。为方便编辑，可旋转和取消旋转跨页。为查看这样的示例，请打开文件夹Lesson03中的文件03_End.indd。

1. 在页面面板中，双击第4页以在文档窗口中显示它。
2. 选择菜单“视图”>“使跨页适合窗口”，让页面位于文档窗口中央。
3. 选择菜单“视图”>“旋转跨页”>“顺时针90°”，再选择菜单“视图”>“使跨页适合窗口”，如图3.39所示。

顺时针旋转跨页后，将更容易处理页面中的对象。

4. 选择菜单“视图”>“旋转跨页”>“清除旋转”。
5. 关闭文档而不保存所做的修改。

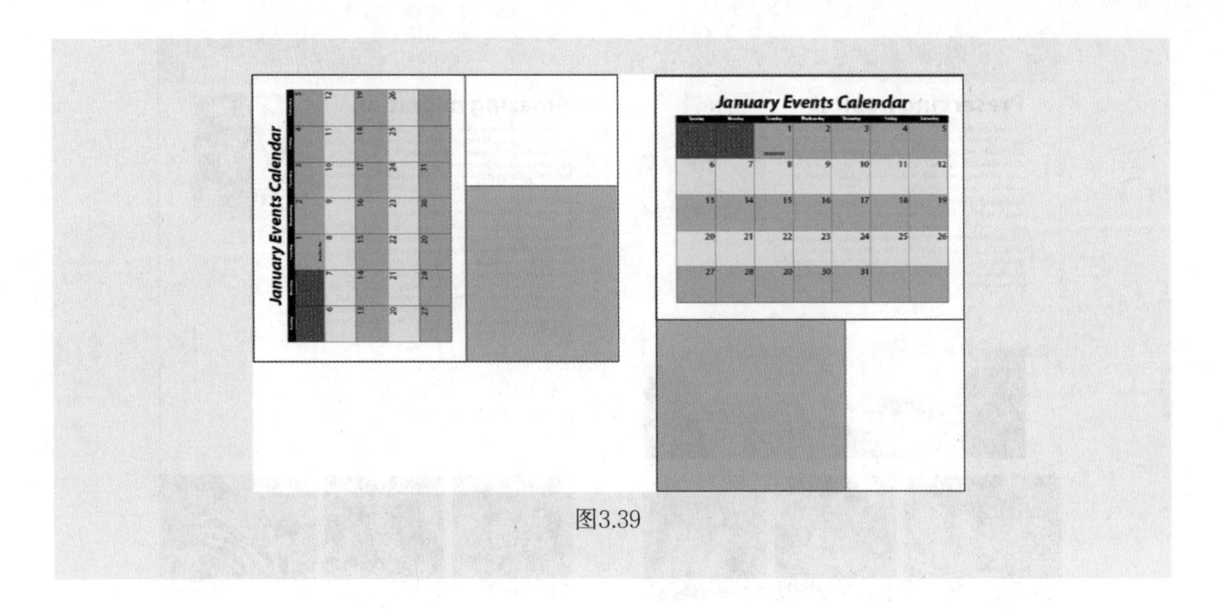

图3.39

3.14 练习

一种不错的巩固所学技能的方法是使用它们。请试着完成下面的练习，它们为您提供了使用 InDesign 技巧的机会。

> **提示：** 练习前选择菜单“视图” > “屏幕模式” > “正常”，以切换到正常模式。

1. 将一张图片置入到第 3 页的第 3 栏，可使用文件夹 Lesson03\Links 中的图像 GraphicExtra.jpg。在“置入”对话框中单击“打开”按钮后，在第 3 栏的水平标尺参考线与左边距交点处单击，按住 Shift 键并将其拖曳到框架与该栏等宽后再松开鼠标。选择菜单“对象” > “适合” > “按比例填充框架”，结果如图 3.40 所示。

图3.40

2. 再创建一个主页。让该主页继承主页 A-3-column Layout，并将其命名为“C-4-column Layout”，然后进行修改，使其包含 4 栏而不是 3 栏。最后，将该主页应用于文档中任何不包含对象的全尺寸页面上（第 1 页或第 5 ~ 8 页）。

3.15 复习题

1. 将对象放在主页中有何优点？
2. 如何修改文档的页码编排方案？
3. 在文档页面中如何选择主页对象？
4. 让主页继承另一个主页有何优点？
5. 如何覆盖主页对象？
6. 如何处理将打印到纸张边缘的元素？

3.16 复习题答案

1. 通过在主页中添加参考线、页脚和占位框架等对象，可确保主页应用于的页面的版面是一致的。
2. 在页面面板中选择要重新编排页码的页面对应的页面图标，再从页面面板菜单中选择“页码和章节选项”（或选择菜单“版面”>“页码和章节选项”），并指定新的页码编排方案。
3. 按住 Shift + Ctrl（Windows）或 Shift + Command（macOS）键，并单击主页对象以选择它。然后便可对其进行编辑、删除或其他操作。
4. 通过继承已有主页，可在新主页和已有主页之间建立父子关系。这样，对父主页所做的任何修改都将在子主页中反映出来。
5. 按住 Shift + Ctrl（Windows）或 Shift + Command（macOS）键，再单击要修改的对象。
6. 要打印到纸张边缘的元素必须延伸到粘贴板区域。出血参考线指出了这些元素必须至少延伸到什么位置。

第4课 使用对象

课程概述

本课介绍如下内容：

- 使用图层；
- 创建和编辑文本框架和图形框架；
- 将图形导入到图形框架中；
- 裁剪、移动和缩放图形；
- 调整框架之间的间距；
- 在图形框架中添加题注；
- 置入、链接图形框架；
- 修改框架的形状；
- 沿对象或图形绕排文本；
- 创建复杂的框架形状；
- 转换框架的形状；
- 修改和对齐对象；
- 选择和修改多个对象；
- 给直线添加箭头；
- 创建二维码。

本课需要大约 90 分钟。

启动 InDesign 之前，先到异步社区的相应页面将本书的课程资源下载到本地硬盘中，并进行解压。

InDesign 框架可包含文本、图形或填充色。当您使用框架时会发现，Adobe InDesign 提供了极大的灵活性，让您能够充分控制设计方案。

4.1 概述

在本课中，您将处理一篇包含 4 页的新闻稿，它由两个跨页组成。您将添加文本和图像，并对这两个跨页中的对象做多项修改。

1. 为确保您的 Adobe InDesign 首选项和默认设置与本课使用的一样，将 InDesign Defaults 文件移到其他文件夹，详情请参阅“前言”中的“保存和恢复 InDesign Defaults 文件”。
2. 启动 InDesign。为确保面板和菜单命令与本课使用的相同，选择菜单“窗口”>“工作区”>“高级”，再选择菜单“窗口”>“工作区”>“重置［高级］”。想要开始工作，您应该先打开一个已部分完成的 InDesign 文档。
3. 选择菜单“文件”>“打开”，打开硬盘中文件夹 InDesignCIB\Lessons\Lesson04 中的文件 04_a_Start.indd。如果出现“缺失字体”对话框，请单击“同步字体”按钮。同步字体后，单击“关闭”按钮。如果出现“更新链接”消息，请单击“更新链接”按钮。

> Id **注意**：打开示例文档时，如果出现警告，请单击“更新链接”按钮。

4. 选择菜单“文件”>“存储为”，将文件重命名为 04_Objects.indd，并存储到文件夹 Lesson04 中。
5. 为查看完成后的文档，打开文件夹 Lesson04 中的文件 04_b_End.indd，如图 4.1 所示。可让该文档保持打开状态以便工作时参考。查看完毕后，选择菜单“窗口”>“04_Objects.indd”或单击文档窗口顶部相应的标签，切换到本课要处理的文档。

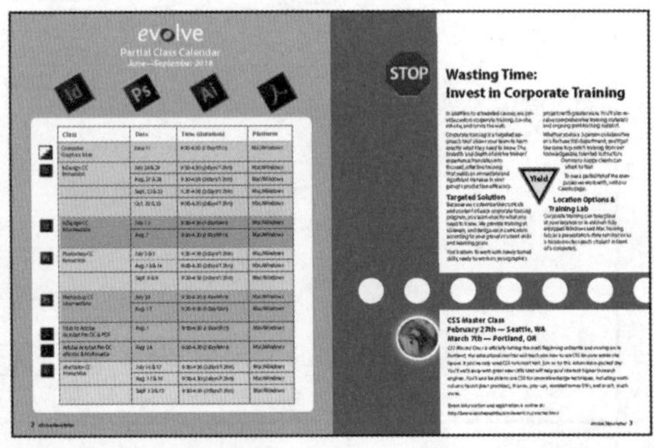

本课将处理的新闻稿包含两个跨页：左边的跨页包含第4页（封底）和第1页（封面），右边的跨页包含第2~3页。在页面之间导航时，别忘了这种页面布局。这里显示的是完成的新闻稿

图4.1

> Id **注意**：完成本课的任务时，请根据需要随意地移动面板和修改缩放比例。

4.2 使用图层

创建和修改对象之前，您应该了解 InDesign 中图层的工作原理。默认情况下，每个新 InDesign 文档只包含一个图层（图层 1）。处理文档时，您可随时修改图层的名称以及添加图层。通过将对象放在不同的图层中，您可方便地选择和编辑它们。通过图层面板可选择、显示、编辑和打印单个图层、图层组或全部图层。

Id **提示：**请通过图层面板菜单启用“粘贴时记住图层”，这样将对象复制并粘贴到其他页面或文档时，图层结构将保持不变，而不是将所有对象都粘贴到最上面的那个图层中。

文档 04_Objects.indd 包含 2 个图层。通过这些图层您将了解到，图层的堆叠顺序以及对象在图层中的位置将影响文档的设计效果，您还将添加新图层。

图层简介

可将图层视为堆叠在一起的透明胶片。创建对象时，可将其放在选定的图层中，还可在图层之间移动图像。每个图层都包含一组对象。

图层面板（“窗口”>“图层”）显示了一组文档图层，让用户能够创建、管理和删除图层。图层面板让用户能够显示图层中所有对象的名称以及显示、隐藏或锁定各个对象。单击图层名称左边的三角形，可显示/隐藏该图层中所有对象的名称。

在图层面板中，图层的排列顺序就是它们的堆叠顺序：在图层面板中，位于最上面的图层在文件中也位于最上面。每个图层中的对象也遵循这样的逻辑。要将一个对象移到另一个对象的前面（上面）或后面（下面），只需在图层面板中上下移动它。

使用多个图层，可创建和编辑文档的特定区域和特定类型的内容，而不影响其他区域或其他类型的内容。例如，可选择并移动一个图层中的内容（如文本框），而不影响其他内容（如背景）。另外，如果文档因包含很多大型图形而打印速度缓慢，可将文档中的文本放在一个独立的图层中（如图4.2所示），这样，在需要对文本进行校对时，就可隐藏所有其他的图层，从而只将文本图层快速打印出来。还可使用图层为同一个版面显示不同的设计思路或为不同地区提供不同的广告版本。

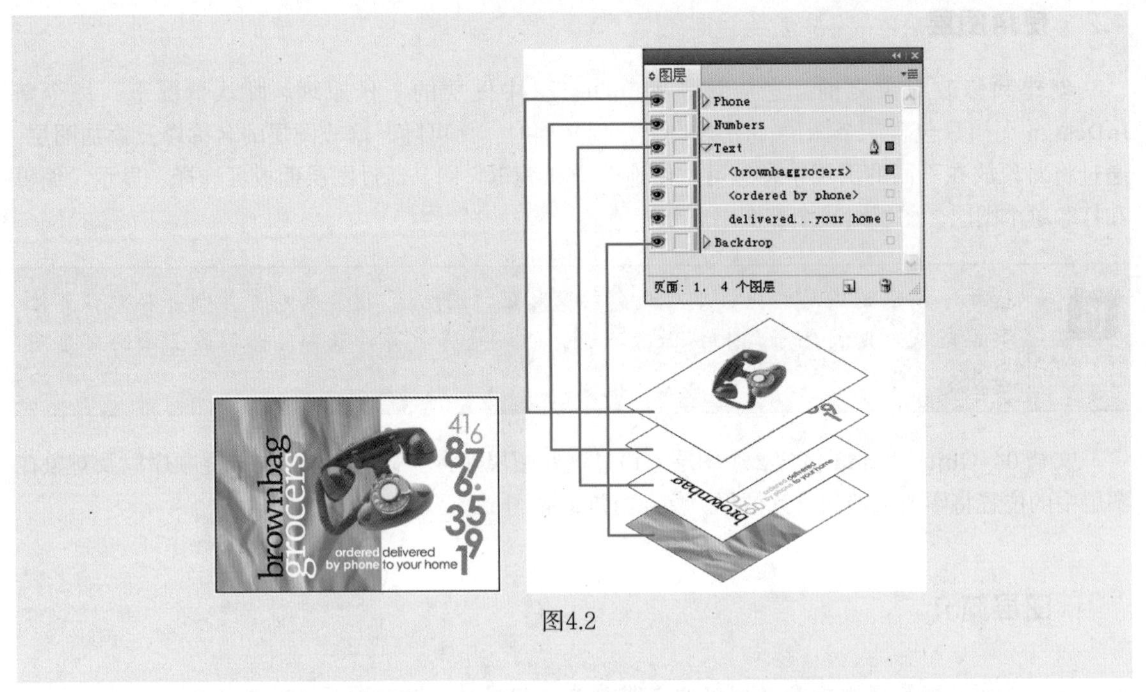

图4.2

1. 单击图层面板图标或选择菜单“窗口”>“图层”，以打开图层面板。
2. 在图层面板中，如果没有选中图层 Text，单击选中它。它若呈高亮显示表明图层被选中。注意，其图层名的右边将出现一个钢笔图标（ ），这表明该图层是目标图层，您导入或创建的任何东西都将放到该图层中。
3. 单击图层名 Text 左边的小三角形，该图层名下面将显示该图层中的所有组和对象。使用该面板的滚动条查看列表中的名称，然后再次单击该三角形隐藏它们。
4. 单击图层名 Graphics 左边的眼睛图标（ ），该图层中的所有对象都将被隐藏。眼睛图标让用户能够显示 / 隐藏图层。隐藏图层后，眼睛图标将消失，单击空框将显示图层的内容，如图 4.3 所示。

单击以隐藏图层内容

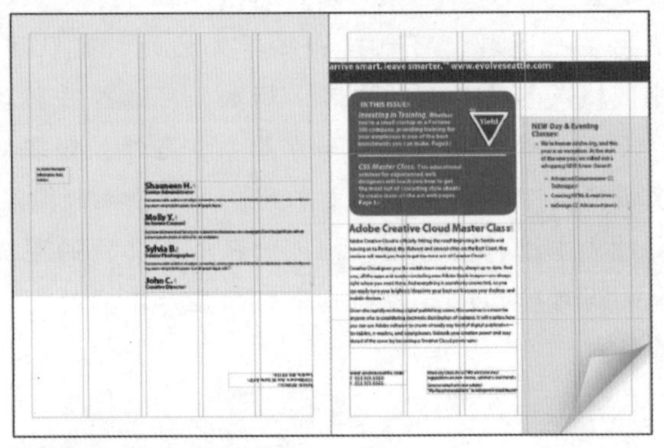

隐藏图层Graphics后的跨页

图4.3

5. 使用缩放工具（ ）放大封面（第 1 页）中的深蓝色框架。
6. 切换到“选择”工具（ ），并在 Yield 图标中移动鼠标。注意，该框架周围出现了蓝色边框，这表明它属于 Text 图层，因为该图层被指定为蓝色。另外，这个框架中央还有一个透明的圆环（也被称为内容抓取工具）。在这个圆环内移动时，鼠标光标将变成手形，如图 4.4 所示。

当鼠标光标显示为箭头时，单击并拖曳可移动框架和其中的图形

当鼠标光标显示为手形时，单击并拖曳只移动框架内的图形

图4.4

7. 将鼠标光标指向 Yield 标志下方的圆形图形框架，注意，这个框架的边框为红色——为图层 Graphics 指定的颜色。

> 提示：框架也被称为容器，框架内的图形也被称为内容。选择容器后，就可选择其内容，反之亦然（为此，可使用菜单“对象”>“选择”）。

8. 将鼠标光标重新指向包含 Yield 标志的框架，确保显示的是箭头，再在图形框架内单击以选择它。注意，在图层面板中，图层 Text 被选中且其图层名右边有一个蓝色方块，这表明被选中的对象属于该图层。在图层面板中，可通过拖曳该方块将对象从一个图层移到另一个图层。
9. 在图层面板中，将蓝色方块从图层 Text 拖放到图层 Graphics。现在，Yield 标志属于图层 Graphics 且位于最上面。另外，图层面板中的方块变成了红色——图层 Graphics 的颜色，如图 4.5 所示。

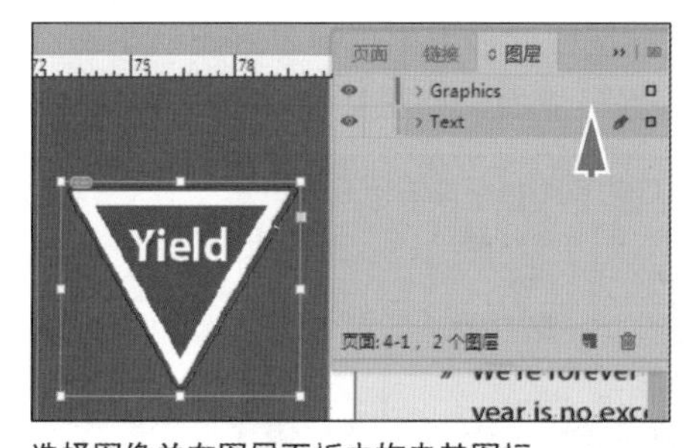

选择图像并在图层面板中拖曳其图标

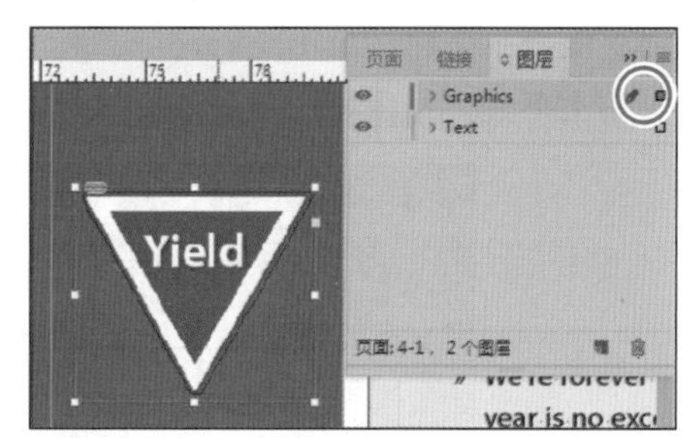

结果

图4.5

> 提示：要查看 Yield 标志在图层 Graphics 中相对于其他对象的位置，可单击图层名 Graphics 左边的三角形展开这个图层。在展开的列表中，最前面的对象位于最上面。

10. 请注意，菜单“对象”>“排列”中的命令在图层内（而不是图层间）起作用。为证明这一点，请选择菜单“对象”>“排列”>“置为底层”，Yield 标志并没有移到蓝色背景后面，这与期望的一致。这是因为 Yield 标志位于图层 Graphics 中，而这个图层位于蓝色框所在图层 Text 的上方。现在，在图层面板中，将红色方框移到图层 Text，再选择菜单“对象”>“排列”>“置为底层”，这就把 Yield 标志移到蓝色框后面，因为它们位于同一个图层中。为将 Yield 标志移回到 Graphics 图层，选择菜单“编辑”>“还原”两次。

4.2.1 创建图层及重新排列图层

1. 单击图层 Graphics 左边的图层锁定框将该图层锁定，如图 4.6 所示。
2. 选择菜单“视图”>“使跨页适合窗口”。

下面新建一个图层，并将现有内容移到该图层。

3. 单击图层面板底部的“创建新图层”按钮（ ），如图 4.7 所示。由于当前选择的图层是 Graphics，因此创建的新图层位于图层 Graphics 上面。

图4.6

图4.7

4. 双击新图层的名称（图层 3）打开“图层选项”对话框，将名称改为 Background，并单击“确定”按钮。

> **提示：**要重命名图层，也可这样做：在图层面板中选择它，再单击其名称。

5. 在图层面板中，将图层 Background 拖放到图层栈的最下面。拖曳到图层 Text 下方时将出现一条水平线，指出松开鼠标后该图层将移到最下面，如图 4.8 所示。

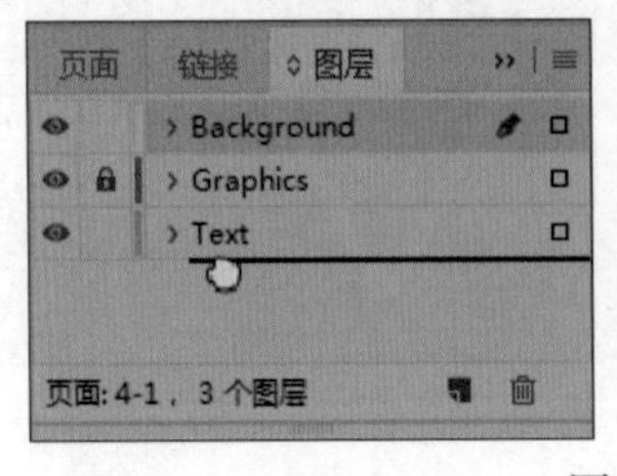

图4.8

4.2.2 将对象移到图层 Background 中

下面将彩色背景框移到图层 Background 中，并锁定这个图层。这样处理图层 Text 和 Graphics

中的对象时，不会无意间选择或移动背景。

1. 选择菜单“视图”>“使跨页适合窗口”。使用“选择”工具（▶）单击左边页面的淡蓝色背景。
2. 在图层面板中，将蓝色方框从图层 Text 拖曳到图层 Background 中。
3. 单击文档窗口左下角的“下一跨页”箭头，从而切换到下一个跨页（第 2 ~ 3 页），如图 4.9 所示。

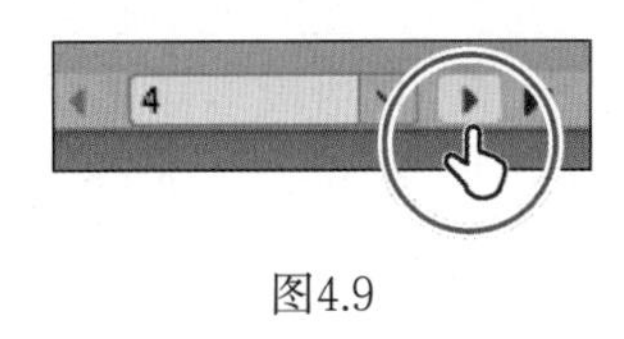

图4.9

4. 拖曳出一个小型方框，它从跨页上方的粘贴板开始，在左边的绿色框和右边的蓝色框相交的地方结束。这是一种快速选择多个对象、同时避免选择其他对象的方式。
5. 在图层面板中，将蓝色方框向下拖曳到图层 Background 中，从而将前面选择的两个对象都移到图层 Background 中。
6. 单击图层 Background 左边的锁定框。
7. 选择菜单“文件”>“存储”。

4.3 创建和修改文本框架

在大多数情况下，文本都放在框架内（也可使用路径文字工具（ ）沿路径排文）。文本框架的大小和位置决定了文本出现在页面中的位置。文本框架可使用文字工具来创建，并可使用各种工具进行编辑，在本节中您就将这样做。

4.3.1 创建文本框架并调整其大小

下面创建一个文本框架并调整其大小，然后调整另一个框架的大小。

1. 在页面面板中，双击第 4 页的页面图标以在文档窗口中居中显示这个页面。
2. 在图层面板中，单击图层 Text 以选择它。这样创建的所有内容都将放到图层 Text 中。
3. 从工具面板中选择文字工具（T.），将鼠标指向第 1 栏的左边缘与大约 3p0 处的水平参考线的交点，单击鼠标并拖曳，从而创建一个与第 2 栏的右边缘对齐且高度大约为 8p 的框架，如图 4.10 所示。

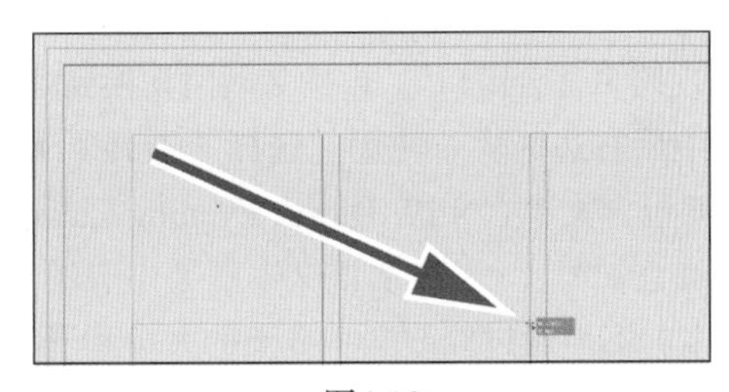

图4.10

4. 使用缩放工具（ ）放大该文本框架，再选择文字工具。
5. 在新建的文本框架中输入 Customer，按 Shift 键和回车键换行（这样不会创建新段落），再输入 Testimonials。单击文本的任何地方以选择这个段落。

下面对该文本应用段落样式。

> **提示：**应用段落样式之前并不需要选择整个段落，而只需在段落中的任何位置单击即可。

6. 单击段落样式面板图标（ ）或选择菜单“文字”>“段落样式”，以打开这个面板。单击样式“Testimonials”将其应用于选定的段落，如图 4.11 所示。

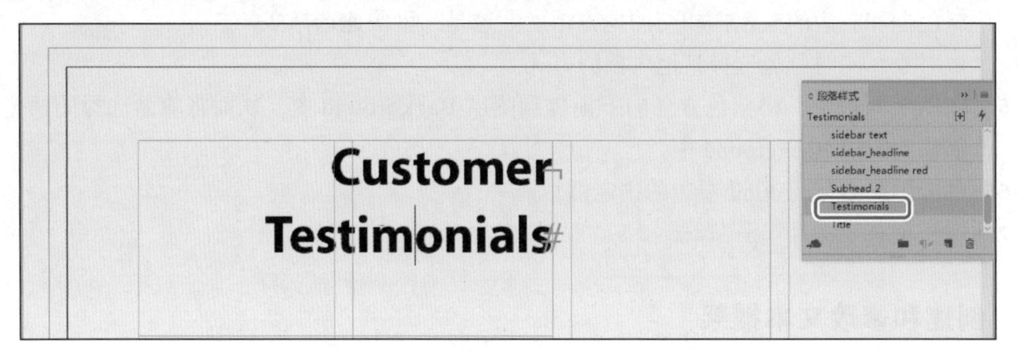

图4.11

有关样式的更详细信息，请参阅第 9 课。

7. 使用“选择”工具（ ）双击选定文本框架底部中央的手柄，使文本框架的高度适合文本，如图 4.12 所示。

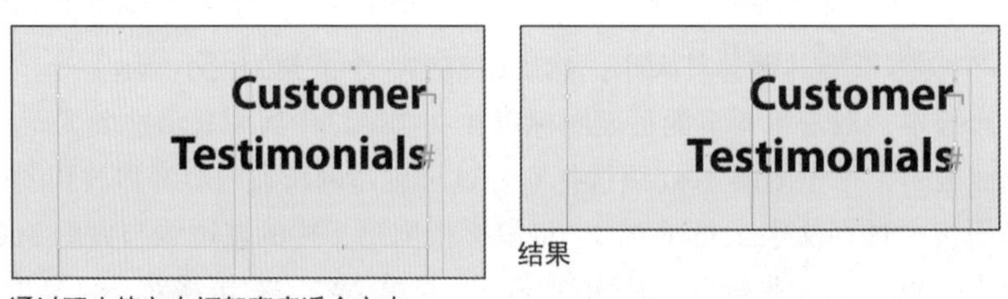

图4.12

8. 选择菜单“视图”>“使跨页适合窗口”，再按 Z 暂时切换到缩放工具或选择缩放工具，然后放大封面（第 1 页）中最右边的栏。使用“选择”工具（ ）选择文本 the Buzz 下面的文本框架，该文本框架包含文本“NEW Day & Evening Classes”。

   该文本框架右下角的红色加号（+）表明该文本框架中有溢流文本，溢流文本是因文本框架太小而看不见的文本。下面通过修改文本框架的大小和形状来解决这个问题。

9. 拖曳选定文本框架下边缘中央的手柄，调整文本框架的高度直到其下边缘与 48p0 处的参考线对齐。当鼠标接近标尺参考线时，箭头将从黑色变成白色，指出文本框架将与该参考线对齐，如图 4.13 所示。现在还存在溢流文本，您将在本章后面修复这个问题。

10. 选择菜单“编辑”>“全部取消选择”，再选择菜单“文件”>“存储”。

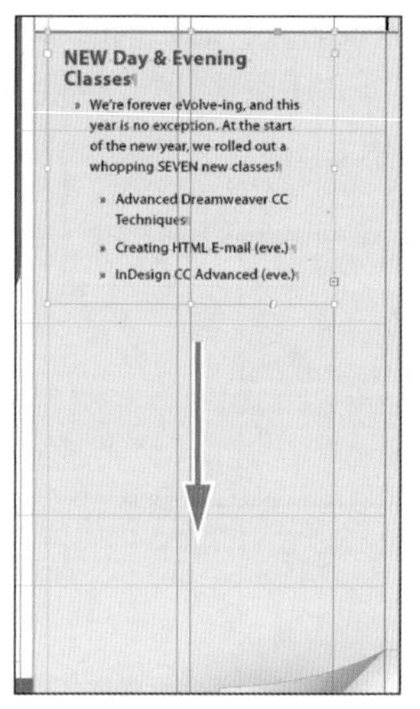

通过拖曳下边缘中央的手柄以调整文本框架的大小

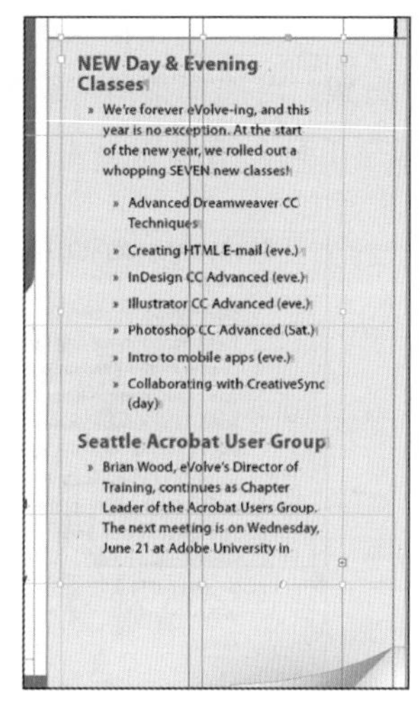

结果

图4.13

4.3.2 调整文本框架的形状

在本课前面，读者使用选择工具拖曳手柄来调整文本框架的大小。下面使用直接选择工具通过拖曳锚点来调整文本框架的形状。

> **提示：**如果要同时调整文本框架和其中的文本字符的大小，可选择文本框架，再双击“缩放工具”（ ）——该工具在工具面板中与自由变换、旋转和切变工具位于一组，然后在“缩放”对话框中指定值。也可在使用选择工具拖曳文本框架手柄时按住 Shift + Ctrl（Windows）或 Shift + Command（macOS）键。按住 Shift 键可保持文本和框架的长宽比不变。

1. 在工具面板中单击直接选择工具（ ），再在刚才调整了大小的文本框架内单击，该文本框架的角上将出现 4 个非常小的锚点。这些锚点是空心的，表明没有被选中。
2. 选择文本框架左下角的锚点，等鼠标光标变成黑色后向下拖曳，直到到达页面底部的页边距参考线，再松开鼠标。拖曳鼠标时，文本将重新排文以便您能够实时预览。松开鼠标后，注意，文本框架右下角显示的溢流文本标识（红色加号）没有了，所有文本都可见，如图 4.14 所示。

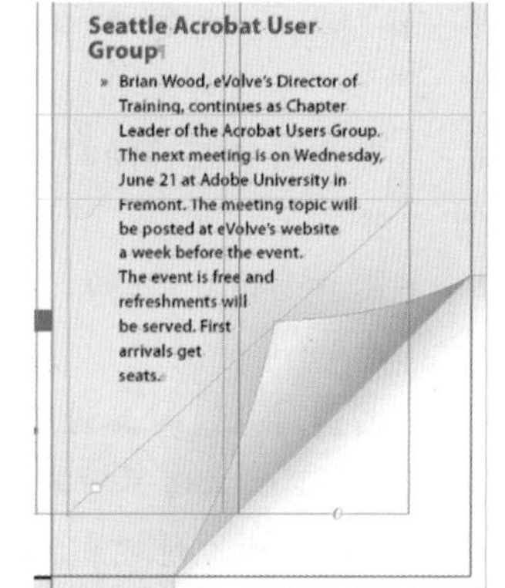

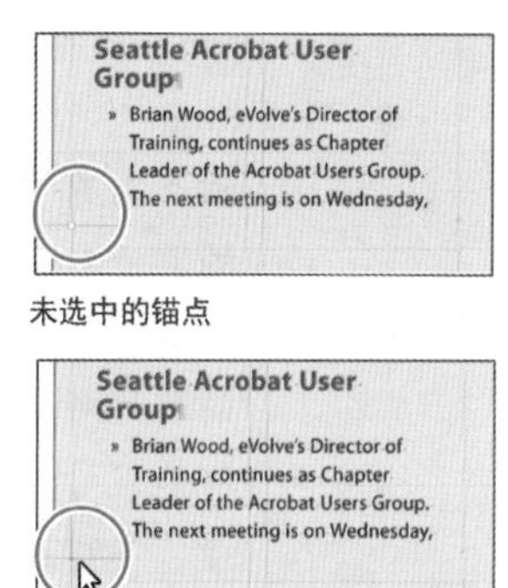

未选中的锚点

选中的锚点

图4.14

确保拖曳的是锚点——如果拖曳锚点的上方或右方，您将同时移动文本框架的其他角。如果不小心移动了框架，可选择菜单“编辑”>“还原移动”，再重做。

3. 按V键切换到选择工具，结果如图4.15所示。

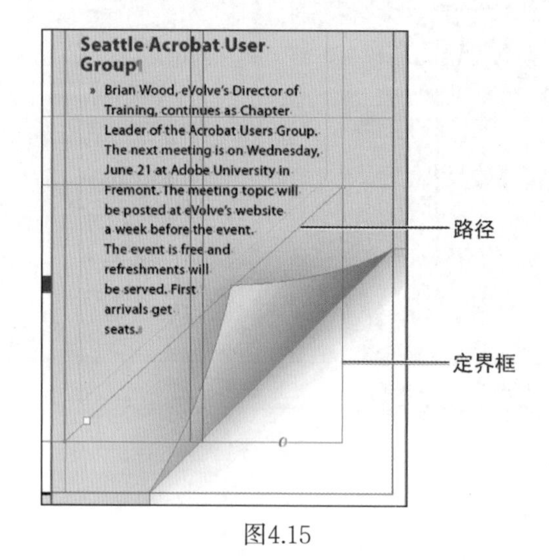

图4.15

4. 取消选择所有对象，再选择菜单“文件”>“存储”。

使用智能参考线

智能参考线让用户能够精确地创建对象和指定其位置。有了智能参考线后，用户可让对象与其他对象的中心和边缘对齐、将其放在页面的垂直和水平方向的中央以及让对象与分栏和栏间距的中点对齐。另外，在您工作时，智能参考线会动态地出现，以提供即时的视觉反馈。

在首选项“参考线和粘贴板”中，您可启用4个智能参考线选项。要进入该首选项，可选择菜单“编辑”>“首选项”>“参考线和粘贴板”（Windows）或“InDesign”>“首选项”>“参考线和粘贴板”（macOS）。

- 对齐对象中心：当用户创建或移动对象时，这将导致对象边缘与页面或跨页中的其他对象的中心对齐。
- 对齐对象边缘：当用户创建或移动对象时，这将导致对象边缘与页面或跨页中的其他对象的边缘对齐。
- 智能尺寸：当用户创建对象、对其进行旋转或调整大小时，这将导致对象的宽度、高度或旋转角度与页面或跨页中其他对象的尺寸对齐。
- 智能间距：让用户能够快速排列对象，使其间距相等。

要启用/禁用智能参考线，可使用命令“智能参考线”（选择菜单“视图”>“网格和参考线”>“智能参考线”）；您也可以使用应用程序栏的下拉列表“视图选项”来启用/禁用智能参考线。智能参考线默认被启用。

为熟悉智能参考线，您可创建一个包含多栏的单页文档：在“新建文档”对话框中，将“栏数”设置为大于1的值。

1. 从工具面板中选择矩形框架工具（⊠）。单击左边距参考线并向右拖曳，当鼠标光标位于分栏中央、栏间距中央或页面水平方向的中央时，界面中都将出现一条智能参考线。在参考线出现时松开鼠标。

2. 在仍选择了矩形框架工具的情况下，单击上边距参考线并向下拖曳。注意，当鼠标光标位于您创建的第一个矩形框架的上边缘、中心、下边缘或页面垂直方向的中央时，界面中都将出现智能参考线。

3. 使用矩形框架工具在页面的空白区域再创建一个对象。缓慢地拖曳鼠标并仔细观察。每当鼠标光标到达其他任何对象的边缘或中心时，都将出现智能参考线。另外，当新对象的高度或宽度与其他对象相等时，正在创建的对象以及高度或宽度匹配的对象旁边都将出现水平或垂直参考线（或两者），且参考线两端都有箭头。

4. 关闭这个文档，但不保存所做的修改。

4.3.3 创建多栏文本框架

下面将一个现有文本框架转换为多栏的文本框架。

1. 选择菜单“视图”>“使跨页适合窗口”，再使用缩放工具（🔍）放大封底（第 4 页）右边的中间部分。使用“选择”工具（▶）选择以文本 Shauneen H. 打头的文本框架。
2. 选择菜单“对象”>“文本框架选项”。在“文本框架选项”对话框中，在“栏数”文本框中输入“3”，在“栏间距”文本框中输入“0p11”（11 点），如图 4.16 所示。栏间距指定了两栏之间的距离。单击“确定”按钮。
3. 选择菜单“文字”>“显示隐含的字符”以便能够看到分隔符（如果菜单“文字”末尾显示的是“不显示隐藏字符”，而不是“显示隐含的字符”，就说明显示了隐藏字符）。
4. 为让每栏都以标题开始，选择文字工具（T.），将光标放在“Sylvia B.”的前面，并选择菜单“文字”>“插入分隔符”>“分栏符”，这将导致“Sylvia B.”进入第 2 栏开头。在姓名“Jeff G.”前面也插入一个分栏符，如图 4.17 所示。

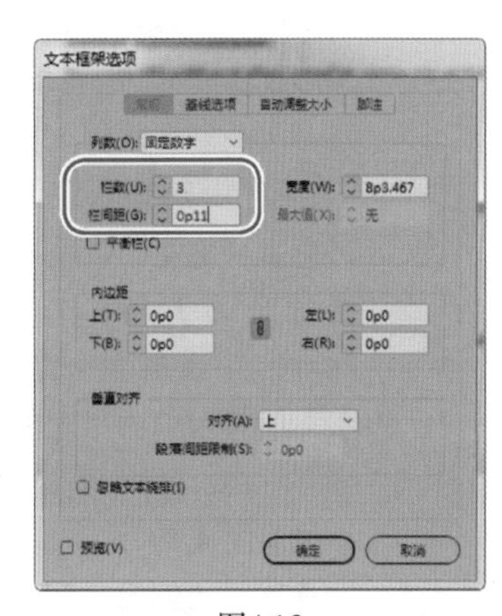

图4.16

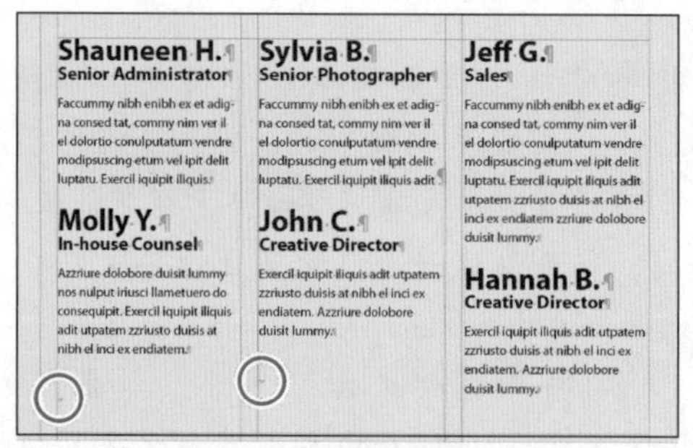

红色圆圈内的蓝色箭头就是分栏符

图4.17

> **提示：**也可以这样显示隐含的字符：从应用程序栏的“视图选项”下拉列表中选择“隐藏字符”。

5. 选择菜单“文字”>“不显示隐藏字符”。

4.3.4 调整文本框内边距和垂直对齐

接下来处理封面上的红色标题栏，使其适合文本框架的大小。调整文本框和文本之间的内边距可提高文本的可读性。

1. 选择菜单“视图”>“使跨页适合窗口”，使用缩放工具（ ）放大封面（第 1 页）顶部包含文本“arrive smart. leave smarter.”的红色文本框架，再使用“选择”工具（ ）选择它。
2. 选择菜单“对象”>“文本框架选项”。如有必要，将对话框拖到一边，以便设置选项时能够看到选定的文本框架。
3. 在“文本框架选项”对话框中，确保选中了复选框“预览”；然后，单击“内边距”部分的“将所有设置设为相同”按钮（ ）以禁用它，这样便能够独立地修改左内边距。将“左”值改为 3p0，这将文本框架的左边距右移 3 派卡，然后将“右”值改为 3p9。
4. 在“文本框架选项”对话框的“垂直对齐”部分，从“对齐”下拉列表中选择“居中”（如图 4.18 所示），再单击“确定”按钮。

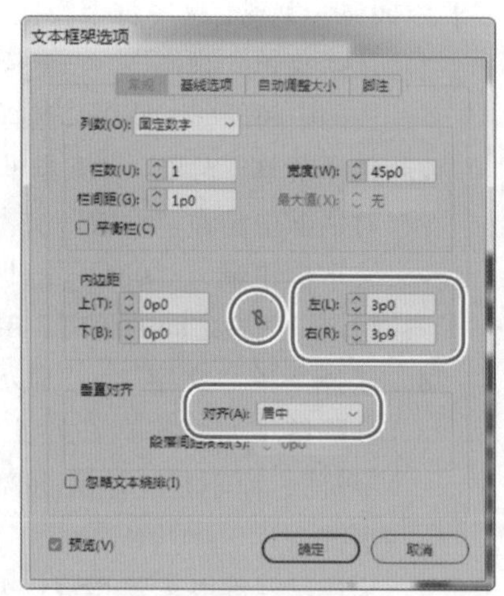

图4.18

5. 选择文字工具（ ），再单击 www.evolveseattle.com 的左边放置一个插入点。为移动这个 URL 文本，使其与前面指定的右内边距对齐，选择菜单“文字”>“插入特殊字符”>“其他”>“右对齐制表符”，结果如图 4.19 所示。
6. 选择菜单“编辑”>“全部取消选择”，再选择菜单“文件”>“存储”。

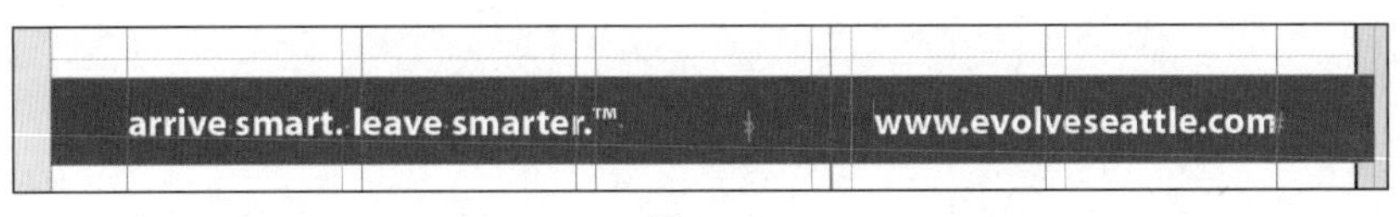

图4.19

4.4 创建和修改图形框架

现在可以将公司徽标和职员照片加入到跨页中了。本节重点介绍各种创建和修改图形框架及其内容的方法。

由于要处理的是图形而不是文本，因此必须确保图形位于图层 Graphics 而不是 Text 中。将内容放在不同的图层中可使查找和编辑设计元素更容易。

4.4.1 新建图形框架

下面首先在封面（第一个跨页的右对页）中创建一个用于放置公司徽标的框架。

1. 如果图层面板不可见，单击其图标或选择菜单“窗口”>“图层”。
2. 在图层面板中，单击 Graphics 图层左边的锁定图标（ ）以解除对该图层的锁定。单击图层 Text 左边的空框，以锁定该图层。然后单击图层名 Graphics 以选定该图层，以便将新元素加入到该图层，如图 4.20 所示。
3. 选择菜单“视图”>“使跨页适合窗口”，再使用缩放工具（ ）放大封面（第 1 页）的左上角。
4. 选择工具面板中的矩形框架工具（ ），将鼠标光标指向上页边距参考线和左页边距参考线的交点，单击并向下拖曳到水平参考线，再向右拖曳到第一栏的右边缘，如图 4.21 所示。

图4.20

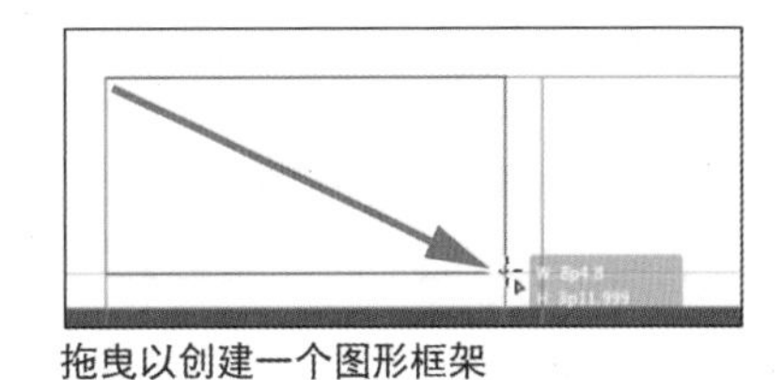

图4.21

5. 切换到“选择”工具（ ），并确保图形框架处于选中状态。

4.4.2 在既有框架中置入图形

下面将公司徽标置入到选定框架中。

1. 选择菜单“文件”>“置入”，再双击文件夹 Lesson04\Links 中的 logo_paths.ai，该图像将出现在图形框架中。

> **注意：**如果置入图像时没有选定图形框架，鼠标光标将变成载入图形图标（ ）。在这种情况下，可在图形框架内单击来置入图像。

2. 为确保以最高分辨率显示该图像，选择菜单“对象”>“显示性能”>“高品质显示”，结果如图 4.22 所示。

图4.22

4.4.3 调整图形框架的大小

之前创建的图形框架不够宽，无法显示整个徽标，下面加宽该框架以显示隐藏的部分。

1. 使用“选择”工具（ ）拖曳框架右边缘中央的手柄以显示整个徽标。如果您拖曳手柄时暂停一会儿，可以看到被裁剪掉的图像部分（这种功能被称为动态预览），从而能够轻松地判断框架边缘是否越过了徽标边缘，如图 4.23 所示。确保拖曳的是白色手柄，而不是黄色手柄。黄色手柄让您能够添加角效果，这将在本课后面详细地介绍。

图4.23

2. 选择菜单“编辑”>“全部取消选择”，再选择菜单“文件”>“存储”。

> **提示：**选择“对象”>“适合”>“将框架与内容匹配”，可显示图像被裁掉的部分。

4.4.4 在没有图形框架的情况下置入图形

该新闻稿使用了徽标的两个版本，它们分别用于封面和封底。您可使用“编辑”菜单中的“复制”和“粘贴”命令将刚置入的徽标添加到封底，但这里不这样做（本课后面将这样做）。下面导入该徽标图形而不先创建图形框架。

1. 选择菜单“视图”>“使跨页适合窗口”，再使用缩放工具（ ）放大封底（第 4 页）的右下角。
2. 选择菜单“文件”>“置入”，再双击文件夹 Lesson04\Links 中的 logo_paths.ai，鼠标光标将变成载入图形图标，并包含选定图形的缩览图（图标随选定图形的格式而异）。
3. 将载入图形图标指向最右边一栏的左边缘，且位于经过旋转的包含寄信人地址的文本框架下方。拖曳鼠标光标到该栏的右边缘，再松开鼠标。注意，拖曳鼠标时界面中显示了一个矩形，该矩形的长宽比与徽标图像相同，如图 4.24 所示。

> **Id** 提示：如果在页面的空白区域单击，而不是单击并拖曳，图像将以 100% 的比例放置到单击的地方，且图像的左上角位于您单击的地方。

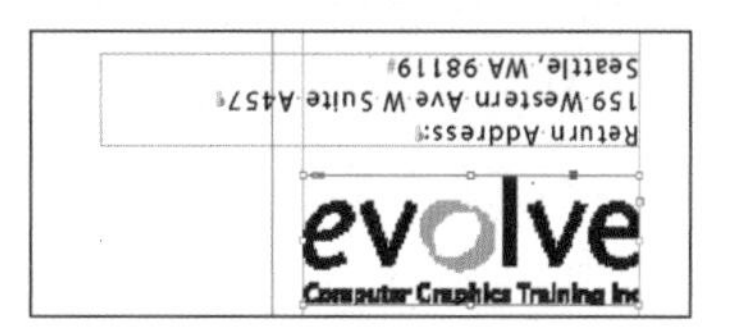

图4.24

您不需要像以前那样调整该框架的大小，因为该框架显示了整幅图像。该图形仍需要旋转，您将在本课后面这样做。

4. 选择菜单“编辑”>“全部取消选择”，再选择菜单“文件”>“存储”。

4.4.5 在框架网格中置入多个图形

该新闻稿的封底还应包含 6 张照片。您可分别置入这些照片，再分别调整每张照片的位置。但由于这些照片排列在一个网格内，因此您可同时置入它们并将其排列在网格内。

1. 选择菜单“视图”>“使跨页适合窗口”。
2. 选择菜单“文件”>“置入”，切换到文件夹 Lesson04\Links，单击图形文件 01ShauneenH.tif 以选择它，再按住 Shift 键并单击文件 06HannahB.tif 以选择全部 6 张照片。单击“打开”按钮。
3. 将载入图形图标（ ）指向页面上半部分的水平标尺参考线和第三栏左边缘的交点。
4. 向右下方拖曳鼠标，拖曳时按上箭头键一次并按右箭头键两次。按箭头键时，代理图像将变成矩形网格，这指出了图像的网格布局，如图 4.25 所示。

> **Id** 提示：使用任何框架创建工具（矩形框架、多边形框架和文字工具等）时，在拖曳时按箭头键可创建多个间隔相等的框架。

5. 继续拖曳鼠标，直到鼠标光标与右边距参考线和下边水平标尺参考线的交点对齐，再松开鼠标。在包含 6 个图形框架的网格中显示了您置入的 6 张照片，如图 4.26 所示。

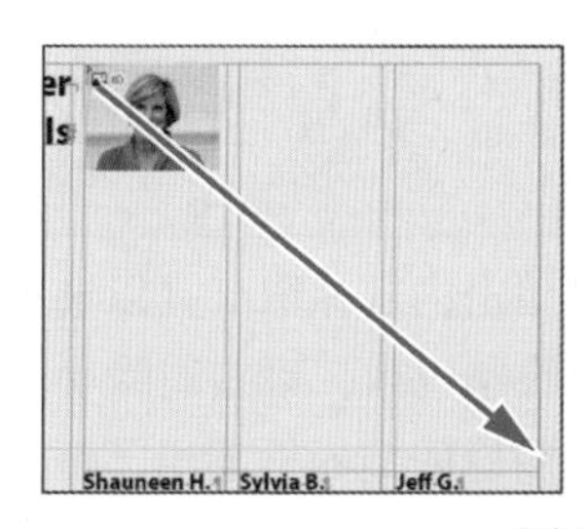

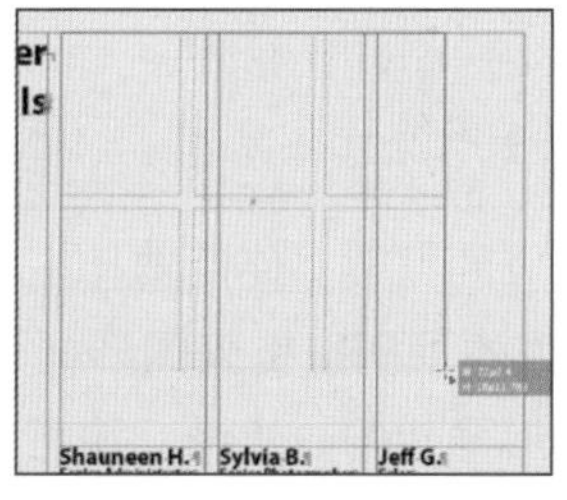

图4.25

图4.26

6. 选择菜单“编辑”>“全部取消选择”，再选择菜单“文件”>“存储”。

4.4.6 在框架内移动图像并调整其大小

置入这 6 张照片后，您需要调整其大小和位置，让它们充满图形框架并被正确地裁剪。

图形框架同其内容是相互独立的元素。不同于文本对象，图形框架及其内容都有独立的定界框。若要调整图形大小（但不调整其框架的大小），可选择菜单“对象”>“选择”>“内容”来选择内容 ；也可使用内容抓取工具来选择内容（当您将鼠标光标指向图形时，就会显示抓取工具）。选择内容和选择框架时，您所看到的定界框是不同的。

1. 切换到“选择”工具（ ），将鼠标指向“Shauneen H”图像（左上角的图像）中的内容抓取工具。当鼠标光标位于内容抓取工具上时，鼠标光标将变成手形（ ）。单击以选择图形框架的内容（即图像本身），如图 4.27 所示。

> **注意**：执行本课的任务时，如有必要，可使用缩放工具放大要处理的区域。

2. 按住 Shift 键并将图形下边缘中央的手柄向下拖曳到到图形框架的下边缘；将图形上边缘中央的手柄向上拖曳到框架的上边缘，结果如图 4.28 所示。按住 Shift 键可保持图形比例不变，以免图形发生扭曲。如果您在开始拖曳后暂停一段时间，将看到被裁剪掉的图形区域的幻像。请确保图像填满了图形框架。

单击前

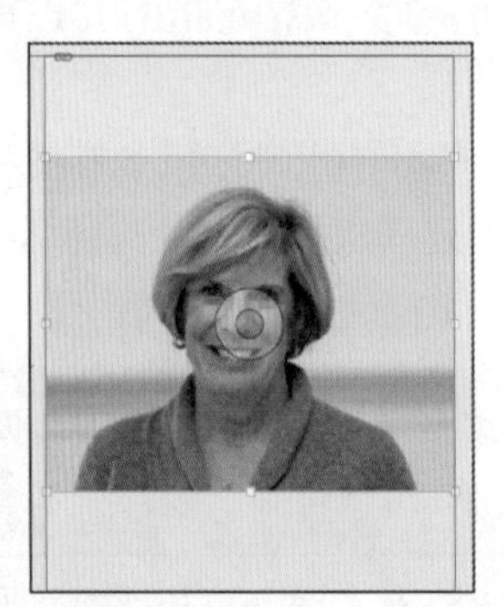
结果

图4.27

图4.28

> **提示**：使用选择工具调整图像大小时，按住 Shift + Alt（Windows）或 Shift + Option（macOS）键可确保图像的中心位置和长宽比不变。

3. 第一行中间的图像太窄，没有填满相应的框架。使用选择工具单击内容抓取工具以选择这幅图像。按住 Shift 键，将左边缘中央的手柄拖曳到图形框架的左边缘，对右边缘中央的手柄做同样的处理——将其拖曳到图形框架的右边缘。注意，图像的定界框超出了框架的定界框，这表明图像比框架大。

4. 现在这幅图像填满了框架，但裁剪得很糟糕。为修复这个问题，将鼠标光标指向这幅图像中的内容抓取工具，按住 Shift 键并向下拖曳，让图像上边缘与框架上边缘对齐，如图 4.29 所示。
5. 对第一行余下的图像重复 2 步，使其填满框架，结果如图 4.30 所示。

图4.29

图4.30

下面将使用另一种方法调整其他 3 张照片的大小。

6. 选择第二行左边的图像。您可选择图像框架，也可选择图像内容。
7. 选择菜单“对象” > “适合” > “按比例填充框架”。这将放大该图像，使其填满框架。现在，图像的一小部分被框架左、右边缘裁剪掉了。

> **提示：** 也可通过单击鼠标右键（Windows）或按住 Control 键并单击（macOS）来打开上下文菜单，再通过该菜单访问“适合”命令；还可单击控制面板中的适合控件。

8. 对第二行的其他两幅图像重复 6 ~ 7 步，结果如图 4.31 所示。
9. 选择菜单“编辑” > “全部取消选择”，再选择菜单“文件” > “存储”。

图4.31

您可同时调整图形框架及其内容的大小，方法是选择拖曳框架（而不是内容），再按住 Shift +Ctrl（Windows）或 Shift +Command（macOS）键并拖曳框架的手柄。按住 Shift 键可确保定界框的比例不变，以免图像发生扭曲。如果图像扭曲无关紧要，可不按住 Shift 键。

> **提示：** 如果对图形框架启用自动调整，当您调整框架的大小时，其中的图像将自动调整大小。要对选定的图形框架启用自动调整，可选择菜单“对象” > “适合” > “框架适合选项”，再选择复选框“自动调整”，也可选择控制面板中的复选框“自动调整”。

下面调整一些照片之间的间隙，对网格布局进行微调。

4.4.7 调整框架之间的间隙

间隙工具（ ⊢⊣ ）让您能够选择并调整框架之间的间隙。下面使用该工具调整第一行中两幅图像之间的间隙，再调整第二行中两幅图像之间的间隙。

1. 选择菜单“视图”>“使页面适合窗口”。按住 Z 键暂时切换到缩放工具（ 🔍 ），放大第一行左边的两幅图像，再松开 Z 键返回选择工具。
2. 选择间隙工具（ ⊢⊣ ）并将鼠标指向这两幅图像之间的垂直间隙。间隙将呈高亮显示，并向下延伸到它们下面的两幅图像的底部。
3. 按住 Shift 键并将该间隙向右拖曳一个栏间距的宽度，让左边图像框架的宽度增加一个栏间距，而右边图形框架的宽度减少一个栏间距，如图 4.32 所示。如果拖曳时没有按住 Shift 键，将同时调整下面两幅图像之间的间隙。

图4.32

4. 选择菜单“视图”>“使页面适合窗口”。
5. 使用“选择”工具（ ▶ ）来拖曳选择第一行的所有照片。在控制面板中，将参考点设置为左下角（ ▦ ），单击文本框 Y 中已有数字的后面，输入“-p4”（如图 4.33 所示），再按回车键。InDesign 将替您执行减法运算，而您通过选择参考点指定了移动方向——这里是将照片向上移 4 个点。

> Id **提示：**在很多指定位置和大小的文本框中，您可使用加（+）减（-）乘（*）除（/）运算，这是一种精确地移动和缩放对象的强大方式。

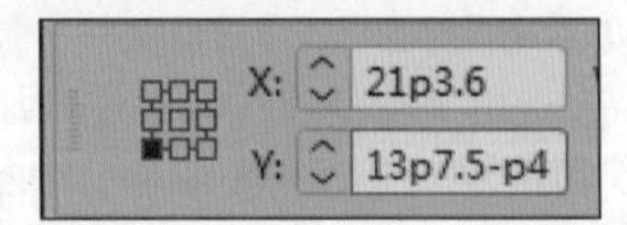

图4.33

6. 选择菜单“视图”>“使页面适合窗口”，再选择菜单“文件”>“存储”。

封底（第 4 页）的图像网格就制作好了。

4.5 给图形框架添加元数据题注

您可根据存储在原始图形文件中的元数据信息为置入的图形自动生成题注。下面使用元数据题注功能根据元数据信息自动给这些照片添加摄影师的名字。

在 InDesign 中，您可创建静态题注和活动题注，前者根据图形的元数据生成题注文本，但必须手工更新，而后者是链接到图形元数据的变量，可自动更新。

> Id **提示：**如果您安装了 Adobe Bridge，那么可通过元数据面板轻松地编辑和查看图像的元数据。

1. 在选择了“选择”工具（▶）的情况下，通过拖曳来选择这 6 个图形框架（拖曳出的方框只需覆盖各个图形框架一部分，而无须覆盖这些框架的完整区域）。
2. 单击链接面板图标，再从其面板菜单中选择“题注”>“题注设置”。

> Id **提示：**也可选择菜单“对象”>“题注”>“题注设置”来打开“题注设置”对话框。

3. 在“题注设置”对话框中，做如下设置（如图 4.34 所示）：

- 在“此前放置文本”文本框中输入 Photo by（确保在 by 后输入一个空格）；
- 从“元数据”下拉列表中选择“作者”，保留“此后放置文本”文本框为空白；
- 从“对齐方式”下拉列表中选择“图像下方”；
- 从“段落样式”下拉列表中选择 Photo Credit；
- 在“位移”文本框中输入“0p2”。

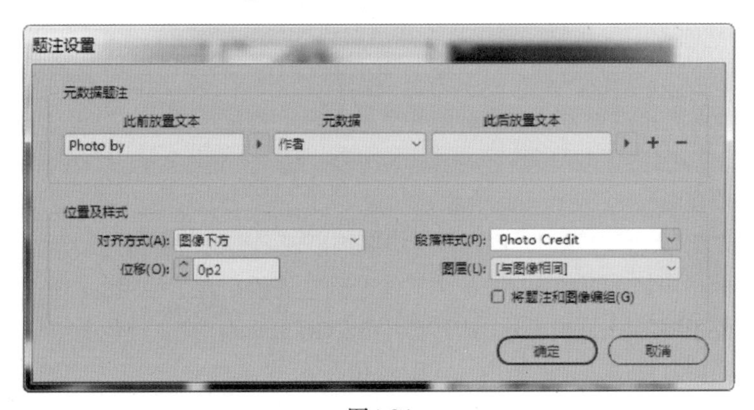

图4.34

4. 单击“确定”按钮存储这些设置并关闭“题注设置”对话框。
5. 从链接面板的面板菜单中，选择“题注”>“生成静态题注”，结果如图 4.35 所示。

每个图形文件中都包含名为“作者”的元数据元素，其中存储了摄影师的名字。生成这些照片的题注时要使用该元数据信息。

6. 选择菜单“编辑”>“全部取消选择”，再选择菜单“文件”>“存储”。

图4.35

4.6 置入并链接图形框架

在封面上，IN THIS ISSUE 框架内有两个导入的图形，而第 3 页也将使用这两幅图来配文章。下面使用 InDesign 新增的置入并链接功能，来创建这两幅图的备份并放到第 3 页。

与复制和粘贴命令只是创建原始对象的备份不同，置入并链接功能在原始对象和备份之间建立父子关系。如果您修改了父对象，可选择更新子对象。

> **提示：**除在文档内置入并链接对象外，还可在文档之间置入并链接对象。

1. 选择菜单“视图”>“使跨页适合窗口”。
2. 选择内容收集器工具（ ），注意，窗口底部出现了空的内容传送装置面板。
3. 将鼠标光标指向第 1 页的 Yield 标志，注意到它周围出现了很粗的红色边框，这表明这个图形框架位于图层 Graphics 中（因为为图层 Graphics 指定了红色）。单击该图形框架，它将被加入到内容传送装置面板中，如图 4.36 所示。

图4.36

> **提示：**也可这样将对象加入到内容传送装置面板中，即选择它们，再选择菜单"编辑">"置入和链接"。

4. 单击 Yield 标志下方的圆形图形框架，将其加入到内容传送装置面板中，如图 4.37 所示。

图4.37

5. 打开页面面板，双击第 3 页使其显示在文档窗口中央。
6. 选择内容置入器工具（ ）（它隐藏在内容收集器工具后面，还出现在内容传送装置面板的左下角），鼠标光标将变成载入图形图标，其中包含 Yield 标志的缩览图，但实际上载入了前面选择的两个图形。

> **注意：**在置入内容时创建链接，不仅会链接到父图形，还会链接到对象的外观。您可通过链接面板菜单来设置链接选项。

> **提示：**选择内容置入器工具时，它将载入内容传送装置中的所有对象。按箭头键可在内容传送装置中的对象之间移动。要将对象从内容传送装置中删除，可按 Esc 键。

7. 选中内容传送装置面板左下角的复选框"创建链接"。如果不选中该复选框，将只创建原始对象的备份，而不会建立父子关系。
8. 单击上面那篇文章右边的粘贴板，以置入 Yield 标志的备份。再单击下面那篇文章右边的粘贴板，以置入圆形图形的备份。
9. 单击内容传送装置面板的"关闭"按钮将其关闭，也可选择菜单"视图">"其他">"隐藏传送装置"。

修改父图形框架并更新子图形框架

置入并链接两个图形框架后，下面来看看原始对象与其备份之间的父子关系。

1. 打开链接面板，并调整其大小，以便能够看到所有导入的图形的文件名。在列表中，选定的圆形图形（<ks88169.jpg>）呈高亮显示，它下面是您置入并链接的另一个图形（<yield.ai>）。文件名两边的大于号和小于号表明这些图形被链接到父对象。注意，列表中还包含两个父对象的文件名，如图 4.38 所示。
2. 使用"选择"工具（ ）将圆形图形框架移到文章 CSS Master Class 的左边，让这个图形框架和文章的文本框架的上边缘对齐，并让其右边缘与文章的文本框架左边的栏参考线对齐，如图 4.39 所示。

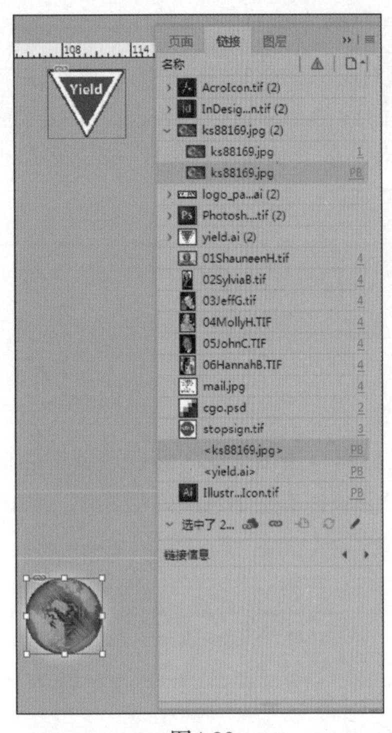

图4.38

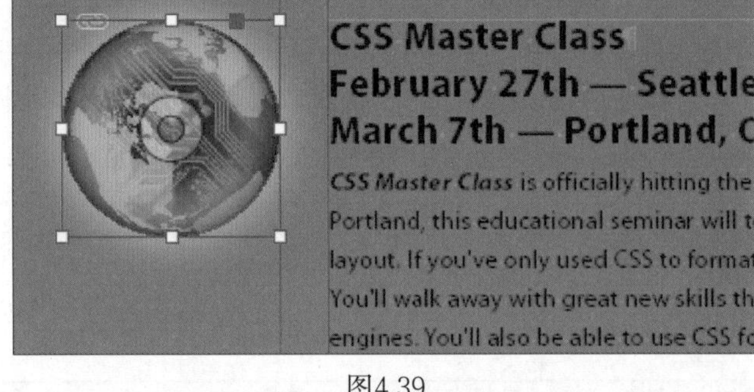

图4.39

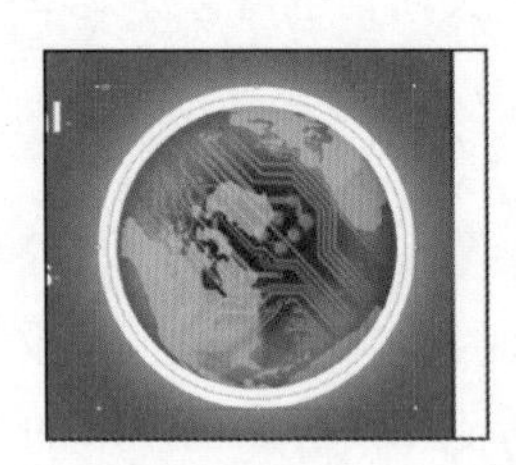

> **提示：**当圆形图形框架的上边缘与文本框架的上边缘对齐时，将出现一条智能参考线。

3. 切换到第 1 页（封面），再选择其中的圆形图形框架。
4. 在控制面板中，将该框架的描边颜色设置为“[纸色]”，并将描边宽度设置为“5 点”，如图 4.40 所示。

图4.40

5. 在链接面板中，注意到图形 <ks88169.jpg> 的状态变成了“已修改”（ ），这是因为您刚才修改了其父对象。
6. 切换到第 3 页，注意到其中的圆形图形框架与封面上的版本不一致，其链接标志（包含惊叹号的黄色三角形）也指出了这一点。选择该圆形图形框架，再单击链接面板中的“更新链接”按钮（ ）。现在，该框架与其父对象一致了，如图 4.41 所示。

> **提示：**要更新链接，也可单击第 3 页中圆形图形框架上的链接标志，还可在链接面板中双击 <ks88169.jpg> 右边的链接图标。

下面将 Yield 标志替换为较新的版本，并更新其子对象。

7. 切换到第 1 页，再使用选择工具选择 Yield 标志。
8. 选择菜单"文件" > "置入"。在"置入"对话框中，确保选中了复选框"替换所选项目"，再双击文件夹 Lesson04\Links 中的文件 yield_new.ai，结果如图 4.42 所示。

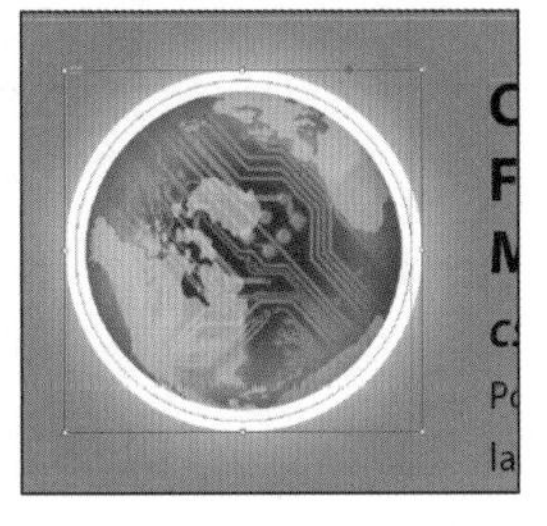

图4.41

图4.42

在链接面板中，注意到位于第 3 页的粘贴板中的文件 <yield_new.ai> 的状态变成了已修改，这是因为您替换了其位于第 1 页的父对象。

9. 在链接面板中，选择 <yield_new.ai>，再单击"更新链接"按钮（ ）。如果您愿意，切换到第 3 页，看看粘贴板上更新后的图形，再返回第 1 页。
10. 单击粘贴板以取消选择所有对象，再选择菜单"视图" > "使跨页适合窗口"，然后选择菜单"文件" > "存储"。

4.7 调整框架的形状

使用选择工具调整图形框架的大小时，框架的形状始终为矩形。下面使用直接选择工具和钢笔工具来调整第 3 页（中间那个跨页的右页面）中一个框架的形状。

1. 从文档窗口底部的"页面"下拉列表中选择"3"，如图 4.43 所示。选择菜单"视图" > "使页面适合窗口"。
2. 单击图层面板图标或选择菜单"窗口" > "图层"。在图层面板中，单击图层 Background 的锁定图标解除对该图层的锁定，再单击图层 Background 以选择它。

下面修改一个矩形框架的形状，从而修改页面的背景。

3. 按 A 键切换到"直接选择"工具（ ），将鼠标光标指向覆盖该页面的绿色框架的右边缘，当鼠标光标右下角出现一条斜线（ ）后单击。这将选择路径并显示框架的 4 个锚点和中心点。不要取消选择该路径。
4. 按 P 键切换到钢笔工具（ ）。

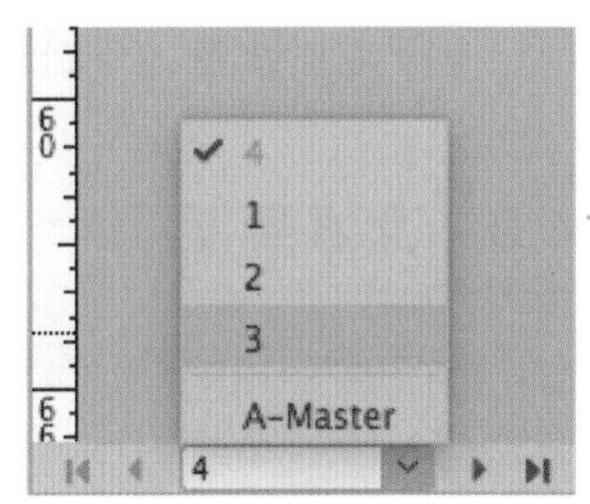

图4.43

5. 将鼠标光标指向框架路径的上边缘与第 3 页中第 1 栏的垂直参标尺考线的交点，在鼠标光标右下角出现加号后单击（如图 4.44 所示），这将添加一个锚点。将鼠标光标指向现有路径时，钢笔工具将自动切换为添加锚点工具。

6. 将鼠标光标指向两栏文本框架下方的水平参考线与出血参考线的交点。使用钢笔工具，单击以添加一个锚点，如图 4.45 所示。然后，选择菜单“编辑”>“全部取消选择”。

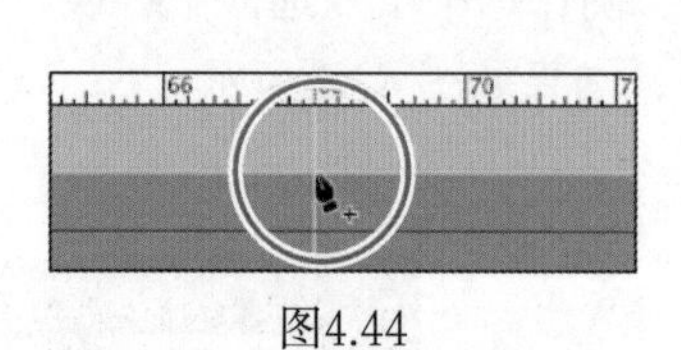

图4.44

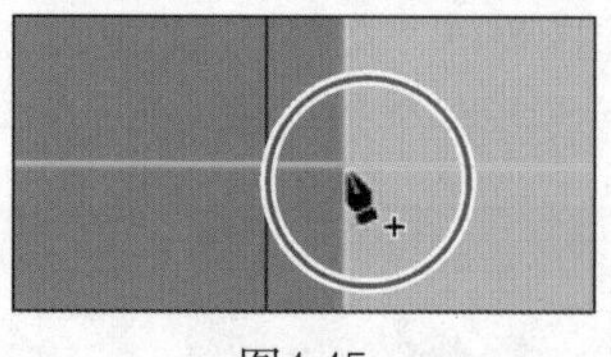

图4.45

刚才创建的两个锚点将成为下面要创建的不规则形状的角。调整绿色框架右上角的锚点的位置，以修改框架的形状。

7. 切换到“直接选择”工具（▷），单击绿色框架的右上角并向左下拖曳（拖曳前暂停一会儿，以便拖曳时能够看到框架相应地变化）。当该锚点同第 1 栏的右边缘参考线与第 1 根水平参考线（垂直位置为 40p9 的参考线）的交点对齐后松开鼠标，结果如图 4.46 所示。

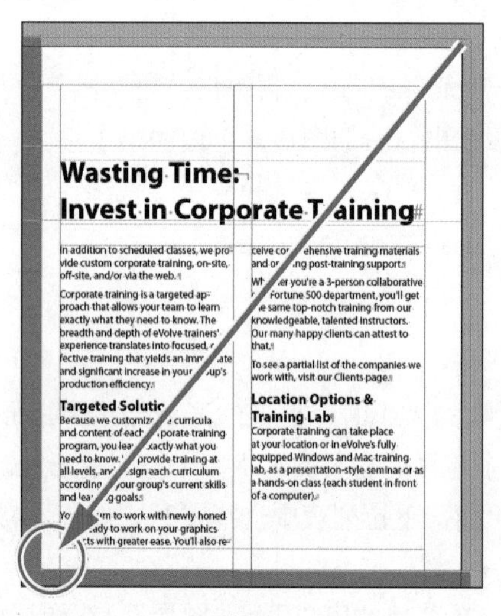

图4.46

至此，图形框架的形状和大小符合设计要求。

8. 选择菜单“文件”>“存储”。

4.8 文本绕图

在 InDesign 中，可以让文本沿对象的定界框或对象本身绕排，还可让文本沿导入的图像的轮廓绕排。在这个练习中，您将让文本沿 Yield 标志绕排，明白沿定界框绕排和沿图形绕排之间的差别。

首先移动 Yield 标志图形。为准确地指定位置，您可使用智能参考线，它们在您创建、移动对象或调整其大小时动态地出现。

1. 解除对图层 Graphics 的锁定，再使用“选择”工具（ ）选择第 3 页右边缘外面包含 Yield 图像的图形框架。确保在显示箭头时单击鼠标。如果在显示手形图标时单击，选择的将是图形内容而非图形框架。
2. 将该图形框架向左移动（小心不要选择其手柄），使其中心与文本框架的中心对齐，如图 4.47 所示。当图形框架的中心与文本框架的中心对齐时，将出现一条紫色的垂直智能参考线和一条绿色的水平智能参考线，看到这些参考线后松开鼠标。

图4.47

将该框架移到页面中，确保没有修改其大小。注意，图形盖住了文本，下面使用文本绕排的方式解决这个问题。

3. 使用缩放工具放大刚才移动的框架。选择菜单“窗口”>“文本绕排”。在文本绕排面板中，单击“沿定界框绕排”按钮（ ）让文本沿定界框绕排，如图 4.48 所示。如有必要，从文本绕排面板菜单中选择“显示选项”，以显示文本绕排面板中的所有选项。

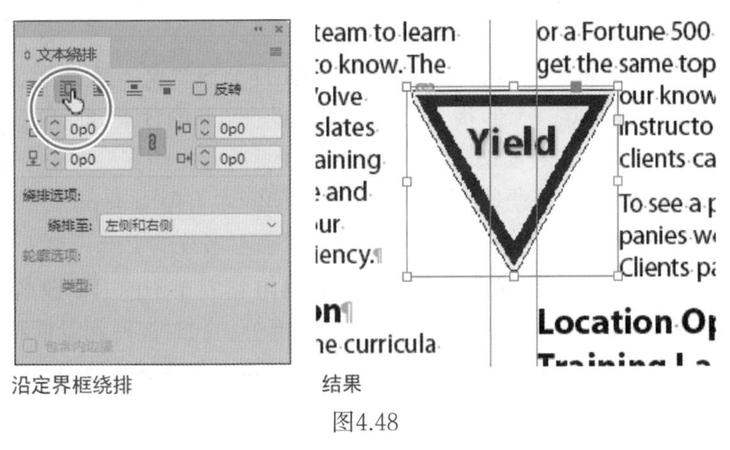

沿定界框绕排　　结果

图4.48

这种设置导致空白区域比所需的多，下面尝试另一种文本绕排方式。

4. 单击“沿对象形状绕排”按钮（ ）。在“绕排选项”部分，从下拉列表“绕排至”中选择“左侧和右侧”；在“轮廓选项”部分，从下拉列表“类型”中选择“检测边缘”；在“上位移”文本框中输入“1p”并按回车键，以增加图形边缘和文本之间的间隙，如图 4.49 所示。单击空白区域或选择菜单“编辑”>“全部取消选择”以取消选择所有对象。

> Id **注意：**在文本绕排面板中，仅当按下了“沿定界框绕排”按钮或“沿对象形状绕排”按钮时，下拉列表“绕排至”才可用。

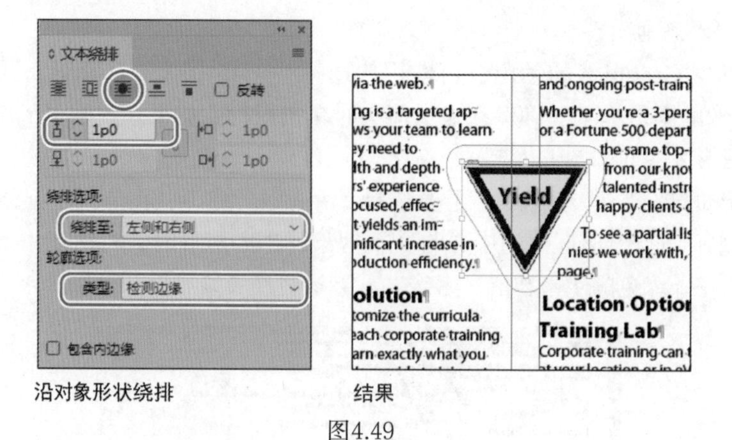

沿对象形状绕排　　结果

图4.49

5. 关闭文本绕排面板，选择菜单“文件”>“存储”。

4.9 修改框架的形状

在本节中，您将使用各种功能创建非矩形框架。首先从形状中剔除指定的区域，然后创建一个多边形框架并给它添加圆角。

4.9.1 处理复合形状

您可通过添加或减去区域来修改框架的形状。即使框架包含文本或图形，也可修改其形状。下面从第 3 页的绿色背景中剔除一个形状，让该页面底部的文章的背景为白色。

1. 选择菜单“视图”>“使页面适合窗口”，让第 3 页适合文档窗口并位于文档窗口中央。
2. 使用矩形框架工具（⊠）绘制一个框架，该框架的左上角为 46p6 处的水平参考线与第一栏右边缘的交点，右下角为页面右下角与红色出血参考线的交点（参见图 4.50）。
3. 选择工具面板中的“选择”工具（▶），按住 Shift 键并单击前面修改的蓝色形状（刚创建的矩形框架的外面），它覆盖了第 3 页的很大一部分。同时选择背景框和新建的矩形框架。
4. 选择菜单“对象”>“路径查找器”>“减去”，从蓝色框中减去刚创建的矩形框架。现在，页面底部的文本框的背景为白色，如图 4.50 所示。

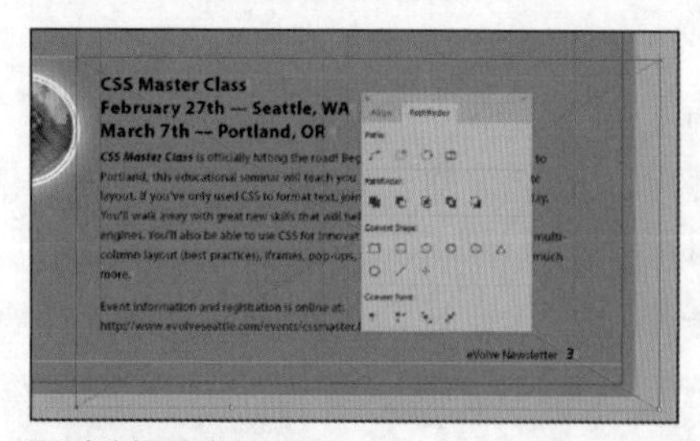

同时选择两个矩形

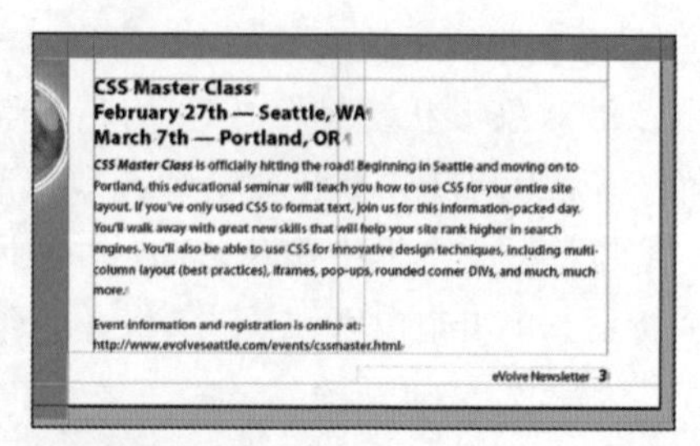

减去前面的对象

图4.50

5. 打开图层面板，并锁定图层 Background，以免不小心移动这个框架。
6. 选择菜单“文件”>“存储”。

4.9.2 转换形状

即使框架包含文本或图形，您也可修改其形状。下面创建一个正方形，再将其转换为圆形。

1. 单击图层面板图标或选择菜单“窗口”>“图层”打开图层面板。
2. 单击图层 Graphics 以选择它。
3. 选择矩形工具（ ）。
4. 在第 3 页两篇文章之间的蓝色区域中单击，按住 Shift 键并向右上方拖曳，直到高度和宽度都为 4p 后松开鼠标。按住 Shift 键可确保绘制的是正方形。
5. 打开色板面板，单击填色图标（ ）并选择纸色，结果如图 4.51 所示。
6. 在依然选择刚创建的正方形的情况下，选择菜单“对象”>“转换形状”>“椭圆”，将正方形转换为圆形，如图 4.52 所示。为验证这一点，可查看控制面板中的宽度和高度值，它们依然是 4p。

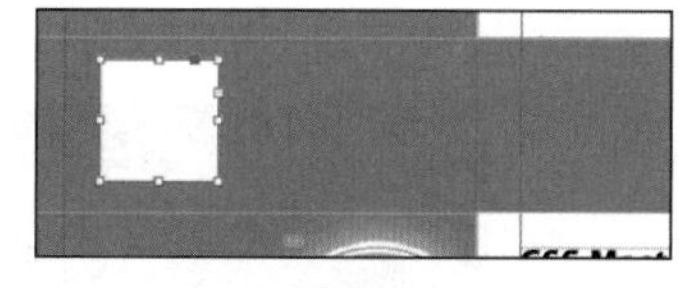

图4.51

图4.52

4.9.3 多重复制形状

1. 在依然选择了圆形的情况下，选择菜单“编辑”>“多重复制”。
2. 在“位移”部分，将水平位移设置为“5p6”，再在“计数”文本框中输入“8”（之所以先输入水平位移值，是因为其默认设置可能太大，导致没有足够的空间来复制 8 个圆形）。保留垂直位移的默认设置“0”不变，并单击“确定”按钮，结果如图 4.53 所示。
3. 删除第 3 个和第 8 个圆形。
4. 使用选择工具拖曳出一个与所有圆形都相交的方框，以选择所有圆形（确保锁定了 Background 图层，这样就只会选择这些圆形）。
5. 在控制面板的“对齐”部分，选择“水平居中分布”（ ），您也可使用对齐面板来完成这项任务。结果如图 4.54 所示。

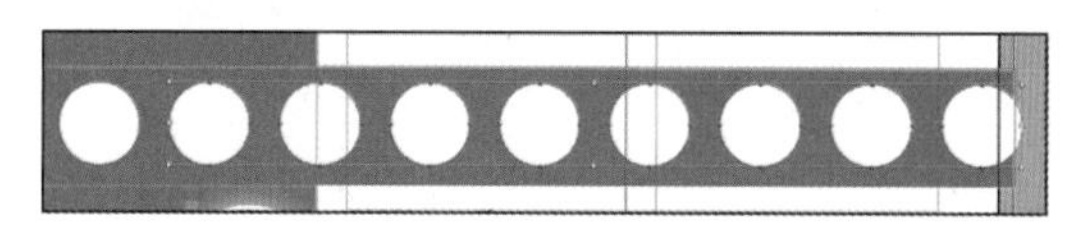

图4.53

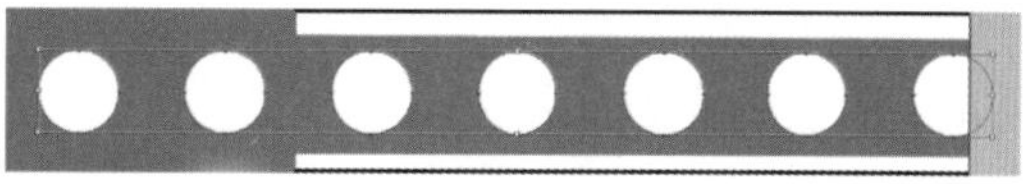

图4.54

圆形再次被重新分布，并且之间有一定空隙。

4.9.4 给框架添加圆角

下面通过添加圆角来修改文本框架。

1. 从文档窗口底部的“页面”下拉列表中选择 1，以切换到第 1 页。选择菜单“视图” > “使页面适合窗口”，解除对图层 Text 的锁定。
2. 在仍选择了选择工具（ ）的情况下，按住 Z 键暂时切换到缩放工具（ ）。放大第 1 页的深蓝色文本框架，再松开 Z 键返回到选择工具。
3. 选择深蓝色文本框架，再单击框架右上角的大小调整手柄下方的黄色小方框。框架 4 个角的大小调整手柄将被 4 个小菱形块取代，如图 4.55 所示。

> Id **提示：**选择框架后，如果看不到黄色小方框，请选择菜单“视图” > “其他” > “显示活动转角”。另外，确保屏幕模式被设置为“正常”（选择菜单“视图” > “屏幕模式” > “正常”）。

4. 向左拖曳框架右上角的菱形块，在显示的 R（半径）值大约为 2p0 时松开鼠标。拖曳时其他 3 个角也随之改变，结果如图 4.56 所示。如果拖曳时按住 Shift 键，则只有被拖曳的角会变。

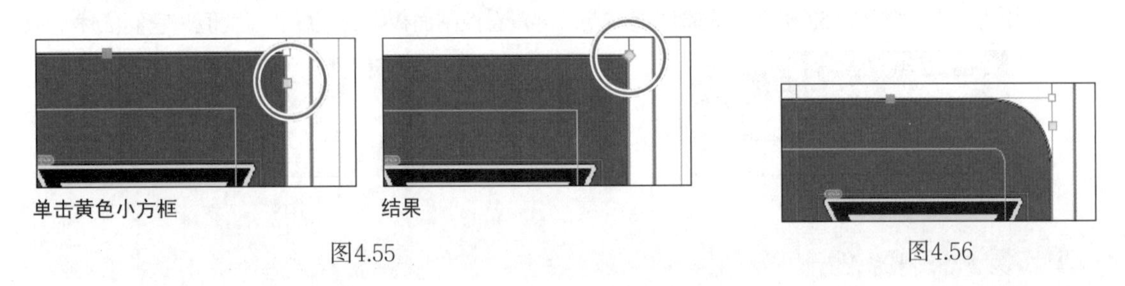

图4.55　　图4.56

> Id **提示：**创建圆角后，可按住 Alt（Windows）或 Option（macOS）键并单击任何菱形，从而在多种不同的圆角效果之间切换。

5. 选择菜单“编辑”>“全部取消选择”退出活动转角编辑模式，再选择菜单“文件”>“存储”。

4.10 变换和对齐对象

在 InDesign 中，可使用各种工具和命令来修改对象的大小和形状以及对象在页面中的朝向。所有变换操作（旋转、缩放、斜切和翻转）都可通过变换面板和控制面板完成，在这些面板中，您可精确地设置变换。另外，还可沿选定区域、页边距、页面或跨页来水平和垂直地对齐和分布对象。

下面尝试使用这些功能。

4.10.1 旋转对象

在 InDesign 中旋转对象的方式有多种，这里将使用控制面板来旋转前面导入的徽标之一。

1. 使用文档窗口底部的“页面”下拉列表或页面面板显示第 4 页（文档首页，即新闻稿的封底），再选择菜单“视图” > “使页面适合窗口”。

2. 使用“选择”工具（ ▶ ）选择本课前面导入的 evolve 徽标（确保选择的是图形框架，而不是其中的图形）。
3. 在控制面板中，确保选择了参考点指示器的中心（ ），这样对象将绕其中心旋转。从下拉列表“旋转角度”中选择“180°”，如图 4.57 所示。

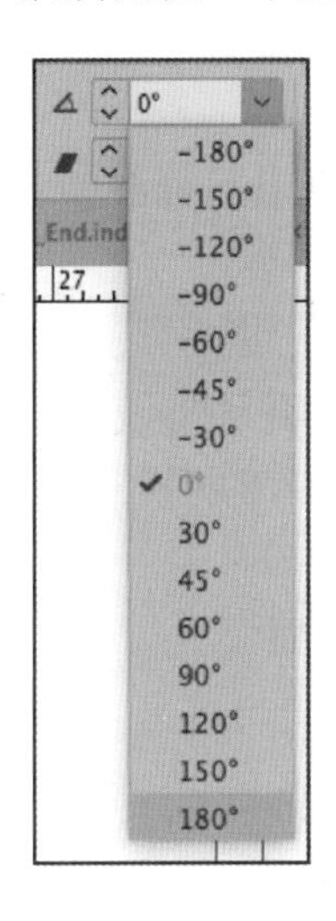

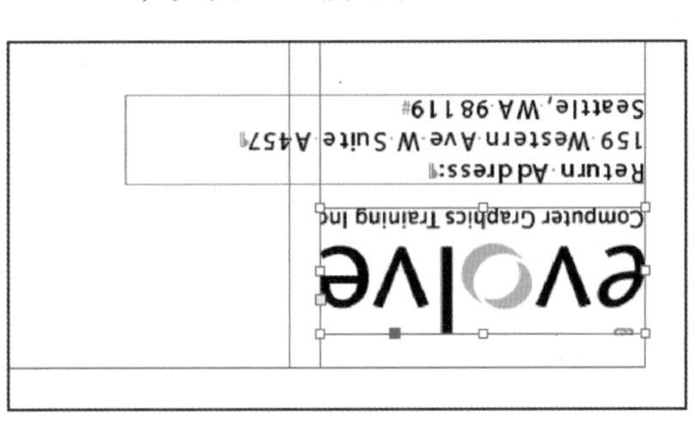

图4.57

4.10.2 在框架内旋转图像

使用选择工具可旋转图形框架的内容。

1. 使用“选择”工具（ ▶ ）单击图像 Jeff G（右上角）中的内容抓取工具以选择该图像。将鼠标光标指向圆环形状内时，鼠标光标将从箭头变成手形。

> Id **提示：**也可这样旋转选定的对象，即选择菜单“对象”>“变换”>“旋转”，再在“旋转”对话框的“角度”文本框中输入数值。

2. 将鼠标光标指向图像右上角的大小调整手柄的外面一点点，这将显示旋转图标。
3. 单击并沿顺时针方向拖曳图像，直到头部大致垂直（约为 -25°）再松开鼠标。拖曳时，图像将显示旋转的角度（ ），如图 4.58 所示。
4. 在控制面板中，确保选择了参考点指示器的中心（ ）。
5. 旋转后该图像不再填满整个框架。要解决这种问题，首先确保选择了控制面板中的“X 缩放百分比”和“Y 缩放百分比”右边的“约束缩放比例”按钮（ ），再在“X 缩放百分比”文本框中输入“55”并按回车键，如图 4.59 所示。
6. 选择菜单“编辑”>“全部取消选择”，再选择菜单“文件”>“存储”。

图4.58

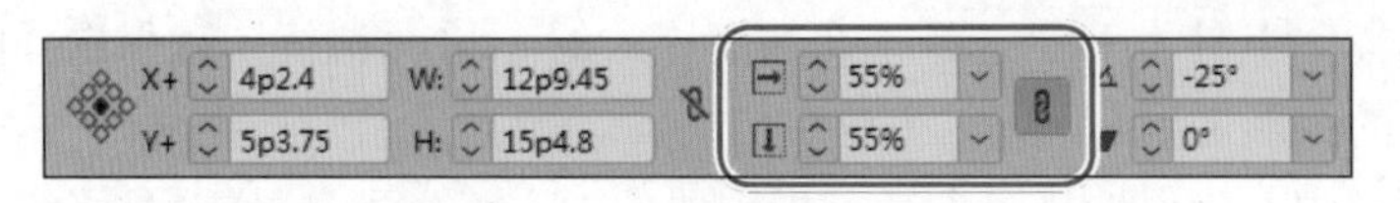

图4.59

4.10.3 对齐多个对象

使用对齐面板可以容易且准确地对齐对象。下面使用对齐面板让页面中的多个对象水平居中，然后对齐多幅图像。

1. 选择菜单“视图”>“使页面适合窗口”，再在文档窗口的“页面”下拉列表中选择“2”。
2. 按住 Shift 键并使用“选择”工具（ ）单击，选择页面顶端包含文本“Partial Class Calendar”的文本框架及其上方的 evolve 徽标。与前面导入的两个徽标不同，这个徽标包含一组 InDesign 对象，本课后面将处理这个对象组。
3. 选择菜单“窗口”>“对象和版面”>“对齐”以打开对齐面板。
4. 在对齐面板中，从“对齐”下拉列表中选择“对齐页面”，再单击“水平居中对齐”按钮（ ），这些对象将移到页面中央，如图 4.60 所示。

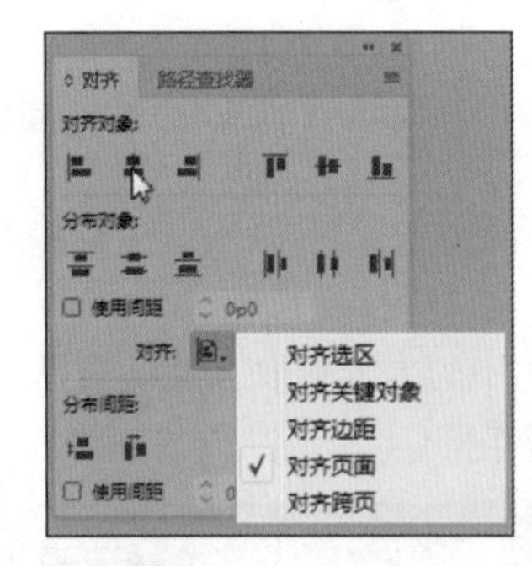

对齐对象　　结果

图4.60

5. 单击空白区域或选择菜单“编辑”>“全部取消选择”。
6. 拖动文档窗口底部的滚动条，以显示第 2 页左边的粘贴板，您将看到 7 个应用程序图标。
7. 使用“选择”工具（ ）选择日历左上角的图形框架，再按住 Shift 键并单击以选择粘贴板上的 7 个图形框架。
8. 在对齐面板中，从“对齐”下拉列表中选择“对齐关键对象”。注意，您选择的第一个图形框架有很粗的蓝色边框，这表明它是关键对象。

> Id **注意：**指定了关键对象后，其他选定对象将相对于关键对象进行对齐。

9. 在对齐面板中，单击“右对齐”按钮（ ），如图 4.61 所示。

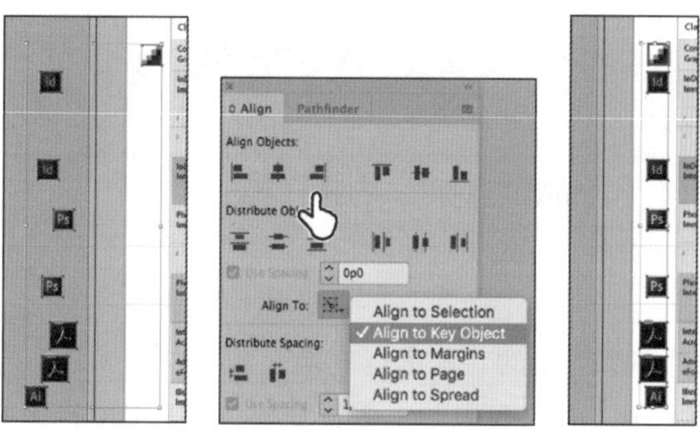

图4.61

> **提示：**InDesign 自动将最先选定的对象视为关键对象。选择要对齐的所有对象后，要指定关键对象，可单击要作为关键对象的对象，该对象周围将出现更粗的边框。

10. 选择菜单“编辑”>“全部取消选择”，再选择菜单“文件”>“存储”。

4.10.4 缩放多个对象

在 InDesign 中，您可缩放多个选定的对象。

下面选择两个图标并同时调整它们的大小。

1. 使用缩放工具（ ）放大页面左边的两个 Acrobat 图标。
2. 按住 Shift 键，并使用“选择”工具（ ）单击这两个 Acrobat 图标以选择它们。
3. 按住 Shift + Ctrl（Windows）或 Shift + Command（macOS）键，并向右方拖曳左上角的手柄，让这两个图标的宽度与上方的 Adobe Photoshop 图标或下方的 Adobe Illustrator 图标相同，如图 4.62 所示。当选定框架的左边缘与其上方的框架对齐时，将出现一条智能参考线。请注意，您可能需要多次缩放才能得到正确的尺寸。

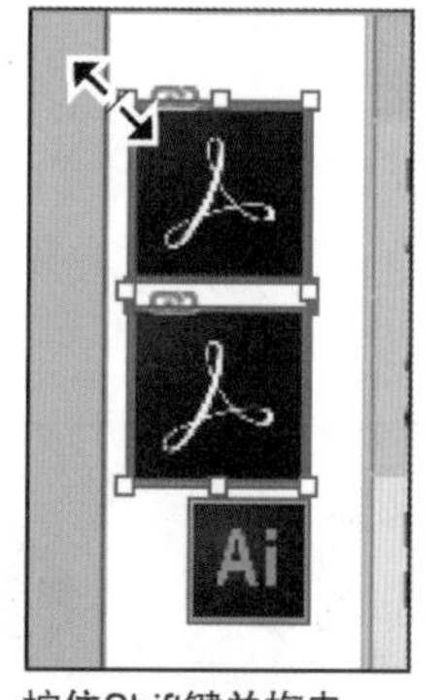

按住Shift键并拖曳以调整选定图标的大小

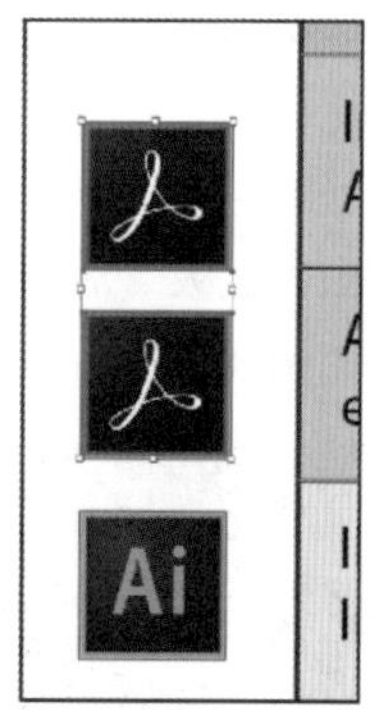

结果

图4.62

> **注意：**如果只按住 Shift 键，您将在保持高宽比不变的情况下缩放框架，但不会缩放其中的图形。

4. 选择菜单“编辑”>“全部取消选择”，再选择菜单“文件”>“存储”。

4.10.5 变换多个对象

在 InDesign 中，您可对多个选定的对象进行变换。

接下来，您将复制一些图标，并对其中一个进行变换，再一次性将该变换应用于其他所有图标。

1. 选择菜单“视图”>“使页面适合窗口”。
2. 使用“选择”工具（▶）选择 InDesign 图标，再按住 Alt（Windows）或 Option（macOS）键将这个图标向上拖曳到表格和日历标题之间的区域中，这将复制这个对象。将这个图标与单词 Class 上方的垂直参考线对齐。
3. 通过拖曳复制 Photoshop、Illustrator 和 Acrobat 图标，并将它们放在前面所说的区域中。将 Acrobat 图标与单词 Platform 右上方的垂直参考线对齐。请注意，对象对齐时，将出现智能参考线。
4. 选择复制的 InDesign 图标。在控制面板中，将参考点设置为中心位置，将缩放比例设置为 200%，并将旋转角度设置为 30°。
5. 拖曳出一个与其他 3 个图标相交的方框，以选择这 3 个图标（由于图层 Background 被锁定，这样做不会选定背景框），如图 4.63 所示。选择菜单“对象”>“再次变换”>“逐个再次变换序列”，InDesign 将把您之前应用于 InDesign 图标的缩放比例和旋转角度应用于这 3 个图标（您无须分别将这些变换应用于每个对象）。使用这个命令可将由众多变换组成的序列应用于其他对象。

图4.63

6. 选择复制的 4 个图标，使用箭头键向上或向下移动，让它们大致位于表格和日历标题的中间。然后，在对齐面板中，从“对齐”下拉列表中选“对齐选区”，并单击“水平居中分布”按钮（⏸），结果如图 4.64 所示。

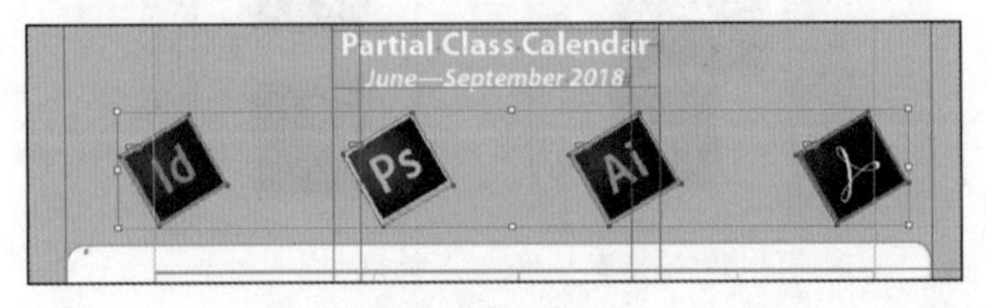

图4.64

7. 选择菜单“编辑”>“全部取消选择”，再选择菜单“文件”>“存储”。

4.11 选择并修改编组的对象

前面您让第2页顶部的evolve徽标在页面中居中了，下面修改组成该徽标的一些形状的填充色。由于这些形状被编组，因此可将它们作为一个整体进行选择和修改。下面修改其中一些形状的填充色，而不取消编组或修改该对象组中的其他对象。

通过使用直接选择工具或“对象”菜单（“对象”>“选择”）中的命令，可选择对象组中的对象。

1. 选择菜单“视图”>“使跨页适合窗口”。
2. 使用“选择”工具（ ）单击第2页顶部的evolve徽标。如有必要，可使用缩放工具（ ）放大要处理的区域。
3. 在控制面板中单击“选择内容”按钮（ ），以便在不取消编组的情况下选择其中的一个对象，如图4.65所示。

> **提示**：也可这样选择对象组中的对象：使用选择工具双击对象；先选择对象组，再选择菜单“对象”>“选择”>“内容”；在对象上单击鼠标右键（Windows）或按住Control键并单击（macOS），再从上下文菜单中选择“选择”>“内容”。

使用选择工具选择对象组

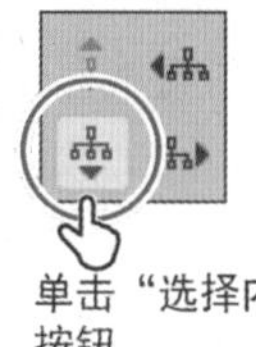
单击“选择内容”按钮

结果

图4.65

4. 单击控制面板中的“选择上一对象”按钮（ ）6次，以选择单词evolve中的第一个字母e，如图4.66所示。注意，还有一个“选择下一对象”按钮，它按相反的顺序选择对象。

单击“选择上一对象”按钮6次

结果

图4.66

5. 选择工具面板中的“直接选择”工具（ ），按住Shift键并单击字母“v”“l”“v”和“e”以同时选择它们。
6. 单击色板面板图标或选择菜单“窗口”>“颜色”>“色板”。单击色板面板顶部的填色框并选择“[纸色]”，从而使用白色填充它们，如图4.67所示。
7. 选择菜单“编辑”>“全部取消选择”，再选择菜单“文件”>“存储”。

将选定形状的填充色改为“[纸色]”

结果

图4.67

4.12　绘制直线及修改箭头

在 InDesign 中，您可以以独立于直线粗细的方式来缩放箭头，下面使用这项功能来完成新闻稿的设计。

1. 选择直线工具（ ）。
2. 将填色设置为无，并将描边颜色设置为黑色。
3. 将鼠标指向第 4 页的左边距参考线（包含文本“Customer Testimonials”的文本框架的下面一点），按住 Shift 键并沿水平方向从左边距参考线拖曳到第 2 栏右边的分栏参考线，如图 4.68 所示。按住 Shift 键旨在确保绘制的直线是绝对水平的。

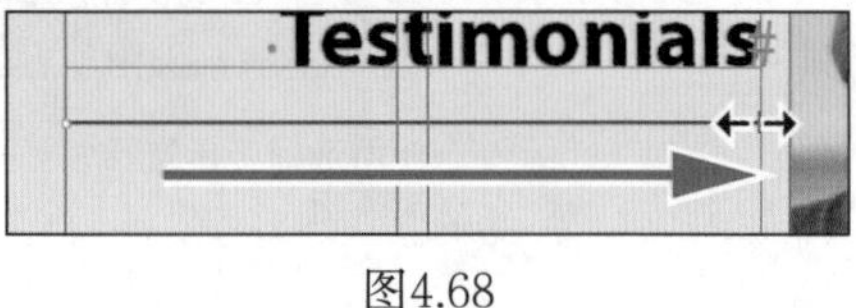

图4.68

4. 单击描边面板图标或选择菜单“窗口”>“描边”打开描边面板。从“粗细”下拉列表中选择“4 点”，从“起点箭头”下拉列表中选择“实心圆”，从“终点箭头”下拉列表中选择“曲线”。
5. 确保没有选中“链接箭头起始处和结束处缩放”按钮（ ），以便能够分别缩放起点箭头和终点箭头。在文本框“箭头起始处的缩放因子”中输入 75，并按回车键；再在文本框“箭头结束处的缩放因子”中输入 150，并按回车键，如图 4.69 所示。

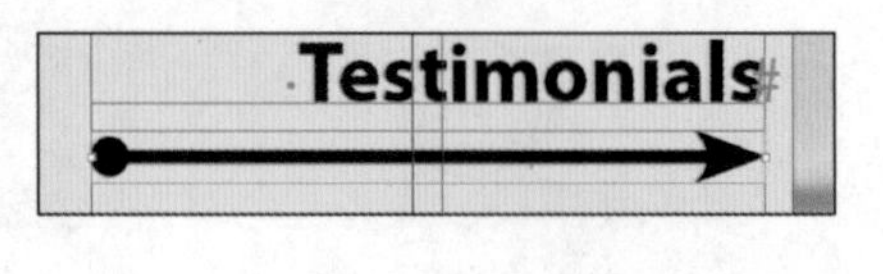

图4.69

提示：不仅可为使用直线工具绘制的直线添加箭头，还可为使用钢笔工具绘制的曲线添加箭头。

6. 选择菜单“文件”>“存储”。

4.13 创建二维码

在 InDesign 中，您可快速生成和编辑高品质的二维码图形。二维码是机器能够读取的数据印刷表示，其用途众多，在消费者广告领域中很常见。消费者可在智能手机中安装二维码扫描应用，这种应用能够读取 URL 信息并进行解码，再让手机浏览器链接到相应的网站。扫描二维码后，用户可接收文本、在设备中添加联系人、打开 Web 超链接、编写电子邮件或短信等。

InDesign 生成的二维码是高清的图形对象，其行为与其他 InDesign 对象相同。您可轻松地缩放二维码、给它填充颜色、对其应用透明效果、将其作为矢量图形复制并粘贴到 Adobe Illustrator 等标准图形编辑器中。

下面在这篇新闻稿的封底添加一个二维码，并将其配置成一个网页。

1. 切换到文档的第 4 页（封底），再选择菜单“视图”>“使页面适合窗口”，让这个页面在文档窗口中居中。
2. 选择菜单“对象”>“生成 QR 码”。
3. 选择“类型”下拉列表中的各个选项，看看有哪些可能性，这里选择“Web 超链接”。

提示：要给二维码指定颜色，可在“生成 QR 代码”对话框中单击“颜色”标签。

4. 在文本框“URL”中，输入 www.epubit.com（或任何网站的完整 URL），如图 4.70 所示。
5. 单击“确定”按钮关闭这个对话框。
6. 单击标注“SCAN for the latest information from epubit”的上方，置入自动生成的图形。调整二维码的位置，使其与标注左对齐，如图 4.71 所示。

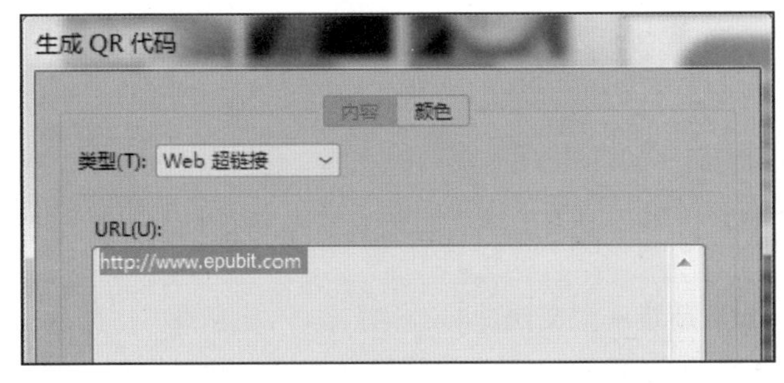

图4.70

图4.71

> **提示：**要编辑二维码，您可使用选择工具选择它，再右击鼠标（Windows）或按住 Control 键并单击（macOS），并从上下文菜单中选择“编辑 QR 码”；也可选择菜单“对象”>“编辑 QR 码”。

4.14 完成

下面来欣赏一下您的杰作。

1. 选择菜单“编辑”>“全部取消选择”。
2. 选择菜单“视图”>“使跨页适合窗口”。
3. 在工具面板底部的“当前屏幕模式”按钮（ ）上单击鼠标，再选择“预览”，如图 4.72 所示。要查看文档打印出来的样子，预览模式是不错的方式。在预览模式下，显示的作品就像印刷并裁切后一样：所有非打印元素（网格、参考线、框架边缘和非打印对象）都不显示，粘贴板的颜色是在“首选项”中设置的预览颜色。

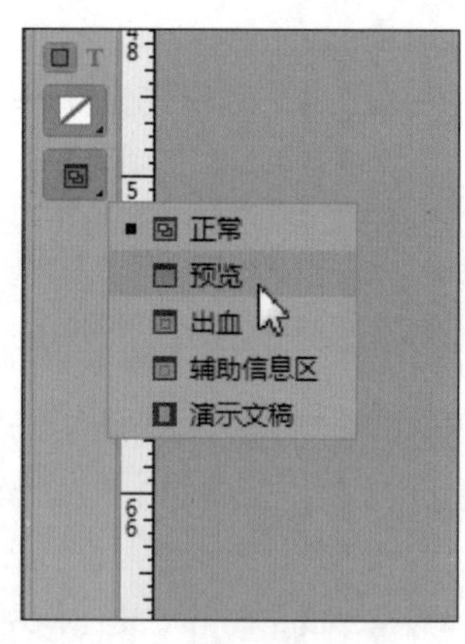

图4.72

4. 按 Tab 键关闭所有面板，查看完毕后再次按 Tab 键显示所有面板。
5. 选择菜单“文件”>“存储”。

祝贺您学完了本课。

4.15 练习

学习框架知识的最佳方式之一是使用它们。

在本节中，您将学习如何在框架中嵌套对象。请按下述步骤学习更多有关如何选择和操作框架的知识。

1. 使用“新建文档”对话框的默认设置新建一个文档。
2. 使用椭圆框架工具（ ）创建一个约为 12p0 × 12p0 的圆形框架（为确保框架是圆形的，可在拖曳时按住 Shift 键）。

3. 选择文字工具，再在框架内单击将其转换为文本框架。
4. 选择菜单“文字”>“用假字填充”，用文字填充该框架。
5. 按 Esc 键切换到选择工具，再使用色板面板给文本框架指定填充色。
6. 选择菜单“编辑”>“全部取消选择”。选择多边形工具（ ）并在页面上绘制一个形状，如图 4.73 所示。在绘制多边形之前，可双击多边形工具以指定边数，如果您要创建星形形状，也可指定“星形内陷”值。

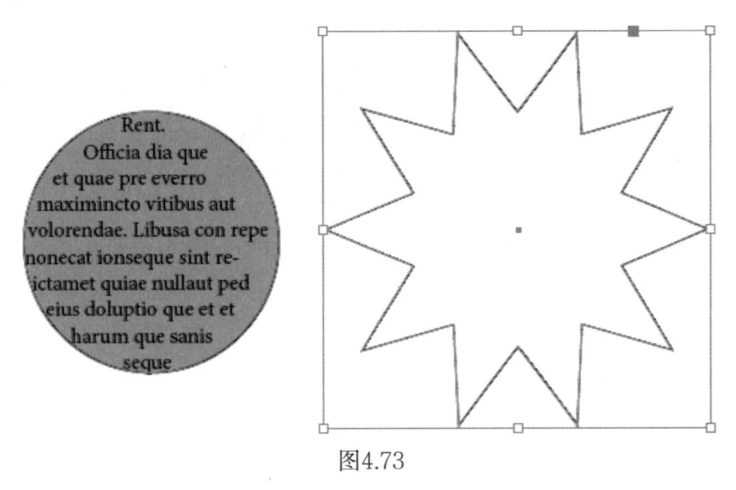

图4.73

7. 使用“选择”工具（ ）选择前面创建的文本框架，再选择菜单“编辑”>“复制”。
8. 选择多边形框架，再选择菜单“编辑”>“贴入内部”，将文本框架嵌套在多边形框架内，如图 4.74 所示。如果选择菜单“编辑”>“粘贴”，复制的文本框架将不会粘贴到选定框架的内部。

图4.74

9. 使用选择工具移动文本框架，方法是单击多边形框架中心的内容抓取工具并拖曳。
10. 使用选择工具移动多边形框架，方法是单击多边形框架中心的内容抓取工具的外边并拖曳。
11. 选择菜单“编辑”>“全部取消选择”。

12. 使用“直接选择”工具（ ）选择多边形框架，再拖曳任何一个手柄以修改该多边形的形状，如图 4.75 所示。

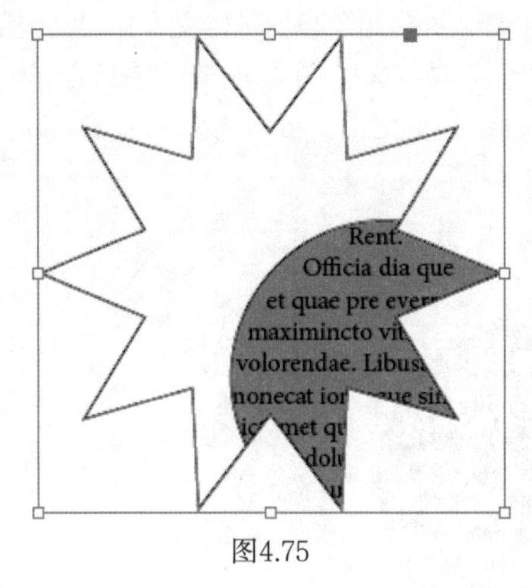

图4.75

13. 尝试完各种操作后，关闭文档但不保存所做的修改。

4.16 复习题

1. 在什么情况下应使用“选择”工具来选择对象？在什么情况下应使用“直接选择”工具来选择对象？
2. 如何同时调整框架及其内容的大小？
3. 如何旋转框架内的图形但不同时旋转框架本身？
4. 在不取消对象编组的情况下，如何选择组中的对象？

4.17 复习题答案

1. 使用“选择”工具来完成通用的排版任务，如调整对象的位置和大小及旋转对象。使用直接选择工具来完成编辑路径或框架的任务，如移动路径上的锚点，或选择对象组中的对象并修改其填充色或描边颜色。
2. 要同时调整框架及其内容的大小，可使用“选择”工具选择框架，按住 Shift + Ctrl（Windows）或 Shift + Command（macOS）键，再拖曳手柄。拖曳时按住 Shift 键可保持对象的长宽比不变（如果拖曳时没有按住 Shift 键，对象及其内容的长宽比将是可变的）。另外，可对选定的图形框架启用自动调整，这样调整其大小时，就无须按住 Ctrl（Windows）或 Command（macOS）键了。
3. 要旋转框架内的图形，使用“选择”工具单击内容抓取工具选择该图形，再在 4 个角手柄中的任一个外面单击并拖曳以旋转图形。拖曳时按住 Shift 键可将旋转角度限制为 45° 的整数倍。您还可在控制面板中修改旋转角度值来旋转选定的图形。
4. 要选择组中的对象，可使用“选择”工具（▶）选择该组，再单击控制面板中的“选择内容”按钮（⌖）以选择组中的一个对象。这样就可单击“选择上一对象”和“选择下一对象”按钮以选择该组中的其他对象。还可这样来选择组中的对象：使用“直接选择”工具（▷）单击它或使用“选择”工具双击它。

第5课 排文

课程概述

本课介绍如下内容：

- 在已有的文本框架中导入文本和排文；
- 自动调整文本框架的大小；
- 链接文本框架以便将文本排入多栏和多页；
- 自动创建链接的框架；
- 排文时自动添加页面和链接的框架；
- 对文本应用段落样式；
- 添加分栏符；
- 添加跳转说明以指出文章在哪里继续。

本课需要大约45分钟。

启动InDesign之前，先到异步社区的相应页面将本书的课程资源下载到本地硬盘中，并进行解压。

LOCAL >> JUNE/JULY 2018 P1

I thought that the light drizzle on this crisp fall day might be a deterrent.

Hot Spot: Urban Museum
Location: 1 Main St., Meridien
Hours: 10 a.m.–6 p.m., Daily
Cost: Free

When I asked Alexis, director of Meridien's Urban Museum, to give me her personal tour of the city she's resided in since her teenage years, she accepted, but only if we did it by bicycle.

I'm not a fitness freak and Meridien is known for its formidable hills, so when 6 a.m. rolled around, when I noted damp streets outside my apartment window and my cell phone started buzzing, I was hoping it was Alexis calling to tell me that we were switching to Plan B.

"Sorry, Charlie. We're not going to let a little misty air ruin our fun. Anyway, the forecast says it will clear up by late morning."

So much for Plan B.

We met at the Smith Street subway station, a mid-century, mildly brutalist concrete cube designed by archi-

Museum continued on 2

在 Adobe InDesign 中，您可将文本排入已有框架，还可在排文时创建框架及添加框架和页面，这让您能够轻松地将产品目录、杂志文章等内容排入电子图书。

5.1 概述

在本课中，您将处理一个小册子。这个小册子的第一个跨页已基本完成，其他几页也为导入文本做好了准备。处理这篇文章时，您将尝试各种排文方法，并添加跳转说明以指出文章下转哪一页。

> **注意：**如果还没有从异步社区下载本课的项目文件，现在就这样做，详情请参阅“前言”。

1. 为确保您的 Adobe InDesign 首选项和默认设置与本课使用的一样，将 InDesign Defaults 文件移到其他文件夹，详情请参阅“前言”中的“保存和恢复 InDesign Defaults 文件”。
2. 启动 Adobe InDesign。
3. 在出现的 InDesign 起点屏幕中，单击左边的“打开”按钮（如果没有出现起点屏幕，就选择菜单“文件”>“打开”）。
4. 打开文件夹 InDesignCIB\Lessons\Lesson05 中的文件 05_Start.indd。
5. 如果出现“缺失字体”对话框，请单击“同步字体”按钮，InDesign 将通过 Adobe Typekit 访问所有缺失的字体。同步字体后，单击“关闭”按钮。
6. 为确保面板和菜单命令与本课使用的相同，选择菜单“窗口”>“工作区”>“[高级]”，再选择菜单“窗口”>“工作区”>“重置 [高级]”。
7. 为以更高的分辨率显示这个文档，请选择菜单“视图”>“显示性能”>“高品质显示”。
8. 选择菜单“文件”>“存储为”，将文件重名为 05_FlowText.indd，并将其存储到文件夹 Lesson05 中。

> **注意：**为提高对比度，本书的屏幕截图显示的界面都是中等浅色的。在您的屏幕上，诸如面板和对话框等界面元素的颜色要暗些。

9. 要查看完成后的文档，打开文件夹 Lesson05 中的文件 05_End.indd，如图 5.1 所示。您可让该文件保持打开状态，以便工作时参考。

LOCAL >> JUNE/JULY 2018 P1

I thought that the light drizzle on this crisp fall day might be a deterrent.

When I asked Alexis, director of Meridien's Urban Museum, to give me her personal tour of the city she's resided in since her teenage years, she accepted, but only if we did it by bicycle.

I'm not a fitness freak and Meridien is known for its formidable hills, so when 6 a.m. rolled around, when I noted damp streets outside my apartment window and my cell phone started buzzing, I was hoping it was Alexis calling to tell me that we were switching to Plan B.

"Sorry, Charlie. We're not going to lět a little misty air ruin our fun. Anyway, the forecast says it will clear up by late morning."

So much for Plan B.

We met at the Smith Street subway station, a mid-century, mildly brutalist concrete cube designed by archi-

Museum continued on 2

Hot Spot: Urban Museum
Location: 1 Main St., Meridien
Hours: 10 a.m.–6 p.m., Daily
Cost: Free

图5.1

10. 查看完毕后，单击文档窗口左上角文件 05_FlowText.indd 的标签以切换到该文档。

5.2 在已有文本框架中排文

导入文本时，可将其导入到新框架或已有框架中。如果框架是空的，可在其中单击载入文本图标来导入文本。在第一个跨页的左对页中有个空的旁注框，可用于放置文本。下面将一个 Microsoft Word 文档导入该文本框架并对其应用段落样式，再自动调整这个文本框架的高度。

> **提示：**InDesign 提供了很多功能，可用于自动或手工控制在分栏和框架中排文的方式。这包括段落保持选项（接续自、保持续行和保持各行同页）以及分栏符和框架分隔符（使用菜单“文字”>“插入分隔符”）。

5.2.1 将文本导入到已有文本框架中

1. 选择菜单“文字”>“显示隐含的字符”，以便能够在屏幕上看到换行符、空格、制表符和其他隐藏的字符。这可帮助您放置文本以及设置文本的格式。
2. 增大缩放比例，以便能够看清第一个跨页的左对页中的旁注文本框架。这个框架有描边，背景为灰绿色。
3. 确保没有选择任何对象。

> **提示：**您将使用文字工具编辑文本，并使用选择工具串接文本框架，但导入文本时选择什么工具没关系。

4. 选择菜单“文件”>“置入”。在“置入”对话框底部确保没有选中复选框“显示导入选项”“替换所选项目”和“创建静态题注”（在 macOS 中，如有必要，可单击“选项”按钮来显示这些选项）。
5. 在文件夹 Lesson05 中，找到并双击文件 05_MuseumStats.docx。

鼠标光标将变成载入文本图标（ ），并显示将置入的文章的前几行。将载入文本图标指向空文本框架时，该图标两边将出现括号（ ）。

6. 将载入文本图标指向前述的占位文本框架。
7. 单击以置入文本，如图 5.2 所示。

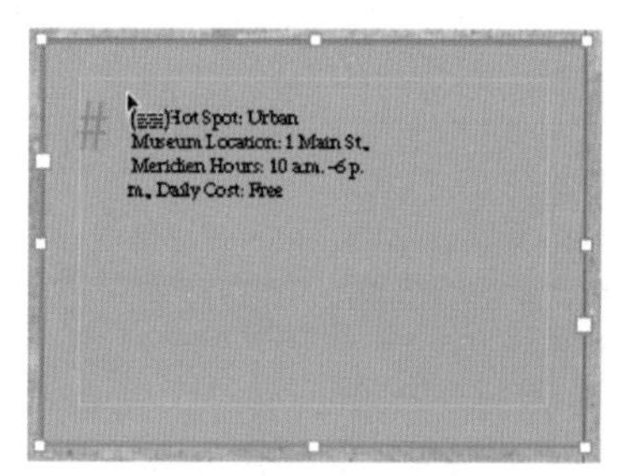

Hot Spot: Urban Mu-seum

图5.2

8. 选择菜单“文件”>“存储”。

这个文本框容不下置入的文本，这被称为溢流文本。存在溢流文本时，文本框架右下角的出口中有一个红色加号（+）。您将在本节后面解决溢流文本的问题。

5.2.2 应用段落样式

下面来给旁注文本应用段落样式。这里要应用的段落样式中，包含一个嵌套样式，它自动将段落开头的内容（第一个冒号之前的内容）设置为粗体。

1. 使用文字工具（T.）在旁注文本框架内单击，以便能够设置文本的格式。选择菜单“编辑”>“全选”选择这个框架中的所有文本。
2. 选择菜单“文字”>“段落样式”打开段落样式面板。
3. 单击样式组 Body Text 左边的三角形，以展开这个样式组。

> Id **提示：**在诸如段落样式和字符样式等面板中，您可使用样式组来组织样式。展开样式组后，就可选择其中的选项。

4. 单击段落样式 Sidebar Text，如图 5.3 所示。

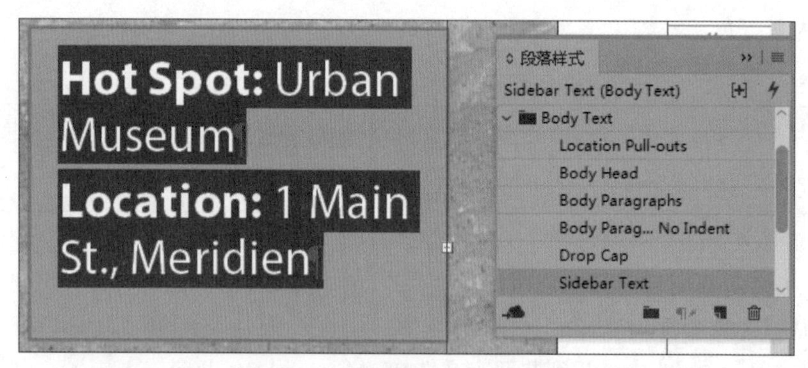

图5.3

5. 在文本中单击以取消选择文本，再选择菜单“文件”>“存储”。

设置格式后，依然存在溢流文本，下面将解决这个问题。

5.2.3 自动调整文本框架的大小

添加、删除和编辑文本时，经常需要调整文本框架的大小。启用“自动调整大小”功能，可让文本框架根据您的要求自动调整大小。下面使用“自动调整大小”功能让旁注文本框架根据文本的长度自动调整大小。

> Id **提示：**带描边和/或填充色的文本框架（如旁注和优惠券）指出了文本的边界，对于这样的文本框架，启用“自动调整大小”是不错的选择。这样，如果文本缩短了，框架将缩小；如果文本加长了，框架将增大以免出现溢流文本。

1. 使用“选择”工具（ ）单击包含以 Hot Spot 打头的旁注文本的文本框架。
2. 选择菜单“对象”>“文本框架选项”。在“文本框架选项”对话框中，单击标签“自动调整”。
3. 从下拉列表“自动调整大小”中选择“仅高度”。
4. 如有必要，单击第一行中间的图标（ ），说明您想要让文本框架向下延伸，就像您手动向下拖曳文本框底部的手柄一样，如图 5.4 所示。
5. 单击“确定”按钮。
6. 单击粘贴板以取消全部选择，再选择菜单“视图”>“屏幕模式”>“预览”，看看旁注是什么样的，如图 5.5 所示。

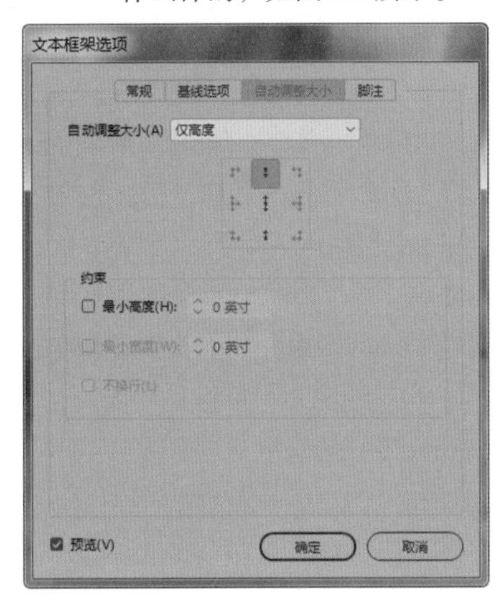

图5.4

图5.5

7. 选择菜单“视图”>“屏幕模式”>“正常”，以显示排版辅助元素，如参考线和隐藏的字符。
8. 选择菜单“文件”>“存储”。

5.3 手动排文

将导入的文本置入多个串接的文本框架中被称为排文。InDesign 支持手动排文和自动排文，前者提供了更大的控制权；后者可节省时间，还可在排文的同时添加页面。

在这里，您将把专题文章的文本导入到第一个跨页的右对页底部的两栏中。首先，您将把一个 Word 文件导入到第一栏已有的文本框架中。然后，您将把第一个文本框架与第二个文本框架串接起来。最后，您将在文档的第三页新建文本框架以容纳多出来的文本。

> Id **提示：**可以通过串接文本框架来创建多栏，也可将文本框架分成多栏——选择菜单“对象”>“文本框架选项”，并在打开的对话框的“常规”选项卡中指定栏数。有些设计师喜欢将文本框架分成多栏，这样版式将更具灵活性。

1. 选择菜单“视图”>“使跨页适合窗口”，找到右对页底部的两个文本框架，它们位于以 deterrent 结尾的句子下方。
2. 如有必要，放大图像以便能够看清这些文本框架。
3. 选择文字工具（T.），在左边的文本框架中单击，如图 5.6 所示。

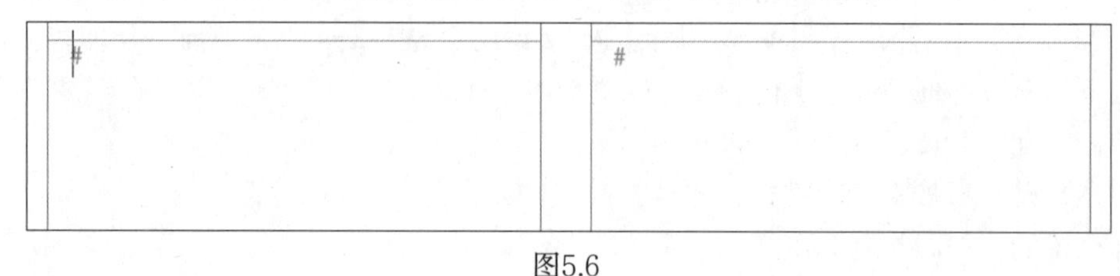

图5.6

4. 选择菜单“文件”>“置入”。

> **提示**：要为导入文本做好准备，可预先将文本框架串接起来。为此，您可使用选择工具单击当前框架的出口，再单击下一个框架的任何地方。不断重复这个过程，直到将所有框架都串接起来了。

5. 在文件夹 Lesson05 中找到并选择文件 05_Feature_2018.docx。
6. 选择“置入”对话框底部的复选框“替换所选项目”（在 macOS 中，如有必要，请单击“选项”按钮以显示这个复选框），再单击“打开”按钮，结果如图 5.7 所示。

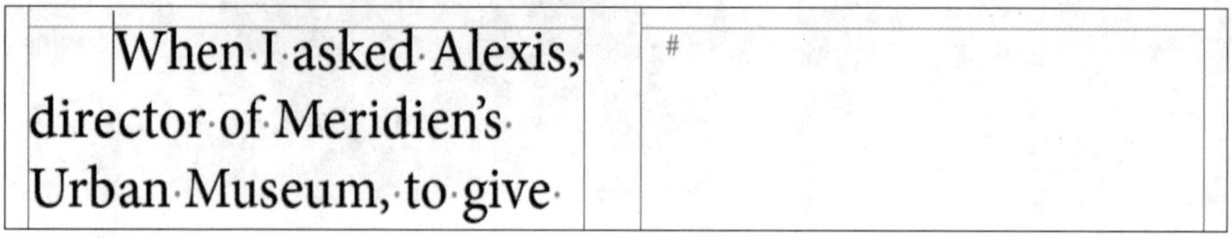

When I asked Alexis, director of Meridien’s Urban Museum, to give

图5.7

文本将导入到左栏已有的文本框架中，注意，文本框架的右下角有个出口，其中的红色加号（+）表明有溢流文本，即文本框架无法容纳所有文本。下面将溢流文本排入第 2 栏的另一个文本框架中。

7. 使用“选择”工具（▶）单击该文本框架的出口，以显示载入文本图标（如有必要，先单击文本框架以选择它，再单击其出口）。

> **提示**：在排文过程中，鼠标光标将在各种不同的载入文本图标之间切换。

8. 将载入文本图标指向右边文本框架的任何位置并单击，如图 5.8 所示。
9. 文本将排入第二栏。该文本框架的出口也包含红色加号（+），这表明还有溢流文本，如图 5.9 所示。

> **提示**：如果您改变了主意，不想将溢流文本排入其他文本框架，可按 Esc 键或单击工具面板中的其他任何工具，以撤销载入文本图标，但不会删除任何文本。

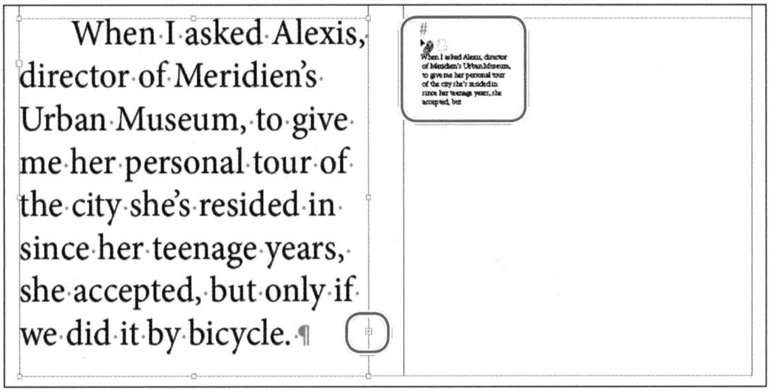

When I asked Alexis, director of Meridien's Urban Museum, to give me her personal tour of the city she's resided in since her teenage years, she accepted, but only if we did it by bicycle.¶

图5.8

When I asked Alexis, director of Meridien's Urban Museum, to give me her personal tour of the city she's resided in since her teenage years, she accepted, but only if we did it by bicycle.¶

I'm not a fitness freak and Meridien is known for its formida-ble hills, so when 6 a.m. rolled around, when I noted damp streets outside my apartment window and my cell

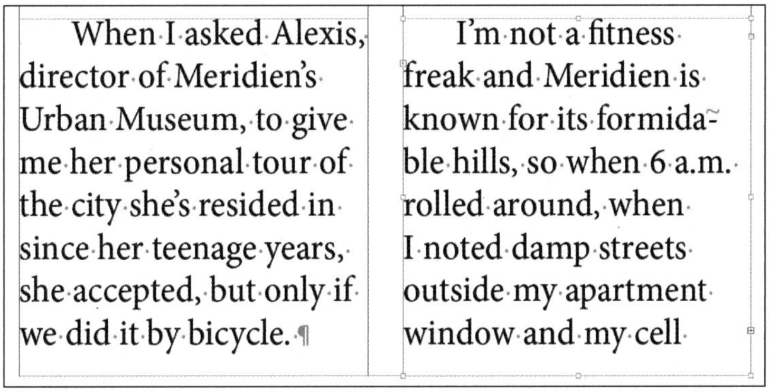

图5.9

10. 选择菜单“文件”>“存储”。保留该页面的位置不变，供下个练习使用。

载入多个文本文件

在“置入”对话框中，您可载入多个文本文件，再分别置入它们，其方法如下。

- 首先，选择菜单“文件”>“置入”以打开“置入”对话框。
- 按住 Ctrl（Windows）或 Command（Mac OS）键并单击以选择多个不相邻的文件；按住 Shift 键并单击以选择一系列相邻的文件。
- 单击“打开”按钮后，载入文本图标将在括号中指出载入了多少个文件，如“(4)”。
- 按箭头键选择要置入的文本文件，按 Esc 键删除当前的文本文件。
- 通过单击以每次一个的方式置入文件。

Id **提示：**可同时载入图形文件和文本文件。

5.4 排文时创建文本框架

下面尝试两种不同的排文方法。首先，使用半自动排文将文本置入到一栏中。半自动排文让您能够每次创建一个串接的文本框架，在每栏排入文本后，鼠标光标都将自动变成载入文本图标。然后，您将使用载入文本图标手动创建一个文本框架。

注意，这些练习之所以能够成功，是因为用户在操作时按住了键盘上的修饰符键，并在正确的位置进行了单击。因此在操作之前，最好能先看一下每一个练习的所有步骤，如果发现某一步骤操作有误，请选择“编辑”>“撤销”，然后再重复执行这一步骤。

> Id **提示：**根据用户采用的是手动排文、半自动排文还是自动排文，载入文本图标的外观稍有不同。

> Id **注意：**要成功地完成这些练习，必须按住正确的键盘键，并单击正确的地方。因此，做每个练习前,先阅读其中的操作步骤可能有所帮助。如果出错,务必选择菜单“编辑”>“还原”，再重做。

1. 使用“选择”工具（▶）单击第1页第2栏的文本框架的出口。此时界面将显示包含溢流文本的载入文本图标，如图5.10所示。

下面在第2页新建一个文本框架以容纳溢流文本。参考线指出了要创建的文本框架的位置。

2. 选择菜单“版面”>“下一跨页”以显示2～3页，再选择菜单“视图”>“使跨页适合窗口”。

在鼠标光标为载入文本图标的情况下，仍可导航到其他文档页面或创建新页面。

3. 将载入文本图标（ ）指向左页面左上角两条参考线的交点。为在正确的位置上单击，等载入文本图标中的黑色箭头变成白色后再单击。
4. 按住Alt（Windows）或Option（Mac OS）键并单击，如图5.11所示。

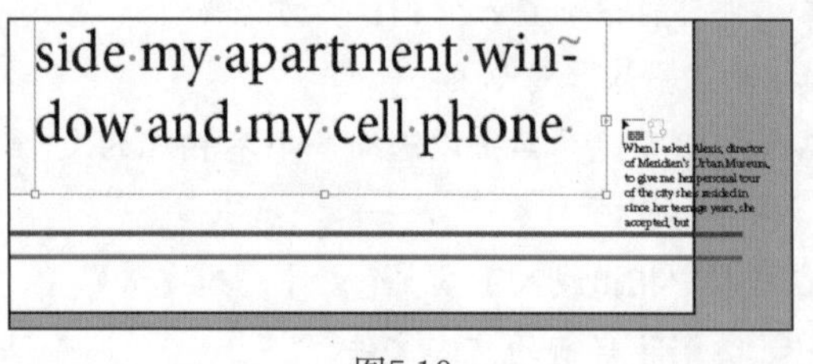

图5.10

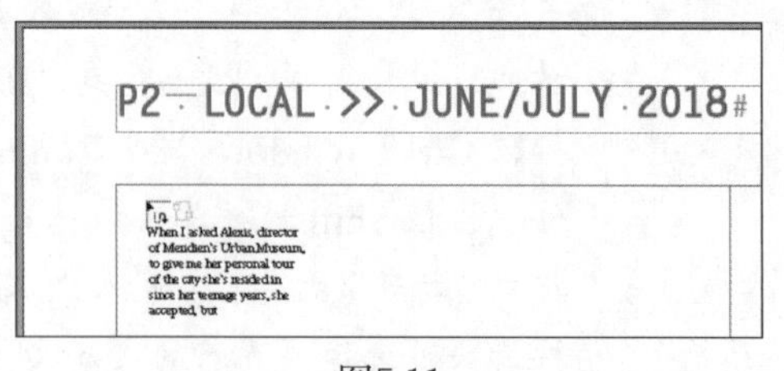

图5.11

> Id **提示：**在鼠标光标变成载入文本图标后，将鼠标光标指向空文本框架并按住Alt键时，鼠标图标中将出现一条链条，这表明可串接到该框架。您还可将溢流文本排入空的图形框架，在这种情况下，图形框架将自动转换为文本框架。

文本将被排入第一栏。因为按住了 Alt 或 Option 键，鼠标光标还是载入文本图标，让您能够将文本排入其他文本框架。

5. 松开 Alt 或 Option 键，再将载入文本图标（ ）指向第二栏。
6. 在第 2 栏中单击鼠标，在栏参考线内新建一个文本框架，如图 5.12 所示。

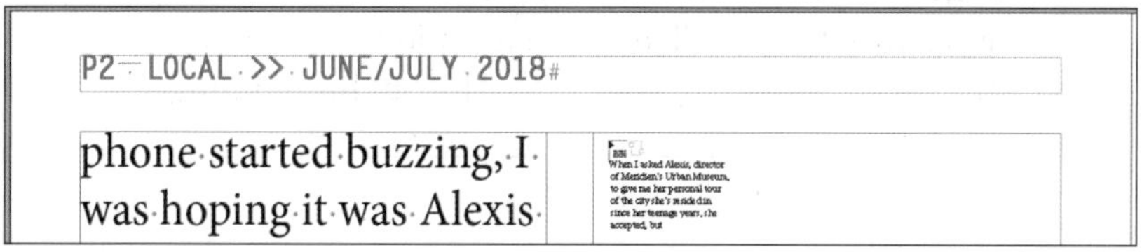

单击鼠标在栏参考线内创建文本框架并将文本排入其中

图5.12

> **提示**：如果您在鼠标光标为载入文本图标时单击，InDesign 将在单击的栏内创建一个文本框架，其宽度与单击的栏相同。虽然这样创建的框架在栏参考线内，但必要时您可移动它们，还可调整它们的形状和大小。

第 2 个文本框架的右下角有红色加号（+），这表明还存在溢流文本。

7. 选择菜单“文件” > “存储”，保留该页面的位置不变，供下个练习使用。

5.5 自动创建串接的文本框架

为提高创建与分栏等宽的串接文本框架的速度，InDesign 提供了一种快捷方式。如果在拖曳文字工具以创建文本框架时按右箭头键，InDesign 会自动地将该文本框架分成多个串接起来的分栏。例如，如果创建文本框架时按右箭头键一次，文本框架被分成两个等宽的分栏；如果按右箭头键 5 次，文本框架将被划分 5 次，分成 6 个等宽的分栏。

下面在第 3 页创建一个两栏的文本框架，并串接这些框架，以便将溢流文本排入其中。

1. 选择菜单“视图” > “使跨页适合窗口”，让第 2 页和第 3 页出现在文档窗口中央。
2. 选择文字工具（ T. ），并将鼠标光标指向右边页面的第 1 栏，大概位于紫色栏参考线和粉红色边距参考线的交点处。
3. 向右下方拖曳鼠标以创建一个横跨这两栏的文本框架，如图 5.13 所示。拖曳时按右箭头键一次。

> **注意**：如果不小心按了右箭头键多次，导致生成的串接文本框架的分栏数超过两个，可选择菜单“编辑” > “还原”，再重做；也可在拖曳时按左箭头键删除多余的分栏。

InDesign 自动将该文本框架分成两个串接起来的文本框架，它们的宽度相等。

4. 继续向下拖曳，让这个文本框位于栏参考线和边距参考线内。如有必要，使用“选择”工具（ ）调整这个文本框架，使其位于上述参考线内，如图 5.14 所示。

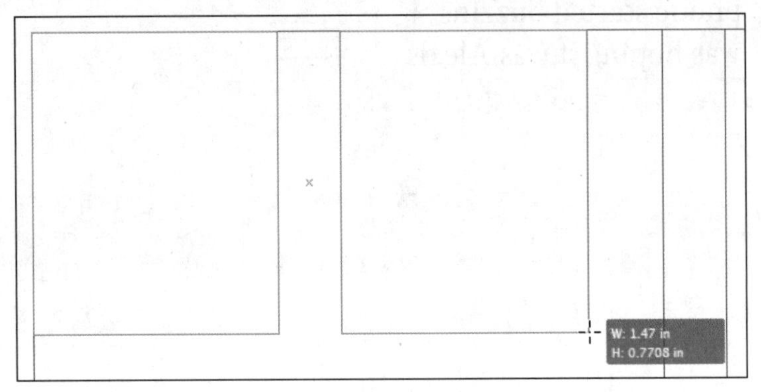
P2 LOCAL >> JUNE/JULY 2018
phone started buzzing, I was hoping it was Alexis calling to tell me that we were switching to Plan B.
designed by architects in 1962 that is in the process of a full greening renovation.
"I love this building.
W: 1.47 in
H: 0.7708 in

图5.13

LOCAL >> JUNE/JULY 2018 P3

图5.14

5. 使用选择工具单击以选择第 2 页第 2 栏的文本框架，再单击该框架右下角的出口，此时界面将显示载入文本图标和溢流文本。
6. 单击第 3 页中刚创建的文本框架（![]）。

文本将排入到该页面的两个分栏中，如图 5.15 所示。

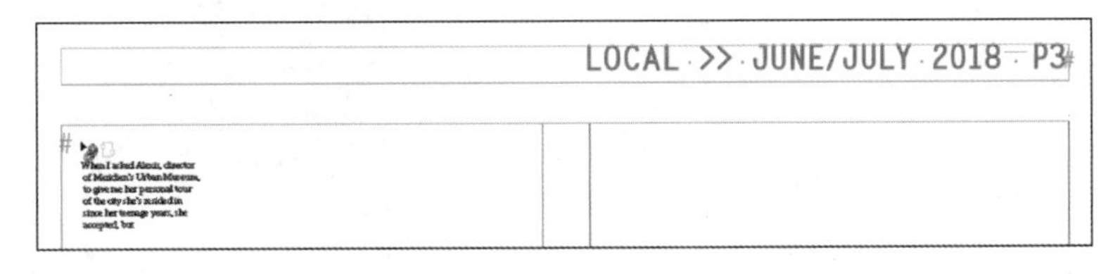

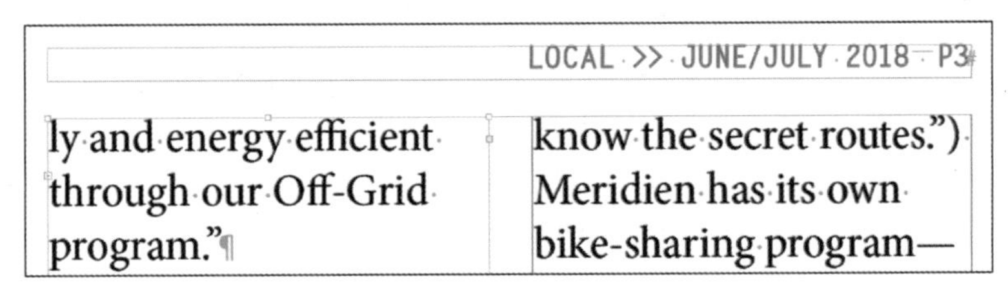

图5.15

7. 选择菜单“文件”>“存储”。保留该页面的位置不变，供下个练习使用。

5.6 自动排文

下面使用自动排文将溢流文本排入小册子中。采用自动排文时，InDesign 将自动在后续页面的栏参考线内新建文本框架，直到排完所有溢流文本为止。对于较长的文档来说，这是很不错的选择，但就本课的项目来说，这将导致一些已置入的图像被文本遮住。这种问题很容易修复，只需将文本框架删除即可，这样文本将自动排入余下的文本框架。

1. 使用“选择”工具（▶）单击第 3 页第 2 栏的文本框架右下角的出口，这将显示载入文本图标和溢流文本（如有必要，先单击该框架以选择它，再单击其出口）。
2. 选择菜单“版面”>“下一跨页”以显示第 4 页和第 5 页。
3. 将载入文本图标（![]）指向第 4 页的第 1 栏——栏参考线和边距参考线相交的地方。
4. 按住 Shift 键并单击。

> Id **提示：**鼠标光标为载入文本图标时，按住 Shift 键并单击，InDesign 将自动创建文本框架，并将文本排入其中；如有必要，还将添加页面，以便将所有文本都排入到当前文档中。

注意观察，余下的页面中添加了新文本框架（在包含照片的页面中亦如此），如图 5.16 所示。这是因为按住了 Shift 键，从而以自动方式排文。

5. 按住 Shift 键，并使用选择工具单击第 5 页中新创建的两个文本框架，以选择它们（覆盖骑自行车的男人的文本框架）。
6. 选择菜单“编辑”>“清除”以删除这些文本框架。

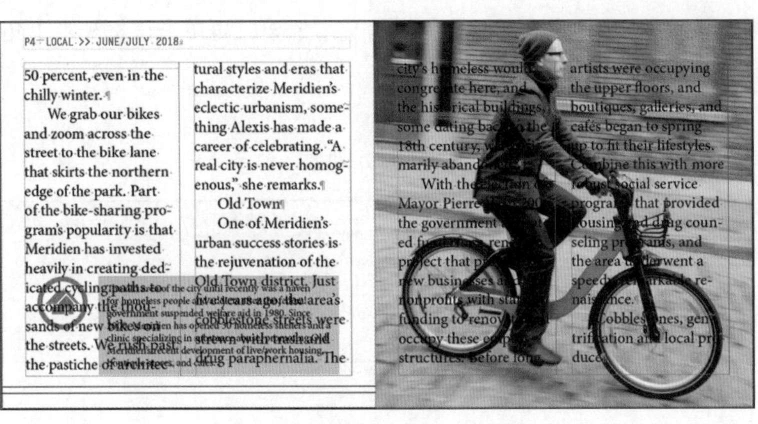

图5.16

7. 选择菜单“版面”>“下一跨页”以显示第 6 页和第 7 页。如您所见，文本依次排入了第 4 页、第 6 页和第 7 页。

8. 按住 Shift 键，并使用选择工具单击第 7 页中新创建的两个文本框架（覆盖出租自行车的文本框架）。

9. 选择菜单“编辑”>“清除”删除这些文本框架。

现在依然存在溢流文本，下一节将通过设置格式来解决这个问题。

10. 选择菜单“文件”>“存储”，保留该页面的位置不变，供下个练习使用。

在排文时添加页面

除在已有页面中串接文本框架外，还可在排文时添加页面。这种功能称为“智能文本重排”，非常适合排大段的文本（如本书的章节）。启用了“智能文本重排”后，当您在主文本框架中输入文本或排文时，InDesign将自动添加页面和串接的文本框架，以便能够容纳所有文本。如果文本因编辑或重新设置格式而缩短，多余的页面将被自动删除。下面尝试使用这项功能。

1. 选择菜单“文件”>“新建”>“文档”。在“新建文档”对话框中：
   - 单击顶部的“打印”；
   - 单击图标“Letter-Half”；
   - 单击“方向”部分的“横向”图标；
   - 选择复选框“主文本框架”。
2. 单击“边距和分栏”按钮，再单击“确定”按钮。
3. 选择菜单“编辑”>“首选项”>“文字”（Windows）或“InDesign”>“首选项”>“文字”（Mac OS），以打开“文字”首选项。在“文字”首选项的“智能文本重排”部分，您可指定使用智能文本重排时应如何处理页面。

- 在哪里添加页面（文章末尾、章节末尾还是文档末尾）。
- 智能文本重排只用于主文本框架，还是用于文档中的其他文本框架。
- 如何在对页跨页中插入页面。
- 当文本变短时是否删除空白页面。

4. 默认情况下，“智能文本重排”被选中，但请确保选择了它，再单击“确定”按钮。

5. 选择菜单“文件”>“置入”。在“置入”对话框中，选择文件夹Lesson05中的文件05_Feature_2018.docx，再单击“打开”按钮。

6. 在新文档的第1页中，在页边距内单击鼠标以将所有文本排入主文本框架，若有必要请添加页面。注意页面面板中的页数（3）。

7. 关闭该文件但不保存所做的修改。

5.7 对文本应用段落样式

创建好所有串接的文本框架，并将文本排入其中后，就可设置文本的格式了，并可以指定它们在版面中的排列方式和外观。在这里，您将把样式 Body Paragraphs 应用于整篇文章，再设置第一段和子标题的格式。

1. 选择文字工具（T.），再在您刚导入的主文章所在的任何文本框架中单击。
2. 选择菜单“编辑”>“全选”以选择文章中的所有文本（位于一系列串接的框架中的文本）。
3. 选择菜单“文字”>“段落样式”以打开段落样式面板。
4. 单击段落样式“Body Paragraphs”（如有必要，展开样式组“Body Text”，并向下滚动找到这个样式），如图 5.17 所示。

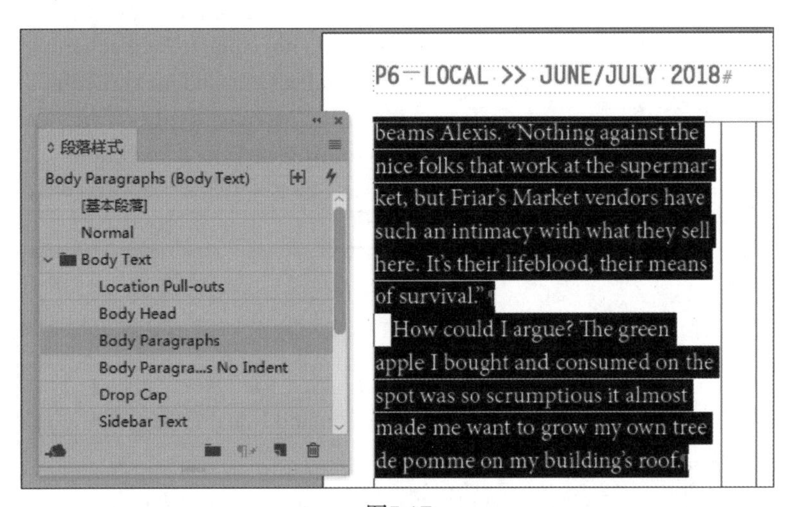

图5.17

5. 选择菜单“版面”>“转到页面”。在“页面”文本框中输入“1”，并单击“确定”按钮。
6. 在第 1 页中，单击文章的第一个段落（以 When I asked Alexis 打头的段落）。
7. 在段落样式面板中，单击段落样式 Drop Cap，如图 5.18 所示。

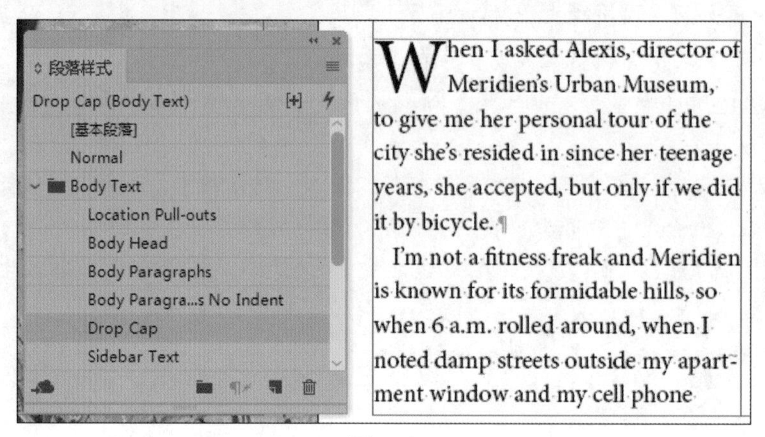

图5.18

下面来设置这篇文章中 3 个子标题的格式。

8. 选择菜单“视图”>“使跨页适合窗口”，再选择菜单“版面”>“下一跨页”以显示第 2 页和第 3 页。
9. 使用文字工具单击第 2 页左边那栏的子标题 B-Cycle，这指定了要设置哪个段落的格式。
10. 在段落样式面板中，单击段落样式 Body Head，如图 5.19 所示。

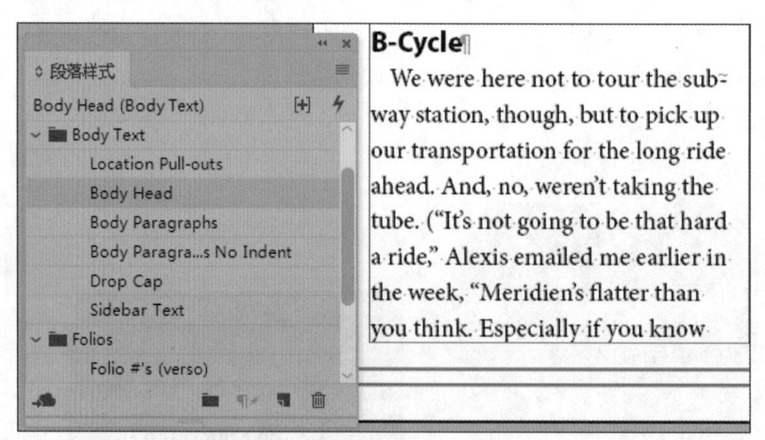

图5.19

11. 重复第 9 ~ 10 步，将段落样式 Body Head 应用于这篇文章中其他的子标题：
    - 第 3 页左栏的 Old Town；
    - 第 3 页右栏的“Cobblestones，Gentrification and Local Produce”；
    - 第 4 页的 Farmers Market。
12. 选择菜单“文件”>“存储”。不要切换到其他页面，以方便完成下一个练习。

5.8 调整分栏

InDesign 提供了很多调整文本分栏长度的方法。您调整分栏长度可能是为了适合版面，或者是为了将特定的主题放在一起。要调整分栏长度，一种方法是使用选择工具来调整文本框架的大小，另一种方法是手工添加分栏符以将文本推到下一栏中。在这里，您将调整文本框架的大小以适合版面。

1. 在页面面板中，双击第 4 页的图标，使其显示在文档窗口中央。
2. 使用“选择”工具（ ）单击左边那个包含主文章的文本框架。
3. 向上拖曳这个文本框架的下边缘，使其高度大约为 2.1 英寸。

> Id **注意：**如有必要，在控制面板中的文本框 H 中输入 2.1in 再按回车键，以调整这个文本框架的大小。

4. 选择右边的文本框架（它包含第 2 栏文本），向上拖曳下边缘，使其高度与左边的文本框架一致。

调整这些文本框架的大小可避免文章遮住带阴影的旁注框，如图 5.20 所示。

P4 LOCAL >> JUNE/JULY 2018

that was one of Old Town's first new businesses, to meet Scott G., Meridien's supervisor of urban renewal. He, too, arrives on a HUB bicycle, stylishly dressed for the weather in a medium-length Nehru-style jacket and knit cap, the ensemble nicely complemented by a pair of stylish spectacles and a worn leather shoulder bag.

"There are some hard-core purists who dismiss this development as negative—gentrification to ease the fears of yuppies who wouldn't come near here before," Scott remarks, "but I find their argument difficult to support in light of all the good that has come to Old Town. We didn't move the blight out and then hide it somewhere else. We helped the people who needed assistance and let them stay as long as they weren't committing any violent crimes. They receive housing and there has been phenomenal success in getting many back into the workforce and making them part of the community again. How can this be bad?"

The old area of the city until recently was a haven for homeless people and addicts after the federal government suspended welfare aid in 1980. Since 2000, Meridien has opened 30 homeless shelters and a clinic specializing in substance abuse, promoting Old Meridien's recent development of live/work housing, boutique stores, and cafes.

图5.20

5. 选择菜单“版面” > “下一跨页”以显示第 6 页和第 7 页。现在，子标题 Farmer Market 位于第 6 页顶部。

6. 使用选择工具单击第 6 页左边的文本框架，向上拖曳下边缘使其高度为 2.1 英寸。
7. 单击粘贴板以取消选择所有对象，再选择菜单“文件”>“存储”。

> Id **提示：**要调整文本在框架中的排列方式，可添加分隔符，如分栏符和框架分隔符，为此可使用菜单“文字”>“插入分隔符”。

5.9 添加跳转说明

如果文章跨越多页，读者必须翻页才能阅读后面的内容，那么最好添加一个跳转说明（如“下转第 × 页”）。InDesign 可以添加跳转说明，跳转说明将自动指出文本流中下一页的页码，即文本框架链接到的下一页。

1. 在页面面板中双击第 1 页的页面图标，让该页在文档窗口中居中。向右滚动滚动条以便能够看到粘贴板。必要时放大视图以便能够看清文本。
2. 选择文字工具（T.），在粘贴板中拖曳鼠标以创建一个 1.5 × 0.25 英寸的文本框架。
3. 使用“选择”工具（▶）将新创建的文本框架拖放到第 1 页第 2 栏的底部，确保该文本框架的顶部与已有文本框架的底部相连，如图 5.21 所示。

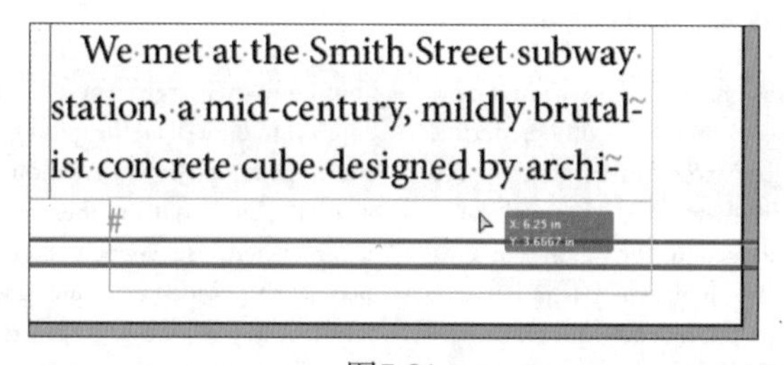

图5.21

> Id **注意：**包含跳转说明的文本框架必须与串接文本框架相连或重叠，才能插入正确的“下转页码”字符。

4. 使用文字工具单击以将光标插入新文本框架。输入 Museum continued on page 和一个空格。
5. 单击鼠标右键（Windows）或按住 Control 键并单击（macOS），以显示上下文菜单。再选择“插入特殊字符”>“标志符”>“下转页码”，如图 5.22 所示。跳转说明将变成 Museum continued on page 2。
6. 选择菜单“文字”>“段落样式”以打开段落样式面板。在文本插入点仍位于跳转说明中的情况下，单击段落样式 Continued From/To Line，根据模板设置文本的格式，如图 5.23 所示。
7. 选择菜单“文件”>“存储”。
8. 选择菜单“视图”>“使跨页适合窗口”。

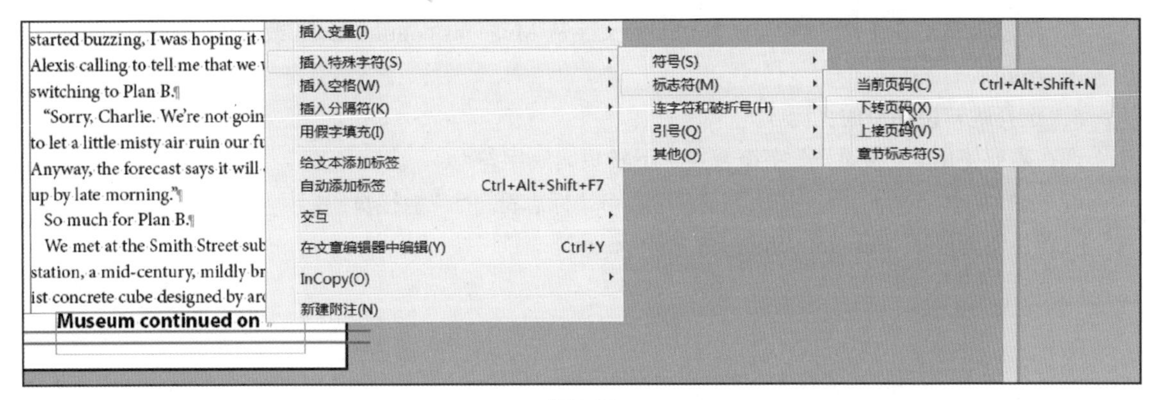

图5.22

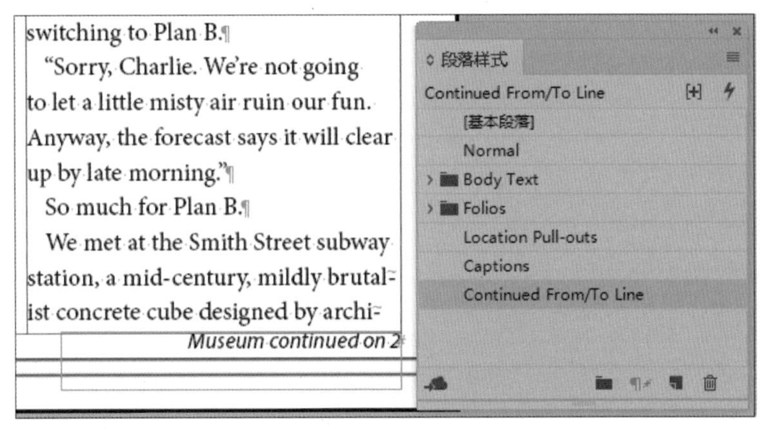

图5.23

9. 在屏幕顶部的应用程序栏中，从“屏幕模式”下拉列表中选择“预览”。

祝贺您学完了本课！

5.10 练习

在本课中，您学习了如何创建指出下转页码的跳转说明，以及如何创建指出上接页码的跳转说明。

1. 选择菜单“视图”>“屏幕模式”>“正常”以显示框架边缘。
2. 使用“选择”工具（▶）复制第 1 页中包含跳转说明的文本框架（要复制对象，先选择它，再选择菜单“编辑”>“复制”）。

> **提示：**尝试各种排文选项，找到最适合您和您的项目的串接方法。例如，创建产品目录模板时，您可能会串接多个小型文本框架，以便以后在其中排入产品描述文本。

3. 将复制的跳转说明文本框架粘贴到第 2 页，再拖曳该文本框架使其与第 1 栏的文本框架顶部相连。如有必要，向下拖曳主文本框架的上边缘，以免跳转说明文本框架与页眉相连。

4. 使用文字工具（T.）将该文本框架的文字从 Museum continued on 改为 Museum continued from。
5. 选择跳转说明中的页码 3。

现在需要使用“上接页码”字符替换“下转页码”字符。

6. 选择菜单“文字”>“插入特殊字符”>“标志符”>“上接页码”。

跳转说明变成了 Museum continued from page 2。

5.11 复习题

1. 使用哪种工具可串接文本框架？
2. 如何显示载入文本图标？
3. 在鼠标光标为载入文本图标的情况下，在栏参考线之间单击将发生什么？
4. 按什么键可自动将文本框架分成多个串接的文本框架？
5. 有种功能可自动添加页面和串接的文本框架以容纳导入文件中的所有文本，这种功能叫什么？
6. 哪项功能根据文本长度自动调整文本框架的大小？
7. 要确保在跳转说明中插入正确的“下转页码”和“上接页码”字符，需要做什么？

5.12 复习题答案

1. 选择工具。
2. 选择菜单“文件”>“置入”并选择一个文本文件，或单击包含溢流文本的文本框架的出口。您还可将文本文件从桌面拖放到页面中。
3. InDesign 将在单击的位置创建文本框架，该框架位于垂直的栏参考线之间。
4. 在使用文字工具拖曳以创建文本框架时按右箭头键。创建文本框架时，也可按左箭头键减少串接的文本框架数。
5. 智能文本重排。
6. “文本框架选项”对话框（和“对象”菜单）中的“自动调整大小”。
7. 包含跳转说明的文本框架必须与包含文章的串接文本框架相连。

第6课 编辑文本

课程概述

本课介绍如下内容：

- 通过 Typekit 同步字体；
- 处理缺失字体；
- 输入和导入文本；
- 查找并修改文本和格式；
- 在文档中检查拼写；
- 编辑拼写词典；
- 自动更正拼写错误的单词；
- 使用文章编辑器；
- 通过拖放移动文本；
- 显示修订。

本课需要大约 60 分钟。

启动 InDesign 之前，先到异步社区的相应页面将本书的课程资源下载到本地硬盘中，并进行解压。

Urban Renewal with Respect

THE PASTICHE OF ARCHITECTURAL STYLES AND ERAS CHARACTERIZE MERIDIEN'S ECLECTIC URBANISM.

CITY > FEBRUARY 2018 3

We rush past the pastiche of architectural styles and eras that characterize Meridien's eclectic urbanism, something Alexes has made a career of celebrating. "A real city is never homogenous," she remarks.

One of Meridien's urban success stories is the rejuvenation of the Old Town district. Just five years ago, the area's cobblestone streets were strewn with trash and drug paraphernalia. The city's homeless would congregate here, and the historical buildings, some dating back to the 18th century, were primarily abandoned. But with the election of Mayor Pierre H. in 2016, the government allocated funds for a renewal project that provided new businesses and nonprofits with startup funding to renovate and occupy these empty structures. Before long, artists were occupying the upper floors, and boutiques, galleries, and cafés began to spring up to fit their lifestyles. Combine this with more robust social service programs that provided housing and drug counseling programs, and the area underwent a speedy, remarkable renaissance.

The bumpy roads result in a precarious ride that makes steering the shared hub bikes in a straight line virtually impossible. Luckily, auto traffic is mostly banned from Old Town, making it a favorite destination for those who disdain cars and much safer for our own clumsy veering.

We stop in front of Frugal Grounds, an airy café/gallery/performance space hybrid that was one of Old Town's first new businesses, to meet Scott G., Meridien's supervisor of urban renewal. He, too, arrives on a hub bicycle, stylishly dressed for the weather in a medium-length Nehru style jacket and knit cap, the ensemble nicely complemented by a pair of stylish spectacles and a worn leather shoulder bag.

"There are some hard-core purists who dismiss this development as negative—gentrification to ease the fears of yuppies who wouldn't come near here before," Scott remarks, "but I find their argument difficult to support in light of all the good that has come to Old Town. We didn't move the blight out and then hide it somewhere else. We helped the people who needed assistance. They receive housing and there has been phenomenal success in getting many back into the workforce and making them part of the community again."

Our next stop is Friar's Market—an open-air agora for Meridien's local farmers and produce growers to sell their fresh organic sustenance to residents weary of the old supermarket model. "The best part of the experience here is that I get to converse with the people who actually grew this stuff," beams Alexes. "Friar's Market vendors have such an intimacy with what they sell here. It's their lifeblood, their means of survival."

How could I argue? The green apple I bought and consumed on the spot was so scrumptious it made me want to grow my own tree de pomme.

We cut up Grayson Boulevard towards the "Green Light" district, Meridien's center of provincial haute couture and cuisine, where rustic cafes huddle alongside boutiques offering hemp clothing and hipster hot spots that sell art, books, and the latest designer accessories. After a whirlwind browse through almost ten different retailers, we greet the setting sun by settling at Alexes's favorite evening hangout spot, Le Bon Mot.

"I'll always be pushing for Meridien to promote thoughtful development by using our best and brightest creative minds," she says.

InDesign 提供了专用字处理程序才有的众多文本编辑功能，包括查找并替换文本和格式、检查拼写、输入文本时自动校正拼写错误以及编辑时显示修订。

6.1 概述

在本课中，您将执行图形设计人员经常面临的编辑任务，包括导入新文章以及使用 InDesign 编辑功能查找并替换文本和格式、执行拼写检查、修改文本和显示修订等。

> **注意：**如果还没有从异步社区下载本课的项目文件，现在就这样做，详情请参阅“前言”。

1. 为确保您的 Adobe InDesign 首选项和默认设置与本课使用的一样，将 InDesign Defaults 文件移到其他文件夹，详情请参阅“前言”中的“保存和恢复 InDesign Defaults 文件”。
2. 启动 Adobe InDesign。
3. 在出现的 InDesign 起点屏幕中，单击左边的“打开”按钮（如果没有出现起点屏幕，就选择菜单“文件”>“打开”）。
4. 打开文件夹 InDesignCIB\Lessons\Lesson06 中的文件 06_Start.indd。
5. 出现“缺失字体”警告对话框时，单击“同步字体”按钮，如图 6.1 所示[1]。同步字体后，单击“关闭”按钮（如有必要，单击对话框右上角的“打开 Typekit”按钮）。

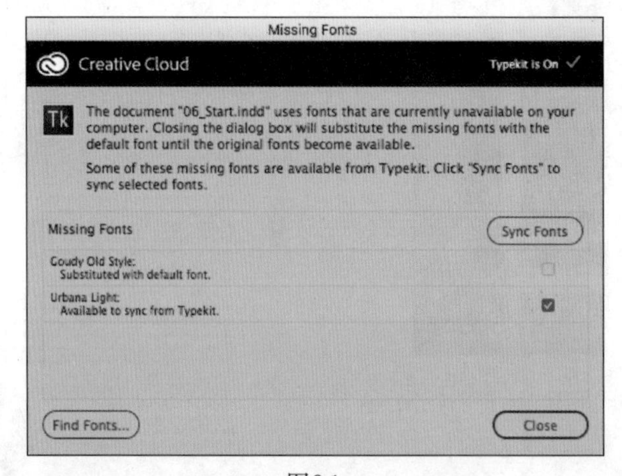

图6.1

> **注意：**如果您的系统中碰巧安装了字体 Goudy Old Style 和 Urbana Light，将不会出现警告消息。您可看一下替换缺失字体的步骤，再进入下一节。

Adobe Typekit 在线服务将找到、下载并安装缺失字体 Urbana Light。Adobe Typekit 没有提供字体 Goudy Old Style，因此它依然处于缺失状态。

对于字体 Goudy Old Style 缺失的问题，您将在下一节处理。处理方法为将其替换为您的系统中安装了的字体。

[1] 免费账户不能使用 Urbana Light 字体，因此在“缺失字体”对话框中，并不会出现“同步字体”按钮，如图 6.2 所示。有鉴于此，您无法同步字体 Urbana Light，而只能替换它。——译者注

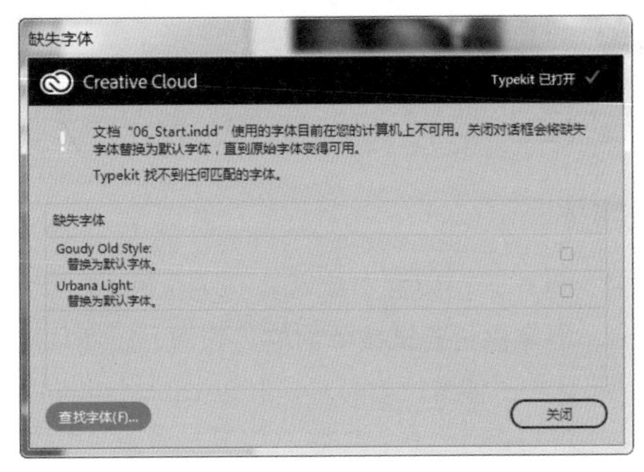

图6.2

6. 为确保面板和菜单命令与本课使用的相同，选择菜单“窗口”>“工作区”>“[高级]”，再选择菜单“窗口”>“工作区”>“重置[高级]”。
7. 如有必要，选择菜单“视图”>“显示性能”>“高品质显示”，以更高的分辨率显示这个文档。

> **提示：**一般而言，处理文本时没必要以全分辨率显示图像。如果您使用的计算机的速度较慢，可保留默认设置“典型显示”，甚至使用设置“快速显示”（不显示图像）。

8. 选择菜单“文件”>“存储为”，将文件重名为 06_Text.indd，并将其存储到文件夹 Lesson06 中。
9. 要查看完成后的文档，打开文件夹 Lesson06 中的文件 06_End.indd，如图 6.3 所示。可让该文件保持打开状态以便工作时参考。

CITY > FEBRUARY 2018 3

We rush past the pastiche of architectural styles and eras that characterize Meridien's eclectic urbanism, something Alexes has made a career of celebrating. "A real city is never homogenous," she remarks.

One of Meridien's urban success stories is the rejuvenation of the Old Town district. Just five years ago, the area's cobblestone streets were strewn with trash and drug paraphernalia. The city's homeless would congregate here, and the historical buildings, some dating back to the 18th century, were primarily abandoned. But with the election of Mayor Pierre H. in 2016, the government allocated funds for a renewal project that provided new businesses and nonprofits with startup funding to renovate and occupy these empty structures. Before long, artists were occupying the upper floors, and boutiques, galleries, and cafés began to spring up to fit their lifestyles. Combine this with more robust social service programs that provided housing and drug counseling programs, and the area underwent a speedy, remarkable renaissance.

The bumpy roads result in a precarious ride that makes steering the shared hub bikes in a straight line virtually impossible. Luckily, auto traffic is mostly banned from Old Town, making it a favorite destination for those who disdain cars and much safer for our own clumsy veering.

We stop in front of Frugal Grounds, an airy café/gallery/performance space hybrid that was one of Old Town's first new businesses, to meet Scott G., Meridien's supervisor of urban renewal. He, too, arrives on a hub bicycle, stylishly dressed for the weather in a medium-length Nehru style jacket and knit cap, the ensemble nicely complemented by a pair of stylish spectacles and a worn leather shoulder bag.

"There are some hard-core purists who dismiss this development as negative—gentrification to ease the fears of yuppies who wouldn't come near here before," Scott remarks, "but I find their argument difficult to support in light of all the good that has come to Old Town. We didn't move the blight out and then hide it somewhere else. We helped the people who needed assistance. They receive housing and there has been phenomenal success in getting many back into the workforce and making them part of the community again."

Our next stop is Friar's Market—an open-air agora for Meridien's local farmers and produce growers to sell their fresh organic sustenance to residents weary of the old supermarket model. "The best part of the experience here is that I get to converse with the people who actually grew this stuff," beams Alexes. "Friar's Market vendors have such an intimacy with what they sell here. It's their lifeblood, their means of survival."

How could I argue? The green apple I bought and consumed on the spot was so scrumptious it made me want to grow my own tree de pomme.

We cut up Grayson Boulevard towards the "Green Light" district, Meridien's center of provincial haute couture and cuisine, where rustic cafes huddle alongside boutiques offering hemp clothing and hipster hot spots that sell art, books, and the latest designer accessories. After a whirlwind browse through almost ten different retailers, we greet the setting sun by settling at Alexes's favorite evening hangout spot, Le Bon Mot.

"I'll always be pushing for Meridien to promote thoughtful development by using our best and brightest creative minds," she says.

图6.3

10. 查看完毕后，单击文档窗口左上角的文件 06_Text.indd 的标签以切换到该文档。

注意：为提高对比度，本书的屏幕截图显示的界面都是中等浅色的。在您的屏幕上，诸如面板和对话框等界面元素要暗些。

6.2 查找并替换缺失字体

前面打开本课的文档时，可能指出缺失字体 Goudy Old Style。如果您的计算机安装了这种字体，将不会出现这种警告，但您仍可尝试按下面的步骤做，以便日后参考。下面搜索使用字体 Goudy Old Style 的文本，并将这种字体替换为与之相似的字体 Minion Pro（OTF）Regular。

1. 选择菜单“视图”>“屏幕模式”>“正常”，以显示诸如参考线等排版辅助元素。

注意，在非预览模式下，右对页的单词 city 为粉色，这表明这些文本使用的字体缺失。

2. 选择菜单“文字”>“查找字体”。“查找字体”对话框列出了文档使用的所有字体，且缺失字体的旁边有警告图标（⚠）。
3. 在列表“文档中的字体”中选择 Goudy Old Style。
4. 在该对话框底部的“替换为：”部分，从下拉列表“字体系列”中选择 Minion Pro（OTF）。
5. 从下拉列表“字体样式”中选择 Regular，如图 6.4 所示。

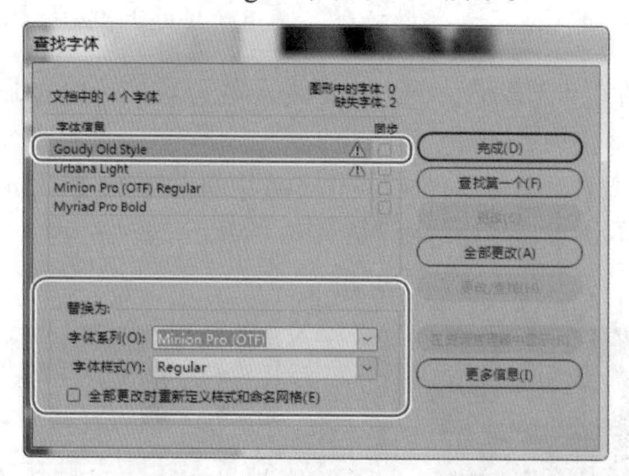

图6.4

6. 单击“全部更改”按钮。

提示：在“查找字体”对话框中，如果您选中复选框“全部更改时重新定义样式和命名网格”，则使用了缺失字体的字符样式和段落样式都将被更新，以配合替换字体。这有助于快速更新文档和模板——条件是您确定这样修改是合适的。

7. 单击“完成”按钮关闭该对话框，并在文档中查看替换后的字体。

提示：要显示有关缺失字体的更多信息，如字符数、所处的页面和字体类型，可在“查找字体”对话框中单击“更多信息”按钮。

8. 选择菜单“文件”>“存储”。

安装缺失的字体

对于大多数项目，您需要在计算机中安装缺失的字体，而不是替换它们，这样可保留原始设计以及文本的排列方式。为此，您可采取如下方式：

- 如果您有缺失的字体，就安装它；
- 如果没有缺失的字体，就购买它；
- 如果您是Creative Cloud成员，可检查Adobe Typekit字体库是否提供了缺失的字体（在“缺失字体”对话框中单击“同步字体”按钮）。

有了缺失的字体后，就可使用字体管理软件激活它，也可将字体文件复制到InDesign的Font文件夹中。

有关如何获取和使用字体的更详细信息，请参阅Claudia McCue的著作*Real World Print Production with Adobe Creative Cloud*（Peachpit出版社，2014年）的第6章。

6.3 输入和导入文本

您可将文本直接输入到 InDesign 文档中，也可导入在其他程序（如字处理程序）中创建的文本。要输入文本,需要使用文字工具选择文本框架或文本路径。要导入文本,可从桌面拖曳文件（这将出现载入文本图标），也可将文件直接导入到选定文本框架中。

6.3.1 输入文本

虽然图形设计人员通常不负责版面中的文本（文字），但他们经常需要根据修订方案进行修改，这些修订方案是以硬拷贝或 Adobe PDF 提供的。在这里，您将使用文字工具修订标题。

1. 选择菜单“视图”>“其他”>“显示框架边缘”。文本框架将出现金色轮廓，让您能看清它们。在左对页的图像下方，找到包含标题 Urban Renewal 的文本框架。

注意：如果看不到框架边缘，请确保屏幕模式为“正常”（选择菜单“视图”>“屏幕模式”>“正常”）。

2. 使用文字工具（T.），单击 Urban Renewal 后面。
3. 输入一个空格，再输入单词 with Respect，如图 6.5 所示。

图6.5

4. 选择菜单“文件”>“存储”。

6.3.2 导入文本

使用模板处理项目（如杂志）时，设计人员通常将文本导入已有文本框架。在这里，您将导入一个 Microsoft Word 文件，并使用段落样式设置其格式。

1. 使用文字工具（T.），单击右对页文本框架中的第 1 栏，如图 6.6 所示。

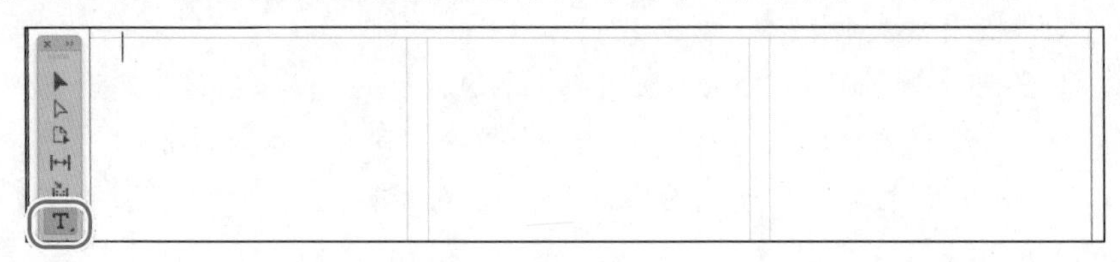

图6.6

2. 选择菜单“文件”>“置入”。在“置入”对话框中，确保没有选中复选框“显示导入选项”。

提示：在“置入”对话框中，可按住 Shift 并单击来选择多个文本文件。这样做时，鼠标光标将变成载入这些文件的图标，让您能够在文本框架中或页面上单击以导入每个文件中的文本。这非常适合置入存储在不同文件中的内容，如很长的字幕。

3. 在文件夹 InDesignCIB\Lessons\Lesson06 中，找到并选择文件 Feature_Feb2018.docx。
4. 单击“打开”按钮。如果出现“缺失字体”对话框，单击“关闭”按钮将其关闭，后面将使用段落样式指定不同的字体。

文本将从一栏排入另一栏，从而填满全部 3 栏。

5. 选择菜单“编辑”>“全选”以选择文章中的所有文本。
6. 单击段落样式面板图标以显示段落样式面板。
7. 单击样式 Body Paragraph 将其应用于所选段落。如果段落样式 Body Paragraph 旁边有加号，单击段落样式面板底部的“清除优先选项”按钮（¶*）。
8. 单击第一个段落（以 We rush past 打头的段落），再在段落样式面板中单击样式 First Body Paragraph，以应用这个包含首字母下沉的样式，如图 6.7 所示。

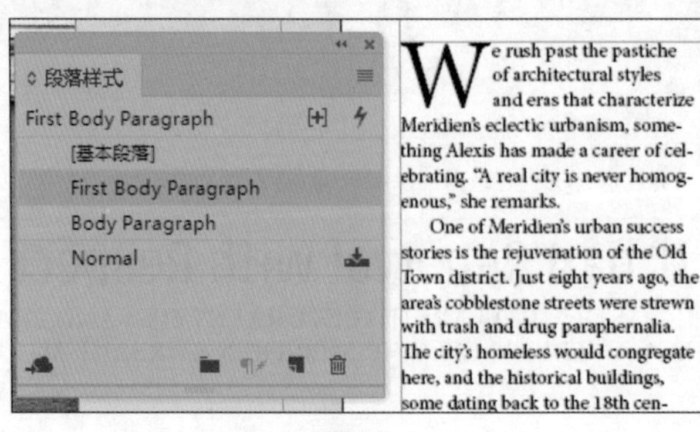

图6.7

> Id **注意：**修改格式后，文本框架可能无法容纳所有文本。在右对页中，文本框架的右下角可能有红色加号，这表明有溢流文本（无法容纳的文本）。后面将使用“文章编辑器”来解决这个问题。

9. 选择菜单“编辑”>“全部取消选择”。
10. 选择菜单“视图”>“其他”>“隐藏框架边缘”。
11. 选择菜单“文件”>“存储”。

6.4 查找并修改文本和格式

和大多数流行的字处理程序一样，InDesign 也可以查找并替换文本和格式。通常，在图形设计人员处理版面时，稿件还在修订中。当编辑要求进行全局修改时，“查找 / 更改”命令有助于确保修改准确且一致。

6.4.1 查找并修改文本

对于这篇文章，校对人员发现导游的名字拼写错误，正确的拼写应为 Alexes，而现在却拼写成了 Alexis。下面修改文档中所有的 Alexis。

1. 使用文字工具（T.）在文章开头（右对页第一栏的“When I asked”前面）单击。
2. 选择菜单“编辑”>“查找 / 更改”。
3. 单击下拉列表“查询”，看看内置的“查找 / 更改”选项。单击对话框顶部的每个标签——“文本”“GREP”“字形”和“对象”，以查看其他选项。
4. 单击标签“文本”，以便进行简单的文本查找和替换。
5. 在“方向”部分，选择单选按钮“向前”。

> Id **提示：**要在两个搜索方向之间切换，可按 Ctrl + Alt + 回车键（Windows）或 Comand + Option + 回车键（macOS）。

6. 在文本框“查找内容”中输入 Alexis。

按 Tab 键移到文本框“更改为”，并输入 Alexes。

在“查找 / 更改”对话框中，使用“搜索”下拉列表指定搜索范围，这包括“所有文档”“文档”“文章”“到文章末尾”和“选区”（如果您选定了文本）。

7. 在“搜索”下拉列表中选择“文章”，如图 6.8 所示。

使用“查找 / 更改”对话框时，务必对设置进行测试。找到符合搜索条件的文本后，替换它，并在进行全部修改前审阅文本。也可使用“查找”查看修改后的每块文本，这让您能够看到修改将如何影响周围的文本和换行符。

8. 单击“查找”。显示第一个 Alexis 时，单击“更改”按钮。
9. 单击“查找下一个”，再单击“全部更改”。此时，界面将出现一个消息框，指出进行了 2 次替换（如图 6.9 所示），单击“确定”按钮。

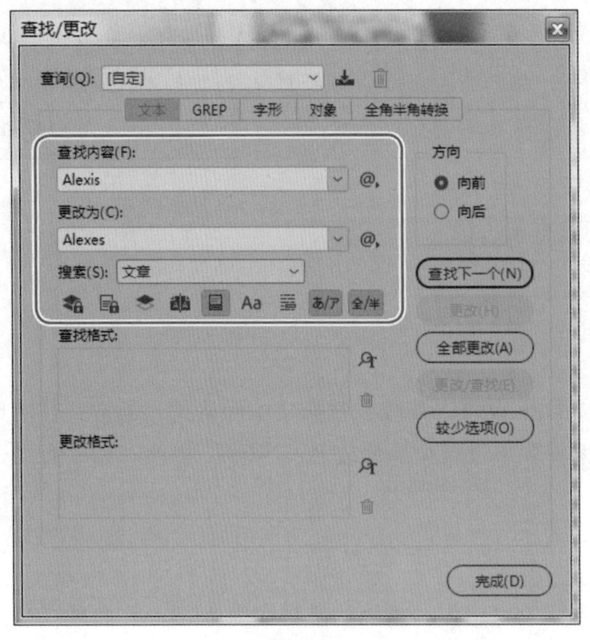

图6.8

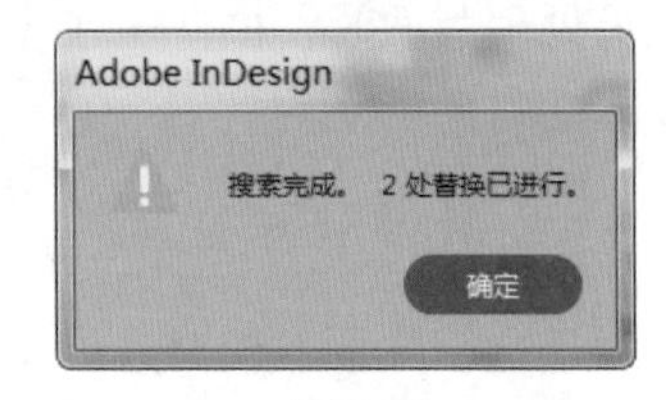

图6.9

> **提示：**打开了“查找/更改”对话框时，您仍可使用文字工具在文本中单击并进行编辑。保持“查找/更改”对话框为打开状态，您可在编辑文本后继续搜索。

10. 保持“查找/更改”对话框为打开状态，以供下个练习使用。

6.4.2 查找并修改格式

编辑要求再对这篇文章进行另一项全局性修改——这次修改的是格式而不是拼写。该城市的HUB自行车组织喜欢其名称用小型大写字母，而不是小写。

1. 在“查找内容”文本框中输入hub。按Tab键进入“更改为”文本框，并按Backspace或Delete键删除其中的内容。
2. 将鼠标光标依次指向下拉列表“搜索”下方的各个图标，以显示其工具提示，从而了解它们对查找/更改操作的影响。例如，如果单击“全字匹配”按钮（ ），将不会查找或修改包括指定查找内容的单词。请不要修改这些设置。

> **提示：**对于缩略语和缩写，设计人员通常使用样式“小型大写字母”（大写字母的小型版）而不是样式“全部大写字母”。小型大写字母的高度通常与小写字母相同，能够更好地与其他文本融为一体。

3. 如有必要，单击按钮“更多选项”以在对话框中显示查找文本的格式选项。
4. 在对话框底部的“更改格式”部分，单击“指定要更改的属性”按钮（ ）。

5. 在“更改格式设置”对话框的左边选择“基本字符格式”。
6. 在对话框的主要部分，从“大小写”下拉列表中选择“小型大写字母”，如图 6.10 所示。

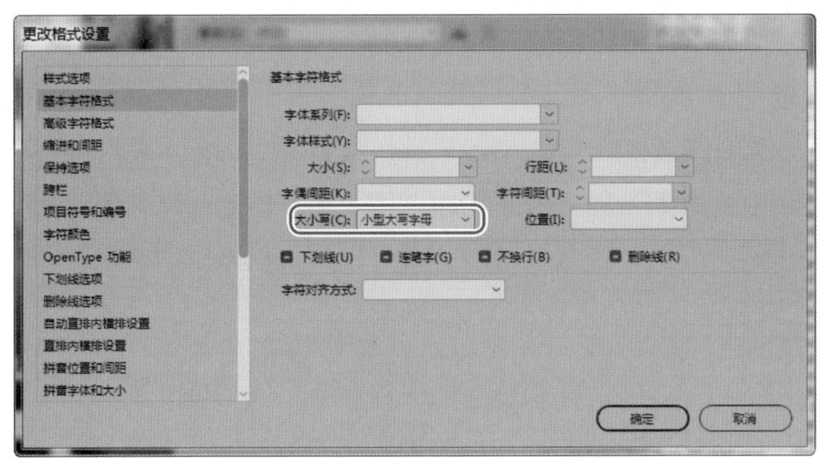

图6.10

7. 保留其他选项为空，并单击“确定”按钮返回“查找 / 更改”对话框。

注意，文本框“更改为”上方有个警告标记（ ❶ ），这表明 InDesign 将把文本修改为指定的格式，如图 6.11 所示。

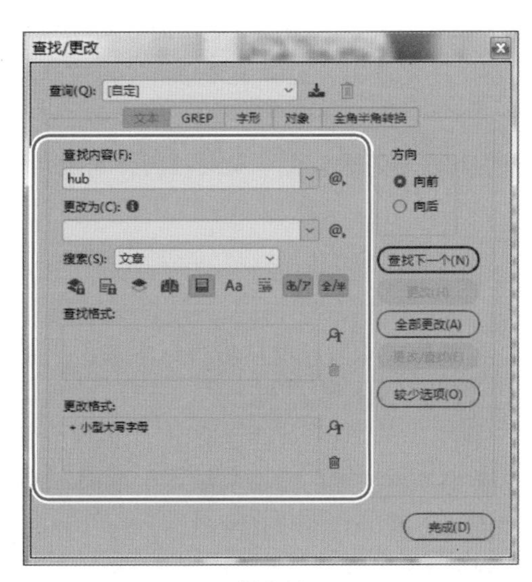

图6.11

8. 通过先单击“查找下一个”按钮再单击“更改”按钮来测试设置。确定 hub 被更改为 HUB 后，再单击“全部更改”按钮。

> Id
>
> **提示：**如果您对查找 / 更改结果不满意，可选择菜单“编辑”>“还原”将最后一次更改操作撤销，而不管这次操作是“更改”“全部更改”还是“更改 / 查找”。

9. 当出现指出进行了 2 次修改的消息框时，单击“确定”按钮，再单击“完成”按钮关闭“查找 / 更改”对话框。

10. 选择菜单“文件” > “存储”。

6.5 拼写检查

InDesign 包含拼写检查功能，该功能与字处理程序使用的拼写检查功能相似。它可对选定文本、整篇文章、文档中所有的文章或多个打开的文档中所有的文章执行拼写检查。您可将单词加入文档的词典中，以指定哪些单词可被视为拼写不正确。还可让 InDesign 在您输入单词时指出并校正可能的拼写错误。

> Id **提示：**务必与客户或编辑讨论是否由您来进行拼写检查，很多编辑喜欢自己进行拼写检查。

“拼写检查”对话框提供了如下按钮，让您能够对显示在“不在字典中”文本框中的单词（即存在疑问的单词）进行处理。

- “跳过”：如果您确定这个单词的拼写没有错误，同时要审阅其他这样的单词，可单击“跳过”按钮。
- “更改”：单击这个按钮将当前的单词改为“更改为”文本框中的内容。
- “全部忽略”：确定在整个选定范围、文章或文档内，所有这样的单词都拼写正确时，可单击这个按钮。
- “全部更改”：确定在整个选定范围、文章或文档内，需要对所有这样的单词进行修改时，可单击这个按钮。

6.5.1 在文档中进行拼写检查

在打印文档或通过电子方式分发它之前，进行拼写检查是个不错的主意。在这里，我们怀疑新导入的文章的作者有些马虎，因此立即检查拼写。

1. 如有必要，选择菜单“视图” > “使跨页适合窗口”，以便能够同时看到文档的两个页面。
2. 使用文字工具（T.），在您一直处理的文章的第一个单词（We）前面单击。
3. 选择菜单“编辑” > “拼写检查” > “拼写检查”。

在“拼写检查”对话框的下拉列表“搜索”中，可选择“所有文档”“文档”“文章”“到文章末尾”或“选区”。

4. 从对话框底部的“搜索”下拉列表中选择“文章”，InDesign 将自动开始拼写检查。

> Id **注意：**根据 InDesign 首选项“字典”和“拼写检查”的设置，以及您是否在自定义字典中添加了单词，标出的单词可能不同。请尝试各种拼写检查选项，以熟悉它们。

5. InDesign 标出了所有与拼写字典不匹配的单词。

对于标出的单词，做如下处理。

- 对于 Meridien's、Alexes 和 nonprofits，单击按钮“全部忽略”。
- 对于 reniasance，在列表“建议校正为”中选择 renaissance，再单击“更改”按钮，如图 6.12 所示。
- 对于 Nehru，单击“全部忽略”按钮。
- 对于 recieve，在文本框“更改为”中输入 receive，再单击“更改”按钮。
- 对于 pomme、Grayson 和 Meridien，单击“全部忽略”按钮。

6. 单击“完成”按钮。
7. 选择菜单“文件”>“存储”。

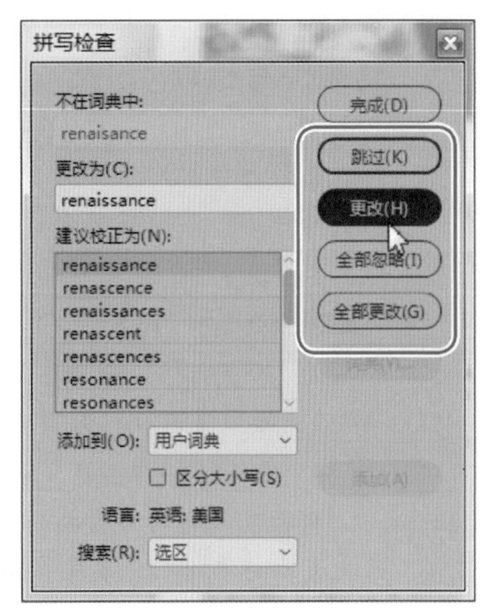

图6.12

6.5.2 将单词加入到文档专用词典中

在 InDesign 中，您可将单词加入到用户词典或文档专用词典中。如果您与多位拼写习惯不同的客户合作，最好将单词添加到文档专用词典中。下面将 Meridien 添加到文档专用词典中。

1. 选择菜单“编辑”>“拼写检查”>“用户词典”打开“用户词典”对话框。
2. 从“目标”下拉列表中选择“06_Text.indd”。

> Id **提示：**如果单词并非特定语言特有的，如人名，可选择“所有语言”将该单词加入到所有语言的拼写词典中。

3. 在“单词”文本框中输入 Meridien。
4. 选中复选框“区分大小写”（如图 6.13 所示），以便仅将 Meridien 添加到字典中。这确保在进行拼写检查时，使用小写字母的单词 Meridien 仍被视为拼写错误。
5. 单击“添加”按钮。
6. 在“单词”文本框中输入 Meridien's。
7. 确保选中了复选框“区分大小写”，再单击“添加”按钮。
8. 单击“完成”按钮，再选择菜单“文件”>“存储”。

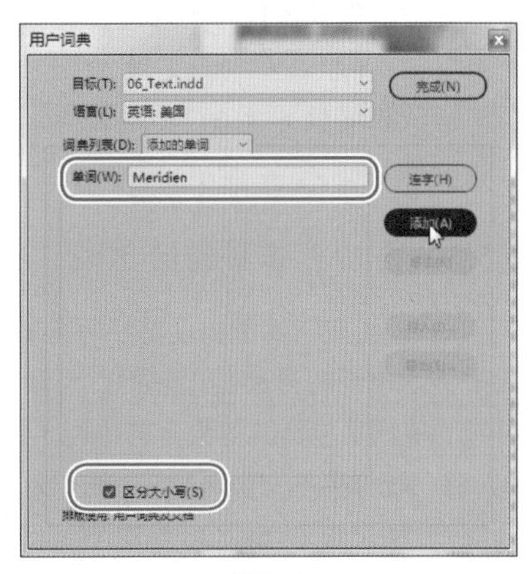

图6.13

动态拼写检查

无须等到文档完成后就可检查拼写。启动动态拼写检查可在文本中看到拼写错误的单词。下面来看看这个功能的工作原理。

1. 选择菜单“编辑”>“首选项”>“拼写检查”（Windows）或“InDesign”>“首选项”>“拼写检查”（macOS）以显示“拼写检查”首选项。

2. 在“查找”部分指定要指出哪些错误。

3. 选中复选框“启用动态拼写检查”。

4. 在“下划线颜色”部分指定如何指出拼写错误，如图6.14所示。

可指定让拼写检查指出哪些可能的错误：拼写错误的单词、重复的单词、首字母未大写的单词、首字母未大写的句子。例如，如果您处理的是包含数百个名字的字典，可能想选择复选框“首字母未大写的单词”，但不选择“拼写错误的单词”。

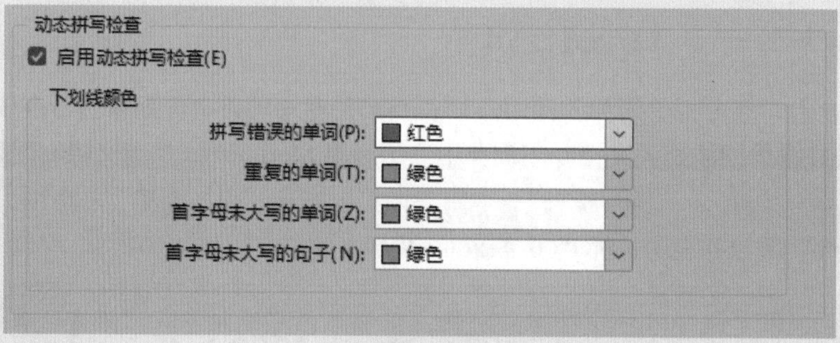

图6.14

5. 单击“确定”按钮关闭“首选项”对话框并返回到文档。

根据默认用户词典，被认为是拼写错误的单词将带下划线。

6. 在被动态拼写检查标出的单词上，单击鼠标右键（Windows）或按住Control键并单击（macOS）以显示上下文菜单，这让您选择如何修改拼写。

6.5.3 自动更正拼错的单词

“自动更正”功能比动态拼写检查的概念更进了一步。启用这种功能后，InDesign将在用户输入拼错的单词时自动更正它们。更改是根据常见的拼错单词列表进行的，如果愿意，您可将经常拼错的单词（包括其他语言的单词）添加到该列表中。

1. 选择菜单“编辑”>“首选项”>“自动更正”（Windows）或“InDesign”>“首选项”>“自动更正”（macOS），以显示“自动更正”首选项。
2. 选中复选框“启用自动更正”。在默认情况下，拼错单词列表列出的是美式英语中常见的错拼单词。

3. 将语言改为法语，并查看该语言中常见的错拼单词。如果愿意，您可尝试选择其他语言。执行后续操作前，将语言改回美式英语。

这篇文章的编辑意识到，其所在城市 Meridien 常被错误地拼写为 Meredien，即将中间的 i 错写为 e。为防止这种错误，您将在自动更正列表中添加上述错误拼写和正确拼写。

4. 单击“添加”按钮打开“添加到自动更正列表”对话框。在文本框“拼写错误的单词”中输入 Meredien，在文本框“更正”中输入 Meridien，如图 6.15 所示。

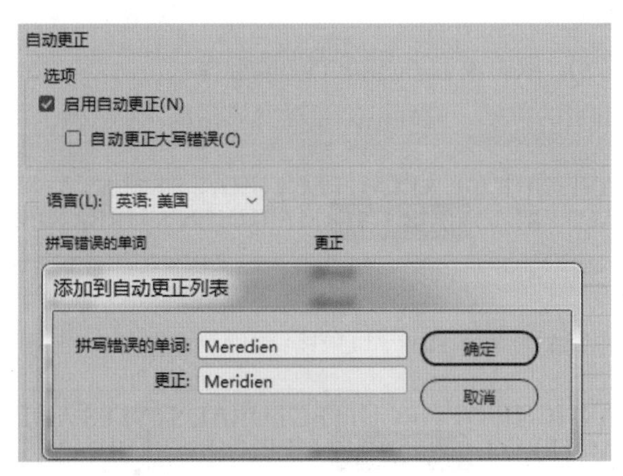

图6.15

5. 单击“确定”按钮添加该单词，再单击“确定”按钮关闭“首选项”对话框。
6. 使用文字工具（T.），在文本的任何位置单击，再输入单词 Meredien。
7. 注意，自动更正功能将 Meredien 改为了 Meridien。选择菜单“编辑”>“还原”删除刚才添加的单词。

> Id 提示：当您输入空格、句点、逗号或斜杠时，这表明输入了一个完整的单词，InDesign 将立即自动更正它。

8. 选择菜单“文件”>“存储”。

6.6 拖放文本

为让您能够在文档中快速剪切并粘贴单词，InDesign 提供了拖放文本功能，让您能够在文章内部、文本框架之间和文档之间移动文本。下面使用这种功能将文本从该杂志版面的一个段落移到另一个段落。

1. 选择菜单“编辑”>“首选项”>“文字”（Windows）或“InDesign”>“首选项”>“文字”（macOS）以显示“文字”首选项。
2. 在“拖放式文本编辑”部分，选中复选框“在版面视图中启用”（如图 6.16 所示），这让您能够在版面视图（而不仅

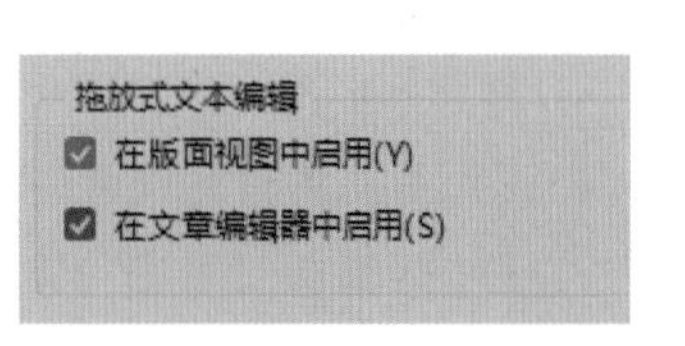

图6.16

是文章编辑器）中移动文本。单击“确定”按钮。

> Id 提示：当您拖放文本时，InDesign 在必要时会自动地在单词前后添加或删除空格。如果您要关闭这项功能，可在“文字”首选项中取消选中复选框“剪切和粘贴单词时自动调整间距”。

3. 找到标题 Urban Renewal with Respect。如有必要，修改缩放比例以便能够看清这个子标题。
4. 使用文字工具（T.），双击单词 ECLECTIC 以选择它。
5. 将鼠标光标指向选定的单词，直到鼠标光标变成拖放图标（ ），如图 6.17 所示。

THE PASTICHE OF ARCHITECTURAL STYLES AND ERAS
CHARACTERIZE ECLECTIC MERIDIEN'S URBANISM.

图6.17

6. 将该单词拖放到正确的位置（即单词 URBANISM 的前面），如图 6.18 所示。

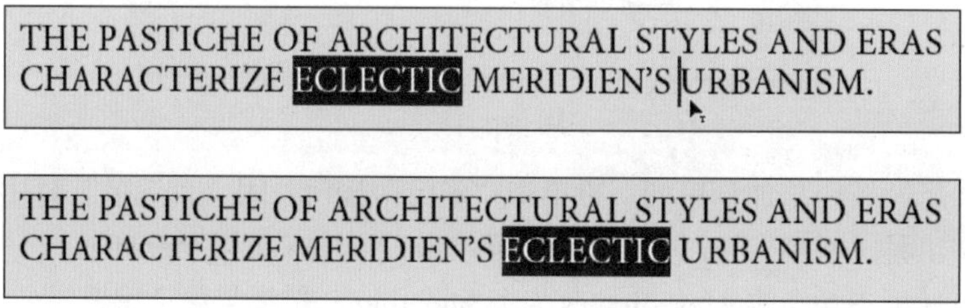

THE PASTICHE OF ARCHITECTURAL STYLES AND ERAS
CHARACTERIZE ECLECTIC MERIDIEN'S URBANISM.

THE PASTICHE OF ARCHITECTURAL STYLES AND ERAS
CHARACTERIZE MERIDIEN'S ECLECTIC URBANISM.

图6.18

> Id 提示：如果要复制而不是移动选定的单词，可在开始拖曳后按住 Alt（Windows）或 Option（Mac OS）键。

7. 选择菜单“文件”>“存储”。

6.7 使用文章编辑器

如果需要输入很多文本、修改文章或缩短文章，可使用文章编辑器来隔离文本。文章编辑器窗口的作用如下。

- 它显示没有应用任何格式的文本（粗体、斜体等字体样式除外）。所有图形和非文本元素都省略了，这使得文章编辑起来更容易。
- 文本的左边有一个垂直深度标尺，并显示了应用于每个段落的段落样式名称。
- 与在文档窗口中一样，动态拼写检查指出了拼错的单词。
- 如果在“文字”首选项中选择了“在文章编辑器中启用”，将可以像前面那样在文章编辑器中拖放文本。

- 在首选项“文章编辑器显示”中，您可指定“文章编辑器”窗口使用的字体、字号、背景颜色等选项。

右对页中的文章太长，文本框架容纳不下，为解决这个问题，下面使用文章编辑器删除一个句子。

1. 选择菜单“视图”>“使跨页适合窗口”。
2. 使用文字工具（T.），在第3栏的第一个完整段落中单击。
3. 选择菜单“编辑”>“在文章编辑器中编辑”。将“文章编辑器”窗口拖放到跨页最右边一栏的旁边。

> Id **注意：** 如果“文章编辑器”窗口位于文档窗口后面，可从“窗口”菜单中选择它，让它位于文档窗口前面。

4. 拖曳“文章编辑器”的垂直滚动条以到达文章末尾，注意，有一条线指出存在溢流文本。
5. 在文章编辑器中向上滚动，找到并选择下面的句子：The long arcade is a kaleidoscope of nature’s colors—fruits，vegetables，and meats meticulously arranged in bins by their growers and producers.。务必选择最后一个句点，如图 6.19 所示。

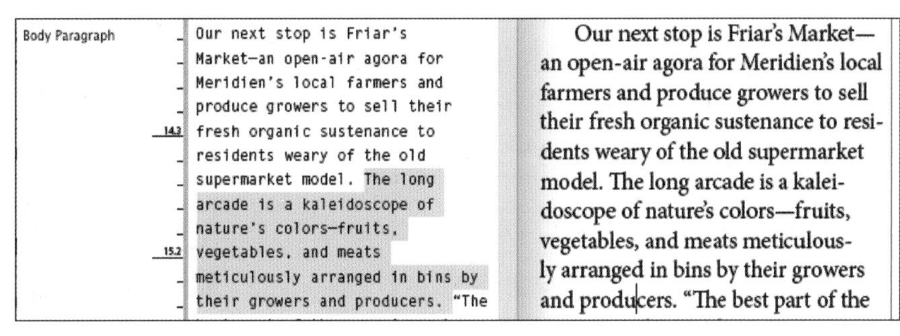

图6.19

6. 按 Backspace 或 Delete 键。让“文章编辑器”窗口保持打开状态，以供下一个练习使用。
7. 选择菜单“文件”>“存储”。

6.8 显示修订

对有些项目来说，编辑需要在整个设计和审阅过程中看到对文本做了哪些修订，这很重要。另外，审阅者可能提出一些修改建议，而其他用户可能接受，也可能拒绝。与字处理程序一样，使用“文章编辑器”也可以显示被添加、删除或移动的文本。

在这篇文档中，您将编辑几个单词。完成最后的编辑后，文本框架将不再有溢流文本。

> Id **提示：** 在“修订”首选项中，您可以指定要在文章编辑器中显示哪些修改以及如何显示。

1. 选择菜单“文字”>“修订”>“在当前文章中进行修订”。
2. 在文章编辑器中，向上滚动到第二个段落，即以 One of Meridien’s 打头的段落。

> **提示**：InDesign提供了附注面板和修订面板，供编辑审阅和协作时使用。要打开这些面板，可在菜单“窗口”>“评论”中选择相应的菜单项。通过面板修订的面板菜单，您可访问众多与修订相关的选项。

3. 在文章编辑器中，使用文字工具（T.）对第二个段落做如下修改：
   - 将eight改为five；
   - 将controversial删除；
   - 在robust social service programs前面插入more。

注意，文章编辑器标出了所做的修改，如图6.20所示。

4. 在打开了文章编辑器的情况下，查看子菜单“文字”>“修订”中接受和拒绝修订的菜单项。查看完毕后，在该子菜单中选择“接受所有更改”>“在此文章中”。
5. 在出现的“警告”对话框中单击“确定”按钮。
6. 单击文章编辑器的关闭按钮将其关闭。如有必要，选择菜单“编辑”>“拼写检查”>“动态拼写检查”，以禁用这项功能。
7. 选择菜单“文件”>“存储”。

祝贺您完成了本课!

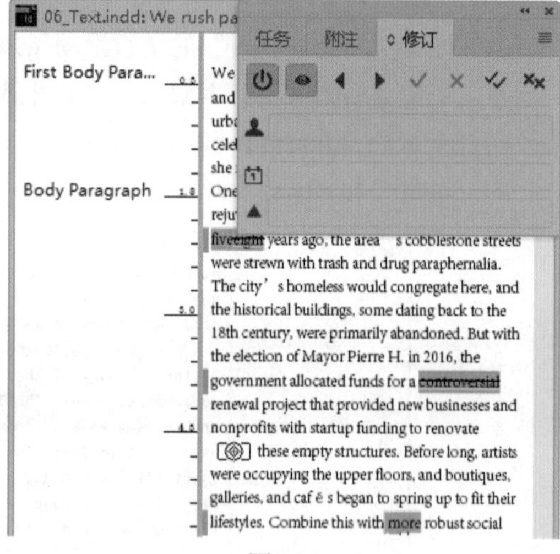

图6.20

6.9 练习

尝试InDesign的基本文本编辑工具后，下面练习使用它们来编辑文档并设置其格式。

1. 使用文字工具（T.）在这篇文章中添加子标题，并使用控制面板中的选项来设置它们的格式。
2. 如果您的计算机中有其他文本文件，可尝试将它们从桌面拖放到该版面中以了解它们是如何被导入的。如果不希望导入的文件留在该文档中，可选择菜单“编辑”>“还原”。
3. 使用“查找/更改”对话框查找该文章中所有的长破折号，并使用两边各有一个空格的长破折号来替换它们。要查找特殊字符，如长破折号，可单击“查找内容”文本框旁边的@图标。

> **提示**：公司通常遵循特定的风格指南，这些指南指定了如何处理空格和标点等问题。例如，*The Associated Press Stylebook*规定长破折号两边都必须添加空格，而*The Chicago Manual of Style*不要求这样做。

4. 使用“文章编辑器”和“修订”来编辑文章。看看各种更改是如何标识的，并尝试接受和拒绝这些更改。

6.10 复习题

1. 使用哪种工具来编辑文本？
2. 用于编辑文本的命令主要集中在哪里？
3. 查找并替换功能叫作什么？
4. 对文档进行拼写检查时，InDesign 指出字典中没有的单词，但这些单词实际上并没有拼写错误。如何解决这个问题？
5. 如果经常错误地拼写某个单词，该如何办？

6.11 复习题答案

1. 文字工具。
2. 菜单“编辑”和“文字”中。
3. “查找 / 更改”（位于菜单“编辑”中）。
4. 使用菜单“编辑”>“拼写检查”>“用户字典”将这些单词添加到文档专用词典或 InDesign 默认词典中，并指定使用的语言。
5. 在“自动更正”首选项中添加该单词。

第7课 排版艺术

课程概述

本课介绍如下内容：

- 定制和使用基线网格；
- 调整文本的垂直和水平间距；
- 修改字体和字体样式；
- 插入 OpenType 字体中的特殊字符；
- 创建跨栏的标题；
- 平衡多栏的文本量；
- 将标点悬挂到边缘外面；
- 添加下沉效果并设置其格式；
- 指定带前导符的制表符以及悬挂缩进；
- 添加段落线和底纹。

本课需要大约 60 分钟。

启动 InDesign 之前，先到异步社区的相应页面将本书的课程资源下载到本地硬盘中，并进行解压。

DINING

Restaurant**Profile**

Assignments Restaurant

Sure, you can get Caesar salad prepared tableside for two at any of the higher-end restaurants in town—for $25 plus another $40 (just for starters) for a single slab of steak. Or, you can visit Assignments Restaurant, run by students of the International Culinary School at The Art Institute of Colorado, where tableside preparations include Caesar salad for $4.50 and steak Diane for $19. No, this isn't Elway's, but the chefs in training create a charming experience for patrons from start to finish.

Since 1992, the School of Culinary Arts has trained more than 4,300 chefs—all of whom were required to work in the restaurant. Those chefs are now working in the industry all over the country, says Chef Instructor Stephen Kleinman, CEC, AAC. "Whether I go to a restaurant in Manhattan or San Francisco, people know me," Kleinman says, describing encounters with former students. Although he claims to be a "hippie from the '60s," Kleinman apprenticed in Europe, attended a culinary academy in San Francisco and had the opportunity to cook at the prestigious James Beard House three times. He admits that his experience lends him credibility, but it's his warm, easygoing, approachable style that leads to his success as a teacher.

"Some of the best restaurants in the world serve tableside; chefs are more grounded this way," claims Kleinman, who would never be mistaken for a snob. "By having the students come to the front of the house—serving as waitpeople and preparing dishes tableside—we break a lot of barriers."

IF YOU GO

Name .... Assignments Restaurant
Address .... 675 S. Broadway, Denver
Reservations ... call 303-778-6625 or visit www.opentable.com
Hours .... Wednesday–Friday, 11:30 a.m.–1:30 p.m. and 6–8 p.m.

THE RESTAURANT

Assignments Restaurant, tucked back by the Quest Diagnostics lab off South Broadway near Alameda Avenue, seats 71 at its handful of booths and tables. The blissful quiet, a welcome change from the typical hot spot, is interrupted only by solicitous servers dressed in chef attire. Despite decor that is on the edge of institutional with its cream-colored walls, faux cherry furniture and kitschy cafe artwork, this is a spot that welcomes intimate conversation with friends and family.

A perusal of the menu, while munching fresh bread and savoring a glass of wine, tempts you with its carefully planned variety. "The menu is all designed to teach cooking methods," says Kleinman. "It covers 80 to 85 percent of what students have been learning in class—saute, grill, braise, make vinaigrettes, cook vegetables, bake and make desserts." In a twist on "You have to know the rules to break them," Kleinman insists that students need to first learn the basics before they can go on to create their own dishes.

For our "test dinner," an amuse bouche, a crab-stuffed mushroom cap, arrives followed by an appetizer of chorizo-stuffed prawns wrapped in applewood-smoked bacon. The tableside Caesar preparation is a wonderful ritual that tastes as good as it looks. Entrees, all under $20, include grilled trout, sweet and sour spareribs, spinach lasagna, seared duck breast, flatiron steak, steak Diane prepared tableside and pesto-crusted lamb chops. We opted for a succulent trout and tender spareribs, and notice that a $10 macaroni and cheese entree makes Assignments kid-friendly for special occasions.

"Maybe the next celebrity chef to hit town will whip up a tableside bananas Foster for you."

THE GOALS

The purpose of this unique restaurant is to give students practical experience so they can hit the ground running. "The goal is to make the students comfortable, thinking on their feet, getting ready for reality," says Kleinman. He wants students to be able to read tickets, perform, and recover and learn getting valuable front-of-the-house and business experience in addition to cooking.

Five to seven students work in the Assignments kitchen at one time. Students at the School of Culinary Arts work toward an associate of applied science degree in culinary arts or a bachelor of arts degree in culinary management.

With degree in hand, the school places 99 percent of its students. While many students are placed at country clubs and resorts that prefer formal training, chefs from all over town—Panzano, Jax Fish House, Julia's, St. Mark's—have trained at Assignments as well. Or try O's Restaurant, whose recent media darling chef Ian Kleinman is not just a former student but Stephen Kleinman's son. Make a reservation and maybe the next celebrity chef to hit town will whip up a tableside bananas Foster for you.

Julia Pépin is a writer, editor and hockey mom who wishes that her assignments involved lighting bananas on fire. For now, she celebrates any evening that doesn't involve a hockey game and a sports bar.

TRY IT @ HOME

CAESAR SALAD

2 cloves garlic
Taste kosher salt
2 anchovy fillets, chopped
1 coddled egg
½ lemon
½ Tbsp Dijon mustard
¼ cup red wine vinegar
¾ cup virgin olive oil
¼ tsp Worcestershire
Romaine lettuce heart, washed and dried
¼ cup croutons
¼ cup Parmesan cheese
Taste cracked black pepper

Grind together the garlic and salt. Add the chopped anchovies. Stir in the egg and lemon. Add the vinegar, olive oil and Worcestershire sauce, and whip briefly. Pour over lettuce and toss with croutons, Parmesan and black pepper.

CHORIZO-STUFFED PRAWNS

3 prawns, butterflied
3 Tbsp chorizo sausage
3 slices bacon, blanched
1 bunch parsley, fried
2 oz morita mayonnaise (recipe follows)
½ oz olive oil

Heat oven to 350°. Stuff the butterflied prawns with chorizo. Wrap a piece of the blanched bacon around each prawn and place in the oven. Cook until the chorizo is done. Place the fried parsley on a plate and place the prawns on top. Drizzle with the morita mayonnaise.

MORITA MAYONNAISE

1 pint mayonnaise
1 tsp morita powder
1 Tbsp lemon juice
Salt and pepper to taste

Mix ingredients and serve.

2 DINE & DASH SUMMER 2017

SUMMER 2018 DINE & DASH 3

InDesign提供了很多可用于微调排版方式的功能，包括突出段落的首字下沉、分数等易于使用的OpenType功能、精确控制行间距和字符间距以及自动平衡多栏的文本量。

7.1 概述

在本课中，您将微调一篇将在高端生活方式杂志上发表的餐厅评论的文章。为满足该杂志对版面美观的要求，您精确地设置了文字的间距和格式：使用基线网格来对齐不同栏中的文本和菜谱的不同部分，并使用了装饰内容，如首字下沉和引文。

> **注意：** 如果还没有从异步社区下载本课的项目文件，现在就这样做，详情请参阅“前言”。

1. 为确保您的 Adobe InDesign 首选项和默认设置与本课使用的一样，将 InDesign Defaults 文件移到其他文件夹，详情请参阅“前言”中的“保存和恢复 InDesign Defaults 文件”。
2. 启动 Adobe InDesign。
3. 在出现的 InDesign 起点屏幕中，单击左边的“打开”按钮（如果没有出现起点屏幕，就选择菜单“文件”>“打开”）。
4. 打开文件夹 InDesignCIB\Lessons\Lesson07 中的文件 07_Start.indd。
5. 如果出现“缺失字体”对话框，请单击“同步字体”按钮，这将通过 Adobe Typekit 访问所有缺失的字体。同步字体后，单击“关闭”按钮。
6. 为确保面板和菜单命令与本课使用的相同，选择菜单“窗口”>“工作区”>“[高级]”，再选择菜单“窗口”>“工作区”>“重置[高级]”。
7. 为以更高的分辨率显示这个文档，请选择菜单“视图”>“显示性能”>“高品质显示”。
8. 选择菜单“文件”>“存储为”，将文件重命名为 07_Type.indd，并将其存储到文件夹 Lesson07 中。
9. 如果要查看完成后的文档，打开文件夹 Lesson07 中的文件 07_End.indd，如图 7.1 所示。可让该文件保持打开状态以便工作时参考。

> **注意：** 为提高对比度，本书的屏幕截图显示的界面都是中等浅色的。在您的屏幕上，诸如面板和对话框等界面元素要暗些。

在本课中，您将处理大量的文本。为此，您可使用控制面板中的“字符格式控制”和“段落格式控制”，也可使用字符面板和段落面板。设置文本的格式时，使用字符面板和段落面板更容易，因为可根据需要将这些面板拖放到任何地方。

10. 选择菜单“文字”>“字符”和“文字”>“段落”打开这两个用于设置文本格式的面板。让这些面板一直处于打开状态，直到完成本课。
11. 选择菜单“文件”>“显示隐含的字符”，以便能够看到空格、换行符、制表符等。

> **注意：** 如果愿意，可通过拖曳标签将段落面板拖放到字符面板中，以创建一个面板组。

DINING

RestaurantProfile

Assignments Restaurant

Sure, you can get Caesar salad prepared tableside for two at any of the higher-end restaurants in town—for $25 plus another $40 (just for starters) for a single slab of steak. Or, you can visit Assignments Restaurant, run by students of the International Culinary School at The Art Institute of Colorado, where tableside preparations include Caesar salad for $4.50 and steak Diane for $19. No, this isn't Elway's, but the chefs in training create a charming experience for patrons from start to finish.

Since 1992, the School of Culinary Arts has trained more than 4,300 chefs—all of whom were required to work in the restaurant. Those chefs are now working in the industry all over the country, says Chef Instructor Stephen Kleinman, CEC, AAC. "Whether I go to a restaurant in Manhattan or San Francisco, people know me," Kleinman says, describing encounters with former students. Although he claims to be a "hippie from the '60s," Kleinman apprenticed in Europe, attended a culinary academy in San Francisco and had the opportunity to cook at the prestigious James Beard House three times. He admits that his experience lends him credibility, but it's his warm, easygoing, approachable style that leads to his success as a teacher.

"Some of the best restaurants in the world serve tableside; chefs are more grounded this way," claims Kleinman, who would never be mistaken for a snob. "By having the students come to the front of the house—serving as waitpeople and preparing dishes tableside—we break a lot of barriers."

IF YOU GO

Name .... Assignments Restaurant
Address .... 675 S. Broadway, Denver
Reservations ... call 303-778-6625 or visit www.opentable.com
Hours .... Wednesday–Friday, 11:30 a.m.–1:30 p.m. and 6–8 p.m.

THE RESTAURANT

Assignments Restaurant, tucked back by the Quest Diagnostics lab off South Broadway near Alameda Avenue, seats 71 at its handful of booths and tables. The blissful quiet, a welcome change from the typical hot spot, is interrupted only by solicitous servers dressed in chef attire. Despite decor that is on the edge of institutional with its cream-colored walls, faux cherry furniture and kitschy cafe artwork, this is a spot that welcomes intimate conversation with friends and family.

A perusal of the menu, while munching fresh bread and savoring a glass of wine, tempts you with its carefully planned variety. "The menu is all designed to teach cooking methods," says Kleinman. "It covers 80 to 85 percent of what students have been learning in class—saute, grill, braise, make vinaigrettes, cook vegetables, bake and make desserts." In a twist on "You have to know the rules to break them," Kleinman insists that students need to first learn the basics before they can go on to create their own dishes.

For our "test dinner," an amuse bouche, a crab-stuffed mushroom cap, arrives followed by an appetizer of chorizo-stuffed prawns wrapped in applewood-smoked bacon. The tableside Caesar preparation is a wonderful ritual that tastes as good as it looks. Entrees, all under $20, include grilled trout, sweet and sour spareribs, spinach lasagna, seared duck breast, flatiron steak, steak Diane prepared tableside and pesto-crusted lamb chops. We opted for a succulent trout and tender spareribs, and notice that a $10 macaroni and cheese entree makes Assignments kid-friendly for special occasions.

"Maybe the next celebrity chef to hit town will whip up a tableside bananas Foster for you."

THE GOALS

The purpose of this unique restaurant is to give students practical experience so they can hit the ground running. "The goal is to make the students comfortable, thinking on their feet, getting ready for reality," says Kleinman. He wants students to be able to read tickets, perform, and recover and learn getting valuable front-of-the-house and business experience in addition to cooking.

Five to seven students work in the Assignments kitchen at one time. Students at the School of Culinary Arts work toward an associate of applied science degree in culinary arts or a bachelor of arts degree in culinary management.

With degree in hand, the school places 99 percent of its students. While many students are placed at country clubs and resorts that prefer formal training, chefs from all over town—Panzano, Jax Fish House, Julia's, St. Mark's—have trained at Assignments as well. Or try O's Restaurant, whose recent media darling chef Ian Kleinman is not just a former student but Stephen Kleinman's son. Make a reservation and maybe the next celebrity chef to hit town will whip up a tableside bananas Foster for you.

Julia Pepin is a writer, editor and hockey mom who wishes that her assignments involved lighting bananas on fire. For now, she celebrates any evening that doesn't involve a hockey game and a sports bar.

TRY IT @ HOME

CAESAR SALAD
2 cloves garlic
Taste kosher salt
2 anchovy fillets, chopped
1 coddled egg
½ lemon
½ Tbsp Dijon mustard
¼ cup red wine vinegar
¾ cup virgin olive oil
¼ tsp Worcestershire
Romaine lettuce heart, washed and dried
¼ cup croutons
¼ cup Parmesan cheese
Taste cracked black pepper

Grind together the garlic and salt. Add the chopped anchovies. Stir in the egg and lemon. Add the vinegar, olive oil and Worcestershire sauce, and whip briefly. Pour over lettuce and toss with croutons, Parmesan and black pepper.

CHORIZO-STUFFED PRAWNS
3 prawns, butterflied
3 Tbsp chorizo sausage
3 slices bacon, blanched
1 bunch parsley, fried
2 oz morita mayonnaise (recipe follows)
½ oz olive oil

Heat oven to 350°. Stuff the butterflied prawns with chorizo. Wrap a piece of the blanched bacon around each prawn and place in the oven. Cook until the chorizo is done. Place the fried parsley on a plate and place the prawns on top. Drizzle with the morita mayonnaise.

MORITA MAYONNAISE
1 pint mayonnaise
1 tsp morita powder
1 Tbsp lemon juice
Salt and pepper to taste

Mix ingredients and serve.

2 DINE & DASH SUMMER 2017　　　SUMMER 2018 DINE & DASH 3

图7.1

7.2 调整垂直间距

InDesign 提供了多种方法用于定制和调整框架中文本的垂直间距，用户可以：

- 使用基线网格设置所有文本行的间距；
- 使用字符面板中的下拉列表“行距”设置每行的间距；
- 使用段落面板中的文本框“段前间距”和“段后间距”设置段落的间距；
- 使用“文本框架选项”对话框的“垂直对齐”和“平衡栏”选项来对齐文本框架中的文本；
- 从段落面板菜单中选择“保持选项”，并在打开的“保持选项”对话框中，使用“保持续行”“接续自”和“保持各行同页”来控制段落如何从一栏排入下一栏。

在本节中，您将使用基线网格来对齐文本。

7.2.1 使用基线网格对齐文本

确定文档正文的字体大小和行间距后，您可能想为整个文档设置一个基线网格（也叫行距网格）。基线网格描述了文档正文的行距，用于对齐相邻文本栏和页面中文字的基线。

设置基线网格前，您需要查看文档的上边距和正文的行距。这些元素与网格协同工作，确保设计的外观一致。

> Id **提示：**可在文本框架中设置基线网格，这非常适合不同文章使用不同行距的情形。为此，您可选择菜单“对象”>“文本框架选项”，再单击标签“基线选项”。

1. 要查看页面的上边距，选择菜单“版面”>“边距和分栏”。从“边距和分栏”对话框中可知，上边距为6p0（6派卡0点），单击“取消”按钮。
2. 要获悉正文的行距，在工具面板中选择文字工具（T），并在文章第一段（它以Sure开头）中的任何位置单击。从字符面板的下拉列表“行距”（）中可知，行距为14点。
3. 选择菜单“编辑”>“首选项”>“网格”（Windows）或“InDesign”>“首选项”>“网格”（macOS）以设置基线网格选项。
4. 在“基线网格”部分，在“开始”文本框中输入“6p”，以便与上边距6p0匹配。

该选项决定了文档的第一条网格线的位置。如果使用默认值3p0，第一条网格线将在上边距上方。

5. 在“间隔”文本框中输入“14点”，使其与行距匹配。
6. 从下拉列表“视图阈值”中选择100%，如图7.2所示。

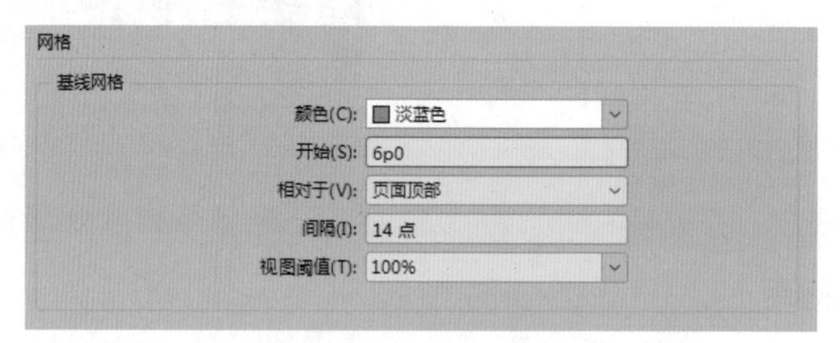

图7.2

视图阈值指定了缩放比例至少为多少后，才能在屏幕上看到基线网格。将其设置为100%时，仅当缩放比例不小于100%时，才会在文档窗口中显示基线网格。

> Id **提示：**通过定制视图阈值，您可在放大视图以编辑文本时看到网格，同时在缩小视图以查看整个页面时隐藏它。

7. 单击“确定”按钮。
8. 选择菜单“文件”>“存储”。

7.2.2 查看基线网格

下面让刚设置的基线网格在屏幕上可见。

1. 要在文档中查看基线网格，选择菜单“视图”>“网格和参考线”>“显示基线网格”，再选择菜单“视图”>“实际尺寸”，结果如图7.3所示。

InDesign可让一个段落、选定段落或文章中的所有段落对齐基线网格。文章指的是一系列串接的文本框架中的所有文本。下面使用段落面板将主文章与基线网格对齐。

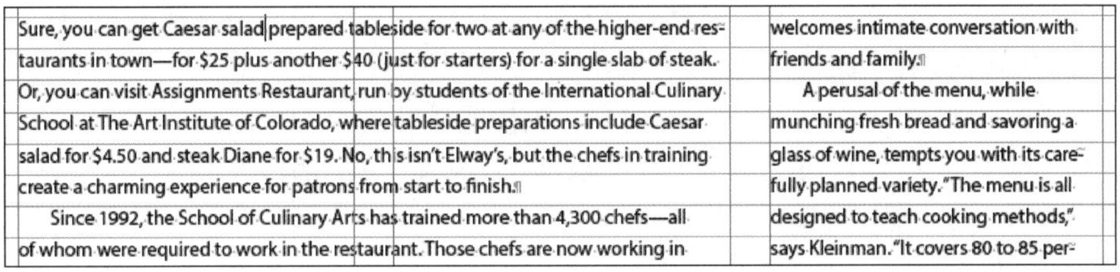

Sure, you can get Caesar salad prepared tableside for two at any of the higher-end restaurants in town—for $25 plus another $40 (just for starters) for a single slab of steak. Or, you can visit Assignments Restaurant, run by students of the International Culinary School at The Art Institute of Colorado, where tableside preparations include Caesar salad for $4.50 and steak Diane for $19. No, this isn't Elway's, but the chefs in training create a charming experience for patrons from start to finish.
Since 1992, the School of Culinary Arts has trained more than 4,300 chefs—all of whom were required to work in the restaurant. Those chefs are now working in
welcomes intimate conversation with friends and family.
A perusal of the menu, while munching fresh bread and savoring a glass of wine, tempts you with its carefully planned variety. "The menu is all designed to teach cooking methods," says Kleinman. "It covers 80 to 85 per-

图7.3

2. 使用文字工具（T.），在跨页中第一段的任何地方单击，再选择菜单“编辑”>“全选”以选择主文章的所有文本。
3. 如果段落面板不可见，选择菜单“文字”>“段落”。
4. 在段落面板中，从面板菜单中选择“网格对齐方式”>“罗马字基线”（≡≡）。移动文本使字符基线与网格线对齐，如图 7.4 所示。

Paragraph
0p0
0p0
0p0
0p0
0
0
Shading
Border
[Black]
Hyphenate
Align to baseline grid

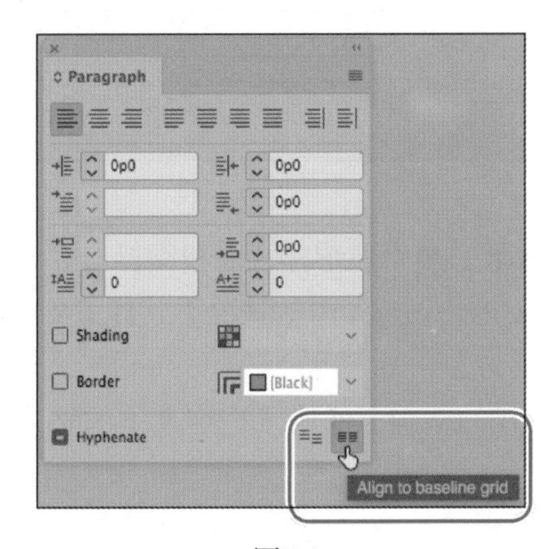

图7.4

> **提示：**与其他大多数段落格式控制方式一样，菜单项“网格对齐方式”>“罗马字基线”也包含在控制面板菜单中。

5. 单击粘贴板取消选择文本，再选择菜单“文件”>“存储”。

7.2.3 修改段间距

段落与基线网格对齐后，在指定段前间距和段后间距时，段前间距和段后间距将被忽略，而让段落的第一行与下一条网格线对齐。例如，如果网格间隔为 14 点，而您设置了段前间距（大于 0 点且小于 14 点），段落将自动从下一条网格线开始。如果您设置了段后间距，下一个段落将自动从下一条网格线开始，这样段间距为 14 点。

> **提示：**设置段落属性时，无须使用文字工具选中整段，而只需选中要设置格式的段落的一部分即可。如果只设置一个段落的格式，只需使用文字工具在该段中单击。

下面增大主文章中子标题的段前间距，让子标题更突出。然后更新段落样式 Subhead，从而将新的段前间距应用于所有子标题。

1. 选择菜单“视图”>“使跨页适合窗口”，以便能够看到整个跨页。
2. 使用文字工具（T.），单击左对页中子标题 The Restaurant 的任何地方。
3. 在段落面板的“段前间距”文本框（）中输入“6pt”并按回车键。

点数值将自动转换为派卡值，而该子标题将自动移到与下一条网格线对齐的位置，如图 7.5 所示。

图7.5

4. 在窗口右边的面板停靠区域，单击段落样式面板图标。
5. 在光标仍位于子标题 The Restaurant 中的情况下，注意到段落样式面板中样式名 Subhead 右边有个加号（+）。

这个加号表明，您在段落样式的基础上修改了选定文本的格式。样式和实际格式之间的差别称为优先选项。

6. 从段落样式面板菜单中选择“重新定义样式”（如图 7.6 所示），Subhead 样式将包含选定段落的样式，具体地说是使用新的段前间距和对齐到基线网格的设置。

> Id **提示：**重新设计出版物时，设计人员经常需要调整文本的格式。重新定义样式让您能够轻松地将新格式存储到样式中，进而将样式存储到更新后的模板中。

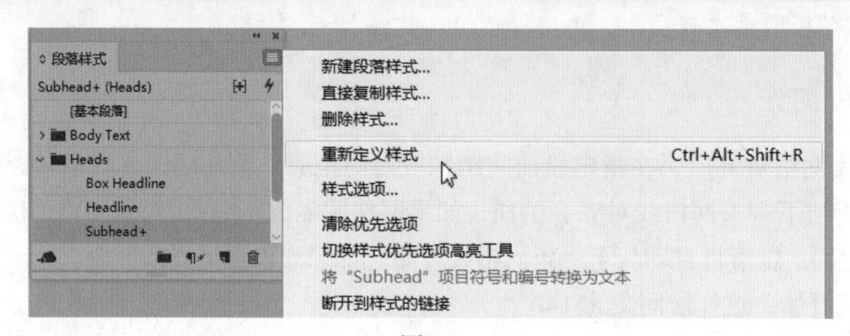

图7.6

注意，样式名右边（+）的加号消失了，且右对页中子标题 The Goals 的段前间距也相应地增大了。

7. 选择菜单“视图”>“网格和参考线”>“隐藏基线网格”。

提示：要显示或隐藏基线网格，您也可从应用程序栏的下拉列表“视图选项”中选择“基线网格”。

8. 选择菜单“编辑”>“全部取消选择”。
9. 选择菜单“文件”>“存储”。

7.3 使用字体、字体样式和字形

修改文本的字体和字体样式可使文档的外观完全不同。InDesign 自动安装了一些字体，其中包括 Letter Gothic 和 Myriad Pro 的几种字体样式。Creative Cloud 成员可通过网站 Adobe Typekit 访问其他字体，该网站提供了一些免费的字体，还有一些需要获得许可的字体。安装字体后，您就可将其应用于文本，并修改字体大小、选择样式（如粗体或斜体）等。另外，您还可访问该字体中的所有字形（每个字符的各种形式）。

OpenType字体

诸如Adobe Caslon Pro等OpenType字体可能显示很多字形。OpenType字体包含的字符和替代字可能比其他字体多得多。有关OpenType字体的更详细信息，请参阅Adobe官网。

7.3.1 添加来自 Adobe Typekit 的字体

在这个练习中，您将使用字体 Adobe Caslon Pro Bold Italic，这种字体可从 Adobe Typekit 网站免费获得。如果您的系统已经安装了这种字体，可按下面的步骤添加其他字体。

1. 选择菜单“文字”>“从 Typekit 添加字体”，这将打开您的默认浏览器，并访问 Adobe Typekit 网站。
2. 在顶部的搜索框中单击，输入 Caslon 并按回车键，如图 7.7 所示。

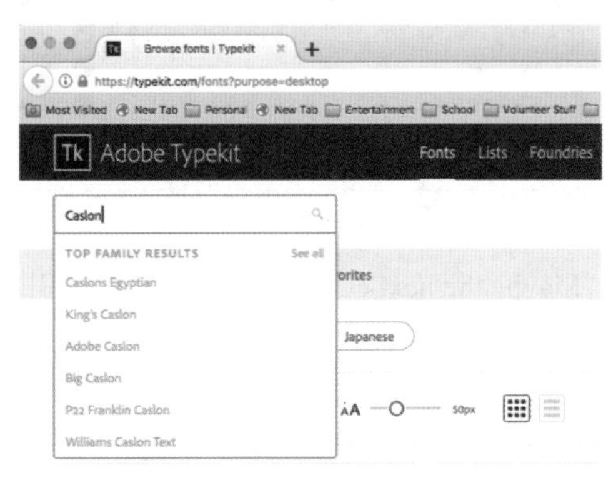

图7.7

3. 在出现的搜索结果中，单击 Adobe Caslon。
4. 向下滚动找到 Adobe Caslon Pro Bold Italic，并单击相应的 Sync（同步）按钮，如图 7.8 所示。

图7.8

5. 返回到 InDesign。

7.3.2 设置字体、样式、字号和行距

在这里，您将使用“相似字体”功能为标题指定不同的字体，然后修改右对页中引文文本的字体、字体样式、字体大小和行间距。引文是从正文中提取出来的，但采用了引人注目的格式，旨在吸引读者阅读文章。

> Id **提示：**“相似字体”功能让您能够快速尝试特征类似的不同字体。

1. 使用文字工具（T.）选择位于左对页顶部的文章标题（Assignments Restaurant）。
2. 单击控制面板或字符面板中的下拉列表“字体”，再单击该菜单顶部的“显示相似字体”按钮。

InDesign 将过滤“字体”下拉列表，显示与当前字体（Minion Pro Bold Italic）相似的字体。

3. 选择您从 Adobe Typekit 同步的字体 Adobe Caslon Pro Bold Italic，如图 7.9 所示。

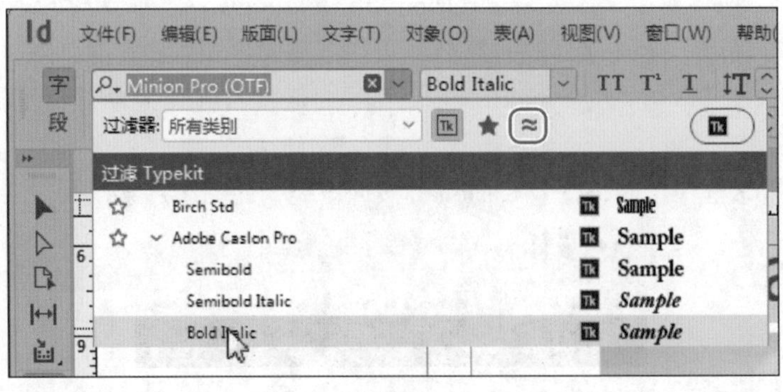

图7.9

下面来处理右对页中以“Maybe the next celebrity chef”打头的引文。

4. 放大引文，并选择菜单“视图”>“隐藏参考线”，以便将注意力集中在文本上。
5. 如果没有打开字符面板，选择菜单“文字”>“字符”打开它。
6. 使用文字工具（T.），在引文所在的文本框架中单击，再四击（快速地连续单击 4 次）鼠标以选择整个段落。

7. 在字符面板中设置如下选项（如图 7.10 所示）。
   - 字体：Adobe Caslon Pro（该字体被归入 C 中）。
   - 字体样式：Bold Italic。
   - 字体大小：14 点。
   - 行距：30 点。

> **提示：**要快速选择字体，可在文本框“字体”中输入前几个字母，直到 InDesign 能够识别字体名为止。

8. 选择菜单“编辑”>“全部取消选择”。
9. 选择菜单“文件”>“存储”。

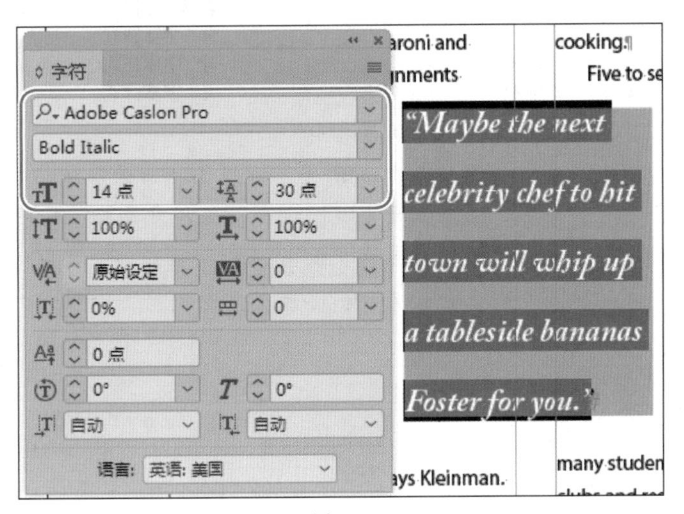

图7.10

查找字体

InDesign提供了4种快速查找字体的方式。

- 根据字体名搜索：一种快速查找字体的方式是在文本框“字体”中输入字体名。例如，当您输入“Cas”时，将列出名称中包含这3个字符的所有字体。默认情况下，InDesign在整个字体名中查找。若只在第一个单词中查找，可单击字体名左边的搜索图标（ ），在这种情况下，需要输入“Adobe Cas”才能找到Adobe Caslon Pro。
- 根据类别过滤：从“过滤”下拉列表中选择一种字体类别，如“衬线字体”或“花体”，如图7.11所示。

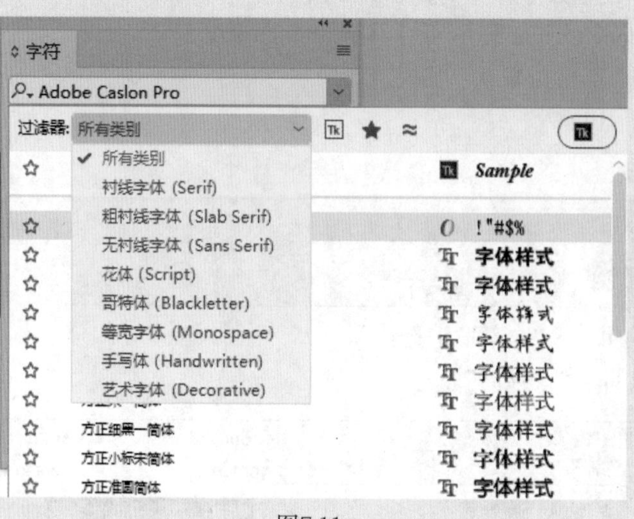

图7.11

- 最常用字体：要快速查找常用的字体，可打开“字体”下拉列表，并单击字体名左边的星号，再单击“显示最常用的字体”按钮（★）。
- 相似字体：单击“显示相似字体”按钮，对下拉列表“字体”进行过滤，使其只显示外观上与当前字体相似的字体。

7.3.3 使用替代字替换字符

由于 Adobe Caslon Pro 是一种 OpenType 字体（这种字体通常为标准字符提供了多个字形），因此可选择很多字符的替代字。字形是字符的特定形式，例如，在有些字体中，大写字母 A 有多种形式，如小型大写字母。您可使用字形面板来选择替代字以及找到一种字体的所有字形。另外，InDesign 提供了动态替换字形的方法。这里将尝试使用这两种方法。

1. 使用文字工具（T.）选择引文中的第一个 M。
2. 选择菜单“文字”>“字形”。
3. 在字形面板中，从下拉列表“显示”中选择“所选字体的替代字”，从而只列出 M 的替代字。根据使用的 Adobe Caslon Pro 字体的版本，您的选项可能不同。

> Id **提示**：字形面板有很多控件，可用于筛选字体中的字符，如标点和花式字。有些字体有数百个替代字，而有些只有几个。

4. 双击更像手写体的 M 替代字，用它替换引文中原来的 M，如图 7.12 所示。

> Id **提示**：从字符面板菜单中选择一个 OpenType 选项。显示在方括号内的 OpenType 选项对当前选定的字体来说不可用。

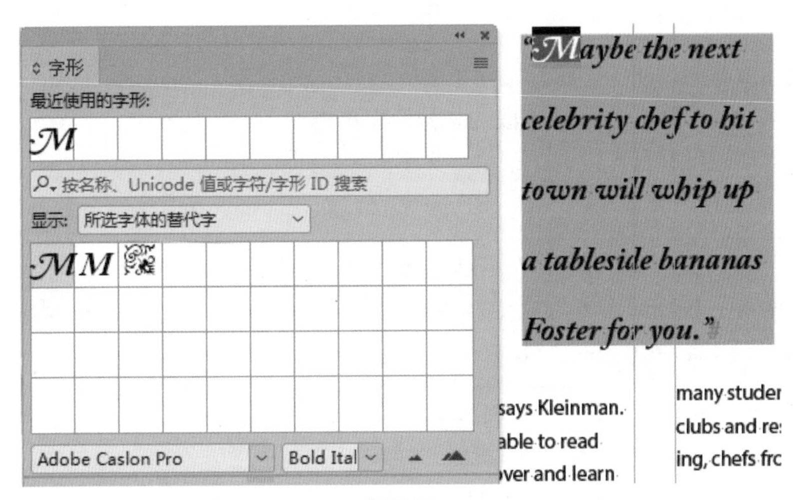

图7.12

如果选定的字符组合有替代字或其他 OpenType 选项，InDesign 将显示一个简短的下拉列表，让您能够选择 OpenType 字形选项。

5. 选择引言中末尾的单词 you，可出现 OpenType 标识，如果您单击这个标识，OpenType 属性显示为不可用，如图 7.13 所示。

图7.13

6. 在引文的最后一行中，选择 Foster 中的字母 F。该字母下面将出现蓝色线条以及包含 OpenType 字形的上下文菜单。单击菜单中的 F，以替换原来的 F，如图 7.14 所示。

图7.14

7. 选择菜单“编辑” > “全部取消选择”。
8. 选择菜单“文件” > “存储”。

7.3.4 添加特殊字符

下面在文章末尾添加一个右对齐制表符和一个花饰字（也称为文章结束字符），让读者知道文章到此结束了。

1. 通过滚动或缩放以便能够看到文章正文的最后一段，它以“bananas Foster for you”结束。
2. 使用文字工具（T.）在最后一段的句号后面单击。
3. 如果字形面板没有打开，选择菜单“文字”>“字形”。

可以使用字形面板来查看和插入 OpenType 字符，如花饰字、花式字、分数和标准连笔字。

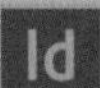

提示：通过菜单“文字”（“插入特殊字符”>“符号”）和上下文菜单，可访问一些常用的字形（如版权符号和商标符号）。要打开上下文菜单，可在光标处单击鼠标右键（Windows）或按住 Control 键并单击（macOS）。

4. 在字形面板底部的“字体”下拉列表中，输入 Adobe Caslon Pro 的前几个字母，出现 Adobe Caslon Pro 后按回车键选择这种字体。
5. 在字形面板中，从下拉列表“显示”中选择“花饰字”。
6. 从可滚动的列表中选择任何喜欢的花饰字，并双击以插入该字符，如图 7.15 所示。该字符将出现在文档的插入点处。

图7.15

7. 使用文字工具，单击将光标插入到最后的句号和花饰符之间。
8. 单击鼠标右键（Windows）或按住 Control 键并单击（macOS）以打开上下文菜单，再选择“插入特殊字符”>“其他”>“右对齐制表符”，如图 7.16 所示。

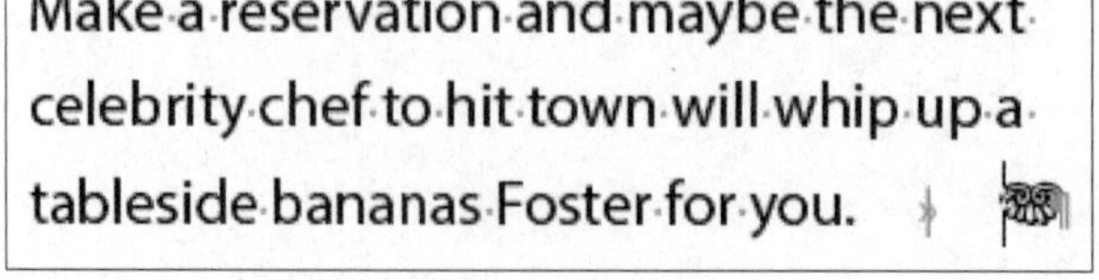

Make a reservation and maybe the next celebrity chef to hit town will whip up a tableside bananas Foster for you.

图7.16

> **提示：**要快速插入右对齐制表符，可按 Shift + Tab 键。

9. 选择菜单“文件”>“存储”。

7.3.5 插入分数字符

这篇文章的菜谱使用的并非实际的分数字符，1/2 是由数字 1、斜线和数字 2 组成的。大多数字体都包含表示常见分数（如 1/2、1/4 和 3/4）的字符。与使用数字和斜线表示的分数相比，这些优雅的分数字符看起来更专业。

> **提示：**制作菜谱或其他需要各种分数的文档时，大多数字体内置的分数字符并不包含您需要的所有值。您需要研究使用 OpenType 字体中的分子和分母格式或购买特定的分数字体。

1. 滚动到右对页底部的菜谱。如有必要，放大视图以便能够看清菜谱中的分数。
2. 使用文字工具（T.）选择第一个 1/2（菜谱 Caesar Salad 中“1/2 lemon”中的 1/2）。
3. 如果没有打开字形面板，选择菜单“文字”>“字形”。
4. 从“显示”下拉列表中选择“数字”。
5. 找到分数 1/2。如有必要，调整字形面板的大小并向下滚动，以便能够看到更多字符。
6. 双击分数字符 1/2，使用它来替换选定的文本 1/2，如图 7.17 所示。

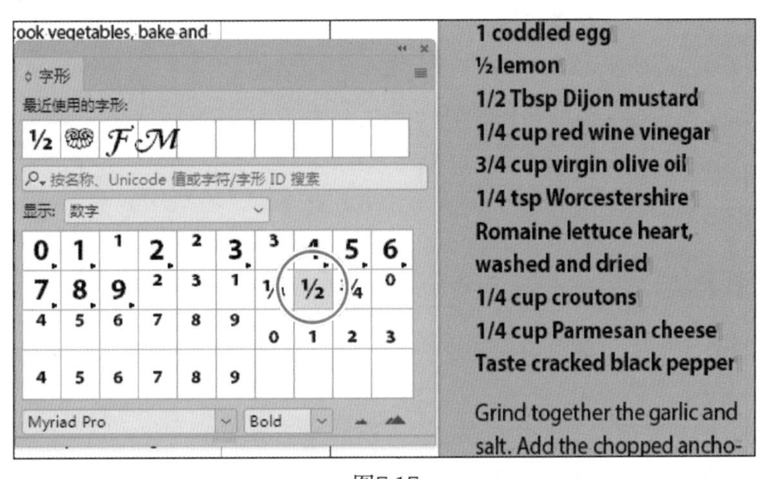

图7.17

注意，分数字符 1/2 被存储到字形面板顶部的“最近使用的字形”部分中。下面来修改分数 1/4 和 3/4。

7. 在菜谱 Caesar Salad 中，找到并选择 1/4（1/4 cup red wine vinegar）。
8. 在字形面板中，找到并双击分数字符 1/4。
9. 重复第 7 ~ 8 步，找到并选择 3/4（3/4 cup virgin olive oil），并在字形面板中使用分数字符 3/4 来替换它。

10. 如果您愿意，可替换菜谱中余下的 1/2 和 1/4：选择它们，并在字形面板的“最近使用的字形”部分双击相应的字形，如图 7.18 所示。

图7.18

11. 关闭字形面板，选择菜单“编辑”>“全部取消选择”。

12. 选择菜单“视图”>“网格和参考线”>“显示参考线”。

13. 选择菜单“文件”>“存储”。

7.4 微调分栏

除调整文本框架的栏数、栏宽、栏间距外，您还可创建横跨多栏的标题（跨栏标题）并自动平衡多栏中的文本量。

7.4.1 创建跨栏标题

在包含菜谱的旁注框中，标题应横跨 3 栏。为此，您可使用段落格式，而不是将标题放在独立的文本框架中。

1. 如有必要，缩小视图以便能够看到包含菜谱的整个旁注框。

2. 使用文字工具（T.）在标题“TRY IT @ HOME”中单击。

3. 在控制面板中，单击“段落格式控制”图标（¶）。

4. 在控制面板中，找到并单击下拉列表“跨栏”，再选择“跨越全部”，如图 7.19 所示。

Id 提示：您也可通过段落面板菜单来访问跨栏控件。

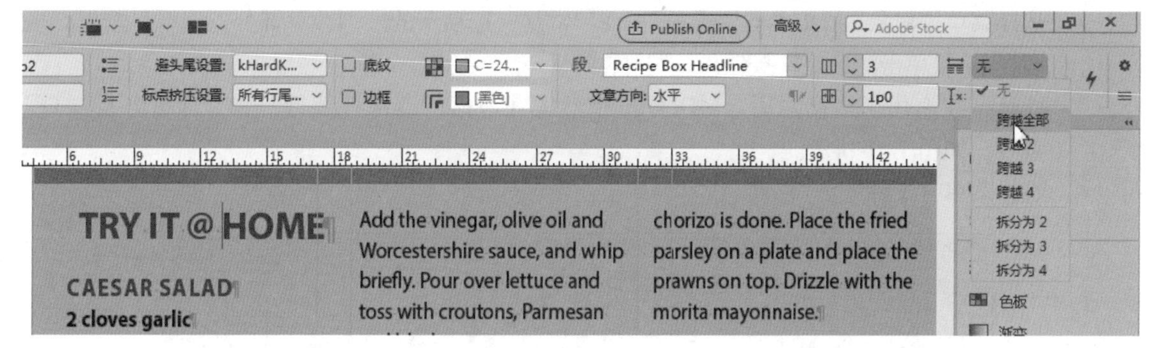

图7.19

5. 要显示微调标题如何跨栏的控件，可按住 Alt（Windows）或 Option（macOS）键，并单击控制面板中的“跨栏”按钮（ ）。

> 提示：您也可从段落面板或控制面板菜单中选择“跨栏”来打开“跨栏”对话框。

6. 选择复选框“预览”，再尝试各个控件来看看它们的作用。尝试完毕后，单击“取消”按钮。最终的结果如图 7.20 所示。

图7.20

7. 在文本插入点依然位于标题 TRY IT @ HOME 中的情况下，从段落样式面板菜单中选择“重新定义样式”。样式 Recipe Box Headline 将更新，以反映跨栏设置。
8. 选择菜单“文件”>“存储”。

7.4.2 平衡分栏

调整标题，下面将通过平衡每栏的文本量来完成对旁注文本框的微调。您可通过插入分栏符（“文字”>“插入分隔符”>“分栏符”）来手工完成这项任务，但重排文本后，分隔符仍将保留，这常常会导致文本进入错误的分栏。有鉴于此，这里采用自动平衡分栏的方法。

1. 选择菜单“视图”>“使页面适合窗口”，让第 2 页显示在文档窗口中央。
2. 使用“选择”工具（ ）单击包含菜谱的文本框架以选择它。

3. 选择菜单“对象”>“文本框架选项”。在“常规”选项卡的“列数”部分，选择复选框“平衡栏”，再单击“确定”按钮。

   注意，在启用了平衡栏后，InDesign 依然遵守段落的“保持续行”和“保持各行同页”设置，如图 7.21 所示。

4. 选择菜单“文件”>“存储”。

对旁注文本框架启用了“平衡栏”，此时InDesign依然遵守段落的“保持续行”和“保持各行同页”设置

图7.21

7.5 修改段落的对齐方式

修改水平对齐方式可轻松地控制段落如何适合其文本框架。您可让文本与文本框架的一个或两个边缘对齐，还可设置内边距。在本节中，您将让作者的小传与右边距对齐。

1. 如有必要，在右对页中滚动并缩放，以便能够看到文章最后一段下面的作者小传。
2. 使用文字工具（T.），单击将光标放在小传内。

由于小传中的文本字体很小，所以文本行与基线网格之间的间距看起来太大。为修复这种问题，您应让该段落不与基线网格对齐。

3. 在光标仍在小传段落中的情况下，从段落面板菜单中选择“网格对齐方式”>“无”。
4. 在段落面板中单击“右对齐”按钮（≡），如图 7.22 所示。
5. 选择菜单“编辑”>“全部取消选择”。
6. 选择菜单“文件”>“存储”。

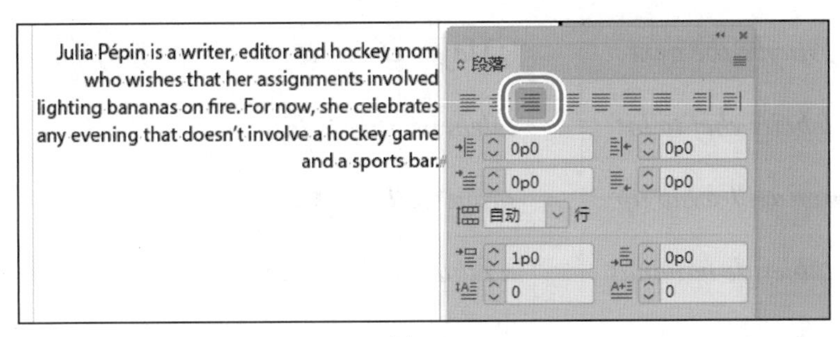

图7.22

将标点悬挂在边缘外面

有时候，边距看起来并不相等，尤其标点位于行首或行尾时。为修复这种视觉差异，设计人员使用视觉边距对齐方式将标点和字符的突出部分悬挂在文本框架的外面一点。

在这个练习中，您将对引文部分应用视觉边距对齐。

1. 如有必要，通过滚动和缩放使得您能够看到右对页中的引文。
2. 为查看字符与边距的对齐情况，选择菜单“视图”>“其他”>“显示框架边缘”。
3. 使用“选择”工具（ ）单击包含引文的文本框架以选择它。
4. 选择菜单“文字”>“文章”打开文章面板。
5. 选中复选框“视觉边距对齐方式”，在文本框中输入“14 点”并按回车键，如图 7.23 所示。

> **注意：**选中“视觉边距对齐方式”复选框时，它将应用于文章中的所有文本（一系列串接的文本框架中的所有文本）。

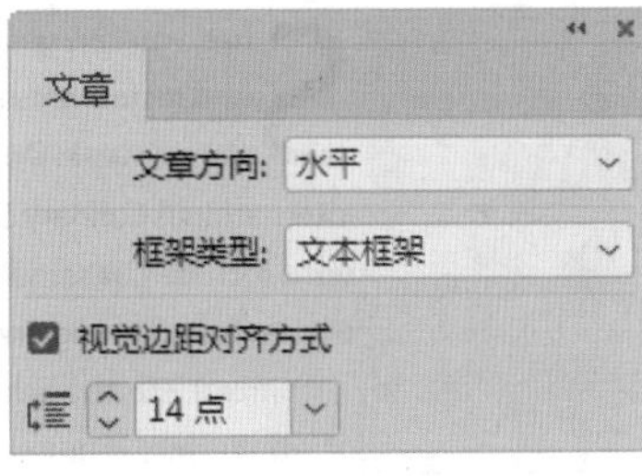

图7.23

注意，现在左引号的左边缘悬挂在文本框架的外面，但文本看起来对齐得更准，如图 7.24 所示。

> **提示：**使用视觉边距对齐时，将“按大小对齐”设置成与框架中文本的字体大小相同获得的效果最佳。

6. 选择菜单“视图”>“其他”>“隐藏框架边缘”，再选择菜单“编辑”>“全部取消选择”，然后选择菜单“文件”>“存储”。

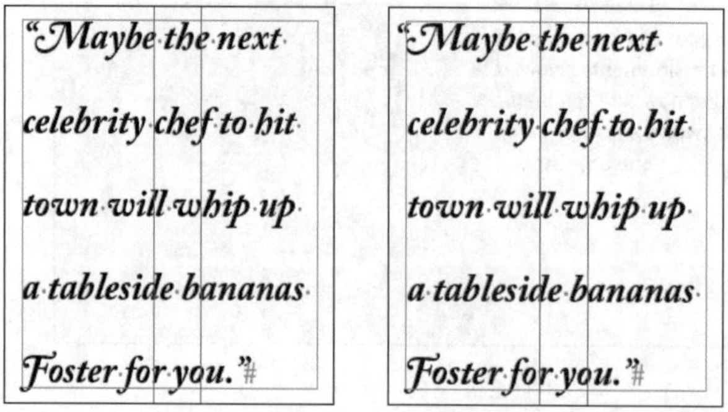

"Maybe the next celebrity chef to hit town will whip up a tableside bananas Foster for you."

应用视觉边距对齐方式之前（左）和之后（右）

图7.24

7.6 创建下沉效果

InDesign 的特殊字体功能可在文档中添加富有创意的点缀。例如，可使段落中第一个字符或单词下沉、使用渐变或颜色填充文本、创建上标和下标字符以及连笔字和默认数字样式。下面给文章第一段的第一个字符创建下沉效果。

> **Id** **提示：**下沉效果可存储到段落样式中，让您能够快速且一致地应用这种效果。

1. 通过滚动以便看到左对页的第一段，使用文字工具（T.）在该段的任何地方单击。
2. 在段落面板的文本框“首字下沉行数”（ ）中输入“3”，让字母下沉 3 行。
3. 在文本框“首字下沉一个或多个字符”（ ）中输入“1”以增大 Sure 中的 S，再按回车键，如图 7.25 所示。

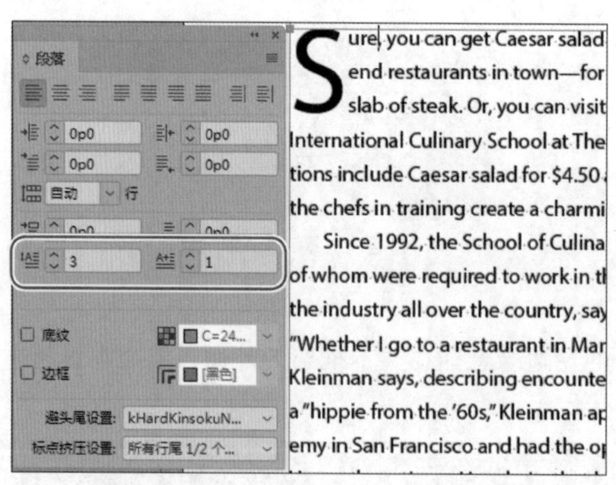

图7.25

4. 使用文字工具选择这个下沉的字符。

   现在，可根据需要设置字符格式了。
5. 选择菜单“文字”>“字符样式”打开字符样式面板。

6. 单击样式 Drop Cap 将其应用于选定文本，如图 7.26 所示。

> Id **提示：** 要同时创建首字下沉效果并应用字符样式，可通过段落面板菜单打开“首字下沉和嵌套样式”对话框。这样做还可将格式存储到段落样式中。

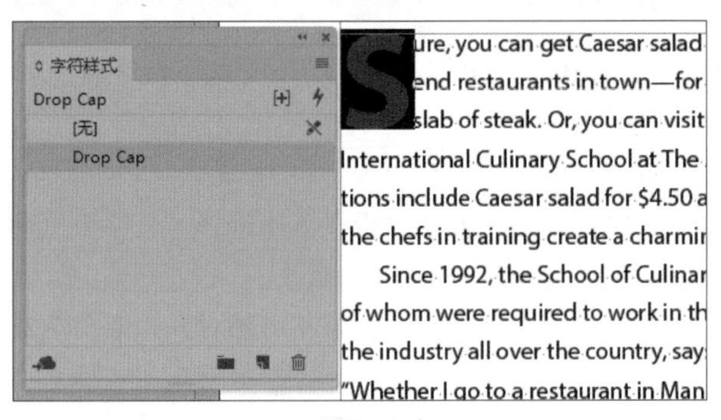

图7.26

7. 单击粘贴板取消选择该字符以查看下沉效果，再选择菜单“文件”>“存储”。

7.6.1 给文本添加描边

下面给下沉字符添加描边。

1. 使用文字工具（T.）选择下沉字符。
2. 选择菜单“窗口”>“描边”打开描边面板。在描边面板的“粗细”文本框中输入“1pt”并按回车键。

   选定字符周围出现了描边，下面修改描边的颜色。
3. 选择菜单“窗口”>“颜色”>“色板”。在色板面板中做如下设置（如图 7.27 所示）：
- 单击描边框（T）；
- 单击名为“C=24 M=98 Y=99 K=18”的赭色色板；
- 在“色调”文本框中输入“100”并按回车键。

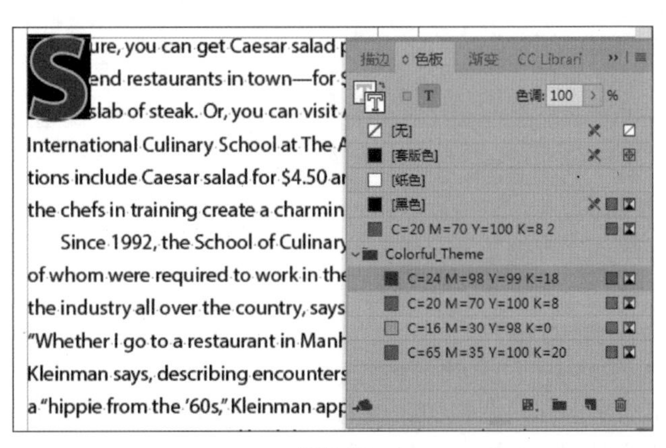

图7.27

4. 按 Shift + Ctrl + A（Windows）或 Shift + Command + A（macOS）键取消选择文本，以查看描边效果。
5. 选择菜单“文件”>“存储”。

7.6.2 调整下沉字符的对齐方式

您可调整下沉字符的对齐方式，还可缩放带下行部分的下沉字符（如 y）。在本节中，您将调整下沉字符使其更好地对齐左边距。

1. 使用文字工具（T），在包含下沉字符的段落中单击。
2. 选择菜单“文字”>“段落”。在段落面板菜单中选择“首字下沉和嵌套样式”。
3. 选中复选框“预览”，以便能够看到所做的修改。
4. 选中复选框“左对齐”让下沉字符更好地与左边缘对齐，如图 7.28 所示。

> **提示：**左对齐尤其适合用于调整无衬线下沉字符的位置。

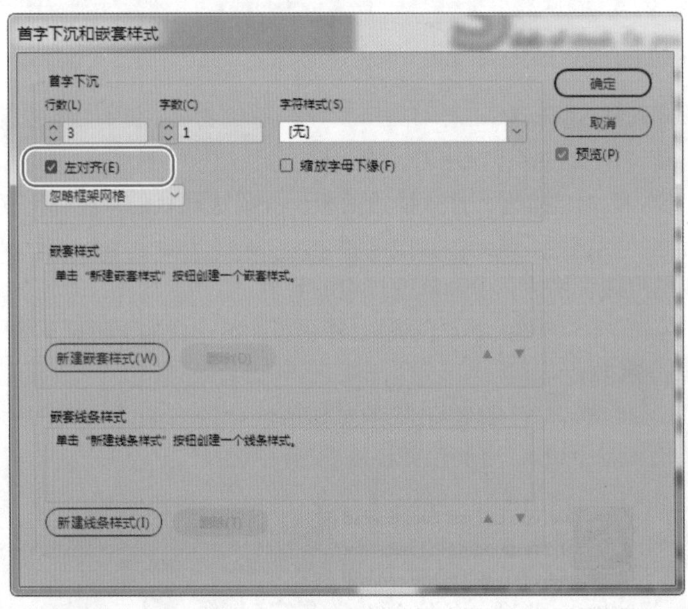

图7.28

5. 单击“确定”按钮。
6. 选择菜单“文件”>“存储”。

7.7 调整字符间距和字间距

使用字符间距调整和字偶间距调整功能可调整字间距和字符间距，使用 Adobe 单行书写器和 Adobe 段落书写器可控制整个段落中文本的间距。

调整字偶间距和字符间距

调整字偶间距可增大或缩小两个特定字符之间的间距；调整字符间距可增大或缩小一系列字母之间的间距。可同时调整文本字符间距和字偶间距。

下面手工调整下沉字符 S 与 u 的字偶间距，再调整绿色框中标题“IF YOU GO”的字符间距。

1. 为看清调整字偶间距后的效果，选择工具面板中的缩放工具（ ）并拖曳出一个环绕下沉字符的矩形框。
2. 使用文字工具（ ），在下沉字符 S 和 u 之间单击。
3. 按 Alt + 右方向键（Windows）或 Option + 右方向键（macOS）两次，以增大下沉字符和字母 u 之间的距离。

   在字符面板和控制面板中，文本框“字偶间距”（ ）让您能够查看和调整字符之间的距离。

> **提示：**调整字偶间距时，在按住 Alt（Windows）或 Option（macOS）键的同时按左方向键将缩小间距，而按右方向键将增大间距。要修改这些快捷键增减字偶间距的量，可在“单位和增量”首选项中修改“键盘增量”部分的设置。

下面来增大整个标题“IF YOU GO”的字符间距。要设置字符间距，必须首先选中要设置其字符间距的文本。

4. 选择菜单“编辑”>“全部取消选择”。向下滚动以便能够看到单词 Sure 下方的绿色框中的标题 IF YOU GO。
5. 使用文字工具，在标题 IF YOU GO 上单击 3 次以选择整个标题。

> **注意：**如果无法选择整个标题，请先使用选择工具选择绿色文本框架。

6. 在字符面板中，在下拉列表“字符间距”（ ）中选择“50”，如图 7.29 所示。

图7.29

7. 单击粘贴板以取消选择文本。
8. 选择菜单“视图”>“使跨页适合窗口”以便能够看到最近所做修改的整体效果。

9. 选择菜单“文件”>“存储”。

7.8 调整换行方式

文本未对齐时，换行位置将影响可读性和疏密程度。例如，段落左对齐时，右边缘依然参差不齐。过于参差不齐可能导致文本的可读性更高或更低，这取决于众多的因素，包括字体、字号、行距、栏宽等。还有另外 3 种段落格式会影响文本的可读性：

- Adobe 段落书写器，它自动判断在哪里换行；
- 连字设置，如是否连字大写的单词；
- 平衡未对齐的行。

> Id **提示：**对于对齐的文本，对齐设置、段落书写器和连字设置一起决定了段落的疏密程度。要对选定的段落调整这些设置，可从段落面板菜单中选择相应的菜单项。

通常，图形设计人员会尝试不同的设置，让示例文本看起来不错，然后将所有设置保存为段落样式，这样只需单击鼠标就能应用它们。本章示例文档使用的段落样式使用了 Adobe 段落书写器，并微调了连字设置，因此您只需比较不同的书写器，再应用“平衡未对齐的行”。

图 7.30 显示了使用不同设置的结果。注意，在应用不同的分行方法时，分行位置存在差别。第 1 栏应用了 Adobe 单行书写器，第 2 栏应用了 Adobe 段落书写器。如您所见，在第 2 栏中，右边缘要整齐得多。第 3 栏同时应用了 Adobe 段落书写器和“平衡未对齐的行”，这改变了最后一行的长度。

Adobe Single-Line Composer	Adobe Paragraph Composer	Adobe Paragraph Composer with Balance Ragged Lines
A perusal of the menu, while munching fresh bread and savoring a glass of wine, tempts you with its carefully planned variety. "The menu is all designed to teach cooking methods," says Kleinman. "It covers 80 to 85 percent of what students have been learning in class—saute, grill, braise, make vinaigrettes, cook vegetables, bake and make desserts." In a twist on "You have to know the rules to break them," Kleinman insists that students need to first learn the basics before they can go on to create their own dishes.	A perusal of the menu, while munching fresh bread and savor- ing a glass of wine, tempts you with its carefully planned variety. "The menu is all designed to teach cooking methods," says Kleinman. "It covers 80 to 85 percent of what students have been learning in class—saute, grill, braise, make vinaigrettes, cook vegetables, bake and make desserts." In a twist on "You have to know the rules to break them," Kleinman insists that students need to first learn the basics before they can go on to create their own dishes.	A perusal of the menu, while munching fresh bread and savoring a glass of wine, tempts you with its carefully planned variety. "The menu is all designed to teach cooking methods," says Kleinman. "It covers 80 to 85 percent of what students have been learning in class—saute, grill, braise, make vinaigrettes, cook vegetables, bake and make desserts." In a twist on "You have to know the rules to break them," Kleinman insists that students need to first learn the basics before they can go on to create their own dishes.

图7.30

7.8.1 使用 Adobe 段落书写器和 Adobe 单行书写器

段落中文字的疏密程度是由您使用的排版方法决定的。InDesign 排版方法根据用户指定的字间距、字符间距、字形缩放和连字选项，评估并选择最佳的换行方式。InDesign 提供了两种排版方法：Adobe 段落书写器和 Adobe 单行书写器，前者考虑段落中所有的行，而后者考虑每一行。

当您使用段落书写器时，InDesign 对每行进行排版时都将考虑对段落中其他行的影响，最终的结果是获得最佳的段落排版方式。在修改某一行的文本时，同一段落中前面的行和后面的行可能改变换行位置，以确保整个段落中文字之间的间距是均匀的。使用单行书写器时（这是其他排版和字处理程序使用的标准排版方式），InDesign 只重排被编辑的文本后面的文本行。

> **注意：**Adobe 全球通用单行书写器和 Adobe 全球通用段落书写器是为中东语言准备的。使用这些书写器时，您可在文本中包含阿拉伯语、希伯来语、英语、法语、德语、俄语和其他拉丁语言。

本课的文档使用的是默认排版方法：Adobe 段落书写器。为让读者明白段落书写器和单行书写器之间的差别，下面使用单行书写器重排正文。

> **提示：**在万不得已的情况下，您可在行尾手工插入强制换行符（Shift + 回车键）或自由换行符。为此，可使用菜单“文字”>“插入分隔符”。由于换行符在文本重排后依然存在，因此最好在文本内容和格式都确定后再插入它们。

1. 使用文字工具（T.），在主文章中单击。
2. 选择菜单“编辑”>“全选”。
3. 在段落面板菜单中选择“Adobe 单行书写器”，如图 7.31 所示。如有必要，增大视图以便能够看出差别。

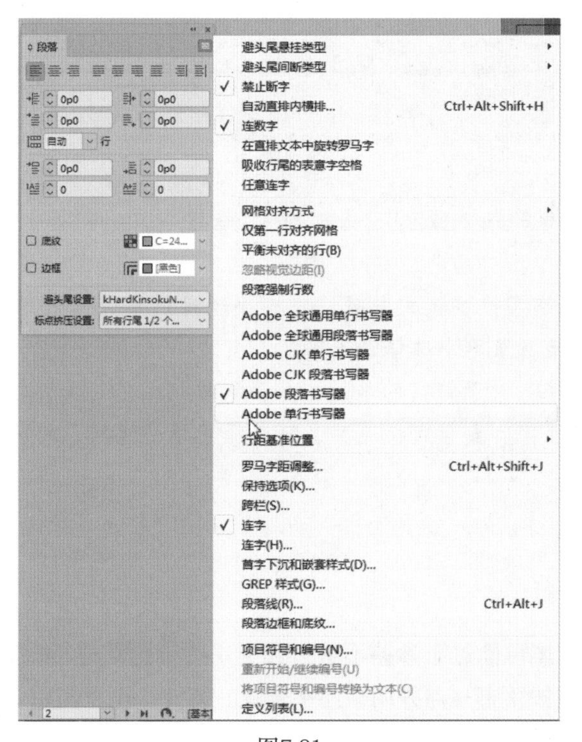

图7.31

单行书写器分别处理每一行，因此可能导致段落中的某些行比其他行更稀疏或更紧密。由于段落书写器同时考虑多行，因此段落中各行的疏密程度更一致。

4. 单击页面的空白区域以取消选择文本，然后查看间距和换行方面的差别。
5. 为将文章恢复到使用 Adobe 段落书写器，选择菜单“编辑” > “还原”。
6. 选择菜单“编辑” > “全部取消选择”。

连字设置

是否在行尾连字以及如何连字是一种段落格式。一般而言，连字设置属于编辑决策，而非设计决策。例如，出版风格指南可能规定不对大写单词进行连字。

- 连字设置：要指定选定段落的连字设置，可从段落面板菜单中选择“连字…”，这将打开“连字设置”对话框，如图7.32所示。您还可在“段落样式选项”对话框中调整连字设置。

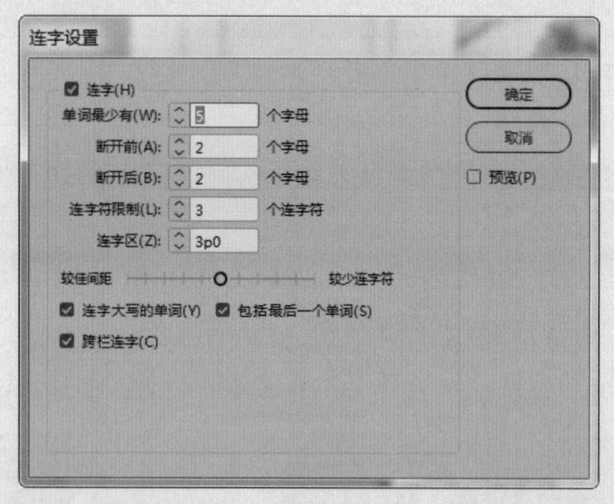

图7.32

- 启用/禁用连字：编辑文本时，您可快速对选定段落启用/禁用连字，为此可从段落面板菜单中选择“连字”。
- 自定义连字：对于特定的单词，如商标单词，您可能不想连字，或者要在特定位置连字。要自定义连字，可选择菜单“编辑” > “拼写检查” > “用户字典”。

7.8.2 平衡未对齐的行

段落没有对齐时，行尾可能过于参差不齐：其中一些行比其他行短太多或长太多。为解决这个问题，您可使用 Adobe 段落书写器并调整连字设置。另外，还可使用“平衡未对齐的行”，下面就来这样做。

> **提示**：“平衡未对齐的行”也非常适合用来平衡多行标题。

1. 使用文字工具（ T. ）单击作者小传中的任何地方（即右对页最后一栏的最后一段，以 Julia Pepin 打头）。
2. 在段落面板菜单中选择“平衡未对齐的行”，如图 7.33 所示。

图7.33

3. 选择菜单“编辑”>“全部取消选择”。
4. 选择菜单“文件”>“存储”。

7.9 设置制表符

您可使用制表符将文本放置到分栏或框架的特定水平位置。制表符面板可组织文本、指定制表符前导符以及设置缩进和悬挂缩进。

> **提示**：在处理制表符时，选择菜单“文字”>“显示隐含的字符”以显示制表符将有所帮助。在您收到的字处理文件中，作者或编辑经常为对齐文本而输入了多个制表符，甚至输入空格而不是制表符。要处理并修复这样的问题，唯一的途径是显示隐藏的字符。

7.9.1 让文本与制表符对齐及添加制表符前导符

在本节中，您将使用制表符格式化左对页的 IF YOU GO 框中的信息。文本中已输入了制表符标记，因此您只需设置文本的最终位置。

1. 如有必要，滚动并缩放以便能够看到 IF YOU GO 框。
2. 要看到文本中的制表符标记，选择菜单“文字”>“显示隐含的字符”，并确保在工具面板中选择了“正常模式”（ ）。
3. 使用文字工具（ T. ）在 IF YOU GO 框内单击，再选择第 2 行到最后一行（从“Name”到“6-8 p.m.”）。

4. 选择菜单“文字”>“制表符”打开制表符面板。

当插入点位于文本框架中且文本框架上方有足够的空间时，制表符面板将与文本框架靠齐，使制表符面板中的标尺与文本对齐。无论制表符面板位于什么地方，都可通过输入值来精确地设置制表符。

5. 在制表符面板中，单击“左对齐制表符”按钮（↓），让文本与左端的制表符位置对齐。
6. 在文本框 X 中输入“5p5”并按回车键。

现在，在选定文本中，每个制表符标记后面的信息都与新的制表符位置对齐。制表符位置位于制表符面板中标尺的上方。

7. 在文本依然被选中且制表符面板依然打开的情况下，单击制表符标尺上的新制表符位置以选择它。在“前导符”文本框中输入一个句点和一个空格。

在文本框“前导符”中被指定的字符将用于填补文本和制表符位置之间的空白。前导符通常用于目录。在前导符中使用空格可增大句点间的间距。

8. 按回车键让前导符生效，如图 7.34 所示。打开制表符面板，并保持其位置不变，以方便下一节使用。

图7.34

9. 选择菜单“编辑”>“全部取消选择”。
10. 选择菜单“文件”>“存储”。

使用制表符

InDesign中用于创建和定制制表符的控件与字处理器中的控件极其相似。用户可精确地指定制表符的位置、在栏中重复制表符、为制表符指定前导符、指定文本与制表符的对齐方式以及轻松地修改制表符。制表符是一种段落格式，因此它们应用于插入点所在的段落或选定段落。所有用于处理制表符的控件都在制表符面板中，可通过选择菜单“文字”>“制表符”打开该面板。下面是制表符控件的工作原理。

- 输入制表符：要在文本中输入制表符，可按Tab键。
- 指定制表符对齐方式：要指定文本与制表符位置的对齐方式（如传统的左对齐或对齐小数点），可单击制表符面板左上角的一个按钮。这些按钮分别是“左对齐制表符”“居中对齐制表符”“右对齐制表符”和“对齐小数位（或其他指定字符）制表符”。
- 指定制表符的位置：要指定制表符位置，可单击对齐方式按钮之一，然后在文本框X中输入一个值并按回车键。也可单击对齐方式按钮之一，再单击标尺上方的空白区域。
- 重复制表符：要创建多个间距相同的制表符位置，可选择标尺上的一个制表符位置，再从制表符面板菜单中选择“重复制表符”。这将根据选定制表符位置与前一个制表符位置之间的距离（或左缩进量）来创建多个覆盖整栏的制表符位置。
- 指定文本中对齐的字符：要指定文本中哪个字符（如小数点）与制表符位置对齐，可单击按钮“对齐小数位（或其他指定字符）制表符”，然后在“对齐位置”文本框中输入或粘贴一个字符（如果文本没有包含该字符，文本将与制表符位置左对齐）。
- 指定制表符前导符：要填充文本和制表符位置之间的空白区域，例如，在目录中的文本和页码之间添加句点，可在“前导符”文本框中输入将重复的字符，最多可输入8个这样的字符。
- 移动制表符位置：要调整制表符位置，可选择标尺上的制表符位置，再在文本框X中输入新值，然后按回车键；也可将标尺上的制表符位置拖放到新地方。
- 删除制表符位置：要删除制表符位置，可将其拖离标尺；也可选择标尺上的制表符位置，然后从制表符面板菜单中选择“删除制表符”。
- 重置默认制表符：要恢复默认制表符位置，从制表符面板菜单中选择“清除全部”。默认制表符的位置随“首选项”对话框的“单位和增量”中所做的设置而异。例如，如果水平标尺的单位被设置为英寸，则默认每隔0.5英寸放置一个制表符。
- 修改制表符对齐方式：要修改制表符对齐方式，可在标尺上选择制表符，然后单击其他制表符按钮；也可按住Alt（Windows）或Option（macOS）键并单击标尺上的制表符，这将在4种对齐方式之间切换。

7.9.2 设置悬挂缩进

悬挂缩进指的是制表符标记前面的文本向左缩进，这在项目符号列表或编号列表中经常见到。

为给 IF YOU GO 框中的信息设置悬挂缩进，您将使用制表符面板。您也可使用段落面板中的“左缩进”和“首行左缩进”。

1. 使用文字工具（T）在“IF YOU GO”框中单击，再选择第 2 行到最后一行（从“Name”到“6-8 p.m.”）。
2. 确保制表符面板依然与该文本框架靠齐。

> **注意：**如果制表符面板移动了，单击制表符面板右边的“将面板放在文本框架上方”图标（ ）。

3. 在制表符面板中，向右拖曳标尺左端下面的缩进标记，直到 X 的值为 5p5。

拖曳下面的标记将同时移动两个标记：左缩进标记和首行缩进标记。注意，所有文本都向右移动，且段落面板中的左缩进值为 5p5。

下面将分类标题恢复到原来的位置，以创建悬挂缩进。

4. 在段落面板中，在文本框“首行左缩进”（ ）中输入“-5p5”。

> **提示：**您也可通过拖曳制表符标尺上方的那个标记来调整选定段落的首行缩进，但可能难以选择该标记，试图选择它时可能会不小心创建或修改制表符位置。

5. 按回车键让设置生效，如图 7.35 所示。

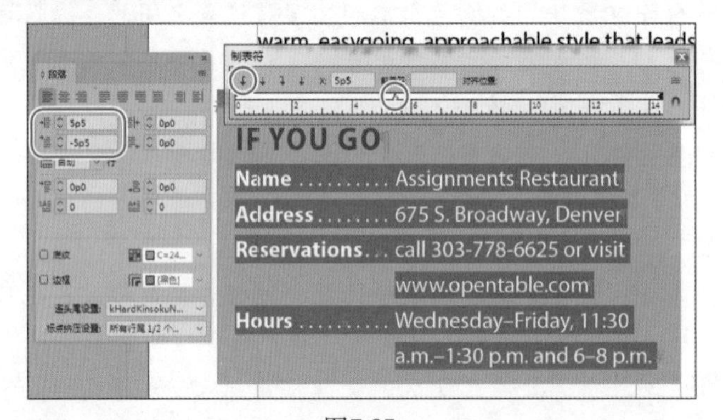

图7.35

6. 取消选中文本以查看悬挂缩进效果。关闭制表符面板。
7. 选择菜单“文件”>“存储”。

悬挂缩进和项目符号列表

要调整段落缩进——包括左缩进、右缩进、首行左缩进和末行右缩进，可使用控制面板、段落面板（“文字”>“段落”）或制表符面板（“文字”>“制表符”）中的控件。除指定值外，您还可以按照如下方式设置悬挂缩进。

- 拖曳制表符标尺上的缩进标记时，按住Shift键，这让您能够独立地调整各个缩进标记。
- 按Control + \（Windows）或Command + \（macOS）键插入一个“在此缩进对齐”字符，这将把文本悬挂缩进到该字符右边。选择菜单“文字”>“插入特殊字符”>“其他”>“在此缩进对齐”，以插入这种悬挂缩进字符。

您可结合使用悬挂缩进和项目符号（编号）来创建项目符号（编号）列表，但一种更快捷的方式是使用“项目符号和编号”功能，这种功能可通过段落面板菜单或菜单“文字”>“项目符号列表和编号列表”来访问。

7.10 在段落前面添加段落线

您可以在段落前面和后面添加段落线。使用段落线而不是绘制一条直线的优点是，您可对段落线应用段落样式，且重排文本时，段落线将随段落一起移动。例如，在用于引文的段落样式中，您可指定段前线和段后线，或者给子标题指定段前线。对于段落线，您可将其设置与栏或文本等宽，对这两种设置的解释如下。

- 将“宽度”设置为“栏”时，段落线的长度将为文本栏的宽度减去段落缩进设置。要让段落线与分栏等宽，可在“段落线”对话框中，将“左缩进”和“右缩进”设置为负数。
- 将“宽度”设置为“文本”时，段落线的长度将等于相应文本行的宽度。对于段前线，相应文本行为段落的第一行，对于段后线，相应文本行为段落的最后一行。

下面在文章末尾的作者小传前面添加段落线。

1. 滚动到包含作者小传的右对页的第3栏。
2. 使用文字工具（T.）在作者小传中单击。
3. 在段落面板菜单中选择“段落线”。
4. 在“段落线”对话框中，从左上角的下拉列表中选择“段前线”，并选中复选框“启用段落线”。
5. 选中复选框“预览”。将对话框移到一边，以便能够看到段落。
6. 在“段落线”对话框中设置如下选项（如图7.36所示）。
   - 从“粗细”下拉列表中选择“1点”。
   - 从“颜色”下拉列表中选择棕色色板（C=20 M=70 Y=100 K=8）。
   - 从“宽度”下拉列表中选择“栏”。
7. 单击“确定”按钮让修改生效。

   作者小传上方将出现一条段落线。
8. 选择菜单“文件”>“存储”。

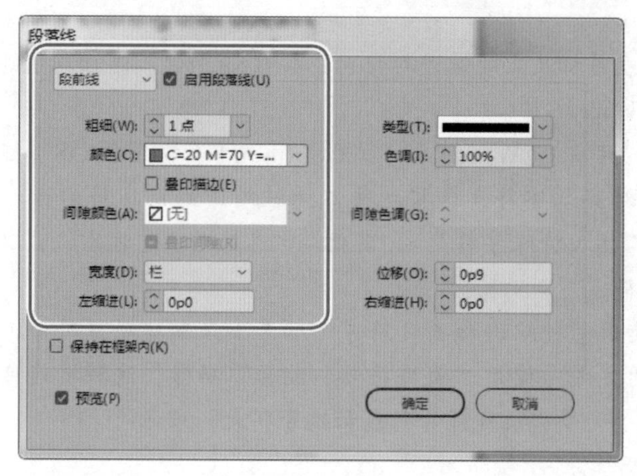

图7.36

7.11 段落底纹

为让文章吸引读者的注意力，可给段落添加底纹。InDesign 提供了很多微调底纹的选项，包括底纹的色调以及底纹相对于段落的偏移量。为在段前或段后给底纹留下足够的空间，您可设置段前间距和段后间距。要快速且一致地应用底纹，您可在段落样式中包含段落底纹。

给段落添加底纹

首先，您将给文章末尾包含作者小传的段落添加底纹，然后把这种效果保存在段落样式中。

1. 使用文字工具（T.）单击文章末尾的作者小传。
2. 选择菜单“文字”>“段落”打开段落面板。
3. 在段落面板中，选择左下角的复选框“底纹”。
4. 为设置底纹的颜色，单击复选框“底纹”右边的下拉列表“底纹颜色”，并选择名为“C=65 M=35 Y=100 K=20”的色板，如图 7.37 所示。

> Id **提示**：控制面板中也包含用于设置段落底纹的控件。

5. 为微调底纹，从段落面板菜单中选择“段落边框和底纹”，再单击打开的对话框顶部的标签“底纹”。
6. 选择复选框“预览”。将对话框移到一边，以便能够看到段落。
7. 在文本框“色调”中输入“50”。
8. 在“位移”部分，确定按下了“使所有设置相同”按钮（ ），将底纹相对于文本的位移设置为“0p6”，如图 7.38 所示。
9. 从“宽度”下拉列表中选择“文本”，注意，底纹将与最长的文本行等宽。然后，重新选择“栏”。

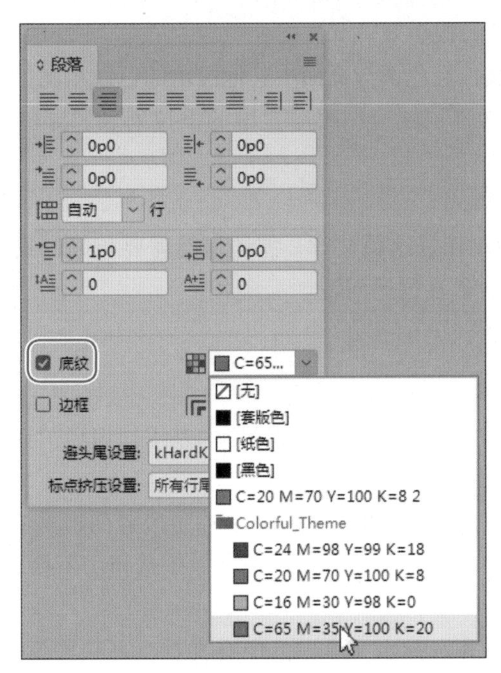

段落
0p0
0p0
0p0
0p0
自动
行
1p0
0p0
0
0
底纹
C=65...
边框
避头尾设置:
kHardK
标点挤压设置:
所有行尾
[无]
[套版色]
[纸色]
[黑色]
C=20 M=70 Y=100 K=8 2
Colorful_Theme
C=24 M=98 Y=99 K=18
C=20 M=70 Y=100 K=8
C=16 M=30 Y=98 K=0
C=65 M=35 Y=100 K=20

图7.37

段落边框和底纹
边框
底纹
底纹(S)
颜色(C):
C=65 M=35 Y=10...
色调(I):
50%
叠印(E)
转角大小及形状:
0p1
0p1
0p1
0p1
位移
上(O):
0p6
下(M):
0p6
左(E):
0p6
右(I):
0p6
顶部边缘(G):
字母上缘
底部边缘:
字母下缘
宽度(W):
栏
剪切到框架(F)
不打印或导出(O)
预览(P)
确定
取消

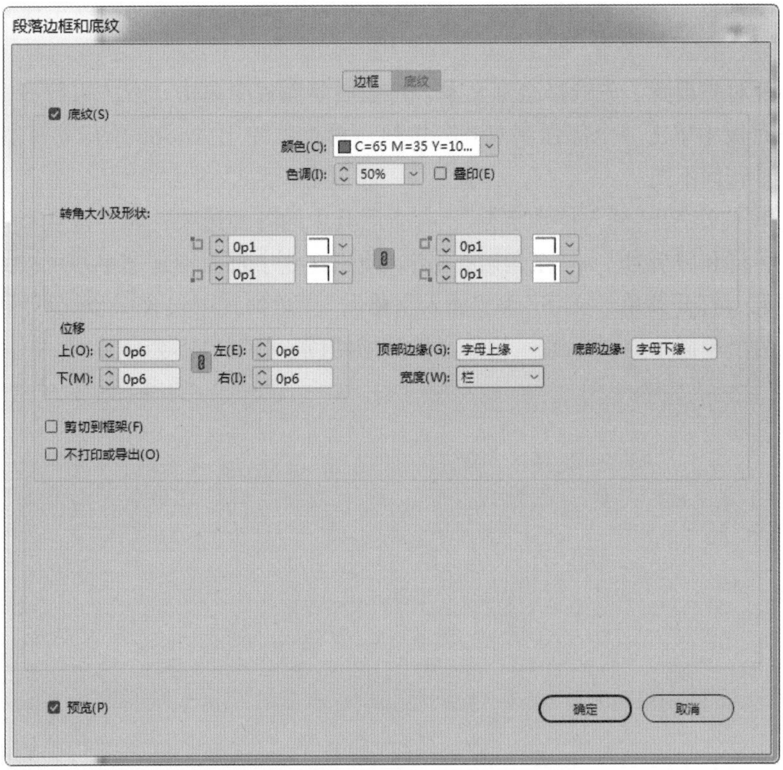

图7.38

10. 单击“确定”按钮让修改生效。

现在这个段落带底纹，且色调与页面中其他段落的色调相同。

11. 为查看结果，单击屏幕顶端应用程序栏中的下拉列表“屏幕模式”，并选择“演示文稿”（ ）。

12. 查看完毕后按 Esc 键。

祝贺您学完了本课。为制作好这篇文章，您还可能需要与编辑或校对人员一起修复文本行过紧或过松、换行位置不合适、孤寡词等问题。

7.12 练习

学习了对 InDesign 文档中的文本进行格式设置的基本知识后，您就可以来尝试使用这些技巧了。请尝试完成下述任务，以提高您的排版技能。

1. 使用文字工具，在各种段落中单击，并尝试通过段落面板菜单启用和禁用连字功能。选中一个用连字符连接的单词，并从字符面板菜单中选择“不换行”，以避免用连字符连接该单词。
2. 尝试各种连字设置。先选择主文章中的所有文本，再从段落面板菜单中选择“连字”。在“连字设置”对话框中，选中复选框“预览”，并尝试各种设置。例如，对于这些文本，您选中了复选框“连字大写的单词”，但编辑可能想禁用这项功能，以免在厨师的姓名中添加连字符。
3. 尝试各种对齐设置。先选择全部文本，再在段落面板中单击“双齐末行齐左”按钮（ ）。在段落面板中单击“全部强制双齐”按钮，再查看使用 Adobe 单行书写器和 Adobe 段落书写器时有何不同。
4. 打开菜单“文字”>“插入特殊字符”，并查看其中的各种选项，如“符号”>“项目符号字符”和“连字符和破折号”>“全角破折号”。使用这些字符而不是连字符可极大地提高版面的专业水准。打开菜单“文字”>“插入空格”，注意到其中包含一个“不间断空格”选项。它可将两个单词（如“et al”）粘起，使其即便位于行尾也不会分开。

7.13 复习题

1. 如何显示基线网格？
2. 什么情况下、在什么地方使用右对齐制表符？
3. 如何将标点悬挂在文本框架边缘的外面？
4. 如何平衡分栏？
5. 字符间距和字偶间距之间的区别是什么？
6. Adobe 段落书写器和 Adobe 单行书写器之间的区别是什么？

7.14 复习题答案

1. 要显示基线网格，可选择菜单“视图” > “网格和参考线” > “显示基线网格”。仅当文档的缩放比例不小于在首选项“基线网格”中设置的视图阈值时，基线网格才会显示。默认情况下，视图阈值为 75%。
2. 右对齐制表符自动将文本与段落的右边缘对齐，这在添加文章结束符号时很有用。
3. 选择文本框架，再选择菜单“文字” > “文章”。选中复选框“视觉边距对齐方式”，这将自动将这种对齐方式应用于文章中的所有文本。
4. 使用选择工具选择文本框架，再单击控制面板中的“平衡栏”按钮，也可在“文本框架选项”对话框（“对象”>“文本框架选项”）中选中复选框“平衡栏”。
5. 字偶间距调整的是两个字符之间的间距，字符间距调整的是一系列选定字符之间的间距。
6. 段落书写器在确定最佳换行位置时同时评估多行，而单行书写器每次只考虑一行。

第8课 处理颜色

课程概述

本课介绍如下内容：

- 设置色彩管理；
- 确定输出需求；
- 创建色板；
- 创建颜色主题并将其添加到 CC 库中；
- 将颜色应用于对象、描边和文本；
- 创建并应用色调；
- 创建并应用渐变色板；
- 使用颜色组。

本课需要大约 60 分钟。

启动 InDesign 之前，先到异步社区的相应页面将本书的课程资源下载到本地硬盘中，并进行解压。

您可以创建印刷色和专色并将其应用于对象、描边和文本。颜色主题让您能够轻松地确保版面的色彩和谐统一。您可将颜色主题添加到CC库中，确保不同项目和工作组的不同人员以一致的方式使用颜色。使用印前检查配置文件有助于颜色正确输出。

8.1 概述

在本课中，您将在一个艺术展传单中添加颜色、颜色主题、色调和渐变。这张传单包括 CMYK 颜色、专色以及导入的 CMYK 图像（本课后面将更详细地介绍 CMYK）。然而，您将先完成另外两项工作，以确保文档印刷出来后与屏幕上一样漂亮：检查色彩管理设置；使用印前检查配置文件查看导入图像的颜色模式。传单制作完成后，您将把其中使用的颜色组织成颜色组。

> **注意：**如果还没有从异步社区下载本课的项目文件，现在就这样做，详情请参阅“前言”。

1. 为确保您的 Adobe InDesign 首选项和默认设置与本课使用的一样，请将 InDesign Defaults 文件移到其他文件夹，详情请参阅“前言”中的“保存和恢复 InDesign Defaults 文件”。
2. 启动 Adobe InDesign。
3. 在出现的 InDesign 起点屏幕中，单击左边的“打开”按钮（如果没有出现起点屏幕，就选择菜单“文件”>“打开”）。
4. 打开硬盘中文件夹 InDesignCIB\Lessons\Lesson08 中的文件 08_Start.indd。
5. 如果出现一个警告对话框，指出文档链接的源文件发生了变化，请单击“更新链接”按钮。
6. 如果出现“缺失字体”对话框，请单击“同步字体”按钮，同步字体后，再单击“关闭”按钮。
7. 为确保面板和菜单命令与本课使用的相同，选择菜单“窗口”>“工作区”>“[高级]”，再选择菜单“窗口”>“工作区”>“重置 [高级]”。
8. 选择菜单“文件”>“存储为”，将文件重命名为 08_Color.indd 并存储到文件夹 Lesson08 中。
9. 如果想查看最终的文档，可打开文件夹 Lesson08 中的 08_End.indd，如图 8.1 所示。可以让该文件处于打开状态，供工作时参考。

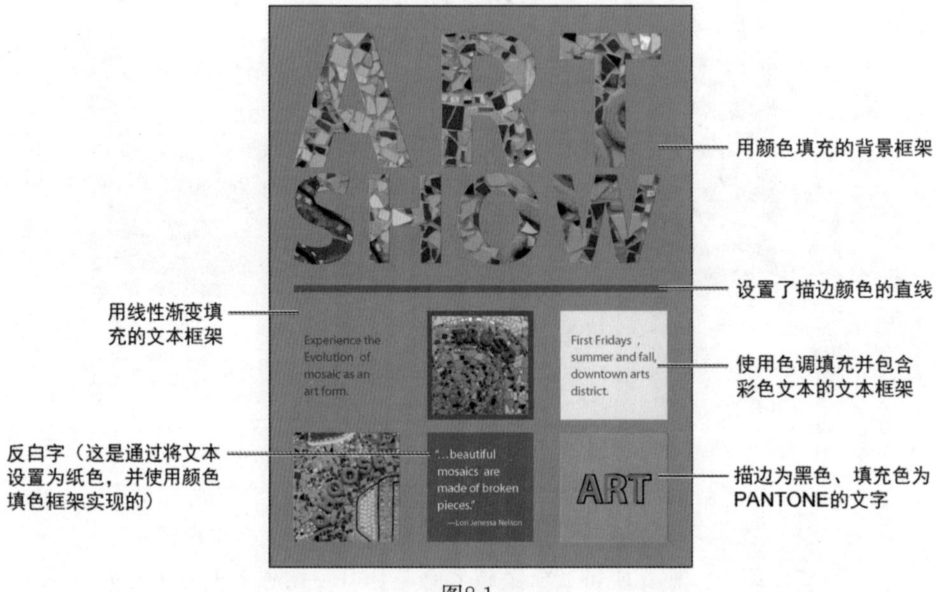

图8.1

10. 查看完毕后，单击文档窗口左上角的标签“08_Color.indd”切换到该文档。

> **注意**：本书的屏幕截图显示的界面都是中等浅色的，在您的屏幕上，诸如面板和对话框等界面元素要暗些。

8.2 色彩管理

色彩管理让您能够在一系列输出设备（如显示器、平板电脑、彩色打印机和胶印机）上重现一致的颜色。InDesign 提供了易于使用的色彩管理功能，可帮助您获得良好且一致的颜色，但不要求您成为色彩管理方面的专家。InDesign 默认启用了色彩管理，您在从编辑、校样到打印输出的整个过程中看到的颜色都是一致的，颜色还更精确。

8.2.1 色彩管理的必要性

任何显示器、胶片、打印机、复印机或印刷机都无法生成肉眼能够看到的所有颜色。每台设备都有特定的功能，在重现彩色图像时进行了不同的折衷。输出设备所特有的颜色渲染能力被统称为色域。InDesign 和其他图形应用程序（如 Adobe Photoshop CC 和 Adobe Illustrator CC）使用颜色值来描绘图像中每个像素的颜色。具体使用的颜色值取决于颜色模型，如表示红色、绿色和蓝色分量的 RGB 值以及表示青色、洋红、红色和黑色分量的 CMYK 值。

> **提示**：要获得一致的颜色，定期校准显示器和打印机很重要。校准可使设备与预先定义的输出标准相符。很多色彩方面的专家都认为校准是色彩管理中最重要的方面之一。

色彩管理旨在以一致的方式将每个像素的颜色值从源（存储在计算机中的文档或图像）转换到输出设备中（如显示器、笔记本电脑、平板电脑、智能手机、彩色打印机和高分辨率印刷机）。由于每个源设备和输出设备能够重现的颜色范围都不同，因此色彩转换的目标是确保颜色在不同的设备中都是精确的。

> **提示**：有关色彩管理的更多信息，可参阅在线的 InDesign 帮助文档（在 Adobe 官网搜索色彩管理即可），还可参阅 DVD/ 视频，如 Peachpit 出版的 *Color Management for Designers and Photographers: Learn by Video*。

为色彩管理营造查看环境

工作环境会影响您在显示器和打印输出上看到的颜色。为获得最佳效果，请按照以下所述在工作环境中控制颜色和光照。

- 在光照强度和色温保持不变的环境中查看文档。例如，太阳光的颜色特性整天都在变化，这将影响颜色在屏幕上的显示，因此，请始终拉上窗帘或在没有窗户的房间工作。
- 为消除荧光灯的蓝 - 绿色色偏，可安装 D50（开氏 5000 度）灯，还可使用 D50 看片台来查看打印的文档。
- 在墙壁和天花板的颜色为中性色的房间中查看文档。房间的颜色会影响您看到的显示器颜色和打印颜色。查看文档的房间的最佳颜色是中性灰色。
- 显示器屏幕反射的衣服颜色也可能影响屏幕上的颜色。
- 删除显示器桌面的彩色背景图案。文档周围纷乱或明亮的图案会干扰您对颜色的准确感觉。将桌面设置为中性的灰色显示。
- 在观众见到最终文档的条件下查看文档校样。例如，家用品目录通常可能会在家用白炽灯下查看，而办公家具目录可能会在办公室使用的荧光灯下查看。
- 做出最终的颜色判断时，务必在所属国家的法律要求的光照条件下进行。

——摘自InDesign帮助

8.2.2 在全分辨率下显示图像

在色彩管理工作流程中，即使使用默认的颜色设置，也应以高品质（显示器能够显示的最佳颜色）显示图像。如果显示图像的分辨率低于高品质，显示图像的速度将更快，但显示的颜色将不那么精确。

为查看在不同分辨率下显示图像的差异，请尝试使用菜单“视图”>“显示性能”中的不同选项：

- “快速显示”（适用于快速编辑文本，因为不显示图像）；
- “典型显示”（默认设置）；
- “高品质显示”（以高分辨率显示光栅和矢量图形）。

Id **提示：**可在“首选项”对话框中指定“显示性能”的默认设置，还可使用菜单“对象”>“显示性能”修改各个对象的显示性能。

就本课而言，选择菜单“视图”>“显示性能”>“高品质显示”。

8.2.3 在 InDesign 中指定颜色设置

要在 InDesign 中获得一致的颜色，可指定一个包含预设颜色管理方案和默认配置文件的颜色设置文件（CSF）。默认颜色设置为“日本常规用途 2”，这对初学者来说是最佳选择。

在本节中，您将查看 Adobe InDesign 中的一些颜色设置预设，您可在项目中使用它们来确保颜色一致。但是，您不会修改任何颜色设置。

> **提示：**Adobe 指出，对于大多数色彩管理流程而言，使用 Adobe 测试过的颜色设置预设都是最佳选择。不建议您修改颜色设置选项，除非您熟悉色彩管理并对所做的修改非常自信。

1. 选择菜单“编辑”>“颜色设置”打开“颜色设置”对话框，如图 8.2 所示。这些颜色设置针对的是 InDesign 应用程序，而不是各个文档。

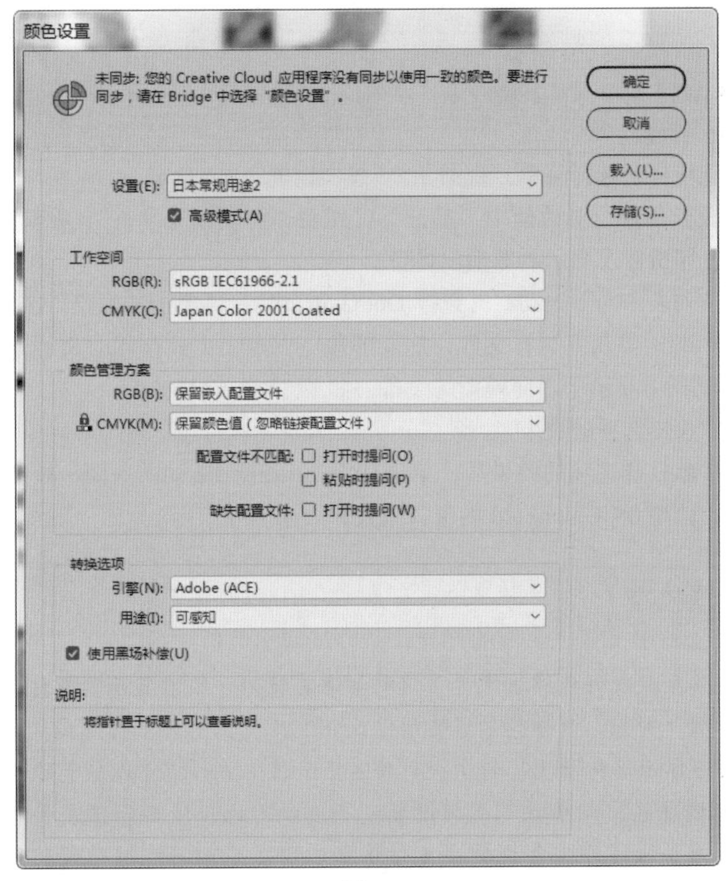

图8.2

2. 单击“颜色设置”对话框中的各个选项，以了解可设置哪些方面。
3. 将鼠标光标指向字样“工作空间”，并查看对话框底部的“说明”部分显示的有关该选项的描述。
4. 将鼠标光标指向其他选项，以查看其描述。
5. 单击“取消”按钮，以关闭“颜色设置”对话框而不做任何修改。

8.2.4 在屏幕上校样颜色

在屏幕上校样颜色（也被称为软校样）时，InDesign 将根据特定的输出条件显示颜色。模拟的精确程度取决于多种因素，包括房间的光照条件以及是否校准了显示器。下面尝试进行软校样。

1. 选择菜单“窗口”>“排列”>“新建‘08_Color.indd’窗口”，为本课的文档再打开一个窗口。
2. 如有必要，单击标签 08_Color.indd:2 激活相应的窗口。
3. 选择菜单“视图”>“校样颜色”。您将看到颜色的软校样，它基于菜单“视图”>“校样设置”中的当前设置。

当前设置为“文档 CMYK – U.S. Web Coated SWOP V2”，这是在美国印刷文档时使用的典型输出方法。

> Id **提示：**SWOP 表示卷筒纸胶印规范（Specification for Web Offset Publication）。

4. 要自定义软校样，选择菜单“视图”>“校样设置”>“自定”。
5. 在“自定校样条件”对话框中，单击下拉列表“要模拟的设备”，看看其中包含哪些印刷机、桌面打印机以及显示器等输出设备。
6. 在这个下拉列表中向下滚动，并选择 Dot Gain 20%，再单击“确定”按钮。

诸如 Dot Gain 20% 等灰度配置文件让您能够预览以黑白方式打印时文档是什么样的。注意，InDesign 文档的标题栏中显示了当前模拟的设备，如“(文档 CMYK)”。

7. 查看各种软校样选项的效果。
8. 查看完各种软校样选项的效果后，单击 08_Color.indd:2 的“关闭”按钮，将该窗口关闭。如有必要，调整 08_Color.indd 的窗口位置和大小。

关于显示器校准

配置文件生成软件能够校准显示器并描述其特性。校准显示器可使显示器符合预定义的标准。例如，调整显示器使用开氏5000度（图形艺术标准白场色温）来显示颜色。描述显示器特性就是创建一个描述显示器当前如何重现颜色的配置文件。

显示器校准包含调整以下视频设置：亮度和对比度（显示强度的总体级别和范围）、灰度系数（中间色调的亮度值）和白场（显示器能够重现的最亮白色的颜色和强度）。

校准显示器就是调整显示器，使它符合已知的规范。显示器校准后，配置文件生成实用程序让您能够保存配置文件。配置文件描述了显示器的颜色特性：显示器能够显示哪些颜色、不能显示哪些颜色以及如何转换图像的颜色值才能准确地显示颜色。

有关如何校准显示器的详细信息，请参阅InDesign帮助文档中的“校准显示器并生成配置文件”。

——摘自InDesign帮助

8.3 确定印刷要求

不管处理的文档要以印刷还是数字格式提供，着手处理文档前都应了解输出要求。例如，对于要印刷的文档，与印刷提供商联系，同他们讨论文档的设计和如何使用颜色。印刷服务提供商知道其设备的功能，可能会提供一些建议帮助您节省时间和费用、提高质量并避免代价高昂的印刷或颜色问题。本课使用的传单将由采用 CMYK 颜色模型的商业印刷厂印刷。颜色模型将在本课后面更详细地介绍。

> **提示：**商业印刷厂可能提供印前检查配置文件，其中包含有关输出的所有规范。可导入该配置文件，并检查您的作品是否满足其中指定的条件。

为核实文档是否满足印刷需求，您可使用印前检查配置文件对文档进行检查。印前检查配置文件包含一组有关文档的尺寸、字体、颜色、图像、出血等方面的规则。印前检查面板将指出文档存在的问题，即没有遵循配置文件中规则的地方。在本节中，您将导入一个印前检查配置文件，在印前检查面板中选择它，并解决本课文档存在的一个问题。

8.3.1 载入印前检查配置文件

1. 选择菜单“窗口”>“输出”>“印前检查”。
2. 从印前检查面板菜单（≡）中选择“定义配置文件”，如图 8.3 所示。

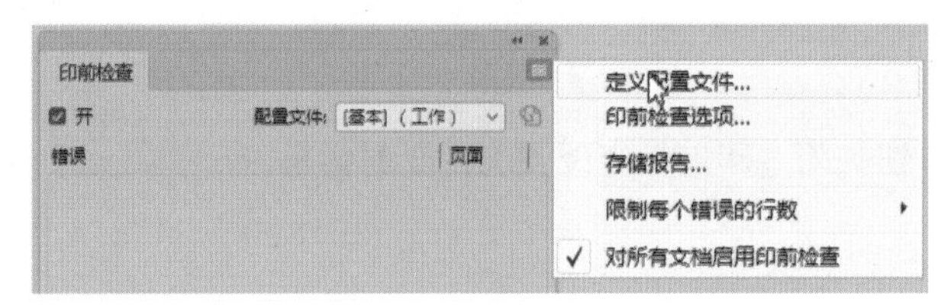

图8.3

3. 在“印前检查配置文件”对话框中，单击左边的印前检查配置文件列表下面的“印前检查配置文件菜单”按钮（≡），并选择“载入配置文件”，如图 8.4 所示。

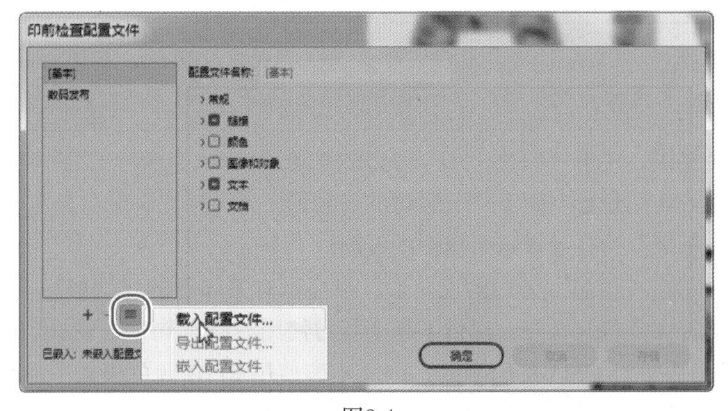

图8.4

4. 选择硬盘文件夹 InDesignCIB\Lessons\Lesson08 中的 Flyer Profile.idpp，再单击“打开”按钮。
5. 在选择了 Flyer Profile 的情况下，查看为该广告指定的输出设置。单击各个类别旁边的箭头，以了解印前检查配置文件中可包含哪些选项。

选定的复选框表示 InDesign 将把它标记为不正确，例如，由于在“颜色”>“不允许使用色彩空间和模式”下，选中了复选框 RGB（如图 8.5 所示），因此任何 RGB 图像都将被视为错误。

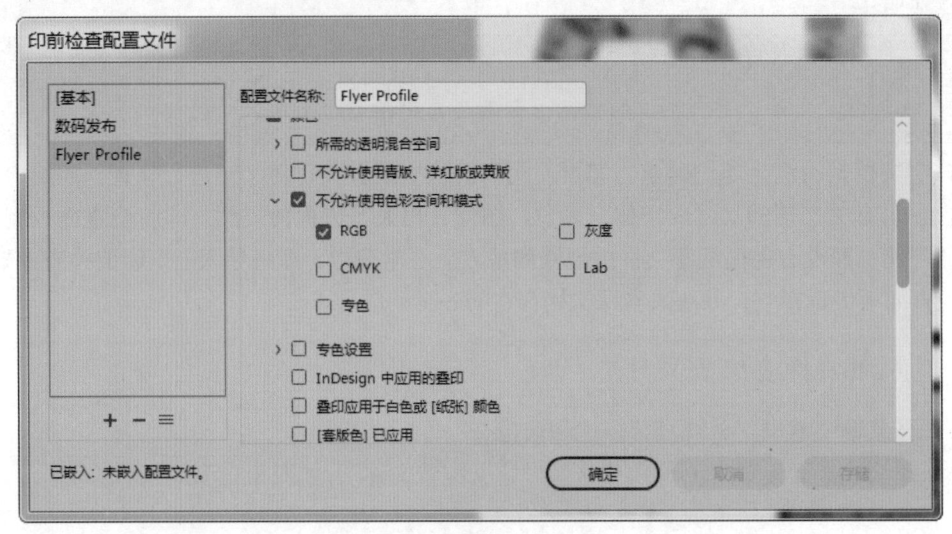

图8.5

6. 单击“确定”按钮关闭“印前检查配置文件”对话框。

8.3.2 选择印前检查配置文件

下面来选择印前检查配置文件 Flyer Profile，看看它标出的错误。

1. 在印前检查面板中，从下拉列表“配置文件”中选择 Flyer Profile。注意，这个配置文件检测到当前文档的颜色存在一个问题。

> Id **提示：**文档窗口左下角会显示文档中有多少个印前检查错误，条件是在印前检查面板中，您选择了左上角的复选框“开”。如果看到很多错误，可打开印前检查面板查看更多信息。

2. 要查看这个错误，单击“颜色（1）”旁边的三角形。
3. 单击“不允许使用色彩空间（1）”旁边的三角形。
4. 双击“文本框架”选择导致这个错误的框架。
5. 如有必要，单击“信息”旁边的三角形，以显示有关问题的详细信息，如图 8.6 所示。让印前检查面板保持打开状态，以供下一个练习使用。

由于这个文档是要进行 CMYK 印刷的，因此不能使用 RGB 颜色模式中的颜色，但这个文本框架的填充色为 RGB 颜色。

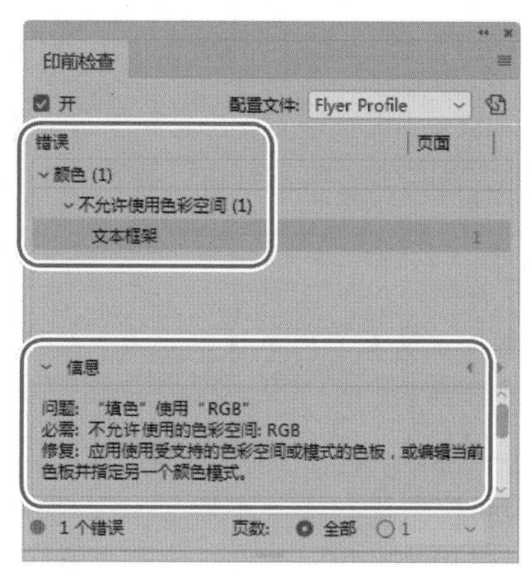

图8.6

8.3.3 对色板进行颜色模式转换

下面对应用于该文本框架的色板进行颜色模式转换，以消除这个印前检查错误。

1. 选择菜单“窗口”>“颜色”>“色板”打开色板面板。
2. 在色板面板的颜色列表中，双击名为“R= 133 G =155 B=112”的灰绿色色板，以打开“色板选项”对话框。
3. 从下拉列表“颜色模式”中选择 CMYK，再单击“确定”按钮，如图 8.7 所示。

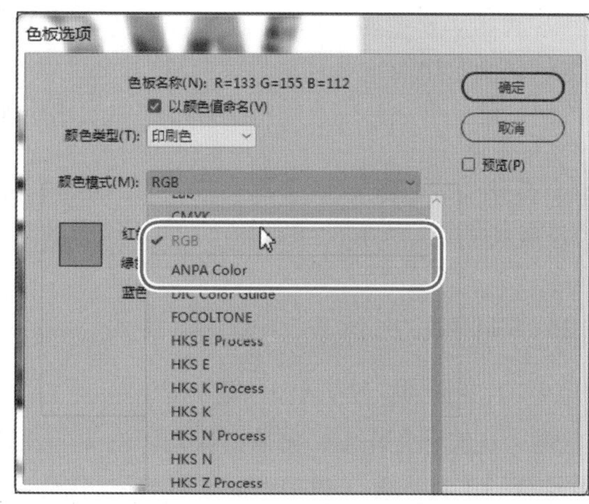

图8.7

4. 注意，印前检查面板中的错误消失了。

> **提示：** 选择菜单“文件”>“打包”将文档打包，以用于最终输出时，InDesign 可能报告与颜色模式相关的问题。在这种情况下，可像这里演示的那样修改颜色模式。

5. 关闭印前检查面板，再选择菜单“文件”>“存储”。

8.4 创建颜色

为最大限度地提高设计的灵活性，InDesign 提供了各种创建颜色的方法。创建颜色和色板后，您就可将其应用于版面中的对象、描边和文本。为确保颜色的一致性，您可在文档和用户之间共享颜色。

- 使用颜色面板动态地创建颜色。
- 使用色板面板创建命名色板，反复使用以确保版面一致性。
- 使用吸管工具从图像中选择颜色。
- 使用颜色主题选择从图像或对象生成的颜色主题。
- 在 Adobe Color Theme 面板中创建和选择主题。
- 使用 CC 库与 Photoshop 和 Illustrator、工作组的其他成员以及其他文档共享颜色。

Id **注意：**完成本课的任务时，请根据需要随意移动面板和修改缩放比例。有关这方面的更详细信息，请参阅第 1 课的“使用面板”和“修改文档的缩放比例”。

您可以以各种颜色模式定义颜色，这包括 RGB、CMYK 以及诸如 PANTONE 等专色模式。本节后面将详细讨论专色和印刷色（CMYK 颜色）的差别。

这张传单将由商业印刷厂使用 CMYK 颜色印刷，这要求使用 4 个不同的印版——青色、洋红色、黄色和黑色。然而，CMYK 颜色模式的色域较小，此时专色就可派上用场。专色用于添加不在 CMYK 色域内的颜色（如金粉油墨和蜡色油墨）以及确保颜色的一致性（例如，用于公司的标识）。

在本节中，您将使用色板面板创建一种用于标识的 PANTONE 颜色，再使用吸管工具、颜色面板和色板面板创建一个用作传单背景色的 CMYK 色板。最后，您将使用颜色主题工具从文档中的一幅马赛克图像创建一组互补色，并将选择的颜色主题添加到色板面板和 CC 库中。

Id **提示：**很多公司的标识都使用了 PANTONE 颜色。为客户做项目时，最好问问为重现其公司的标识，是否需要使用 PANTONE 颜色和特殊字体。

8.4.1 创建 PANTONE 色板

在这张传单中，右下角的标识（ART）需要使用一种 PANTONE 专色油墨。下面添加一种专色，它来自某个颜色库。在实际工作中，您需要通知印刷厂，说您打算使用一种 PANTON 专色。

1. 使用“选择”工具（▶）单击页面周围的粘贴板，确保没有选择任何对象。
2. 如有必要，选择菜单“窗口”>“颜色”>“色板”打开色板面板。
3. 在色板面板菜单中选择“新建颜色色板”（≡）。
4. 在“新建颜色色板”对话框中，从下拉列表“颜色类型”中选择“专色”。
5. 从下拉列表“颜色模式”中选择“PANTONE+ Solid Coated”。
6. 在 PANTONE 和 C 之间的文本框中输入“265”，这将在 PANTONE 色板列表中自动滚动到本项目所需的颜色：PANTONE 265 C。

7. 取消选择左下角的复选框“添加到 CC 库”，如图 8.8 所示。

> **提示：**CC 库让您能够在用户和文档之间共享颜色等素材。CC 库将在第 10 课介绍。

8. 单击“确定”按钮，指定的专色被加入到色板面板中。

在色板面板中，该颜色旁边的图标（■）表明它是一种专色，如图 8.9 所示。添加到色板面板中的新颜色将随当前文档一起存储。

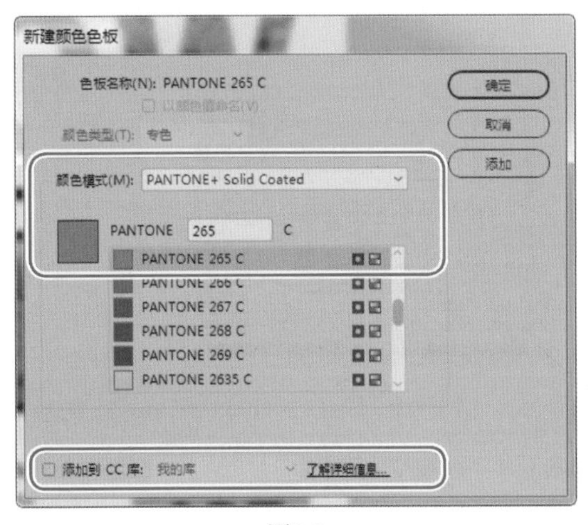

图8.8

图8.9

9. 选择菜单“文件”>“存储”。

在本课后面，您将把刚才添加的专色应用于文本 ART。

8.4.2 创建 CMYK 色板

要从零开始创建 CMYK 色板，您需要明白颜色混合和颜色值。您也可尝试在颜色面板中定义颜色，再将其作为色板添加到色板面板中。另外，您还可使用吸管工具从图像中采集颜色。在本节中，您将首先使用吸管工具来创建一个 CMYK 色板，再通过输入颜色值来创建两个色板。

> **提示：**通过在色板面板中给颜色命名，您能够轻松地将颜色应用于文档中的对象以及编辑和更新对象的颜色。虽然也可使用颜色面板将颜色应用于对象，但没办法快速更新这些颜色（我们称之为未命名颜色）：要修改应用于多个对象的未命名颜色，必须分别修改。

1. 选择菜单“窗口”>“颜色”>“颜色”以打开颜色面板。
2. 在颜色面板中，单击左上角的填色框（ ）。
3. 单击工具面板底部附近的颜色主题工具（ ），并在打开的列表中选择吸管工具（ ），如图 8.10 所示。

4. 在页面左下角的单词 Choose 上单击。
5. 颜色面板将显示从该图像中采集的颜色，如图 8.11 所示。根据您单击位置的不同，颜色值可能不同。

图8.10

为创建所需的颜色，必要时按下面这样微调颜色值。

- 青色：0。
- 洋红色：73。
- 黄色：95。
- 黑色：0。

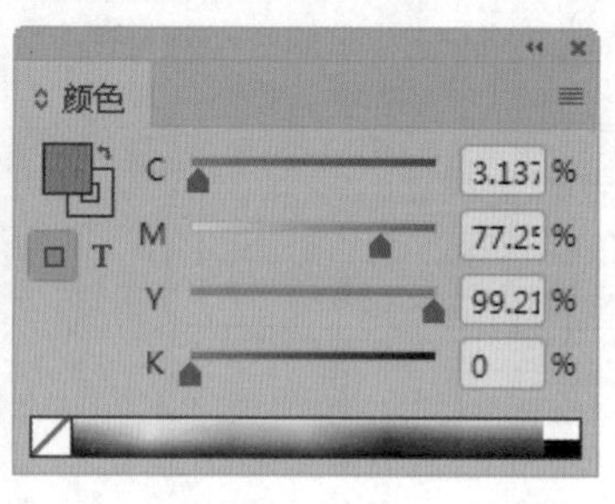

图8.11

6. 从颜色面板菜单（ ）中选择“添加到色板”，如图 8.12 所示。

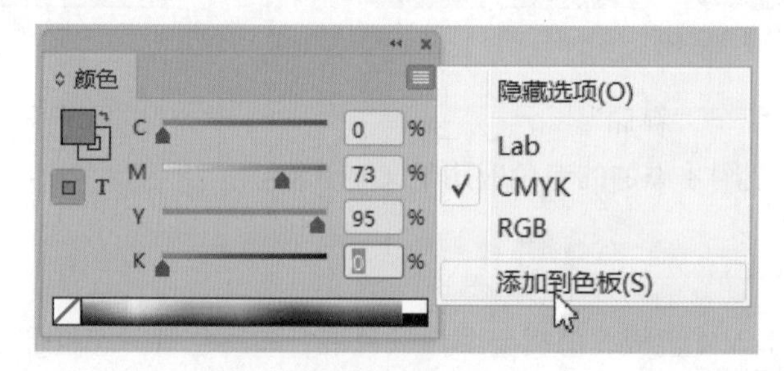

图8.12

在色板面板的列表底部添加一个色板，并自动选择它。

7. 在色板面板中，单击底部的“新建色板”按钮（ ），这将创建选定色板的副本。
8. 双击色板面板中列表末尾的新色板，这将打开“色板选项”对话框，让您能够编辑色板。

> Id **提示：**知道颜色的定义（如前面的 PANTONE 颜色）时，使用色板面板来创建色板最容易。而要匹配图像的颜色时，使用吸管工具和颜色面板来创建色板更容易。

9. 确认颜色类型为印刷色，颜色模式为 CMYK。在文本框中输入如下颜色值以调整颜色（要从一个文本框跳到另一个文本框，可按 Tab 键），如图 8.13 所示。

- 青色：95%。
- 洋红色：85%。

- 黄色：40%。
- 黑色：30%。

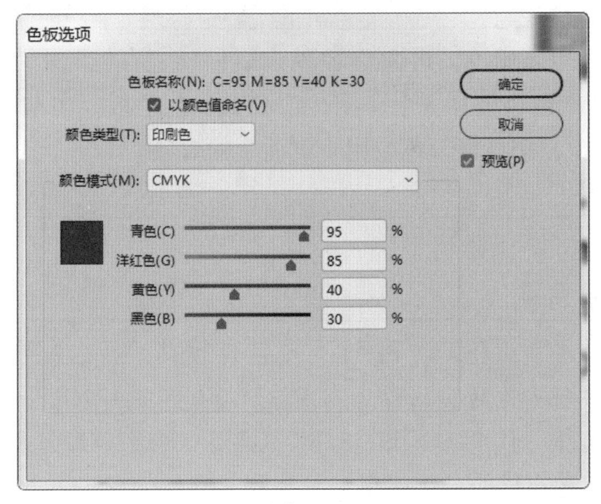

图8.13

10. 单击“确定”按钮以关闭“色板选项”对话框。
11. 按住 Alt（Windows）或 Option（macOS）键，并单击色板面板底部的“新建色板”按钮（ ），这将创建一个新色板，并自动打开“新建颜色色板”对话框。
12. 如有必要，选择复选框“以颜色值命名”。确保颜色类型为印刷色，颜色模式为 CMYK。在文本框中输入如下值（要从一个文本框跳到另一个文本框，可按 Tab 键），如图 8.14 所示。

- 青色：35%。
- 洋红色：90%。
- 黄色：95%。
- 黑色：0%。

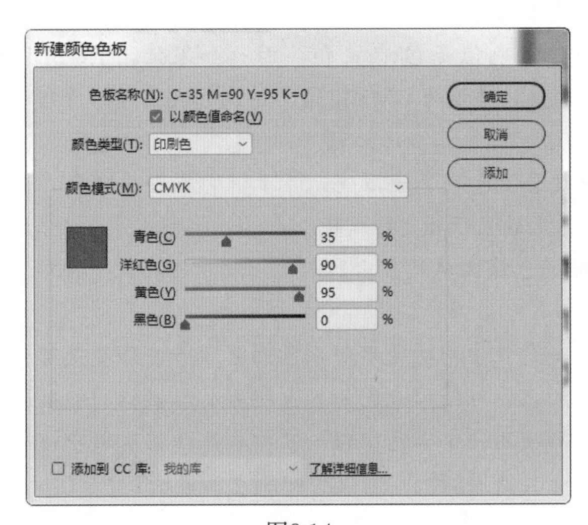

图8.14

提示：要给颜色指定易于识别的名称，如 Aqua 或 Forest Green，可在“新建颜色色板”对话框中取消选择复选框“以颜色值命名”，在“色板名称”文本框中输入名称。

13. 单击“确定”按钮更新颜色，再选择菜单“文件”>“存储”。

至此，您创建了一个专色色板和 3 个印刷（CMYK）色色板。在本课后面，您将从图像中创建颜色主题，而在下一节中，您将把颜色应用于页面中的对象。

专色和印刷色

提示：除专色和印刷色外，InDesign 还提供了混合油墨颜色，这旨在增大使用多种专色的出版物的调色板。要使用这种功能，您可从色板面板菜单中选择“新建混合油墨色板”，再混合专色和黑色来创建新颜色，从而提供双色图像的色调范围。如果菜单项“新建混合油墨色板”不可用，请确保当前文档至少包含一种专色色板。

专色是一种预先混和好的特殊油墨，用于替代或补充CMYK印刷油墨，印刷时需要专门的印版。当指定的颜色较少且对颜色准确性要求较高时使用专色。专色油墨可准确地重现印刷色色域外的颜色。然而，印刷出的专色取决于印刷商混合的油墨和印刷纸张，因此，它并不受您指定的颜色值或色彩管理的影响。

印刷色是使用以下4种标准印刷色油墨的组合进行印刷的：青色、洋红色、黄色和黑色（CMYK）。当作业需要的颜色较多，导致使用专色油墨的成本很高或不可行时（如印刷彩色照片），需要使用印刷色。

- 要使高品质印刷文档呈现最佳效果，请参考四色色谱（印刷商可能提供）中的 CMYK 值来指定颜色。
- 印刷色的最终颜色值是 CMYK 值，因此如果使用 RGB 指定印刷色，在分色时，这些颜色值将转换为 CMYK 值。转换方式因色彩管理设置和文档配置文件而异。
- 除非正确地设置了色彩管理系统，且了解它在预览颜色方面的局限性，否则不要根据显示器上的显示指定印刷色。
- 由于 CMYK 的色域比典型显示器小，因此不要在仅供在屏幕上查看的文档中使用印刷色。

有时候，在同一作业中同时使用印刷色油墨和专色油墨是可行的。例如，在年度报告的同一个页面上，可使用专色油墨来印刷公司徽标的精确颜色，并使用印刷色来重现照片。还可使用一个专色印版，在印刷色作业区域中应用上光色。在这两种情况下，印刷作业共使用5种油墨：4种印刷色油墨和1种专色油墨或上光色。

每使用一种专色，印刷时都将增加一个专色印版。一般而言，商业印刷厂可提供双色印刷（黑色和一种专色）以及增加一种或多种专色的4色CMYK印刷。使用专色通常会增加印刷费用。在文档中使用专色之前，应向印刷商咨询。

——摘自InDesign帮助

8.5 应用颜色

创建颜色色板后，您可将其应用于对象、文本等。色板面板、控制面板和 CC Libraries 面板都提供了颜色应用工具。应用颜色的过程包括 3 大步骤。

1. 选择文本或对象。
2. 根据要修改哪种颜色选择描边或填充选项。
3. 选择色板。

工具面板、色板面板、颜色面板和控制面板都包含了描边 / 填色框（ ），您可使用它来指定要将颜色应用于描边（轮廓）还是填充区域（背景）。应用颜色时，务必注意观看描边 / 填色框，因为很容易将颜色错误地应用于对象的其他部分。

InDesign 提供了很多其他的颜色应用方式，包括将色板拖放到对象上、使用吸管工具复制对象中的颜色以及在样式中指定颜色等。在您使用 InDesign 的过程中，将知道哪种方式对您来说是最合适的。

在这个练习中，您将使用各种面板和方法将颜色应用于描边、填充和文本。

8.5.1 指定对象的填充色

在这里，您将给页面上的各种对象指定填充色，为此您将使用色板面板、拖曳色板以及吸管工具。

1. 如有必要，选择菜单“窗口”>“颜色”>“色板”打开色板面板。请让这个面板保持打开状态，直到阅读完本课。
2. 选择菜单“视图”>“屏幕模式”>“正常”，以便能够看到框架边缘。

Id **提示**：要交换选定对象的描边颜色和填充色，可单击描边 / 填色框（ ）中的箭头。

3. 使用“选择”工具（ ）单击页边距（边距参考线外面）的任何地方，以选择大型的背景框架，如图 8.15 所示。
4. 在色板面板中，单击填色框（ ）。
5. 单击前面从单词 Choose 创建的橘色色板：C=0 M=73 Y=95 K=0，如图 8.16 所示。
6. 使用选择工具选择左边包含文本 Experience the Evolution 的文本框架。

图8.15　单击页边距以选择如图所示的大型框架

7. 在选择了填色框的情况下，单击名为“C=65 M=40 Y=0 K=0”的蓝色色板，如图 8.17 所示。

图8.16

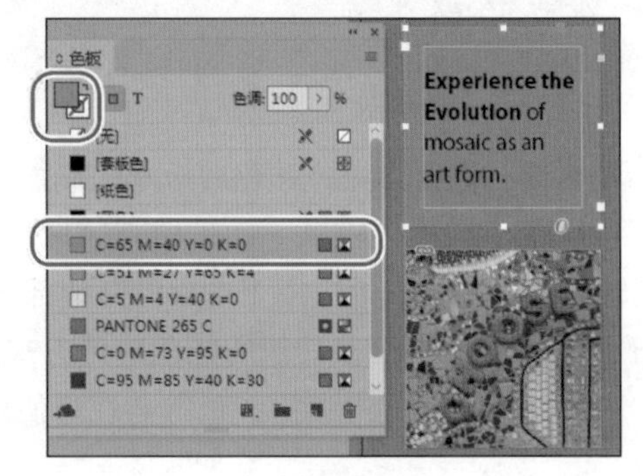

图8.17

8. 单击粘贴板确保没有选择页面上的任何对象。
9. 在色板面板中，单击酒红色色板：C=35 M=90 Y=95 K=0。
10. 将这个色板拖放到页面底部中央包含文本 beautiful mosaics 的文本框架上，如图 8.18 所示。

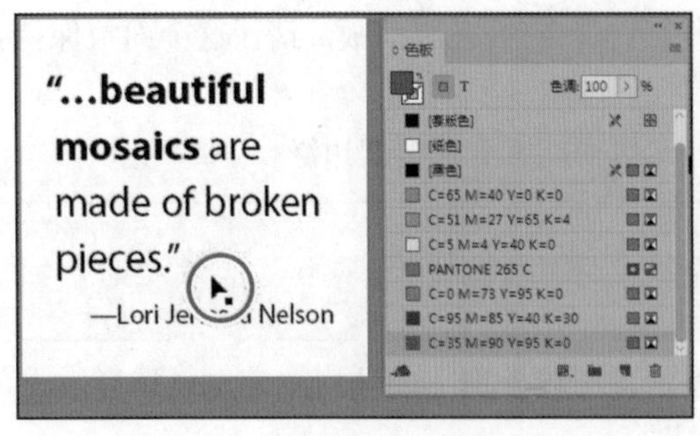

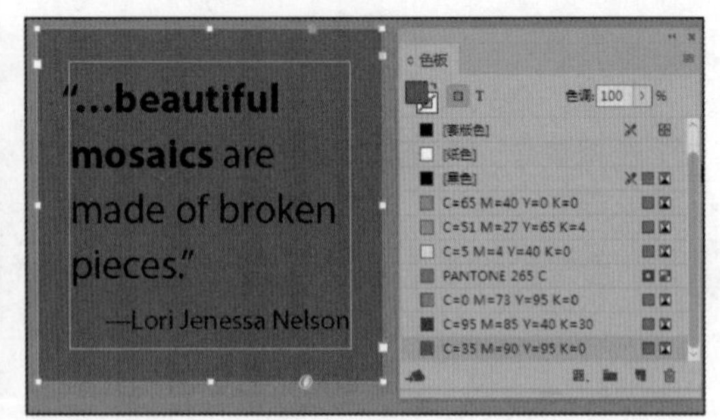

图8.18

11. 单击粘贴板确保没有选择任何对象。

此时页面的下半部分应类似于图 8.19。

12. 选择菜单“文件”>“存储”。

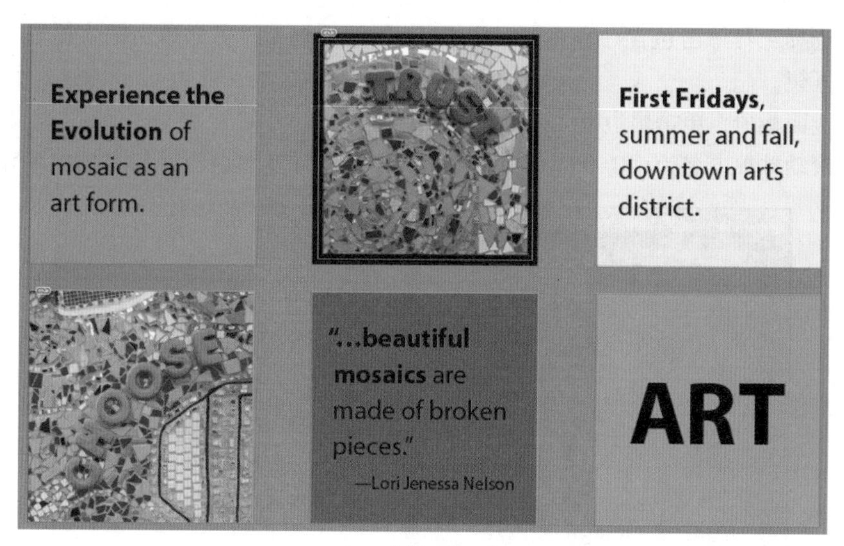

图8.19

8.5.2 给描边指定颜色

使用描边面板（菜单“窗口”>“描边”）可给直线、框架和文本添加描边。在这里，您将使用控制面板中的选项给已有直线和图形框架指定描边颜色。

1. 使用“选择”工具（ ）单击文本 Art Show 下方的直线。
2. 在控制面板中，单击下拉列表“描边”。
3. 向下滚动并选择酒红色色板：C=35 M=90 Y=95 K=0，如图 8.20 所示。

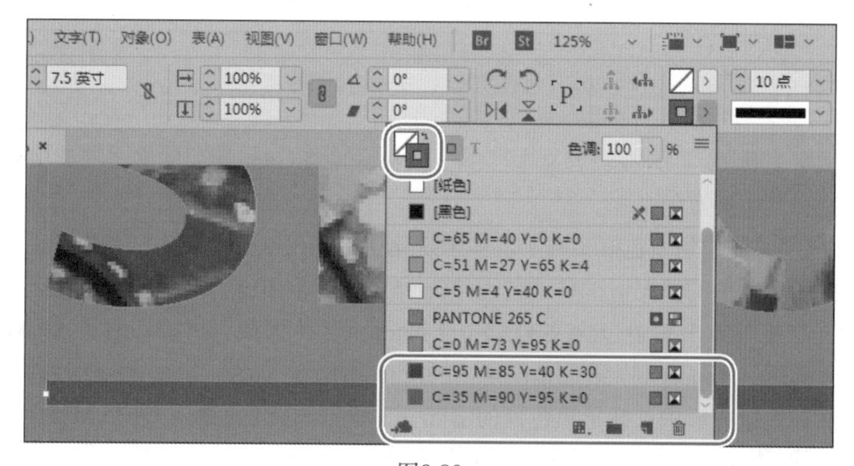

图8.20

注意：如果将颜色应用到了错误的对象或对象的错误部分，可选择菜单“编辑”>“还原”，再重做。

4. 使用选择工具单击包含马赛克和字样 Trust 的图形框架。务必单击内容抓取工具的外面以选择框架。
5. 在色板面板中，单击描边框（ ）。
6. 向下滚动并单击名为“C=95 M=85 Y=40 K=30”的深蓝色色板，如图 8.21 所示。

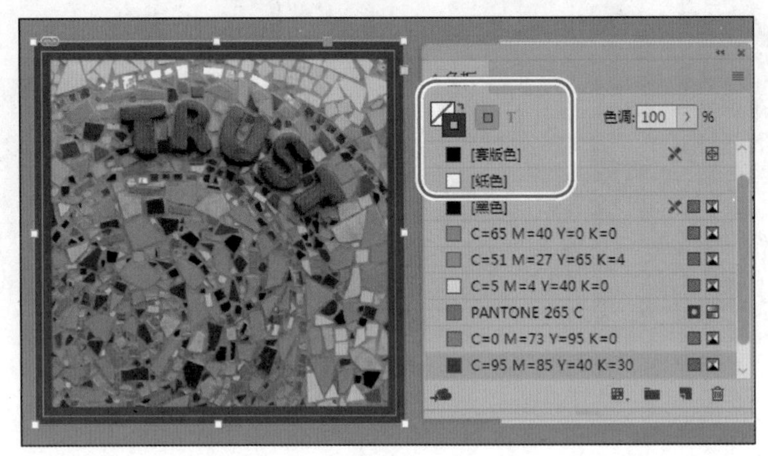

图8.21

7. 选择菜单“文件”>“存储”。

8.5.3 将颜色应用于文本

接下来，您将使用文字工具选择文本，并使用色板面板和控制面板来指定文本的填充色。为创建反白字（深色背景上的浅色文字），您将把 InDesign 的“纸色”应用于框架中的文本。

> Id **提示**：“纸色”是一种特殊颜色，它模拟印刷纸张的颜色。

1. 使用文字工具（ ），在包含文本“Experience the Evolution”的文本框架中单击，再通过拖曳选择其中所有的文本。

在色板面板中，注意到填色框（ ）发生了变化，用于反映选定文本的填充色。

2. 在选择了填色框的情况下，单击名为“C=95 Y=85 M=40 K=30”的蓝色色板。
3. 使用文字工具单击右边包含文本“First Fridays”的框架，再按 Ctrl + A（Windows）或 Command + A（macOS）键选择段落中的所有文本。
4. 在依然在色板面板中选择了填色框的情况下，单击酒红色色板：C=35 M=90 Y=95 K=0。

单击粘贴板取消选择文本，结果应类似于图 8.22。

5. 使用文字工具单击页面底部中央包含文本“beautiful mosaics”的文本框架，再选择菜单“编辑”>“全选”选择其中所有的文本。
6. 在依然在色板面板中选择了填色框的情况下，单击“[纸色]”。

单击粘贴板取消选择文本，结果应类似于图 8.23。

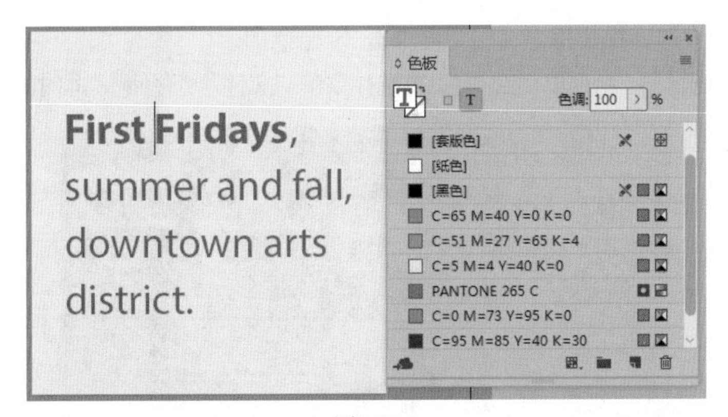

图8.22

图8.23

7. 使用文字工具单击右下角包含单词 Art 的文本框架，再双击单词 Art 以选择它。
8. 在依然选择了填色框的情况下，单击色板“PANTONE 265 C”。
9. 在依然选择了单词 Art 的情况下，选择菜单“窗口”>“描边”。
10. 在“粗细”文本框中输入“1 点”并按回车键，如图 8.24 所示。

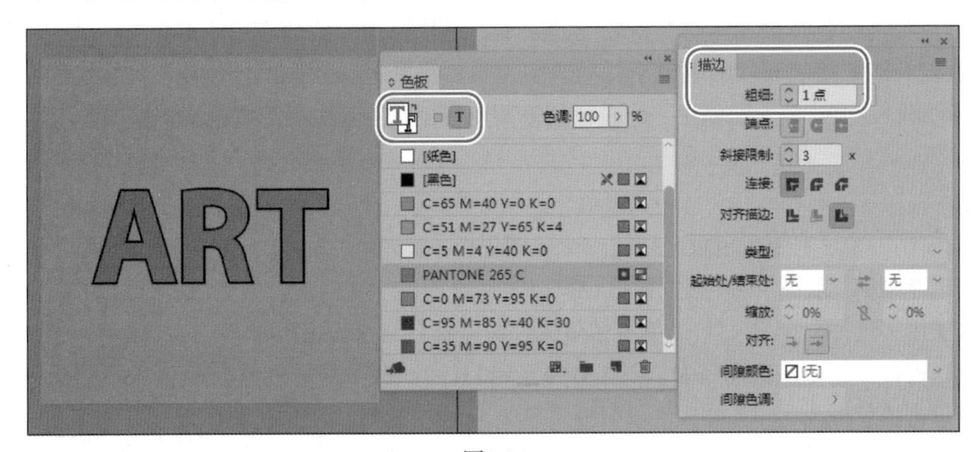

图8.24

11. 在色板面板中选择描边框（ ），再单击“[黑色]”。

12. 选择菜单“编辑”>“全部取消选择”，再选择菜单“文件”>“存储”，此时的页面如图 8.25 所示。

图8.25

8.6 使用色调

色调色板是颜色经过加网而变得较浅的版本，可快速而一致地应用于对象。色调色板存储在色板面板以及诸如控制面板的颜色下拉列表中。要共享其他文档中的色调色板，可在色板面板菜单中选择“载入色板”。下面创建一个浅绿色色调色板，并将其应用于黄色文本框架。

8.6.1 创建色调色板

下面使用一个已有颜色色板来创建一个色调色板。

1. 选择菜单“视图”>“使页面适合窗口”使页面位于文档窗口中央。
2. 使用“选择”工具（ ）单击粘贴板，确保没有选择任何对象。
3. 在色板面板中，选择名为“C=5 M=4 Y=40 K=0 65%”的黄色色板。
4. 单击填色框（ ），再从色板面板菜单（ ）中选择“新建色调色板”。
5. 在“新建色调色板”对话框中，只有底部的“色调”可以修改。在“色调”文本框中输入

"65"，再单击"确定"按钮。

> **提示**：色调很有用，因为 InDesign 维持色调同其父颜色的关系。因此，如果您将父颜色色板改为其他颜色，这个色调色板将变成新颜色的较浅版本。

新建的色调色板出现在色板列表末尾。色板面板的顶部显示了有关选定色板的信息，填色 / 描边框表明该色板为当前选定的填充色，下拉列表"色调"的值表明该颜色为原始颜色的 65%，如图 8.26 所示。

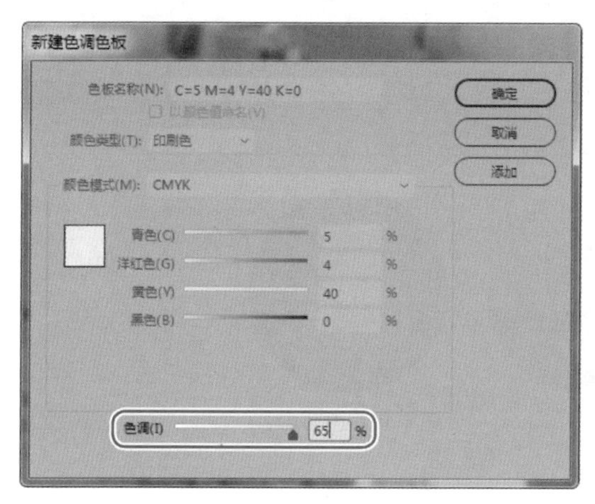

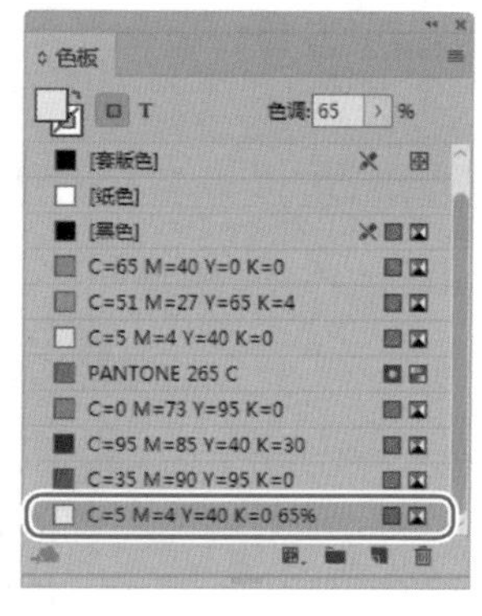

图8.26

8.6.2 应用色调色板

下面将这个色调色板用作填充色。

1. 使用"选择"工具（ ），单击页面右边包含文本 First Fridays 的文本框架。
2. 在色板面板（ ）中，单击填色框。
3. 在色板面板中，单击刚创建的色调色板（其名称为"C=5 M=4 Y=40 K=0 65%"），注意，颜色发生了变化，如图 8.27 所示。

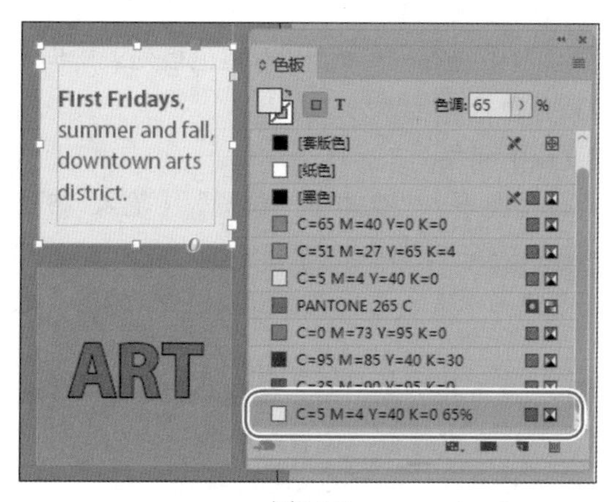

图8.27

4. 选择菜单“文件”>“存储”。

8.7 使用渐变

渐变是逐渐混合多种颜色或同一种颜色的不同色调。您可创建线性渐变或径向渐变，如图 8.28 所示。在本节中，您将使用色板面板创建一种线性渐变色板，将其应用于多个对象，并使用渐变色板工具调整渐变。

> Id **提示：**最好在目标输出设备（无论是平板电脑、喷墨打印机还是印刷机）中对渐变进行测试。

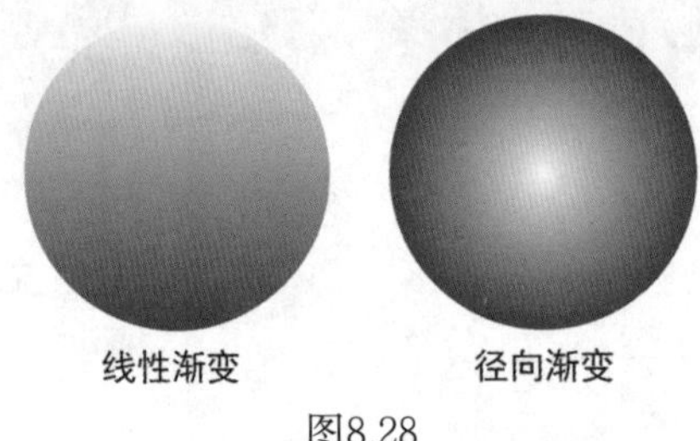

图8.28

8.7.1 创建渐变色板

在“新建渐变色板”对话框中，渐变是在渐变曲线中使用一系列颜色站点定义的。站点是渐变从一种颜色变成下一种颜色的地方，由位于渐变曲线下方的方块标识。每种 InDesign 渐变都至少有两个颜色站点。通过编辑每个站点的颜色以及新增颜色站点，用户可创建自定义渐变。

1. 选择菜单“编辑”>“全部取消选择”确保没有选中任何对象。
2. 在色板面板菜单（▤）中选择“新建渐变色板”。
3. 在文本框“色板名称”中输入 Blue/White，保留“类型”设置为“线性”。
4. 单击渐变曲线上的左站点标记（⌂）。
5. 从下拉列表“站点颜色”中选择“色板”，再在色板列表中向下滚动，并选择名为“C=65 M=40 Y=0 K=0”的蓝色色板。

注意，渐变曲线的左端变成了蓝色。

6. 在依然选择了左站点的情况下，在文本框“位置”中输入“5”。

> Id **提示：**要创建使用色调的渐变，先得在色板面板中创建一个色调色板。

7. 单击右站点标记（■），从下拉列表“站点颜色”中选择“色板”，再在色板列表中向下滚动并选择“[纸色]”，然后在文本框“位置”中输入“70”。

渐变曲线显示了蓝色和白色的混合，如图 8.29 所示。

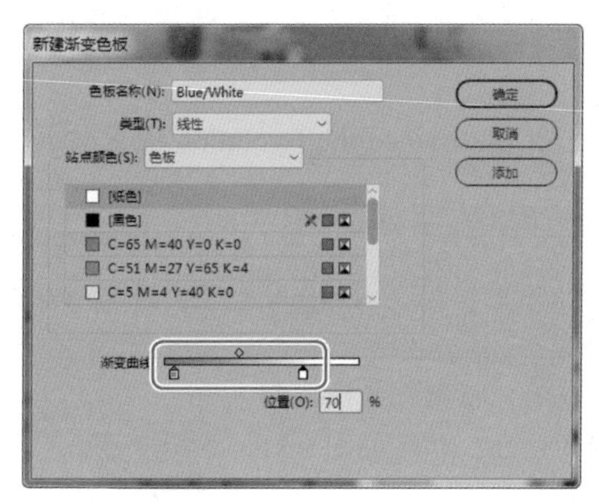

图8.29

8. 单击“确定”按钮。新建的渐变色板将出现在色板面板中的列表末尾。
9. 选择菜单“文件”>“存储”。

8.7.2 应用渐变色板

下面将一个文本框架的填色改为渐变 Blue/White。

1. 使用“选择”工具（ ）单击左边包含文本 Experience the Evolution 的文本框架。
2. 在色板面板中单击填色框（ ）。
3. 在色板面板中，单击刚创建的渐变 Blue/White，如图 8.30 所示。

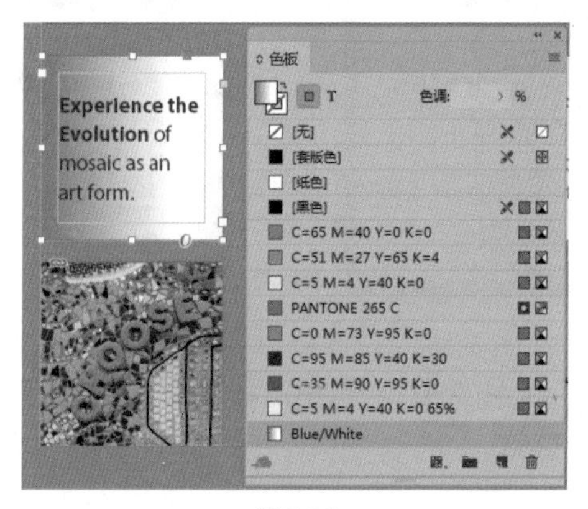

图8.30

> Id **提示：**在使用渐变色板时，开始的位置距离对象外边缘越远，渐变混合的效果越好。

4. 选择菜单“文件”>“存储”。

8.7.3 调整渐变的混合方向

使用渐变填充对象后，您可修改渐变。为此，您可使用渐变色板工具拖曳出一条虚构的直线，从而沿该直线重绘渐变。这个工具让您能够修改渐变的方向以及起点和终点。下面来修改渐变的方向。

1. 确保依然选择了包含文本 Experience the Evolution 的文本框架，再按 G 键选择工具面板中的渐变色板工具（ ）。

> **提示**：使用渐变色板工具时，拖曳的起点离对象的外边缘越远，渐变的变化程度越平滑。

2. 为创建更平滑的渐变效果，将鼠标光标指向选定文本框架左边缘的外面，并按如图 8.31 所示的那样向右拖曳。

松开鼠标后，您将发现从蓝色到白色的渐变比以前更平滑，如图 8.31 所示。

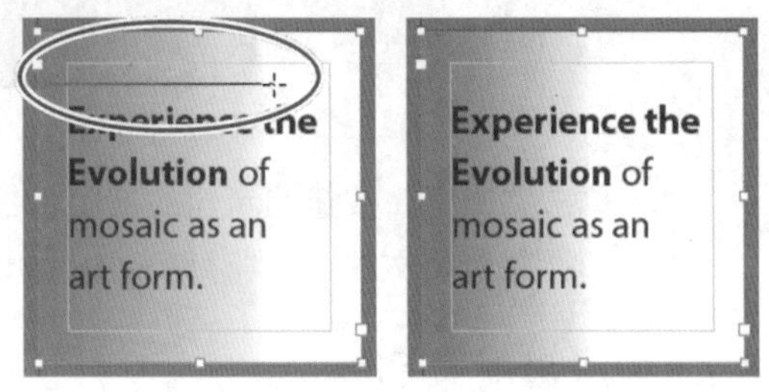

图8.31

3. 要创建更强烈的渐变，使用渐变色板工具在文本框架内部拖曳更短的距离，如图 8.32 所示。继续尝试使用渐变色板工具，直到理解其工作原理为止。
4. 试验完毕后，从文本框架的顶端拖曳到底端，如图 8.33 所示。这是对这个文本框架应用的最终渐变。

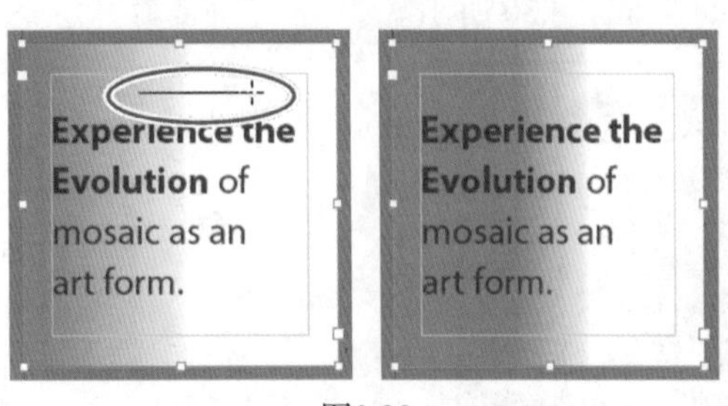

图8.32

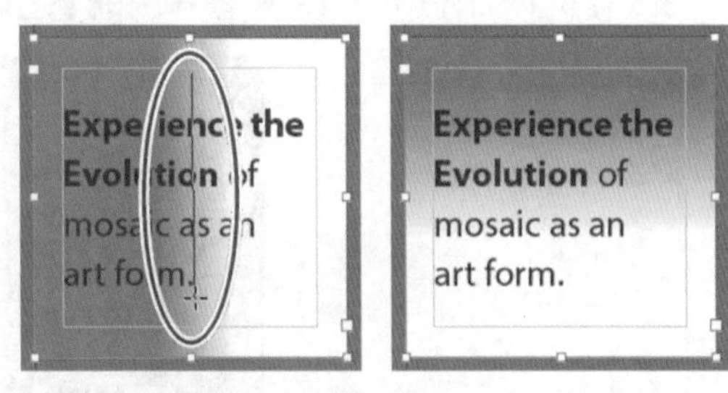

图8.33

5. 按 V 键切换到“选择”工具（ ），再单击粘贴板确保没有选择任何对象。
6. 选择菜单“文件”>“存储”。

8.8 使用颜色组

如果文档包含很多具有特殊用途（如用于章节序言或分隔页面）的颜色，您可在色板面板中将色板分组，这样可轻松地同其他文档或其他设计人员共享颜色组。

8.8.1 将颜色添加到颜色组中

下面将这个文档中的颜色放到一个新的颜色组中。

1. 为新建颜色组，从色板面板菜单（ ）中选择“新建颜色组”。

2. 在“新建颜色组”对话框中，输入Art Show Campaign，并单击“确定”按钮，如图8.34所示。

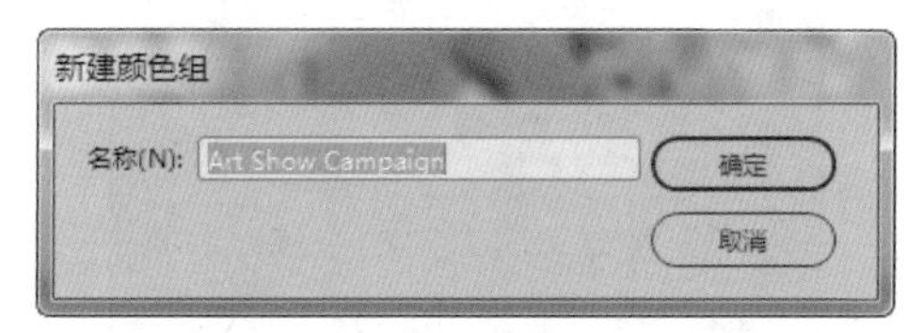

图8.34

3. 为将颜色色板、色调色板和渐变色板添加到颜色组“Art Show Campaign”中，选择这些色板并将它们拖放到这个颜色组中。

- 为选择这些色板，按住Shift键并单击第一个色板和最后一个色板（您无需将色板“[无]”“[套版色]”“[纸色]”和“[黑色]”移到这个颜色组中）。
- 将选定的色板拖曳到文件夹Art Show Campaign下方，等到出现直线后松开鼠标，如图8.35所示。

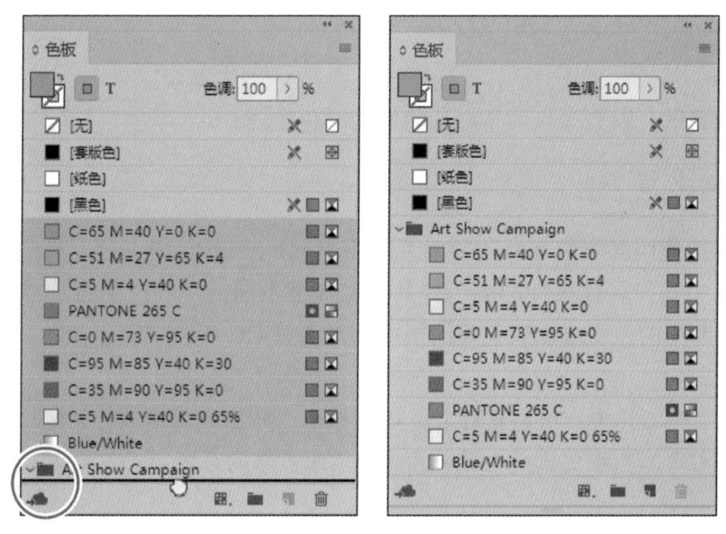

图8.35

4. 选择菜单“文件”>“存储”。

8.8.2 预览最终的文档

最后，您将对最终的文档进行预览。

1. 选择菜单“视图”>“屏幕模式”>“预览”。
2. 选择菜单“视图”>“使页面适合窗口”。
3. 按Tab键隐藏所有的面板并预览您的工作成果，如图8.36所示。

图8.36

祝贺您完成了本课!

8.9 练习

请按下面的步骤做，以更深入地学习如何使用颜色主题。

8.9.1 创建颜色主题

要创建与文档中使用的图像互补的颜色，可使用InDesign颜色主题工具。这个工具对图像或对象进行分析，从中选择有代表性的颜色，并生成5个不同的主题。您可选择并应用颜色主题中的色板、将颜色主题中的色板添加到色板面板中以及通过CC库共享颜色主题。要使用颜色主题工具，可像下面这样做。

- 使用颜色主题工具单击图像或对象，从一个很小的区域创建颜色主题。
- 使用颜色主题工具拖曳出一个覆盖图像和/或对象的方框，并从这些图像或对象中创建颜色主题。
- 按住Alt（Windows）或Option（macOS）键并使用颜色主题工具单击，以清除已有的颜色主题并创建新的颜色主题。

> **提示：**设计文档时，通常创建的颜色色板数比实际使用的多。确定最终的设计和调色板后，应将未用的颜色删除，以免不小心应用了它们。为此，您可从色板面板菜单中选择“选择所有未使用的样式”，再单击面板底部的“删除选定的色板/组”按钮。

8.9.2 查看颜色主题

首先，您将查看从包含单词Choose的马赛克图像创建的颜色主题，再从中选择您要使用的颜色主题。

1. 在工具面板中单击吸管工具（ ）并按住鼠标，并从打开的下拉列表中选择颜色主题工具（ ）。

> Id **提示：**要使用键盘选择颜色主题工具，可按I键。如有必要，按I键两次，从吸管工具切换到颜色主题工具。请注意，在文本编辑模式下，无法使用键盘快捷键。

2. 在页面左下角找到包含单词Choose的马赛克图像。
3. 使用颜色主题工具在这幅图像的任何位置单击。

注意，颜色主题面板显示了从这幅图像中挑选出来的颜色主题，如图8.37所示。

4. 在颜色主题面板中，单击下拉列表“当前主题”，并选择主题“深”，如图8.38所示。

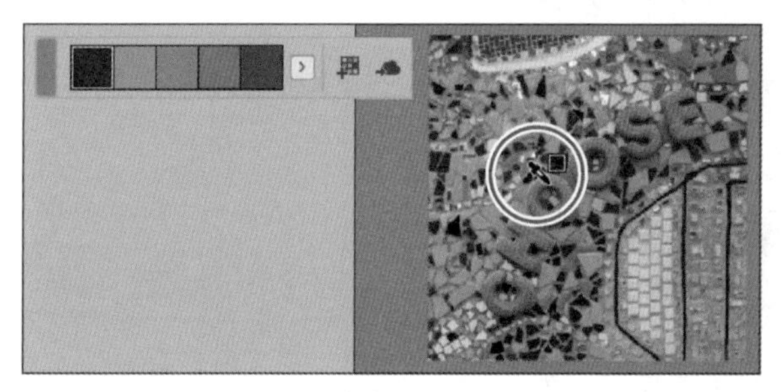

图8.37

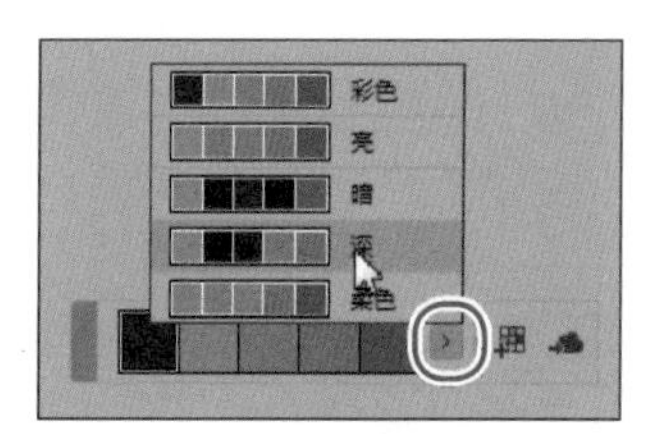

图8.38

您可选择并使用这里显示的任何色板，但这里不这样做，而是将整个颜色主题都添加到色板面板中。

8.9.3 将主题添加到色板面板中

颜色主题“深”最适合用于这里的传单。首先，您将把它添加到色板面板中，并在Adobe Color Themes面板中查看它，这个面板可帮助您管理主题。然后，您将与工作组中其他负责制作营销材料的任何，共享这个颜色主题。

1. 在颜色主题面板中选择了主题“深”后，单击“将此主题添加到色板”按钮（ ），如图8.39所示。

图8.39

> Id **提示：**除将整个颜色主题添加到色板面板中外，您还可将颜色主题中的特定颜色添加到色板面板中。为此，您可在颜色主题面板中选择该色板，再按住Alt（Windows）或Option（macOS）键并单击“将此主题添加到色板”按钮。

2. 如有必要，选择菜单“窗口”>“颜色”>“色板”以打开色板面板。

3. 必要时向下滚动鼠标，以查看以颜色组的方式添加到色板面板中的“深 _ 主题”，如图 8.40 所示。

> Id　**注意**：“深 _ 主题”中颜色的 CMYK 值可能与这里显示的稍有不同，但这不会影响您完成本课后面的任务。

图8.40

4. 选择菜单“文件”>“存储”。

8.9.4 将颜色主题添加到 CC 库中

InDesign CC 库让您能够轻松地在工作组中共享颜色色板和颜色主题等素材。在多名设计人员协作处理杂志或营销材料时，这可确保创意团队的每位成员都能轻松地访问同样的内容。在这里，您将把“深 _ 主题”添加到 CC 库中。有关 CC 库的更详细信息，请参阅第 10 课。

1. 在依然选择了“深 _ 主题”的情况下，在颜色主题面板中单击“将此主题添加到我的当前 CC 库”按钮（☁），如图 8.41 所示。

图8.41

> Id　**注意**：要使用 CC 库功能，请确保您的系统正运行着 Adobe Creative Cloud 应用程序。

2. 如有必要，选择菜单“窗口”>“CC Libraries”以打开面板 CC Libraries，您将看到该颜色主题已被添加，如图 8.42 所示。

图8.42

3. 打开 CC Libraries 面板菜单，您将看到其中包含了一些协作选项：协作和共享链接。
4. 这个颜色主题也被添加到 Adobe Color Themes 面板中，要确定这一点，可选择菜单“窗口”>“颜色”>Adobe Color Themes。
5. 在 Adobe Color Themes 面板中，单击标签 My Themes，再从库列表中选择“我的库”，如图 8.43 所示。

> **注意**：如有必要，在选项卡“我的主题”中选择其他库。

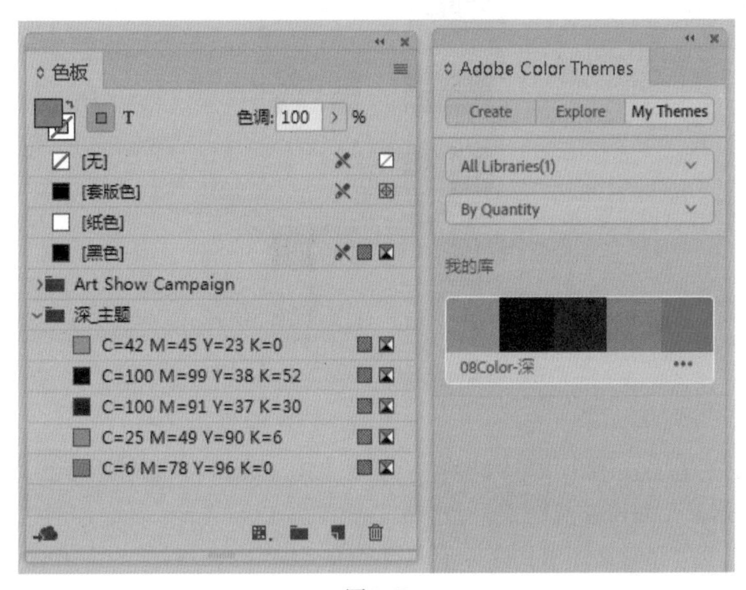

图8.43

6. 选择菜单“窗口”>“颜色”>“Adobe Color Themes”以关闭这个面板。
7. 选择菜单“文件”>“存储”。

管理颜色主题

InDesign有很多创建和管理颜色主题的方式。使用下面这些工具可在应用程序和项目之间同步颜色，还可方便地与其他用户协作。

- Adobe Capture CC应用可在iPad、iPhone和Android上运行，让您能够根据设备相机对准的地方创建颜色主题。
- Adobe Color CC网站让您能够创建自己的颜色主题、探索其他用户的颜色主题以及查看自己的颜色主题。
- Adobe Color Themes面板（“窗口”>“颜色”>“Adobe Color Themes”）让您能够在InDesign和其他Creative Cloud应用程序（如Photoshop CC和Illustrator CC）中创建和探索颜色主题，如图8.44所示。

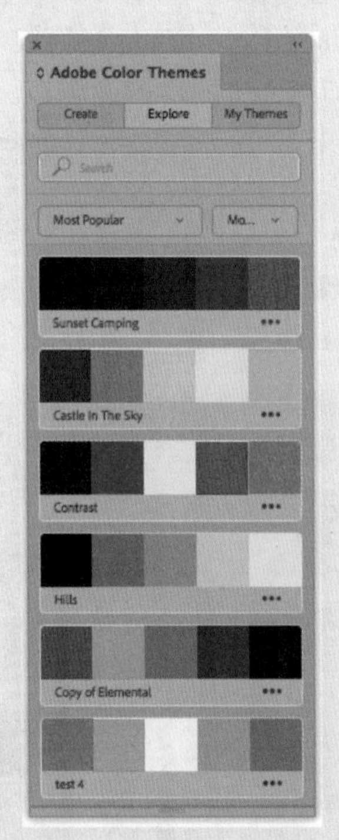

图8.44

- CC Libraries面板（“窗口”>“CC Libraries”）让您能够在工作组内共享颜色主题以及通过复制、移动和删除颜色主题来管理它们。

有关这些工具的更详细信息，请参阅InDesign帮助文档。

8.10 复习题

1. 相比于使用颜色面板，使用色板面板来创建颜色有何优点?
2. 应用颜色色板的 3 个基本步骤是什么?
3. 相比于使用印刷色，使用专色有何优缺点?
4. 创建渐变并将其应用于对象后，如何调整渐变的混合方向?

8.11 复习题答案

1. 如果使用色板面板将同一种颜色应用于文本和对象，然后发现需要使用另一种颜色，则无需分别更新每个对象，而只需在色板面板中修改这种颜色的定义，所有这些对象的颜色都将自动更新。
2. 应用颜色色板的基本步骤如下：选择文本或对象；根据要修改描边还是填色选择描边框或填色框；选择颜色。您可在色板面板和控制面板中选择颜色，在工具面板中也可快速访问到上次使用的颜色。
3. 使用专色可确保颜色的准确性。然而，每种专色都需要一个独立的印版，因此使用专色的成本更高。当作业使用的颜色非常多，导致使用专色油墨非常昂贵或不现实时（如打印彩色照片时），应使用印刷色。
4. 要调整渐变的混合方向，可使用渐变色板工具沿所需方向拖曳一条虚构直线，然后沿该直线重新绘制填充。

第9课 使用样式

课程概述

本课介绍如下内容：

- 创建和应用段落样式；
- 创建和应用字符样式；
- 在段落样式中嵌套字符样式；
- 创建和应用对象样式；
- 创建和应用单元格样式；
- 创建和应用表样式；
- 全面更新段落样式、字符样式、对象样式、单元格样式和表样式；
- 导入并应用其他 InDesign 文档中的样式；
- 创建样式组。

本课需要大约 60 分钟。

启动 InDesign 之前，先到异步社区的相应页面将本书的课程资源下载到本地硬盘中，并进行解压。

Expedition Tea Company

TEA HOUSE & GIFT SHOP

nbelievable
elievable taste. A
that results in a
ste.

ka • English
body with
icing with milk.

hnauth region,
quor with nutty,
ith milk.

Nuwara Eliya,
own Ceylon with
excellent finish.
Year.

pe :: Darjeeling,
he distinctive
f black currant

OOLONG TEA

Formosa Oolong :: *Taiwan* • **This superb long-fired oolong tea has a bakey, but sweet** fruity character with a rich amber color.

Orange Blossom Oolong :: *Taiwan, Sri Lanka, India* • Orange and citrus blend with **toasty oolong for a "jammy" flavor.**

Ti Kuan Yin Oolong :: *China* • A light "airy" character with lightly noted orchid-like hints **and a sweet fragrant finish.**

Phoenix Iron Goddess Oolong :: *China* • A light "airy" character with delicate orchid-like notes. A top grade oolong.

Quangzhou Milk Oolong :: *China* • A unique character —like sweet milk with light orchid notes from premium oolong peeking out from camellia depths.

GREEN TEA

Dragonwell (Lung Ching) :: *China* • Distinguished by its beautiful shape, emerald **color, and sweet floral character. Full-bodied** with a slight heady bouquet.

Genmaicha (Popcorn Tea) :: *Japan* • Green **tea blended with fire-toasted rice with a natural sweetness. During the firing the rice** may "pop" not unlike popcorn.

Sencha Kyoto Cherry Rose :: *China* • Fresh, **smooth sencha tea with depth and body. The cherry flavoring and subtle rose hints give the** tea an exotic character.

Superior Gunpowder :: *Taiwan* • Strong dark-green tea with a memorable fragrance **and long lasting finish with surprising body** and captivating green tea taste.

4

etp *Contains tea from Ethical Tea Partnership monitored estates.*

在 Adobe InDesign 中，您可创建样式（一组格式属性）并将其应用于文本、对象、表等。若修改样式，应用了该样式的所有文本或对象都会受到影响。使用样式可快速、一致地设置文档的格式。

9.1 概述

在本课中，您将创建一些样式，并将其应用于 Expedition Tea Company 产品目录的一些页面。样式是一组属性，让您能够快速、一致地设置文档中文本和对象的格式。例如，段落样式“Body Text”指定了字体、字体大小、行距和对齐方式等属性。这里的产品目录页面包含文本、表格和对象，您可以设置它们的格式，并根据这些内容创建样式。这样，如果以后您置入了更多的产品目录内容，只需单击一下鼠标，就可使用样式来设置这些新文本、表格和对象的格式。

Id

注意：如果还没有从异步社区下载本课的项目文件，现在就这样做，详情请参阅“前言”。

1. 为确保您的 Adobe InDesign 首选项和默认设置与本课使用的一样，将 InDesign Defaults 文件移到其他文件夹，详情请参阅“前言”中的“保存和恢复 InDesign Defaults 文件”。
2. 启动 Adobe InDesign。
3. 在出现的 InDesign 起点屏幕中，单击左边的“打开”按钮（如果没有出现起点屏幕，就选择菜单“文件”>“打开”）。
4. 打开硬盘文件夹 InDesignCIB\Lessons\Lesson09 中的文件 09_Start.indd。
5. 如果出现“缺失字体”对话框，请单击“同步字体”按钮，同步字体后，再单击“关闭”按钮。
6. 选择菜单“文件”>“存储为”，将文件重命名为 09_Styles.indd，并将其保存到文件夹 Lesson09 中。
7. 为确保面板和菜单命令与本课使用的相同，选择菜单“窗口”>“工作区”>“[高级]”，再选择菜单“窗口”>“工作区”>“重置 [高级]”。

注意：本书的屏幕截图显示的界面都是中等浅色的；在您的屏幕上，诸如面板和对话框等界面元素要暗些。

8. 为以更高的分辨率显示这个文档，请选择菜单“视图”>“显示性能”>“高品质显示”。
9. 如果想查看完成后的文档，请打开文件夹 Lesson09 中的 09_End.indd，如图 9.1 所示。可让该文档保持打开状态以便工作时参考。

查看完毕后，单击文档窗口左上角的标签 09_Styles.indd 切换到该文档。

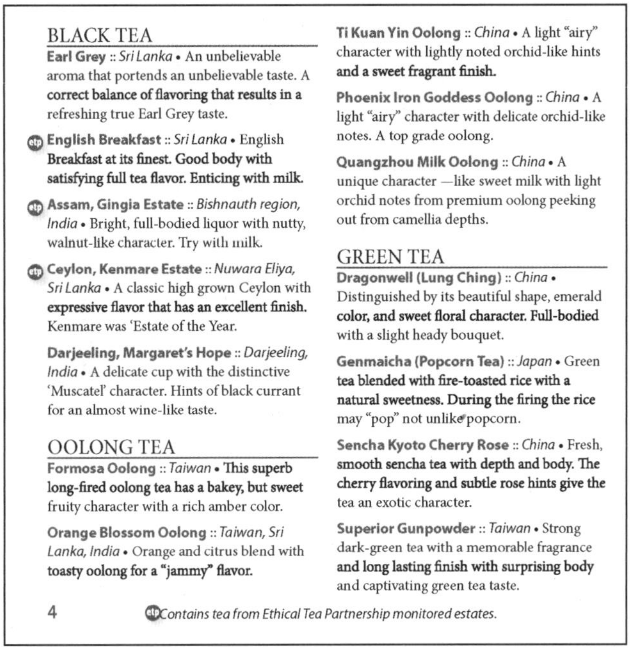

BLACK TEA

Earl Grey :: *Sri Lanka* • An unbelievable aroma that portends an unbelievable taste. A correct balance of flavoring that results in a refreshing true Earl Grey taste.

etp **English Breakfast** :: *Sri Lanka* • English Breakfast at its finest. Good body with satisfying full tea flavor. Enticing with milk.

etp **Assam, Gingia Estate** :: *Bishnauth region, India* • Bright, full-bodied liquor with nutty, walnut-like character. Try with milk.

etp **Ceylon, Kenmare Estate** :: *Nuwara Eliya, Sri Lanka* • A classic high grown Ceylon with expressive flavor that has an excellent finish. Kenmare was 'Estate of the Year.

Darjeeling, Margaret's Hope :: *Darjeeling, India* • A delicate cup with the distinctive 'Muscatel' character. Hints of black currant for an almost wine-like taste.

OOLONG TEA

Formosa Oolong :: *Taiwan* • This superb long-fired oolong tea has a bakey, but sweet fruity character with a rich amber color.

Orange Blossom Oolong :: *Taiwan, Sri Lanka, India* • Orange and citrus blend with toasty oolong for a "jammy" flavor.

Ti Kuan Yin Oolong :: *China* • A light "airy" character with lightly noted orchid-like hints and a sweet fragrant finish.

Phoenix Iron Goddess Oolong :: *China* • A light "airy" character with delicate orchid-like notes. A top grade oolong.

Quangzhou Milk Oolong :: *China* • A unique character —like sweet milk with light orchid notes from premium oolong peeking out from camellia depths.

GREEN TEA

Dragonwell (Lung Ching) :: *China* • Distinguished by its beautiful shape, emerald color, and sweet floral character. Full-bodied with a slight heady bouquet.

Genmaicha (Popcorn Tea) :: *Japan* • Green tea blended with fire-toasted rice with a natural sweetness. During the firing the rice may "pop" not unlike popcorn.

Sencha Kyoto Cherry Rose :: *China* • Fresh, smooth sencha tea with depth and body. The cherry flavoring and subtle rose hints give the tea an exotic character.

Superior Gunpowder :: *Taiwan* • Strong dark-green tea with a memorable fragrance and long lasting finish with surprising body and captivating green tea taste.

4 etp *Contains tea from Ethical Tea Partnership monitored estates.*

图9.1

理解样式

InDesign提供了样式，让您能够自动设置所有文本和对象的格式。无论是段落样式、字符样式、对象样式、表样式还是单元格样式，创建、应用、修改和共享的方式都相同。

提示：在所有样式面板（段落样式面板、对象样式面板等）中，面板菜单都包含“载入”选项，可用于从其他 InDesign 文档导入样式。您还可通过 InDesign CC 库在工作组内共享段落样式和字符样式。

基本样式

在新建的InDesign文档中，所有对象的默认格式都由相应的基本样式决定，如图9.2所示。例如，创建新的文本框架时，其格式由对象样式“[基本文本框架]”决定。因此，如果您要让所有新的文本框架都有1点的描边，可修改“[基本文本框架]”样式。要给所有新建的InDesign文档指定不同的默认格式，可在没有打开任何文档的情况下修改基本样式。每当您发现自己在反复执行相同的格式设置任务时，都应停下来想一想，是否应该修改相关的基本样式或创建新的样式。

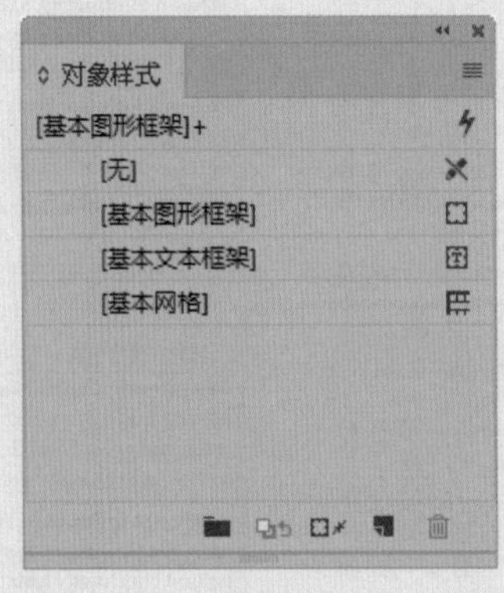

图9.2

应用样式

要应用样式，只需选择要对其应用样式的对象，再在相关的样式面板中单击样式。例如，要设置表格的格式，可选择表格，再在表格样式面板中单击样式。如果您使用的是扩展键盘，还可设置用于应用样式的快捷键。

> Id **提示：**使用键盘快捷键来设置文本格式非常方便。要记住键盘快捷键，一种方法是将快捷键设置成与样式名一致。例如，如果您创建了一个名为 1 Headline 的段落样式，可将其快捷键设置为 Ctrl + 1，这样就很容易记住快捷键，因为通常它是您首先应用的样式。

使用样式覆盖手工设置的格式

在大多数情况下，您希望对象、表格或文本的格式与样式指定的格式完全一致，为此，需要覆盖所有手工设置的格式。如果选定对象的格式与应用于它的样式不完全一致，样式名旁边将出现一个加号，这被称为“样式优先选项”。

要获悉对象的格式与应用于它的样式有何不同，可将鼠标光标指向样式面板中的样式名，此时将显示工具提示，其中指出了应用的优先选项（要查看文本格式中的优先选项，可在字符样式面板菜单或段落样式面板菜单中选择“切换样式优先选项高亮工具”）。在每个样式面板的底部，都有一个“清除优先选项”按钮，将鼠标光标指向它可获悉如何清除选定对象的格式优先选项。请注意，应用段落样式时，如果无法清除优先选项，请检查是否对文本应用了字符样式。

修改和重新定义样式

使用样式的一个主要优点是，可以以一致的方式应用格式，还可快速地执行全局修改。要修改样式，可在样式面板中双击其名称，这将打开“样式选项”对话框，从而对样式进行修改。您还可先修改文本、表格或对象的格式，再从样式面板菜单中选择“重新定义样式”。

9.2 创建和应用段落样式

段落样式让用户能够将样式应用于文本并对格式进行全局性修改，这样可提高效率以及整个设计的一致性。段落样式涵盖了所有的文本格式元素，这包含字体、字体大小、字体样式和颜色等字符属性以及缩进、对齐、制表符和连字等段落属性。段落样式不同于字符样式，它应用于整个段落，而不仅仅是选定字符。

> Id **提示：**处理图书和产品目录等长文档时，使用样式（而不是手工设置格式）可节省大量的时间。一种常见的做法是，先选择文档中的所有文本，并通过单击应用“正文”段落样式，再使用键盘快捷键对某些文本应用标题段落样式和字符样式。

9.2.1 创建段落样式

在本节中，您将创建一种段落样式，并将其应用于选定段落。您将先手工设置文档中部分文本的格式（即不基于样式），再让 InDesign 使用这些格式新建一种段落样式。

1. 切换到文档 09_Styles.indd 的第 2 页，调整缩放比例以便能看清文本。
2. 使用文字工具（T.）拖曳选择子标题 Loose Leaf Teas，它位于第一段的后面，如图 9.3 所示。

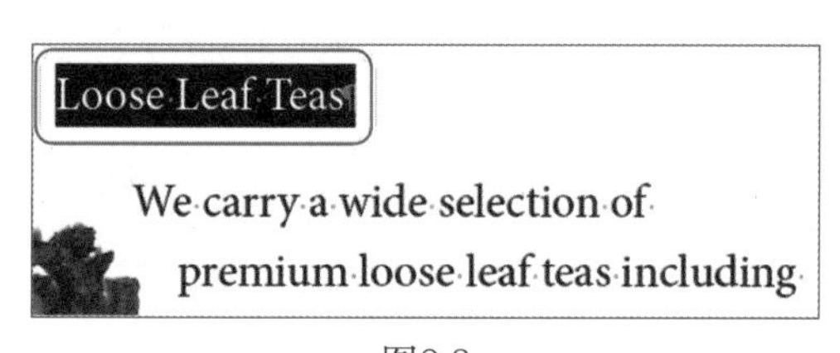

图9.3

> Id **提示：**创建段落样式最简单的方法是，以局部（不是基于样式）方式设置一个段落的格式，再根据该段落新建一种样式，这让您能够在创建样式前看到其外观。然后，您就可将样式应用于文档的其他部分。

3. 如有必要，在控制面板中单击“字符格式控制”按钮（A），再做如下设置（如图 9.4 所示）。

- 在“字体大小”文本框中输入“18 点”。
- 单击字符填色框（T）并选择酒红色色板“K=24 M=93 Y=100 K=18”。

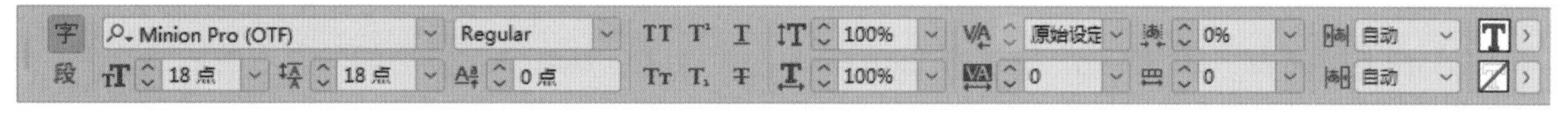

图9.4

4. 在控制面板中，单击“段落格式控制”按钮（¶），并将段前间距增加到 p3，将段后间距降低到 p4。

下面将根据这些格式创建一种段落样式，然后使用它来设置文档中其他子标题的格式。

5. 确保依然选择了子标题 Loose Leaf Teas。如果段落样式面板不可见，选择菜单“文字”>“段落样式”显示它。

> **注意：**在这个文档中，段落样式面板已包含多种样式，其中包括默认样式“[基本段落]”。

6. 从段落样式面板菜单中选择“新建段落样式”以创建一种新的段落样式，如图 9.5 所示。在出现的“新建段落样式”对话框中，“样式设置”部分显示了您刚为子标题设置的格式。

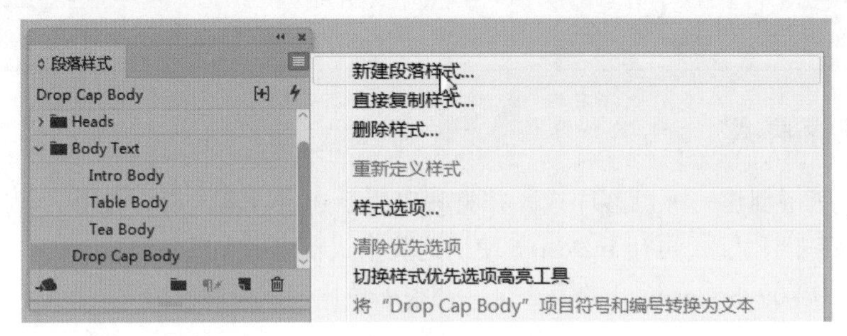

图9.5

7. 在对话框顶部的文本框“样式名称”中，输入“Head 2”，因为该样式用于设置二级标题的格式。

注意，新样式基于样式“Intro Body”。由于创建样式时，子标题应用了样式“Intro Body”，因此新样式将自动基于“Intro Body”。使用“新建段落样式”对话框的“常规”部分的“基于”选项，可以将现有样式设为起点来创建新样式。在这里，样式“Intro Body”与标题样式无关，因此您将把基于样式改为“[无段落样式]”。

> **提示：**如果修改基于的样式（如修改其字体），基于该样式的所有样式将自动更新，而这些样式的独特特征将保持不变。如果要创建一系列相关的样式，如“Body Copy”“Bulleted Body Copy”等，则将样式基于其他样式很有帮助。在这种情况下，如果您修改了样式“Body Copy”的字体，InDesign 将更新所有相关样式的字体。

8. 从“基于”下拉列表中选择“[无段落样式]”。

在 InDesign 中输入文本时，为快速设置文本的格式，可为“下一样式”指定一种段落样式。当您按回车键时，InDesign 将自动应用“下一样式”。例如，在标题后面，可能自动应用正文段落样式。

9. 在下拉列表“下一样式”中选择 Intro Body，因为这是 Head 2 标题后面的文本的样式。

您还可指定快捷键以方便应用该样式。

10. 在文本框“快捷键”中单击，再按住 Ctrl（Windows）或 Command（macOS）和数字键盘中的数字 9（InDesign 要求样式快捷键包含一个修正键）。注意，在 Windows 中，必须按住数字键盘中的数字键才能创建或应用样式快捷键。

注意：如果您的键盘上没有数字键盘，可跳过这一步。

11. 选中复选框“将样式应用于选区”（如图 9.6 所示），将这种新样式应用于刚设置了其格式的文本。

提示：如果不选中复选框“将样式应用于选区”，新样式将出现在段落样式面板中，但不会自动应用于选定的文本。

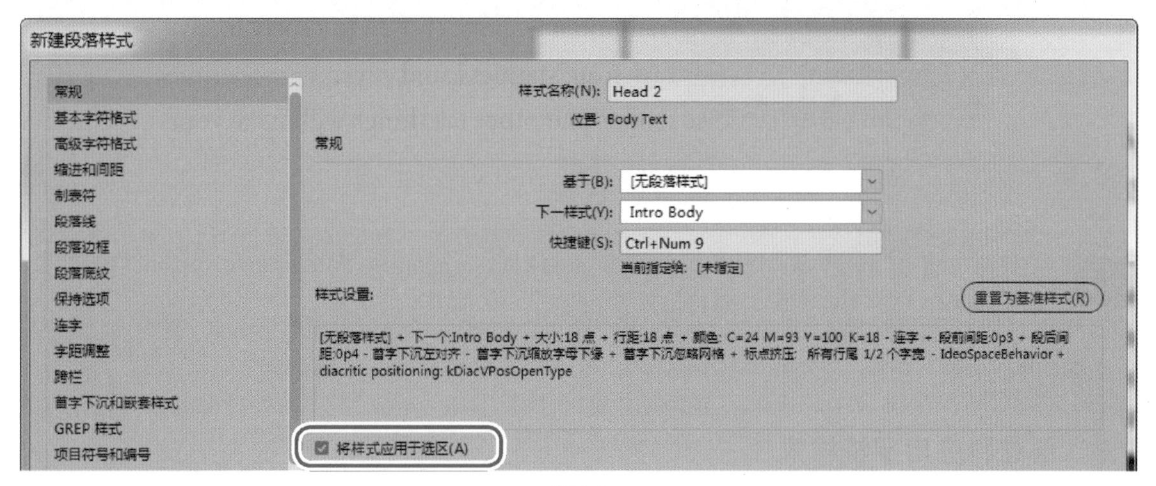

图9.6

12. 取消选中左下角的复选框“添加到 CC 库”。
13. 单击“确定”按钮以关闭“新建段落样式”对话框。

新样式 Head 2 将出现在段落样式面板中且被选中，这表明该样式被应用于选定段落。

14. 在段落样式面板中，单击样式组 Head 旁边的箭头，并将样式 Head 2 拖放到样式 Head 1 和 Head 3 之间。
15. 选择菜单“编辑”>“全部取消选择”，再选择菜单“文件”>“存储”。

9.2.2 应用段落样式

下面将新建的段落样式应用于文档中的其他段落。

1. 如有必要，向右滚动以便能够看到当前跨页的右对页。
2. 使用文字工具（T.）单击 Tea Gift Collections。
3. 在段落样式面板中单击样式 Head 2，将其应用于这个段落。文本属性将根据应用的段落样式发生相应变化。
4. 重复第 2 ~ 3 步，将样式 Head 2 应用于第 3 页的 Teapots and Tea Accessories，如图 9.7 所示。

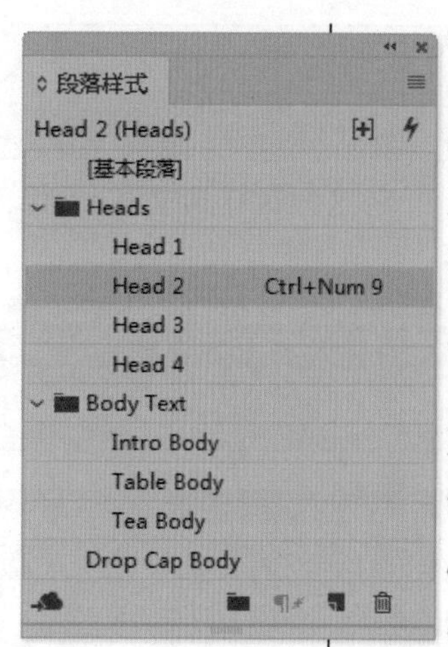

图9.7

> **注意：**您也可使用前面定义的快捷键（Ctrl/Command + 9）来应用样式“Head 2”。要在 Windows 中应用样式，确保按的是数字键盘中的数字键。

5. 选择菜单“编辑”>“全部取消选择”，再选择菜单“文件”>“存储”。

9.3 创建和应用字符样式

在前一节中，段落样式让您只需单击鼠标或按快捷键就能设置字符和段落的格式。同样，字符样式也让您能够一次性将多种属性（如字体、字号和颜色）应用于文本。不像段落样式那样设置整个段落的格式，字符样式将格式应用于选定字符，如单词或短语。

> **提示：**字符样式可用于设置开头的字符，如项目符号、编号列表中的数字和下沉字母；还可用于突出正文中的文本，例如，股票名通常使用粗体和小型大写字母。

9.3.1 创建字符样式

下面创建一种字符样式并将其应用于选定文本，以此说明字符样式在效率和确保一致性方面的优点。

1. 在第 2 页中滚动鼠标，以查看第 1 段。
2. 如果字符样式面板不可见，选择菜单“文字”>“字符样式”打开它。

该面板中只包含默认样式“[无]”。

与在前一节中创建段落样式一样，这里也将基于现有文本格式来创建字符样式。这种方法让您在创建样式前就能看到样式效果。在这里，您将设置公司名 Expedition Tea Company 的格式，并将这些格式设置为一种字符样式，以便能够在整个文档中高效地重用它。

> **提示：**字符样式只包含不同于段落样式的属性，如斜体，这让您能够将字符样式与不同的段落样式结合起来使用。例如，假设有一篇新闻稿，主编要求将图书和电影的名称设置为斜体；同时，这篇新闻稿包含使用字体 Minion Pro 的正文段落样式和使用字体 Myriad Pro 的旁注样式。在这种情况下，您只需定义一种使用斜体的字符样式，InDesign 将使用正确字体的斜体版本。

3. 使用选择文字工具（T.）选择第 2 页第 1 段开头的 Expedition Tea Company。
4. 在控制面板中，单击“字符格式控制”按钮（A），并做如下设置（如图 9.8 所示）。

- 单击“小型大写字母”按钮（Tт）。
- 单击字符填色框（T）并选择黄褐色色板“K=43 M=49 Y=100 K=22”。

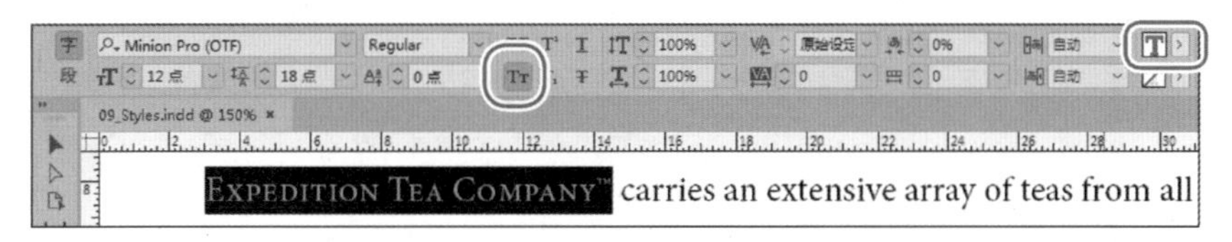

图9.8

设置完文本的格式后，下面来新建一种字符样式。

5. 单击字符样式面板底部的“创建新样式”按钮。
6. 双击字符样式面板中的“字符样式 1”，这将打开“字符样式选项”对话框。
7. 在对话框顶端的“样式名称”文本框中输入 Company Name。

像创建段落样式一样，下面为其指定快捷键以方便应用该字符样式。

> **注意：**如果您使用的键盘没有数字键盘，可跳过这一步。

8. 在文本框“快捷键”中单击，再按住 Shift（Windows）或 Command（macOS）并按数字键盘中的数字 8。在 Windows 中，确保按的是数字键盘中的数字 8。
9. 在左边的列表中，依次单击“基本字符格式”和“字符颜色”，以查看这个字符样式指定的属性，如图 9.9 所示。
10. 单击“确定”按钮关闭“字符样式选项”对话框。新样式 Company Name 将出现在字符样式面板中，并应用到了选定文本上。
11. 选择菜单“编辑”>“全部取消选择”，再选择菜单“文件”>“存储”。

9.3.2 应用字符样式

现在可以将字符样式应用于已置入到文档中的文本了。和段落样式一样，使用字符样式可避免手动地将多种文字属性应用于不同的文本。

1. 向右滚动鼠标以便能够看到第一个跨页的右对页。

为保持公司名的外观一致，您将应用字符样式 Company Name。

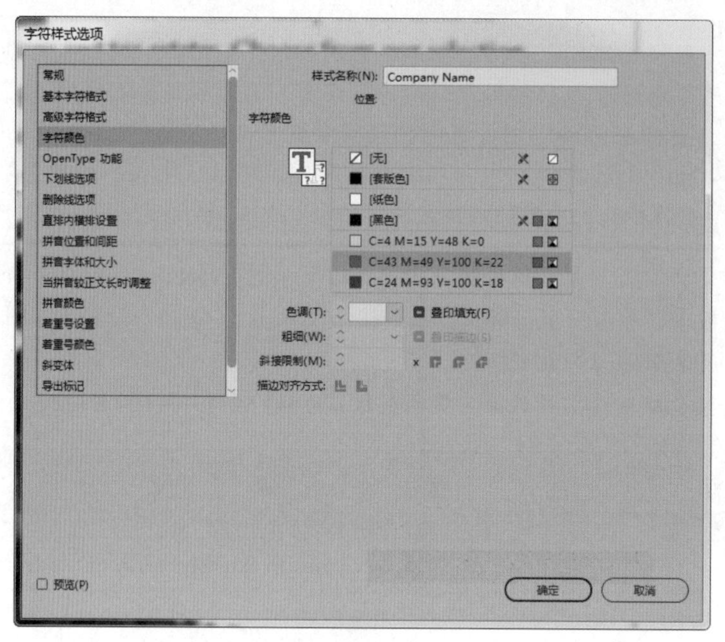

图9.9

2. 使用文字工具（T.）选择第一段正文中的 Expedition Tea Company。

> **提示：**可使用菜单“编辑”>“查找/更改”来搜索特定单词或短语的所有实例，并对其应用字符样式。

3. 在字符样式面板中，单击样式 Company Name 将其应用于这些文本，其格式将发生变化以反映刚创建的字符样式。

> **注意：**也可使用前面定义的快捷键（Shift/Command + 8）来应用样式“Comanpy Name”。

4. 使用字符样式面板或键盘快捷键将字符样式“Company Name”应用于第二段正文中的“EXPEDITION TEA COMPANY”，如图 9.10 所示。

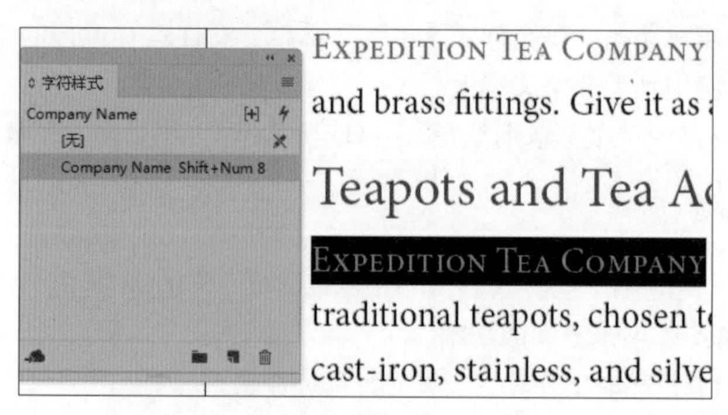

图9.10

让字符样式面板保持打开状态，以便在下一个练习中使用。

5. 选择菜单“编辑”>“全部取消选择”，再选择菜单“文件”>“存储”。

使用“快速应用”来应用样式

一种应用样式的快捷方式是“快速应用”，这让您的手都无需离开键盘。要使用它，可按Ctrl + 回车键（Windows）或Command + 回车键（macOS）。在“快速应用”对话框（如图9.11所示）中，输入样式名的前几个字母，直到它得以识别，再使用箭头键选择它并按回车键。

您也可选择菜单“编辑”>“快速应用”来打开“快速应用”对话框。

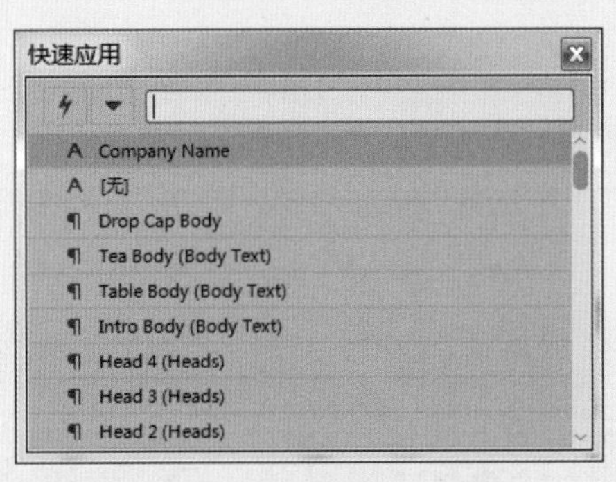

图9.11

9.4 在段落样式中嵌套字符样式

为使样式使用起来更方便、功能更强大，InDesign 支持在段落样式中嵌套字符样式。这些嵌套样式让用户能够将字符格式应用于段落的一部分（如第一个字符、第二个单词或最后一行），且同时应用段落样式。该功能使得嵌套样式非常适合用于接排标题，即一行或一段的开头部分与其他部分使用不同的格式。事实上，每当您在段落样式中定义模式（如应用斜体直到到达第一个句点）时，都可使用嵌套样式来自动设置格式。

提示：通过使用功能极其强大的嵌套样式，您可根据一组特定的规则在段落中应用不同的格式。例如，在目录中，您可将文本设置为粗体、修改制表符前导符（页码前面的句点）的字偶间距以及修改页码的字体和颜色。

9.4.1 创建用于嵌套的字符样式

要创建嵌套的样式，首先需要创建一种字符样式和一种嵌套该字符样式的段落样式。在本节中，您将创建两种字符样式，再将它们嵌套到现有段落样式 Tea Body 中。

1. 在页面面板中，双击第 4 页的图标，再选择菜单“视图” > “使页面适合窗口”。如果正文太小，无法看清，可放大标题 Black Tea 下面以 Earl Gray 打头的第 1 段。
2. 查看文本和标点。
   - 这里将创建两种嵌套样式，用于将茶叶名同产区分开。
   - 当前使用了两个冒号（::）将茶叶名和产区分开。
   - 产区后面有一个项目符号（•）。
   - 这些字符对本节后面创建嵌套样式很重要。
3. 使用文字工具（T.）选择第 1 栏的 Earl Gray。
4. 在字符样式面板菜单中选择“新建字符样式”。
5. 在“新建字符样式”对话框顶部的文本框“样式名称”中输入 Tea Name，以指出该样式将应用于哪些文本。

为使茶叶名更醒目，下面来修改其字体、字体样式和颜色。

6. 在对话框左边的类别列表中，单击“基本字符格式”。
7. 在“字体系列”下拉列表中选择 Myriad Pro，并在“字体样式”下拉列表中选择 Bold，如图 9.12 所示。

图9.12

8. 在对话框左边的类别列表中，单击“字符颜色”。
9. 在对话框右边的“字符颜色”部分，选择黄褐色色板（C=43 M=49 Y=100 K=22），如图 9.13 所示。

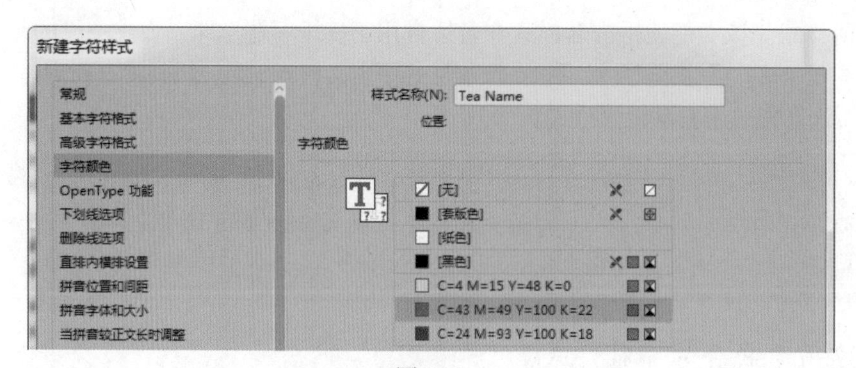

图9.13

10. 取消选择左下角的复选框“添加到 CC 库”。
11. 单击“确定”按钮关闭“新建字符样式”对话框，新建的样式 Tea Name 将出现在字符样式面板中。

下面创建另一种用于嵌套的字符样式。

12. 选择文本 Sri Lanka，它位于刚设置过格式的文本 Earl Gray 的右边。在字符面板或控制面板中，将字体改为 Myriad Pro，将样式改为 Italic。

13. 在选择了 Sri Lanka 的情况下，在字符样式面板菜单中选择“新建字符样式”。在“样式名称”文本框中输入 Country Name，并单击“确定”按钮，这将基于第 12 步指定的格式创建一个字符样式，如图 9.14 所示。

14. 选择菜单“编辑”>“全部取消选择”，再选择菜单“文件”>“存储”。

图9.14

您成功地创建了两种新的字符样式，加上早就有的段落样式 Tea Body，您现在可以创建并应用嵌套样式了。

9.4.2 创建嵌套样式

在现有段落样式中创建嵌套样式时，您实际上指定了 InDesign 格式化段落时应遵循的一套辅助规则。在本小节中，您将使用前面创建的两种字符样式中的一种在样式 Tea Body 中创建嵌套样式。

> Id **提示：**除嵌套样式外，InDesign 还提供了嵌套行样式，让用户能够指定段落中各行的格式，如下沉字母后面为小型大写字符，这在杂志文章中的第一段很常见。如果修改了文本或其他对象的格式，导致文本重排，InDesign 将调整格式，使其只应用于指定的行。创建嵌套行样式的控件位于“段落样式选项”对话框的“首字下沉和嵌套样式”面板中。

1. 如有必要，让第 4 页位于文档窗口中央。
2. 如果段落样式面板不可见，请选择菜单“文字”>“段落样式”。
3. 在段落样式面板中双击样式 Tea Body 打开“段落样式选项”对话框。
4. 在左边的类别列表中，选择“首字下沉和嵌套样式”。
5. 在“嵌套样式”部分，单击“新建嵌套样式”按钮以新建一种嵌套样式，如图 9.15 所示。这将创建一种嵌套样式，它应用字符样式“[无]”，并有“包括 1 字符”字样。
6. 单击“[无]”打开一个下拉列表。选择 Tea Name，这是第一个嵌套样式。
7. 单击“包括”打开另一个下拉列表。该列表只包含两个选项：“包括”和“不包括”。需要将字符样式 Tea Name 用于 Earl Gray 后的第一个冒号前（:），因此选择“不包括”。
8. 单击“不包括”旁边的“1”显示一个文本框，您可在其中输入数字，以指定嵌套样式将应用于多少个元素之前。虽然这里有两个冒号，但只需引用第一个冒号，因此保留该选项的默认值 1 不变。

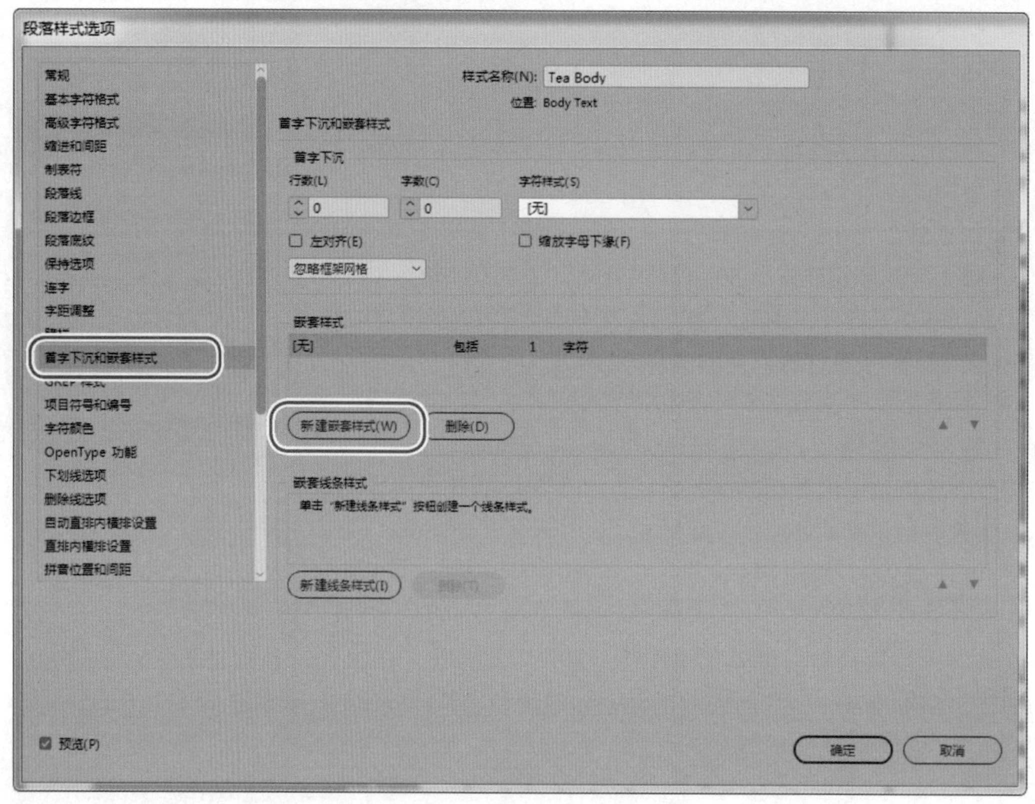

图9.15

9. 单击“字符”显示另一个下拉列表。单击向下的箭头打开该下拉列表，其中包含很多元素选项（包括句子、字符和空格），用于指定要将样式应用于什么元素之前（或包括该元素）。选择并删除“字符”，再输入“:”，如图 9.16 所示。

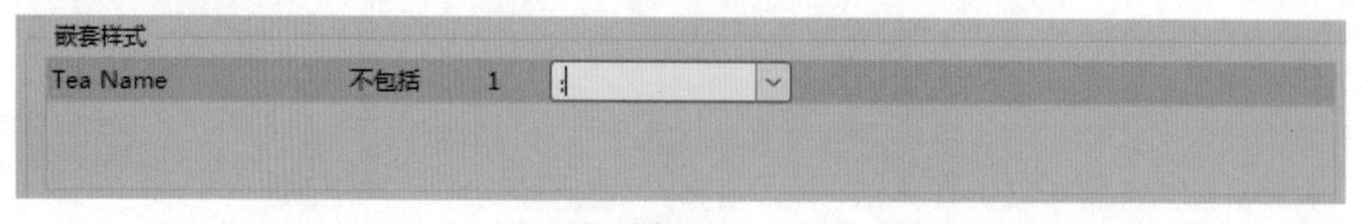

图9.16

10. 选中左下角的复选框“预览”，并将“段落样式选项”对话框移到一边，以便能够看到文本栏。
11. 每个茶叶名都为粗体和黄褐色（但不包含茶叶名后面的第一个冒号）。单击“确定”按钮。
12. 选择菜单“编辑”>“全部取消选择”，再选择菜单“文件”>“存储”。

9.4.3 再添加一种嵌套样式

下面再添加一种嵌套样式，但首先需要从文档中复制项目符号。下面创建的嵌套样式将应用于项目符号前面的文本，但在对话框中可能无法输入项目符号，因此需要粘贴它。

1. 在第 1 栏的 Black Tea 后面，找到 Sri Lanka 后面的项目符号并选择它，再选择菜单“编辑”>“复制”。

> **注意：**在 Mac 中，您可复制并粘贴项目符号，也可按 Option + 8 键在文本框中插入项目符号。

2. 双击段落样式面板中的样式 Tea Body。在“段落样式选项”对话框的“首字下沉和嵌套样式”部分，单击“新建嵌套样式”按钮以新建另一个嵌套样式。
3. 重复前一小节的第 6 ~ 9 步，并采用如下设置创建该嵌套样式，如图 9.17 所示。

- 从第 1 个下拉列表中选择 Country Name。
- 从第 2 个下拉列表中选择“不包括”。
- 保留第 3 个下拉列表的默认设置“1”不变。
- 对于第 4 个下拉列表，选择并删除“字符”，再通过粘贴（菜单“编辑”>“粘贴”）输入前面复制的项目符号。

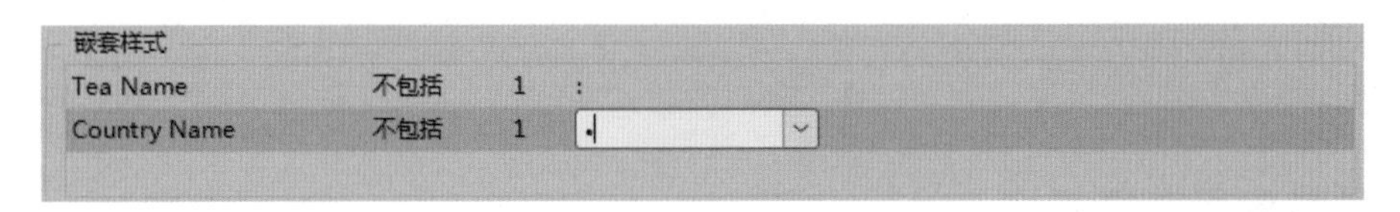

图9.17

4. 如有必要，选中对话框左下角的“预览”复选框。将“段落样式选项”对话框移到一边，以便能够看到每个茶叶产地都为斜体。然而，茶叶名和产地之间的两个冒号也为斜体，这不符合设计要求。

为解决这种问题，您将再创建一种嵌套样式，将字符样式“[无]”应用于冒号。

5. 单击“新建嵌套样式”按钮再创建一种嵌套样式。
6. 重复前一小节的第 6 ~ 9 步，对这个新嵌套样式做如下设置。
   - 从第 1 个下拉列表中选择“[无]”。
   - 从第 2 个下拉列表中选择“包括”。
   - 在第 3 个下拉列表中，输入“2”。
   - 在第 4 个下拉列表中，输入冒号。

至此，创建好了第三个嵌套样式，但必须将它放在嵌套样式 Tea Name 和 Country Name 之间。

7. 在选定了嵌套样式“[无]”的情况下，单击“上移箭头”按钮一次，将其移到其他两种嵌套样式之间，如图 9.18 所示。
8. 单击“确定”按钮让修改生效。至此，嵌套样式便创建好了，它将字符样式 Tea Name 和 Country Name 应用于所有使用段落样式 Tea Body 的段落，如图 9.19 所示。

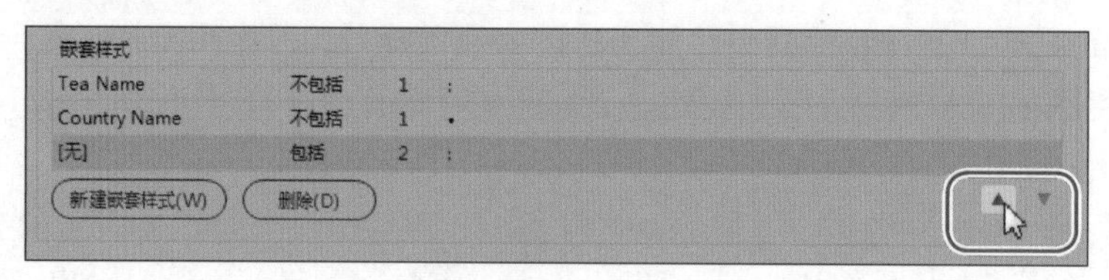

图9.18

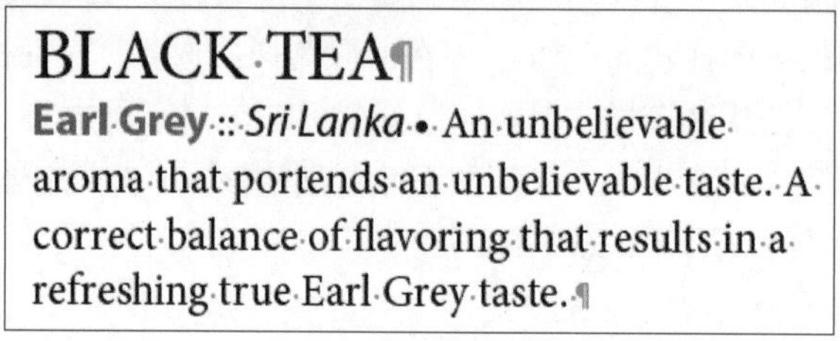

BLACK·TEA¶
Earl·Grey·::·*Sri·Lanka*·•·An·unbelievable·aroma·that·portends·an·unbelievable·taste.·A·correct·balance·of·flavoring·that·results·in·a·refreshing·true·Earl·Grey·taste.·¶

图9.19

9. 选择菜单“编辑”>“全部取消选择”，再选择菜单“文件”>“存储”。

> Id **提示：**通过使用嵌套样式，您可自动完成一些非常繁琐的格式设置任务。设置长文档的样式时，您应找出其中的规律，这样就能使用嵌套样式自动完成格式设置任务了。

9.5 创建和应用对象样式

对象样式让用户能够将格式应用于图形和框架以及对这些格式进行全局性更新。将格式属性（包括填色、描边、透明度和文本绕排选项）组合成对象样式有助于让整个设计更一致，还可提高完成繁琐任务的速度。

> Id **提示：**在所有InDesign样式面板（包括字符样式、对象样式、表样式等）中，用户都可将类似的样式放在被称为样式组的文件夹中。要创建样式组，可单击面板底部的“创建新样式组”按钮，再双击样式组名称以重命名。为组织样式，您可将其拖曳到文件夹中，还可通过拖曳以调整样式在列表中的位置。

9.5.1 设置对象的格式以便基于它来创建样式

在本节中，您将创建一种对象样式，并将其应用于第2跨页中包含文本etp的黑色圆圈上，其中etp表示Ethical Tea Partnership（茶叶供货商）。您将根据黑色圆圈的格式来新建对象样式。首先对黑色圆圈应用投影效果并修改其颜色，然后定义新样式。

1. 在页面面板中双击第4页的图标，让该页面位于文档窗口中央。
2. 在工具面板中选择缩放工具（🔍），并提高缩放比例以便能够看清English Breakfast附近的etp。

为设置这个符号的格式，您将使用黄褐色填充它并应用投影效果。为方便读者完成这项任务，所有与 etp 符号相关的文字和圆圈都放在独立图层中：文字放在图层 etp Type 中，而圆圈放在图层 etp Circle 中。

图9.20

3. 选择菜单“窗口”>“图层”以打开图层面板。
4. 单击图层 etp Type 左边的空框以显示锁定图标（🔒），如图 9.20 所示。这将锁定该图层，以免编辑对象时不小心修改了文本。
5. 使用“选择”工具（▶）单击 English Breakfast 旁边的黑色圆圈。
6. 选择菜单“窗口”>“颜色”>“色板”。在色板面板中，单击填色框，再单击黄褐色色板（C=43 M=49 Y=100 K=22），如图 9.21 所示。

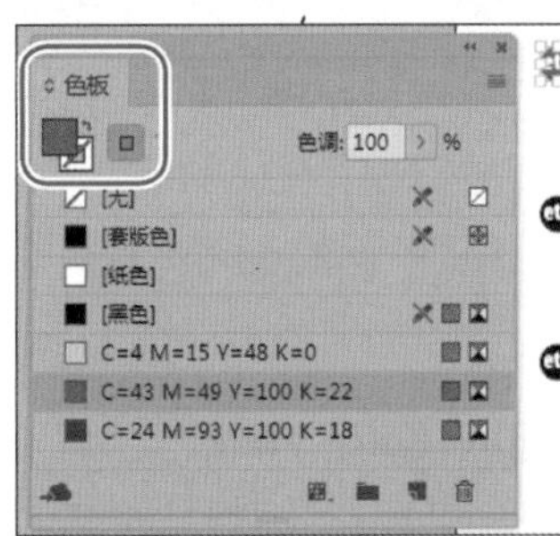

图9.21

> Id **提示：**除格式属性外，对象样式还可包含尺寸属性（宽度、高度）和位置属性（X 和 Y）。

7. 在依然选择了 etp 符号的情况下，选择菜单“对象”>“效果”>“投影”。在对话框的“位置”部分，将 X 位移和 Y 位移都设置为“0p2”，如图 9.22 所示。
8. 选择复选框“预览”（如图 9.22 所示）以查看效果。

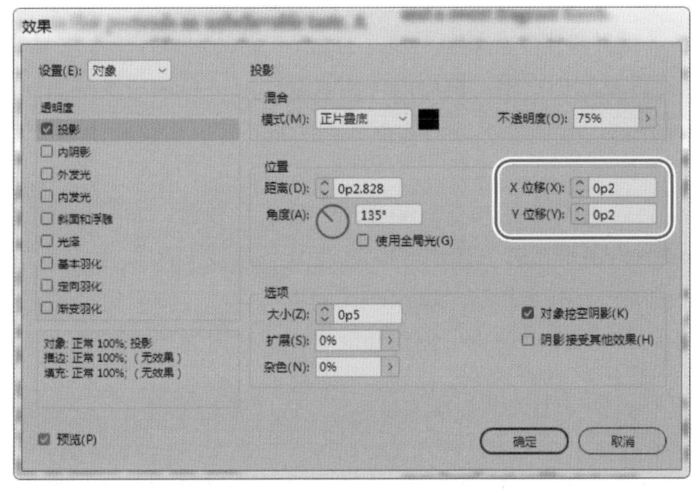

图9.22

9. 单击“确定”按钮，在选择菜单“编辑”>“全部取消选择”，结果如图 9.23 所示。

10. 选择菜单“文件”>“存储”。

图9.23

9.5.2 创建对象样式

正确地设置 etp 符号的格式后，便可基于其格式创建对象样式了。

> **提示：**像段落样式和字符样式一样，您也可基于一种对象样式来创建另一种对象样式。修改对象样式时，InDesign 将更新基于它的所有对象样式（这些样式特有的属性将保持不变）。“基于”选项位于“新建对象样式”对话框的“常规”面板中。

1. 使用“选择”工具（▶）单击刚才设置了格式的 etp 符号。
2. 选择菜单“窗口”>“样式”>“对象样式”打开对象样式面板。
3. 在对象样式面板中，按住 Alt（Windows）或 Option（macOS）键，并单击右下角的“创建新样式”按钮，如图 9.24 所示。

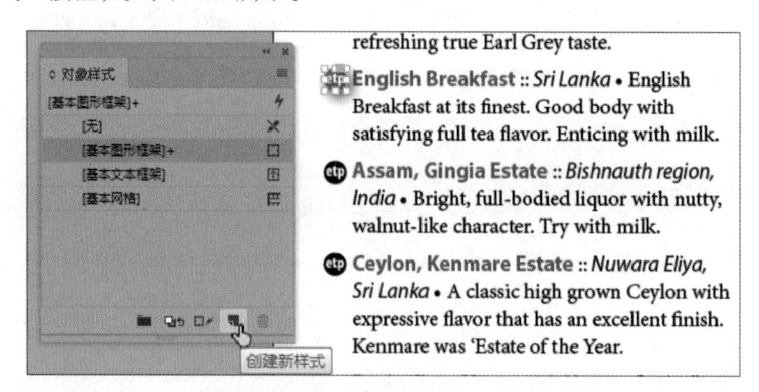

图9.24

按住 Alt 或 Option 键并单击“创建新样式”按钮，“新建对象样式”对话框将自动打开。在这个对话框的左边，选定的复选框指出了使用该样式时 InDesign 将应用哪些属性。

4. 在“新建对象样式”对话框顶部的文本框“样式名称”中，输入 ETP Symbol 以描述该样式的用途。
5. 选择复选框“将样式应用于选区”，再单击“确定”按钮，如图 9.25 所示。

新样式 ETP Symbol 将出现在对象样式面板中。

下面来修改投影的颜色，并更新这个对象样式。

还未做出最终的设计决策时，您也可创建并应用样式，因为基于新格式更新样式很容易。

> **提示：**修改样式后，应用了该样式的文本、表格或对象将自动更新。如果您不希望某些应用了该样式的文本、表格或对象自动更新，可断开它与样式的链接。每个样式面板（段落样式面板、单元格样式面板等）的面板菜单中都包含选项“打开与样式的链接”。

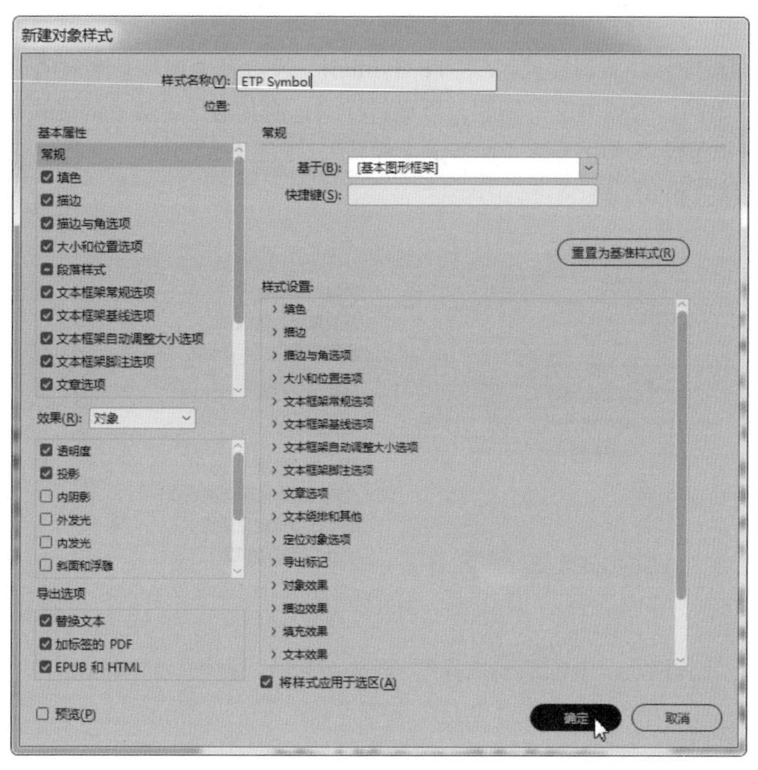

图9.25

6. 在依然选择了前述 etp 符号的情况下，选择菜单“对象” > “效果” > “投影”。
7. 单击“混合”部分的颜色色板，在打开的对话框中选择酒红色色板（C=24 M=93 Y=100 K=18），并单击“确定”按钮，如图 9.26 所示。

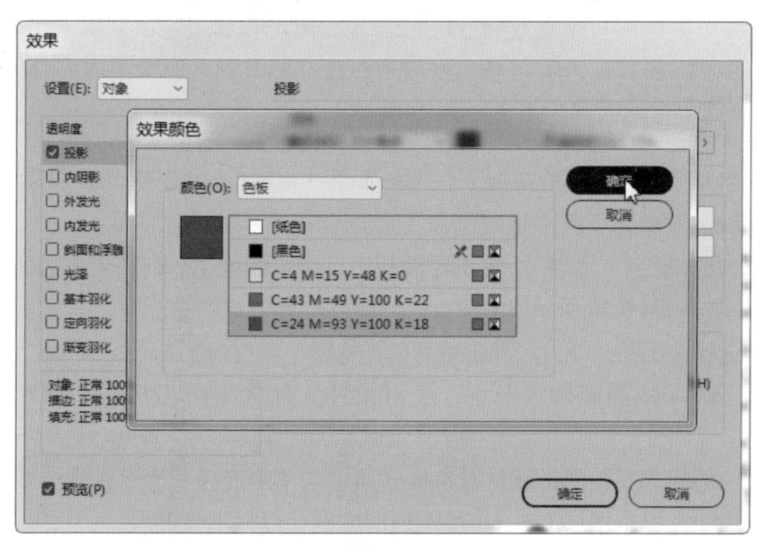

图9.26

8. 单击“确定”按钮以关闭“效果”对话框。

在对象样式面板中，注意到样式名“ETP Symbol”旁边有个加号，这表明选定对象的格式与该对象样式的格式不同。为解决这个问题，可更新样式，使其与选定对象的格式相同。

9. 在对象样式面板菜单中选择“重新定义样式”，如图 9.27 所示。这将更新样式，使其与选定对象的格式相同。

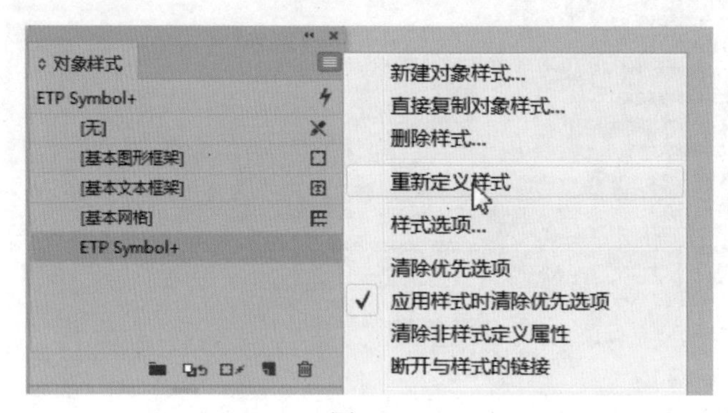

图9.27

10. 选择菜单“编辑”>“全部取消选择”，再选择菜单“文件”>“存储”。

9.5.3 应用对象样式

下面将新创建的对象样式应用于第二个跨页的其他圆圈上。使用对象样式，可自动修改圆圈的格式，而无需分别对每个圆圈手动应用颜色和投影效果。

> Id **提示：**对文本、对象和表格的外观有大概的想法后，便可以开始创建样式并应用它们了。然后，在您尝试不同的设计和修改时，只需使用面板菜单项“重新定义样式”更新样式定义即可，此时应用了该样式的对象的格式将自动更新。所有 InDesign 样式面板的面板菜单都包含菜单项“重新定义样式”。

1. 在显示了第 4 页和第 5 页的情况下，选择菜单“视图”>“使跨页适合窗口”。

为快速地选择 etp 对象，下面来隐藏包含文本的图层。

2. 选择菜单“窗口”>“图层”。在图层面板中，单击图层 Layer 1 最左边的可视性方框，以隐藏该图层，如图 9.28 所示。
3. 切换到“选择”工具（▶），再选择菜单“编辑”>“全选”。
4. 在选择了所有 etp 圆圈的情况下，在对象样式面板中单击样式“ETP Symbol”，如图 9.29 所示。
5. 如果格式与新样式不匹配，就从对象样式面板菜单中选择“清除优先选项”。
6. 在图层面板中，单击图层 Layer 1 最左边的方框，以显示该图层。
7. 选择菜单“编辑”>“全部取消选择”，再选择菜单“文件”>“存储”。

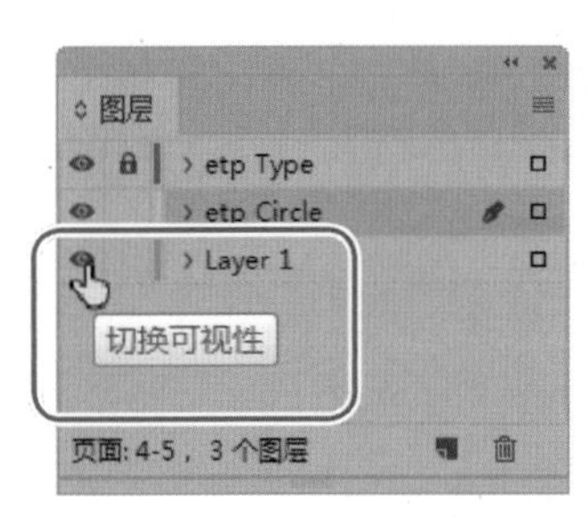

图9.28

图9.29

9.6 创建并应用表样式和单元格样式

通过使用表样式和单元格样式，您可轻松、一致地设置表的格式，就像使用段落样式和字符样式设置文本的格式一样。表样式让用户能够控制表的视觉属性，包括表边框、表前间距和表后间距、行描边和列描边以及交替填色模式等。单元格样式让用户能够控制单元格的内边距、垂直对齐方式、单元格的描边和填色以及对角线。第 11 课将更详细地介绍如何创建表。

在本节中，您将创建一种表样式和两种单元格样式，并将其应用于产品目录文档中的表以区分对不同茶叶的描述。

9.6.1 创建单元格样式

首先您将创建两种单元格样式，它们分别用于设置表头行和表体行的格式，该表格位于第 3 页底部。然后，您将把这两种样式嵌套到表样式中，就像本课前面将字符样式嵌套到段落样式中一样。下面来创建两种单元格样式。

1. 在页面面板中双击第 3 页的图标，再选择菜单“视图”>“使页面适合窗口”。
2. 使用缩放工具（ 🔍 ）拖曳出一个环绕页面底部表格的方框，以便能够看清该表格。
3. 使用文字工具（ T. ）单击并拖曳以选择表头行的前两个单元格，它们分别包含文本 Tea 和 Finished Leaf，如图 9.30 所示。

TEA#	FINISHED LEAF#	COLOR#	BREWING DETAILS#
White#	Soft, grayish white#	Pale yellow or pinkish#	165° for 5-7 min.#
Green#	Dull to brilliant green#	Green or yellowish#	180° for 2-4 min.#
Oolong#	Blackish or greenish#	Green to brownish#	212° for 5-7 min.#
Black#	Lustrous black#	Rich red or brownish#	212° for 3-5 min.#

图9.30

4. 选择菜单“表”>“单元格选项”>“描边和填色”。在“单元格填色”部分，在“颜色”下拉列表中选择淡黄色色板（C=4 M=15 Y=48 K=0），再单击“确定”按钮，如图 9.31 所示。

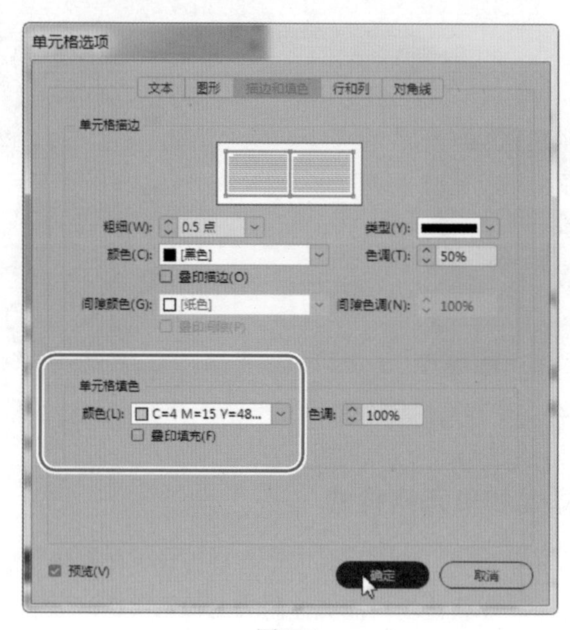

图9.31

5. 在依然选择了这两个单元格的情况下，选择菜单“窗口”>“样式”>“单元格样式”打开单元格样式面板。
6. 在单元格样式面板菜单中选择“新建单元格样式”，如图 9.32 所示。

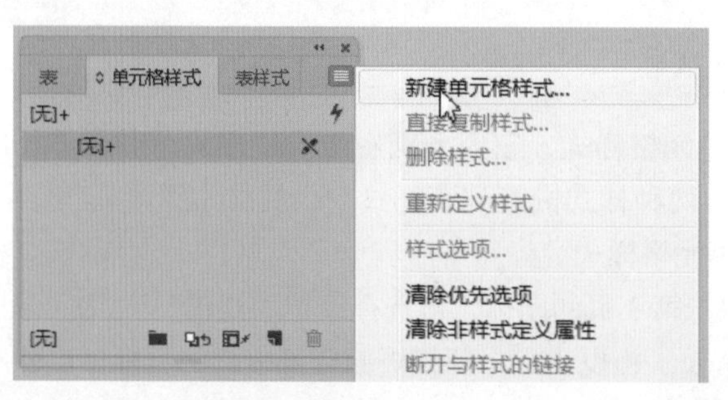

图9.32

> Id **提示：**在任何 InDesign 样式面板（字符样式面板、对象样式面板、表样式面板等）中，都可这样创建新样式，即从面板菜单中选择“新建样式”或单击面板底部的“创建新样式”按钮。

在打开的对话框中，“样式设置”部分显示了前面对选定单元格所应用的单元格格式。另外，注意，该对话框左边还有其他单元格格式选项，但这里只指定表头使用的段落样式。

7. 在对话框顶部的文本框“样式名称”中输入 Table Head。
8. 从下拉列表“段落样式”中选择 Head 4（该段落样式已包含在文档中），再单击“确定”按钮，如图 9.33 所示。

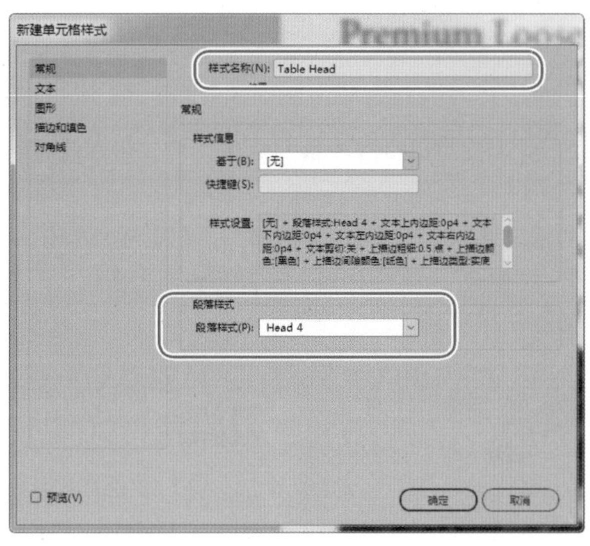

图9.33

下面创建一种用于表体行的单元格样式。

9. 使用文字工具（ T. ）选择表格第 2 行的前两个单元格，它们分别包含 White 和“Soft, grayish white”。
10. 在单元格样式面板菜单中选择“新建单元格样式”。
11. 在文本框“样式名称”中输入 Table Body Rows。
12. 在下拉列表“段落样式”中选择 Table Body（该段落样式已包含在文档中），如图 9.34 所示。
13. 单击“确定”按钮，新建的两种单元格样式出现在单元格样式面板中，如图 9.35 所示。

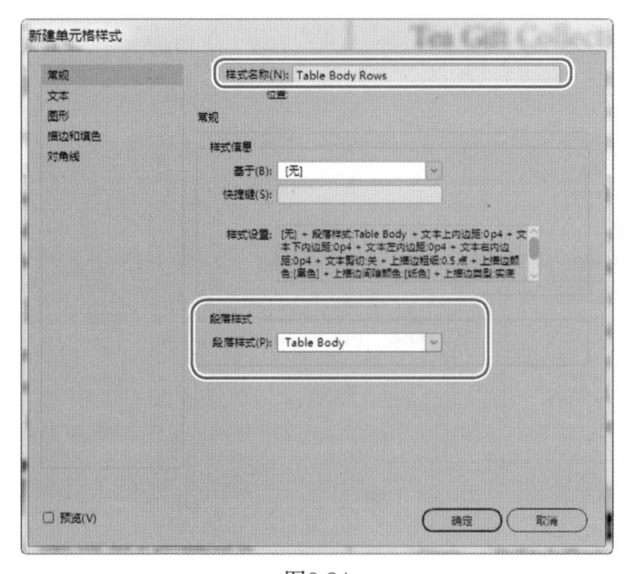

图9.34

图9.35

14. 选择菜单“编辑”>“全部取消选择”，再选择菜单“文件”>“存储”。

9.6.2 创建表样式

下面创建一种表样式，它不仅可以设置表格的整体外观，还将前面创建的两种单元格样式分别应用于表头行和表体行。

1. 在能够看到表格的情况下，选择文字工具（T），在表格中单击。
2. 选择菜单“窗口”>“样式”>“表样式”以打开表样式面板，并从表样式面板菜单中选择“新建表样式”，如图 9.36 所示。

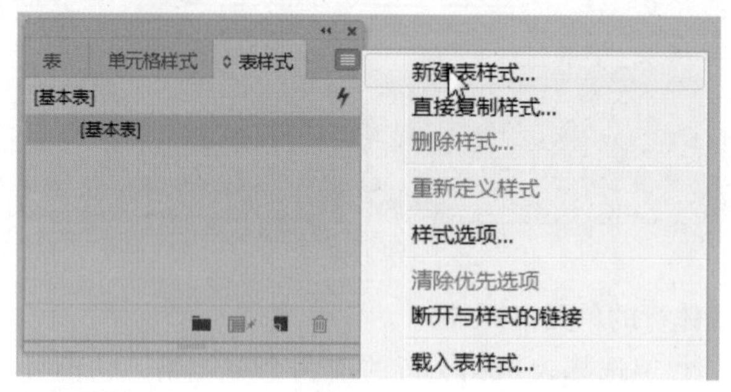

图9.36

3. 在文本框“样式名称”中输入 Tea Table。
4. 在“单元格样式”部分做如下设置（如图 9.37 所示）。

- 在下拉列表“表头行”中选择 Table Head。
- 在下拉列表“表尾行”中选择“[与表体行相同]”。
- 在下拉列表“表体行”中选择 Table Body Rows。

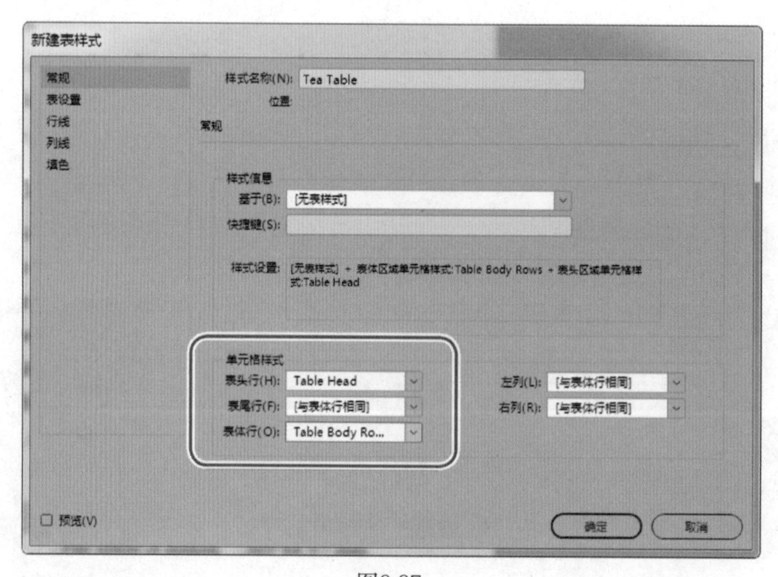

图9.37

下面设置该表格样式，使表体行交替改变颜色。

5. 在“新建表样式”对话框中，在左边的列表中选择“填色”。
6. 在下拉列表“交替模式”中选择“每隔一行”，“交替”部分的选项将变得可用。
7. 对交替选项做如下设置（如图 9.38 所示）。
   - 在“颜色”下拉列表中选择淡黄色（C=4 M=15 Y=48 K=0）。
   - 将色调设置为“30%”。
8. 单击“确定”按钮，新建的样式 Tea Table 将出现在表样式面板中，如图 9.39 所示。

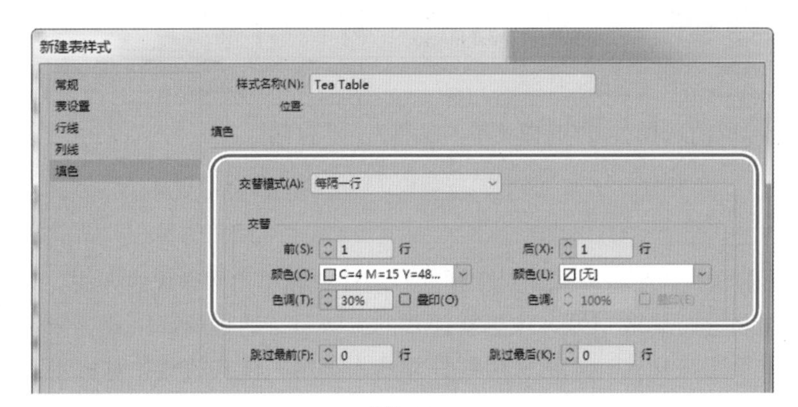

图9.38

图9.39

9. 选择菜单“编辑”>“全部取消选择”，再选择菜单“文件”>“存储”。

9.6.3 应用表样式

下面将刚创建的表样式应用于文档中的两个表格。

> Id **提示**：将已有文本转换为表格（选择菜单“表”>“将文本转换为表”）时，您可在转换过程中应用表样式。

1. 在能够在屏幕上看到表格的情况下，使用文字工具（T）在表格中单击。
2. 单击表样式面板中的样式 Tea Table，使用前面创建的表样式和单元格样式来重新设置该表格的格式，如图 9.40 所示。

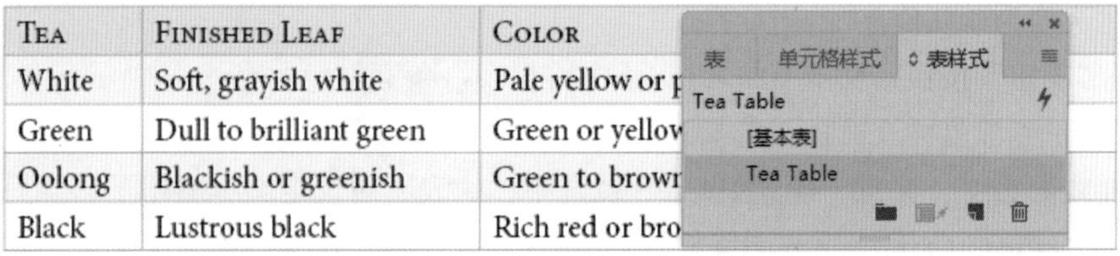

TEA	FINISHED LEAF	COLOR
White	Soft, grayish white	Pale yellow or p
Green	Dull to brilliant green	Green or yellow
Oolong	Blackish or greenish	Green to brown
Black	Lustrous black	Rich red or bro

图9.40

3. 在页面面板中双击第 6 页的图标，选择菜单“视图”>“使页面适合窗口”，在表格 Tea Tasting Overview 中单击。
4. 单击表样式面板中的样式 Tea Table，使用前面创建的单元格样式和表样式重新设置这个表格的格式，如图 9.41 所示。

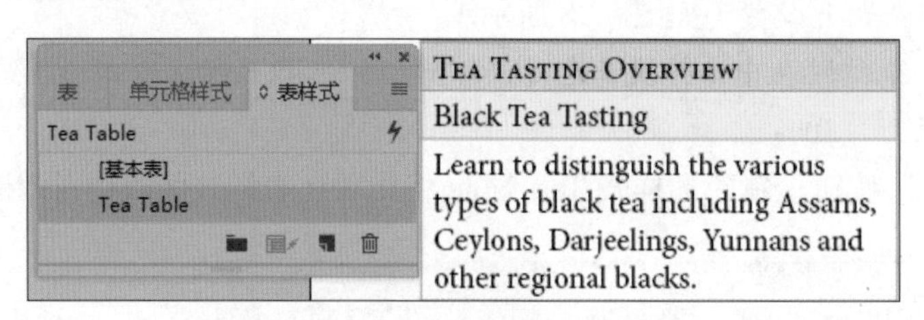

图9.41

5. 选择菜单“编辑”>“全部取消选择”，再选择菜单“文件”>“存储”。

9.7 更新样式

InDesign 提供了两种更新段落样式、字符样式、对象样式、表样式和单元格样式的方法。第一种是打开样式选项并对格式选项进行修改；另一种更新样式的方法是，通过局部格式化来修改文本，再根据修改后的文本重新定义样式。无论采用哪种方式，应用了样式的对象都将更新格式。

在本节中，您将修改样式 Head 3 使其包含段后线。

1. 在页面面板中双击第 4 页的图标，再选择菜单“视图”>“使页面适合窗口”。
2. 使用文字工具（T.）单击并拖曳以选择第 1 栏开头的子标题 Black Tea。
3. 如有必要，单击控制面板中的“字符格式控制”图标（A），在文本框“字体大小”中输入“13”并按回车键。
4. 选择菜单“文字”>“段落”以显示段落面板，并在面板菜单中选择“段落线”。
5. 在“段落线”对话框中，在顶部的下拉列表中选择“段后线”，并选中复选框“启用段落线”。确保选中了复选框“预览”，将对话框移到一边以便能够在屏幕上看到文本 Black Tea。
6. 对段后线做如下设置（如图 9.42 所示）。

- 粗细：1 点。
- 颜色：C=24、M=93、Y=100、K=18（酒红色）。
- 位移：p2。

保留其他选项为默认值。

7. 单击“确定”按钮，文本 Black Tea 下方将出现一条酒红色的直线。
8. 如果看不到段落样式面板，选择菜单“文字”>“段落样式”打开这个面板。

在段落样式面板中，注意，样式 Head 3 被选中，这表明对选定文本应用了它。另外，注意到样式名 Head 3 右边有个加号，这表明除样式 Head 3 外，还对选定文本设置了局部格式，这些格式覆盖了原来应用的样式，如图 9.43 所示。

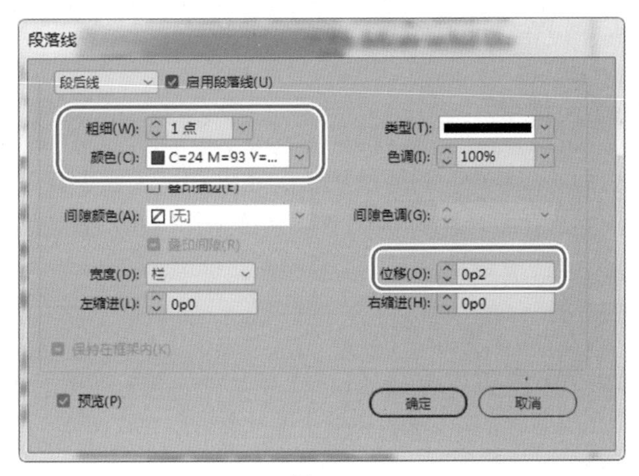

图9.42

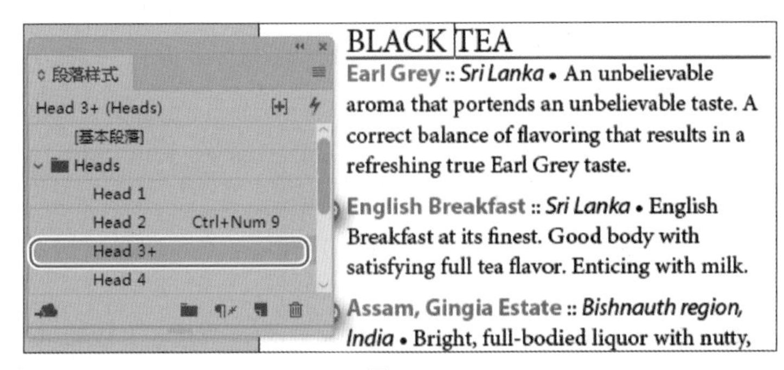

图9.43

下面重新定义这个段落样式，并将这种局部修改加入到其定义中，从而自动地将其应用于使用样式 Head 3 的所有标题。

9. 在段落样式面板菜单中选择“重新定义样式”，如图 9.44 所示。样式 Head 3 右边的加号将消失，而文档中使用样式 Head 3 的所有标题都将更新以反映所做的修改。

注意：可使用第 8 ～ 9 步的方法，基于局部格式重新定义任何类型的样式。

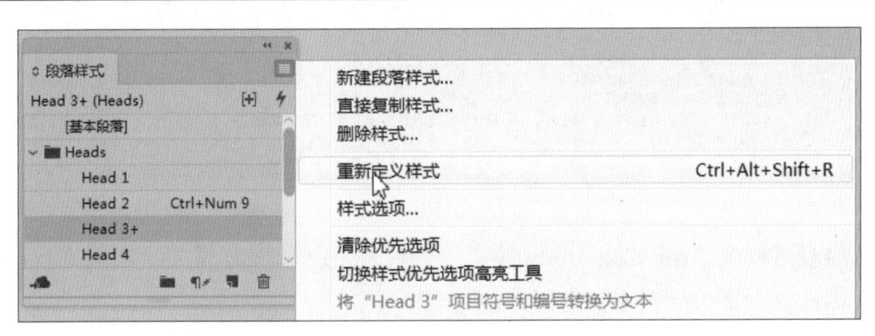

图9.44

10. 选择菜单“编辑”>“全部取消选择”，再选择菜单“文件”>“存储”。

9.8 从其他文档中载入样式

样式只出现在创建它们的文档中，但通过从其他 InDesign 文档中载入（导入）样式，您可轻松地在 InDesign 文档之间共享样式。在本节中，您将从最终文档 09_End.indd 中导入一种段落样式，并将其应用于第 2 页的第一个正文段落。

> **提示：**除从其他文档载入样式外，您还可通过 CC 库在多个文档之间共享段落样式和字符样式。为此，您可在段落样式面板中选择一种样式，再单击该面板底部的“将选定样式添加到我的当前 CC 库”按钮。要在另一个文档中使用它，您可通过 CC 库应用它，这样它将被自动添加到该文档的段落样式面板中。

1. 在页面面板中，双击第 2 页的图标，再选择菜单“视图”>“使页面适合窗口”。
2. 如果段落样式面板不可见，选择菜单“文字”>“段落样式”以显示它。
3. 在段落样式面板菜单中选择“载入所有文本样式”。
4. 在“打开文件”对话框中，双击文件夹 Lesson09 中的 09_End.indd。“载入样式”对话框将出现。
5. 单击“全部取消选中”按钮。您无须导入所有样式，因为大部分样式已包含在当前文档中。
6. 选中复选框 Drop Cap Body。向下滚动页面到字符样式 Italic 和 Drop Cap 并确认选择了它们，如图 9.45 所示。

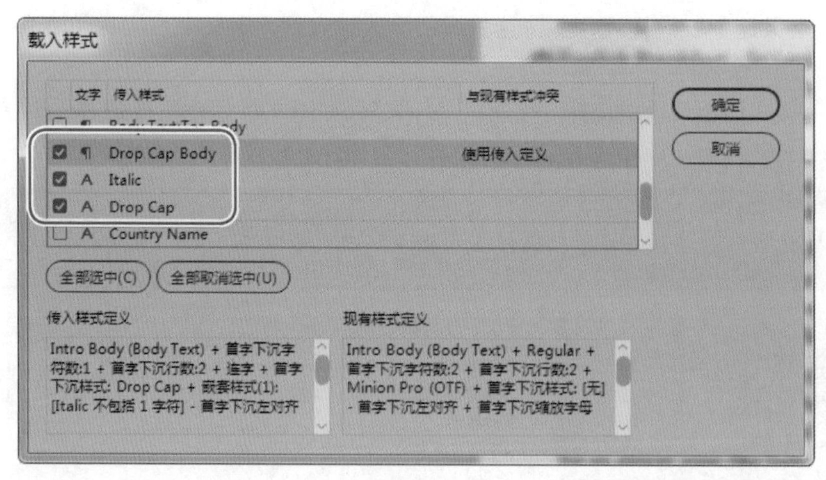

图9.45

由于选定的段落样式 Drop Cap Body 使用了“首字下沉和嵌套样式”功能来自动应用字符样式 Drop Cap，因此这个字符样式也被选择了。

7. 单击“确定”按钮载入这 3 种样式。

8. 使用文字工具（T.）单击，将光标放在以 We carry 打头的第二段正文中。
9. 在段落样式面板中单击样式 Drop Cap Body。字母 W 将下沉并变成黄褐色，且字体为 Myriad Pro Italic，如图 9.46 所示。

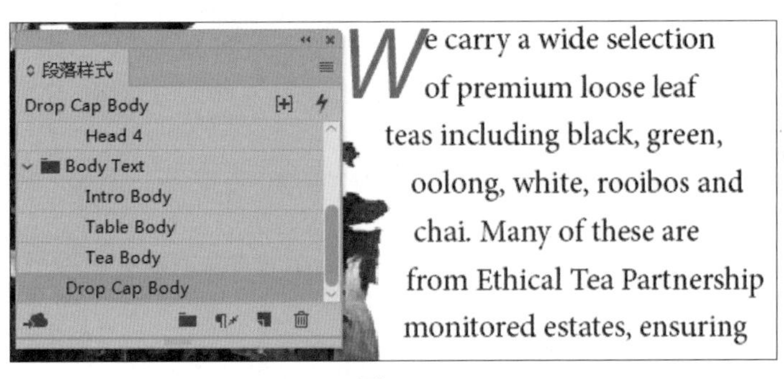

图9.46

10. 选择菜单“编辑”>“全部取消选择”，再选择菜单“文件”>“存储”。

9.8.1 大功告成

最后一步是预览完成后的文档。

1. 单击工具面板底部的“预览”按钮。
2. 选择菜单“视图”>“使页面适合窗口”。
3. 按 Tab 键隐藏所有面板，并预览最终的文档。

祝贺您学完了本课！

9.9 练习

创建长文档或用于其他文档的模板时，您可能想充分利用各种样式功能。为进一步微调样式，请尝试执行如下操作。

- 在段落样式面板中重新排列样式，例如，将刚导入的样式“Drop Cap Body”拖放到样式组“Body Text”中。
- 尝试修改诸如对象样式、表样式、字符样式和段落样式等样式的格式，例如，修改段落样式的字体或表样式的背景色。
- 新建只修改一个格式属性的字符样式，如创建只应用不同颜色的字符样式。
- 给已有样式添加键盘快捷键。

9.10 复习题

1. 使用对象样式为何能提高工作效率？
2. 要创建嵌套样式，先得创建什么？
3. 对已应用于 InDesign 文档的样式进行全局更新的方法有哪些？
4. 如何从其他 InDesign 文档导入样式？

9.11 复习题答案

1. 使用对象样式可以组合一组格式属性，并将其快速应用于框架和直线，从而可节省时间。如果需要更新格式，无需分别对使用样式的每个对象进行修改，而只需修改对象样式，所有使用该样式的对象都将自动更新。
2. 创建嵌套样式前，必须先创建一种字符样式，并创建一种嵌套该字符样式的段落样式。
3. 在 InDesign 中更新样式的方法有两种。一是通过修改格式选项来编辑样式本身；二是使用局部格式修改一个实例，再基于该实例重新定义样式。
4. 在段落样式面板、对象样式面板、单元格样式面板等样式面板的面板菜单中选择“载入样式”，再找到要从中载入样式的 InDesign 文档。样式将载入到相应的面板中，从而可应用于当前文档。

第10课 导入和修改图形

课程概述

本课介绍如下内容：

- 区分矢量图和位图；
- 使用链接面板管理置入的文件；
- 置入使用 Adobe Photoshop 和 Adobe Illustrator 创建的图形；
- 调整图形的显示质量；
- 处理各种空白背景；
- 使用路径和 Alpha 通道修改图形的外观；
- 创建定位的图形框架；
- 创建和使用对象库；
- 使用 Adobe Bridg 导入图形。

本课需要大约 75 分钟。

启动 InDesign 之前，先到异步社区的相应页面将本书的课程资源下载到本地硬盘中，并进行解压。

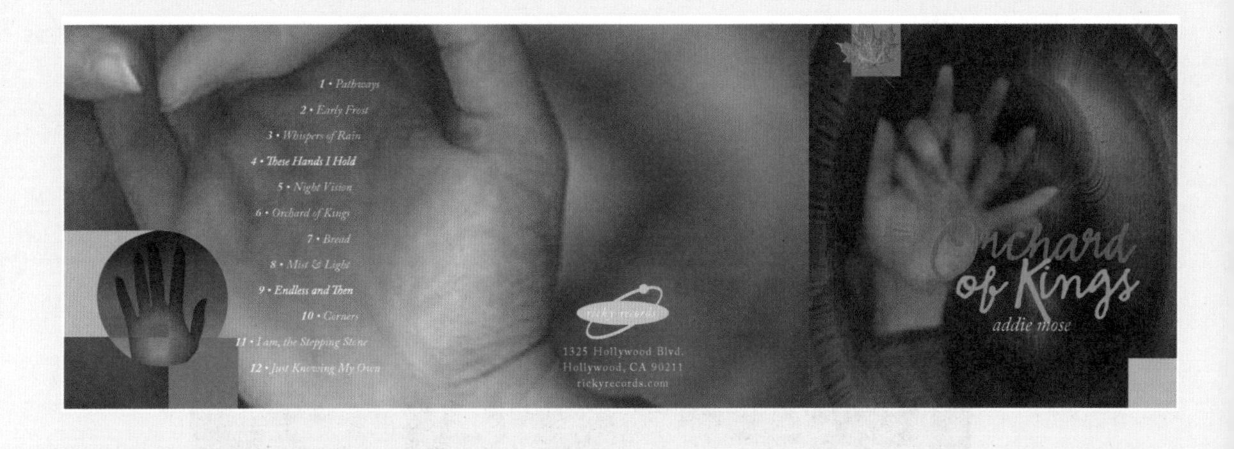

通过导入在 Adobe Photoshop、Adobe Illustrator 或其他图形程序中创建的照片和图稿，您可轻松地改善文档。如果这些导入的图形被修改，InDesign 将指出有新版本，用户可随时更新或替换导入的图形。

10.1 概述

在本课中，您将导入、处理和管理来自 Adobe Photoshop、Adobe Illustrator 和 Adobe Acrobat 的图形，以制作一个 CD 封套。印刷和裁切后，该封套将被折叠，以适合 CD 盒的大小。

本课包含可使用 Adobe Photoshop 完成的工序——如果您的计算机安装了该软件。

> **注意：**如果还没有从异步社区下载本课的项目文件，现在就这样做，详情请参阅“前言”。

1. 为确保您的 Adobe InDesign 首选项和默认设置与本课使用的一样，将 InDesign Defaults 文件移到其他文件夹，详情请参阅“前言”中的“保存和恢复 InDesign Defaults 文件”。
2. 启动 Adobe InDesign。为确保面板和菜单命令与本课使用的相同，选择菜单“窗口”>“工作区”>“高级”，再选择菜单“窗口”>“工作区”>“重置［高级］”。
3. 选择菜单“文件”>“打开”，打开硬盘中文件夹 InDesignCIB\Lessons\Lesson10 中的文件 10_Start.indd。随后出现一个消息框，指出该文档中的链接指向的文件已被修改。
4. 单击“不更新链接”按钮，您将在本课后面对此进行修复。如果出现“缺失字体”对话框，请单击“同步字体”按钮，从 Typekit 同步字体后，再单击“关闭”按钮。
5. 如有必要，关闭链接面板以免它遮住文档。每当用户打开包含缺失或已修改链接的 InDesign 文档时，链接面板都将自动打开。
6. 要查看完成后的文档，可打开文件夹 Lesson10 中的文件 10_End.indd，如图 10.1 所示。如果愿意，可让该文档保持打开状态供工作时参考。查看完毕后，选择菜单“窗口”>“10_Start.indd”或单击文档选项卡 10_Start.indd 切换到该文档。

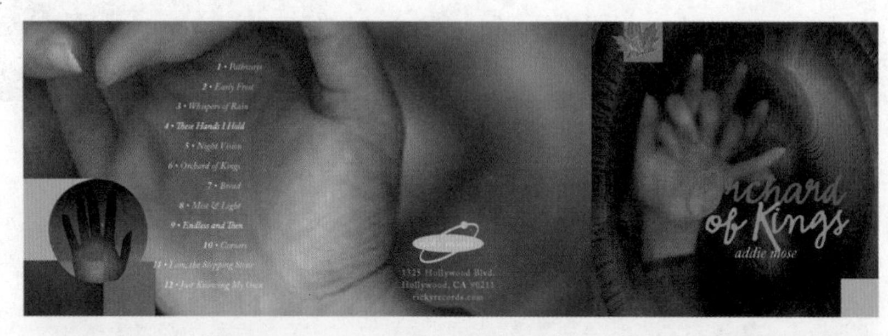

图10.1

7. 选择菜单“文件”>“存储为”，将该文件重命名为10_cdinsert.indd，并将其存储在文件夹Lesson10中。

> 注意：完成本课的任务时，请根据需要随意移动面板和修改缩放比例。有关这方面的更详细信息，请参阅1.5节。

10.2 添加来自其他程序的图形

InDesign支持很多常见的图形文件格式。虽然这意味着您可以使用在各种图形程序中创建的图形，但InDesign同Adobe其他专业图形程序（如Photoshop、Illustrator和Acrobat）协作时最顺畅。

默认情况下，导入的图像是链接的，这意味着虽然InDesign在版面上显示了图形文件的预览，但并没有将整个图形文件复制到InDesign文档中。

链接图形文件的优点主要有3个。首先，可减小InDesign文件的大小，因为它们不包含嵌入的图像数据；其次，可节省磁盘空间；最后，您可使用创建链接的图形的程序编辑它，再在InDesign链接面板中更新链接。更新链接的文件时，图形文件的位置和设置将保持不变，但会使用更新后的图形替换InDesign中的预览图像。

链接面板（“窗口”>“链接”）中列出了链接的所有图形和文本文件，该面板提供了用于管理链接的按钮和命令。打印InDesign文档或将其导出为Adobe便携式文档格式（PDF）文件时，InDesign外部存储的置入图形的原始版本提供尽可能高的品质。

10.3 比较矢量图和位图

绘图工具Adobe InDesign和Adobe Illustrator创建的是矢量图形，这种图形是由基于数学表达式的形状组成的。矢量图形由平滑线组成，缩放后依然是清晰的。它适用于插图、文字以及诸如徽标等通常会缩放到不同尺寸的图形。无论放大到多大，矢量图形的质量都不会降低。

位图图像（光栅图像）由像素网格组成，通常使用数码相机和扫描仪创建，再使用Adobe Photoshop等图像编辑程序进行修改。处理位图图像时，您编辑的是像素而不是对象或形状。位图图像适合于连续调图像，如照片或在绘画程序中创建的作品。位图图像的一个缺点是，放大后不再清晰且会出现锯齿，如图10.2所示。另外，位图图像文件通常比类似的矢量文件大。位图图像放大后，品质确实会降低。

绘制为矢量图形的徽标（左） 光栅化为300dpi位图图像后（右）

图10.2

一般而言，使用矢量绘图工具来创建线条清晰的线条图或文字，如名片和招贴画上的徽标，它们在任何尺寸下都是清晰的。您可使用 InDesign 的绘图工具来创建矢量图，也可利用 Illustrator 中品种繁多的矢量绘图工具来创建。您可使用 Photoshop 来创建具有绘图或摄影般柔和线条的位图图像、对照片进行修饰或修改以及对线条图应用特殊效果。

10.4 管理到导入文件的链接

打开本课的文档时，您会看到一个警告消息框，它指出了链接的文件存在的问题。下面使用链接面板来解决这种问题，该面板提供了有关文档中所有链接的文本和图形文件的完整状态信息。

通过使用链接面板，您可以以众多其他的方式管理置入的图形，如更新或替换文本或图形。

> Id **注意：**默认情况下，对于置入的文本文件和电子表格文件，InDesign 不会创建指向它们的链接。要改变这种行为，可在“首选项”对话框的“文件处理”部分选择复选框“置入文本和电子表格文件时创建链接”。

10.4.1 查找导入的图像

为查找已导入到文档中的图像，您将采用两种使用链接面板的方法。在本课后面，您还将使用链接面板来编辑和更新导入的图形。

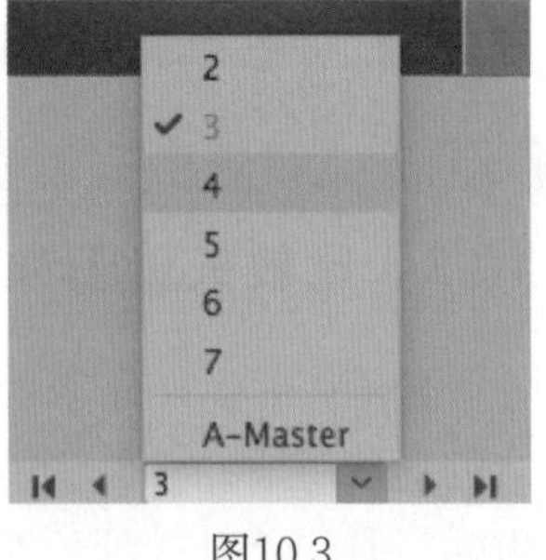

图10.3

1. 在文档窗口左下角的“页面”下拉列表中选择“4”（如图 10.3 所示），让该页面在文档窗口中居中显示。
2. 如果链接面板不可见，选择菜单“窗口”>“链接”。
3. 使用“选择”工具（ ）选择第 4 页（第一个跨页的右页面）中的徽标文字 Orchard of Kings（单击框架中央的内容抓取工具的外面，以选择框架而不是图形）。在版面中选择该图形后，注意到在链接面板中该图形的文件名 10_i.ai 被选中，如图 10.4 所示。

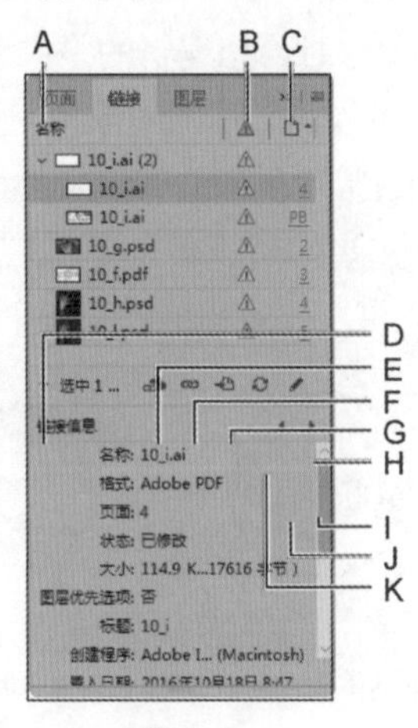

A. 文件名栏

B. 状态栏

C. 页面栏

D. “显示/隐藏链接信息”按钮

E. “从CC库重新链接”按钮

F. “重新链接”按钮

G. “转到链接”按钮

H. “编辑原稿”按钮

I. “在列表中选择下一个链接”按钮

J. “在列表中选择上一个链接”按钮

K. “更新链接”按钮

图10.4

下面使用链接面板查找版面上的另一个图形。

4. 在链接面板中选择 10_g.psd，再单击“转到链接”按钮（ ）。该图形将被选中且位于文档窗口中央。在知道文件名的情况下，这是一种在文档中快速查找图形的方法。

> Id **提示：**也可在链接面板中单击文件名右边的页码来转到链接的图形，并使其位于文档窗口中央。

在本课中以及需要处理大量导入的文件时，这些识别和查找链接图形的方法都很有用。

10.4.2 查看有关链接文件的信息

链接面板使得处理链接的图形和文本文件以及显示更多有关链接文件的信息变得更容易。

> Id **提示：**拖曳链接面板的标签可将该面板同其所属的面板组分开。将面板分离后，便可通过拖曳其边缘或右下角来调整大小。

1. 确保在链接面板中选择了名为 10_g.psd 的图形。如果不滚动页面，您将无法看到所有链接文件的名称，请向下拖曳链接面板中间的分隔条以扩大该面板的上半部分，以便能够看到所有链接。链接面板的下半部分为“链接信息”部分，显示了有关选定链接的信息。
2. 在链接面板中，单击“在列表中选择下一个链接”按钮（ ），以查看链接面板列表中下一个文件（10_f.psd）的信息。这种方式可让您快速查看列表中所有链接的信息。当前，每个链接的状态栏都显示一个警告图标（ ），这表明存在链接问题，稍后将解决这些问题。查看各个图像的链接信息后，选择菜单“编辑”>“全部取消选择”，再单击“链接信息”上方的“显示 / 隐藏链接信息”按钮（ ）以隐藏“链接信息”部分。

默认情况下，链接面板中的文件是按照页码排序的，且在文档中被多次使用的文件排在最前面。您可以通过其他方式对文件列表进行排序。

3. 要查看链接信息，另一种更快捷的方式是对链接面板中各栏显示的信息进行定制。为此，您可从链接面板菜单中选择“面板选项”，再单击“显示栏”下方的复选框“颜色空间”“实际 PPI”“有效 PPI”和“透明度”，再单击“确定”按钮（在您的工作流程中，重要的信息可能与这里的不同）。
4. 向左拖曳链接面板的左边缘，以便能够看到新增的栏。在链接面板中，新增的栏中显示了前面指定的信息，如图 10.5 所示。使用这种定制视图，您可快速获悉有关导入的图形的重要信息，例如，是否有图像因为放大得太大，导致打印出来很难看，如边缘呈锯齿状、模糊不清或像素化。

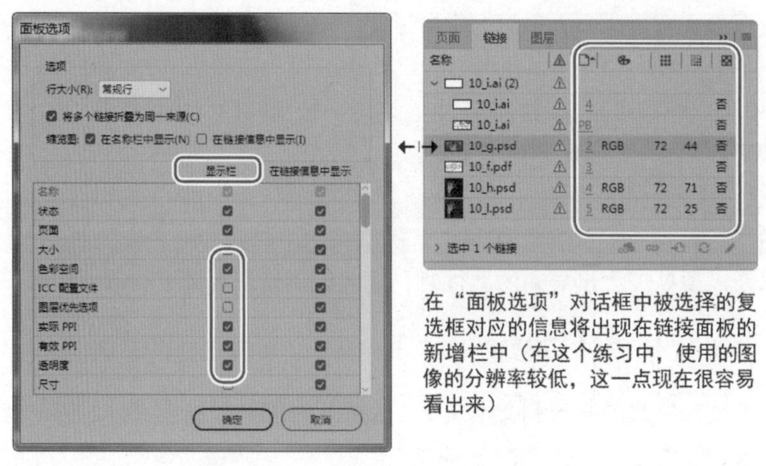

图10.5

10.4.3 在资源管理器（Windows）或 Finder（macOS）中显示文件

虽然链接面板提供了有关导入的图形文件的属性和位置等信息，但这并不能让用户修改文件或文件名。通过使用“在资源管理器中显示”（Windows）或“在 Finder 中显示”（macOS），您可访问导入的图形文件的原始文件。

> Id **注意：**对于缺失的链接，菜单项“在资源管理器中显示”（Windows）或“在 Finder 中显示”（macOS）不可用。

1. 选择 10_g.psd。在链接面板菜单中选择“在资源管理器中显示”（Windows）或“在 Finder 中显示”（macOS），如图 10.6 所示。这将打开链接文件所在的文件夹并选择该文件。这种功能对于在硬盘中查找文档并在必要时对其重命名很有用。

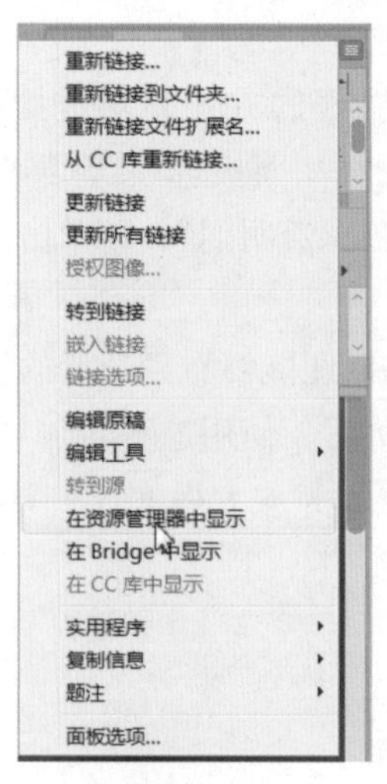

图10.6

> Id 提示：要找到导入的图形文件并给它重命名，也可从链接面板的面板菜单中选择“在 Bridge 中显示”。

2. 关闭资源管理器或 Finder 并返回 InDesign。

10.5 更新链接

即便将文本或图形文件置入 InDesign 文档后，也可使用其他程序来修改这些文件。链接面板指出了哪些文件在 InDesign 外被修改了，让用户能够使用这些文件的最新版本来更新 InDesign 文档。

在链接面板中，文件 10_i.ai 有一个警告图标（ ），这表明原稿被修改过。正是该文件及其他一些文件导致打开该 InDesign 文档时出现警告消息。下面更新该文件的链接，让 InDesign 文档使用最新的版本。

1. 如有必要，在链接面板中，单击文件 10_i.ai 左边的“展开”按钮（ ），以显示该导入文件的两个实例。选择位于第 4 页的 10_i.ai 文件的实例，并单击“转到链接”按钮（ ），以便在放大的视图下查看该图形，如图 10.7 所示。更新链接时并非一定要执行这一步，但如果要核实将更新的是哪个导入的文件并查看结果，这是一种快速方法。

> Id 提示：要同时更新图形的多个实例，可在没有展开的情况下进行更新。

图10.7

2. 单击“更新链接”按钮（ ），文档中图像的外观将发生变化，以呈现最新的版本。在链接面板中，“已修改”警告图标消失了，同时，在页面中图形框架左上角的“已修改”警告图标（ ）变成了 OK 图标（ ），如图 10.8 所示。

图10.8

> **提示**：要更新链接，也可在链接面板中双击“已修改”警告图标，还可单击图形框架左上角的“已修改”警告图标。

3. 为更新其他所有已修改的图形文件，在链接面板的面板菜单中选择“更新所有链接”。

下面将第一个跨页（第 2 ~ 4 页）中的手形图像替换为修改后的图像。您将使用“重新链接”按钮给这个链接指定另一个图形。

4. 切换到第一个跨页（第 2 ~ 4 页）并选择菜单“视图”>“使跨页适合窗口”。
5. 使用“选择”工具（ ）选择图像 10_h.psd，这是第 4 页上一幅两只手交叉握在一起的照片。如果在内容抓取工具中单击，选择的将是图形而非框架，但在本节中，选择什么都行。可根据链接面板中选定的文件名来判断是否选择了正确的图像。
6. 在链接面板中单击“重新链接”按钮（ ）。
7. 选择文件夹 Lesson10 中的 10_j.psd，再单击“打开”按钮。新的图像版本（其背景不同）将替换原来的图像，链接面板也将相应地更新。
8. 单击粘贴板的空白区域以取消选择跨页中的对象。
9. 选择菜单“文件”>“存储”保存所做的工作。

在链接面板中查看链接状态

在链接面板中，链接图形以下列方式出现。

- 最新的图形只显示其文件名和所在的页面。
- 修改过的文件显示一个带惊叹号的黄色三角形（ ）。该图标表明磁盘上的文件版本比文档中的版本新。例如，如果您将一个 Photoshop 图形置入到 InDesign 中，然后您或其他人使用 Photoshop 编辑并保存了原始图形，那么该图标将出现。当一个图形被修改，且只有到该图形的部分链接被更新时，将出现稍微不同的“已修改”图标版本。要更新已修改的图形，您可在链接面板中选择它，再在链接面板菜单中选择“更新链接”或单击“更新链接”按钮（ ）。

- 缺失的文件会显示一个带问号的红色六边形（ ）。这个图标意味着文件不在最初被导入时所在的位置，它可能在其他地方。如果原始文件导入后，有人将其删除或移到其他文件夹或服务器，将出现缺失链接的情形。找到缺失文件之前，您无法知道它是否是最新的。如果在出现该图标时打印或导出文档，相应的图形可能不会以全分辨率打印或导出。要修复缺失图形的问题，您可在链接面板中选择它，再从链接面板菜单中选择"重新链接"，然后在"重新链接"对话框中找到正确的图形文件，并单击"打开"按钮。
- 被嵌入到InDesign文档中的图形会显示一个嵌入图标（ ）。要嵌入图形，可在链接面板中选择相应的文件名，再从链接面板菜单中选择"嵌入链接"。嵌入链接文件的内容后，链接将不受对其执行的操作的影响；取消嵌入后，对链接的管理操作将重新发挥作用。

显示性能和GPU

InDesign CC 2018支持包含图形处理单元（GPU）的计算机。如果您的计算机安装了兼容的GPU卡，InDesign将自动使用GPU来显示文档，并将默认"显示性能"设置为"高品质显示"。如果您的计算机没有兼容的GPU卡，"显示性能"的默认设置将为"典型显示"。本书假设读者的计算机没有GPU卡。如果您的计算机安装了兼容的GPU，可忽略要求您切换到"高品质显示"的步骤。有关InDesign CC对GPU的支持的更详细信息，请参阅Adobe官方文档。如果您的计算机安装了兼容的GPU卡，可在"首选项"对话框的"GPU性能"部分中修改GPU设置。为此，可选择菜单"编辑">"首选项">"GPU性能"（Windows）或"InDesign CC">首选项">"GPU性能"（macOS）。

10.6 调整显示质量

解决了所有的文件链接问题后，便可以开始添加其他图形了。但在此之前，您将调整本课前面更新的Illustrator文件10_i.ai的显示质量。

用户将图像置入文档时，InDesign会根据当前在"首选项"的"显示性能"部分所做的设置自动创建其低分辨率（代理）版本。当前，该文档中所有的图像都是低分辨率代理，这就是图像的边缘呈锯齿状的原因。降低置入图形的屏幕质量可提高页面的显示速度，但不会影响最终输出的质量。您可对InDesign用来显示置入图形的详细程度进行控制。

1. 在链接面板中，选择您在前一节中更新的图像10_i.ai（在第4页上）。单击"转到链接"

按钮（ ）以在放大的视图中查看该图形。

2. 在图像 Orchard of Kings 上单击鼠标右键（Windows）或按住 Control 并单击（macOS），再从上下文菜单中选择“显示性能” > “高品质显示”。此时，该图像将以全分辨率显示，如图 10.9 所示。通过使用这种方法，您可确定在 InDesign 文档中置入的各个图形的清晰度、外观或位置。

典型显示

高品质显示

图10.9

3. 选择菜单“视图” > “显示性能” > “高品质显示”。这将修改整个文档的显示性能，所有图形都将以高品质显示。

使用老式计算机或文档中包含大量导入的图形时，这种设置可能会导致屏幕重绘速度降低。在大多数情况下，明智的选择是将“显示性能”设置为“典型显示”，再根据需要修改某些图形的显示质量。

10.7 处理各种背景

带背景的图像分为两大类，它们的使用范围都比较广泛。这两类图像的差别在于前景和背景之间的边缘是清晰还是模糊的。具体使用哪类图像取决于图像的内容。

对于前景和背景之间边缘清晰的图像，可使用矢量路径将前景和背景分开，这种路径被称为剪切路径。

> Id
>
> **提示：**蒙版是用来包含和裁剪图像的形状框架：位于蒙版内的图像部分是可见的，而位于蒙版外面的图像是不可见的。

- 如果在 Photoshop 中绘制一条路径并将其随图像保存，您就可在 InDesign 中选择这条路径，您还可选择同一幅图像中的不同路径。
- 如果图像背景的颜色很淡或为白色，或者主体颜色较淡而背景颜色较深，InDesign 可以自动检测出主体和背景之间的边缘，并创建一条剪切路径。然而，正如第 4 课介绍的，这种方法适用于简单形状或创建用于文本绕排的路径。
- 如果在 Photoshop 中创建一个 Alpha 通道并将其随图像保存，InDesign 将使用它来创建剪切路径。Alpha 通道将您创建的选区存储为灰度图像，包含透明和不透明区域。

对于前景和背景之间的边缘不清晰的图像，要在 Photoshop 中删除背景，需要使用透明度和柔和画笔。

10.7.1 在 InDesign 中使用在 Photoshop 中创建的剪切路径

1. 在页面面板中双击第 7 页的图标以切换到文档的第 7 页，再选择菜单“视图” > “使页面适合窗口”。
2. 在图层面板中，确保选择了图层 Photos，以便将导入的图像放在该图层。选择菜单“文件” > “置入”，再双击文件夹 Lesson10 中的文件 10_c.psd，鼠标光标将变成载入光栅图形图标。
3. 将鼠标光标指向第 7 页中央的紫色方框外面（），即该方框上边缘的左下方一点（确保没有将鼠标光标放在该方框内），再单击鼠标置入一幅包含两个梨子的图像，如图 10.10 所示。必要时可调整图形框架的位置，使其如图 10.10 所示。

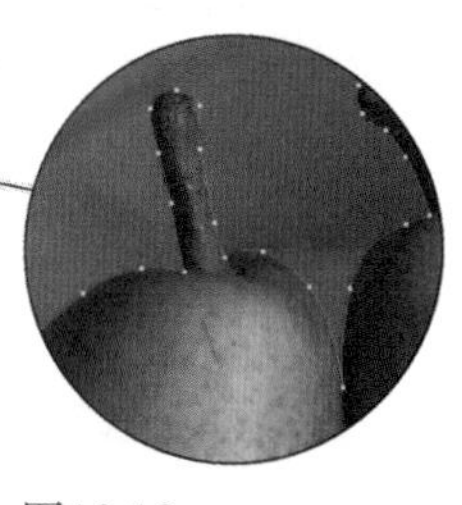

图10.10

> **提示：** 如果不小心在现有方框内部进行了单击操作，可选择“编辑” > “撤销置入”，然后重新尝试。

4. 选择菜单“对象” > “剪切路径” > “选项”。如有必要，可拖曳“剪切路径”对话框以便能够看到梨子图像。
5. 从下拉列表“类型”中选择“Photoshop 路径”，并选择名为 Two Pears 的路径。如果复选框“预览”没有选中，现在选中它。这条路径将背景隐藏起来了，如图 10.11 所示。

图10.11

6. 单击“确定”按钮。

7. 切换到“选择”工具（ ）并单击右下角的手柄。按住 Shift + Ctrl（Windows）或 Shift + Command（macOS）键并向左上方拖曳，这将同时缩小框架及其内容。让梨子位于紫色方框内，如图 10.12 所示。然后，选择菜单“对象” > “适合” > “使框架适合内容”，再使用选择工具将梨子移到紫色方框底部，如图 10.12 所示。

图10.12

8. 按住 Alt（Windows）或 Option（macOS）键并向右上方拖曳，这将创建这幅图像的备份。选择菜单“对象”>“剪切路径”>“选项”，并从“类型”下拉列表中选择“Photoshop 路径”，但这次选择名为 Right Pear 的路径，并单击“确定”按钮。切换到“选择”工具（ ），并选择菜单“对象” > “适合” > “使框架适合内容”。使用前面的方法将这个梨子缩小到原来的 60%，再将鼠标光标指向定界框的外面，等鼠标光标变成旋转图标（ ）后向右旋转大约 -28°，再将这幅图像稍微向下移一点，如图 10.13 所示。

图10.13

9. 按住 Alt（Windows）或 Option（macOS）键并向左下方拖曳单梨图像，以创建其备份。选择菜单“对象” > “剪切路径” > “选项”，并从“类型”下拉列表中选择“Photoshop 路径”，但这次选择名为 Left Pear 的路径，并单击“确定”按钮。切换到“选择”工具（ ），并选择菜单“对象” > “适合” > “使框架适合内容”。将鼠标光标指向定界框的外面，等鼠标光标变成旋转图标（ ）后向左旋转大约 22° ，再将这幅图像稍微向下移一点，如图 10.14 所示。

图10.14

10. 注意，通过使用剪切路径，您可让图像与其他多个对象重叠。您还可将图像移到其他对象前面或后面，请花点时间尝试这样做。
11. 选择菜单“文件”>“存储”将文件存盘。

10.7.2 在 InDesign 中使用在 Photoshop 中创建的透明背景

1. 向左拖曳滚动条切换到第 6 页。按住空格键，等鼠标光标变成抓手图标（ ）后拖曳，让第 6 页位于文档窗口中央。
2. 在工具面板中选择矩形框架工具（ ），并在页面底部绘制一个框架。选择菜单“对象”>“适合”>“框架适合选项”，从“适合”下拉列表中选择“按比例适合内容”，在“对齐方式”部分单击上边缘的中点，再单击“确定”按钮，如图 10.15 所示。
3. 选择菜单“文件”>“置入”，并双击文件夹 Lesson10 中的文件 Tulips.psd，InDesin 将按比例调整图像，使其适合框架，如图 10.16 所示。选择菜单“编辑”>“全部取消选择”。

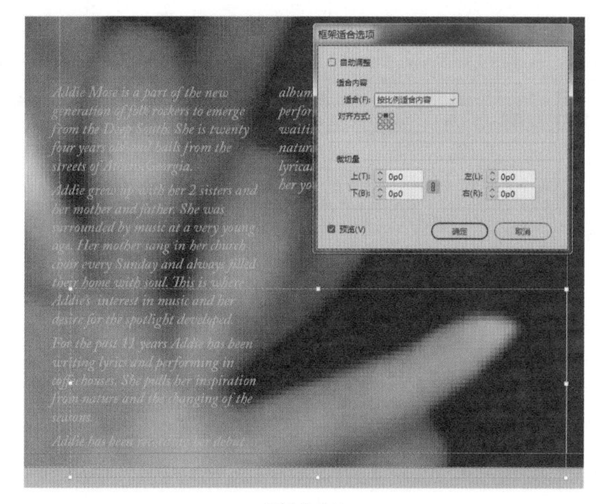

图10.15

图10.16

4. 接下来在不缩放框架的情况下缩放图片。切换到选择工具，注意到当您将鼠标光标指向图片时，包含文本的框架呈高亮显示，这是因为图层 Text 在图层 Graphics 上面。打开图层面板，并锁定图层 Text，以便能够轻松地处理图片。单击刚才导入的图片，界面中出现了圆形的内容抓取工具，还有图片定界框（而非框架）的手柄。在控制面板中，将参考点设置为顶部中间（▦），并将缩放比例设置为 70%。注意，图片的很大一部分都被裁剪掉了，只留下上面的花朵和叶子，如图 10.17 所示。

相比于前面的梨子图像，这幅图像与背景的边缘完全不同。在这里，边缘完全融合到了背景中，这正是在 Photoshop 中使用透明度来删除背景的目的所在：使用柔边画笔来删除背景，从而生成柔和的边缘。

图10.17

10.8 使用 Alpha 通道

当图像的背景不是纯白色或纯黑色时，可使用 Photoshop 中的高级背景删除工具，用路径或 Alpha 通道来标记透明区域，再让 InDesign 根据路径或 Alpha 通道来创建剪切路径。

注意：如果置入由图像和透明背景组成的 Photoshop 文件（.psd），InDesign 将根据透明背景进行剪切，而无须依赖剪切路径或 Alpha 通道。然而，即便图形包含有羽化边缘的 Alpha 通道，InDesign 使用剪切路径选项时也将使用硬边缘剪切路径，而不保留柔化边缘。

10.8.1 导入包含 Alpha 通道的 Photoshop 文件

InDesign 能够直接使用 Photoshop 路径和 Alpha 通道，您无需将 Photoshop 文件保存为另一种文件格式。前面导入图像时，使用的是“置入”命令。这里使用另一种方法：将 Photoshop 图像直接拖曳到 InDesign 跨页中。

1. 在图层面板中确保选择了图层 Photos，这样图像将放到该图层中。
2. 切换到文档的第 2 页，并选择菜单“视图” > “使页面适合窗口”。
3. 在资源管理器窗口（Windows）或 Finder 窗口（macOS）中，切换到文件 10_d.psd 所在的文件夹 Lesson10。

重新调整资源管理器窗口（Windows）或 Finder 窗口（macOS）和 InDesign 窗口的位置和大小，以便能够同时看到文件夹 Lesson10 中的文件列表和 InDesign 文档窗口。确保第 2 页左下角的四分之一是可见的。

4. 将文件 10_d.psd 拖曳到 InDesign 文档第 2 页左边的粘贴板，再松开鼠标，如图 10.18 所示。在 Windows 中，在粘贴板上单击，这将切换到 InDesign 并将图像以 100% 的比例置入；在 macOS 中，在粘贴板上单击以切换到 InDesign，再次单击将图像以 100% 的比例置入，如图 10.19 所示。

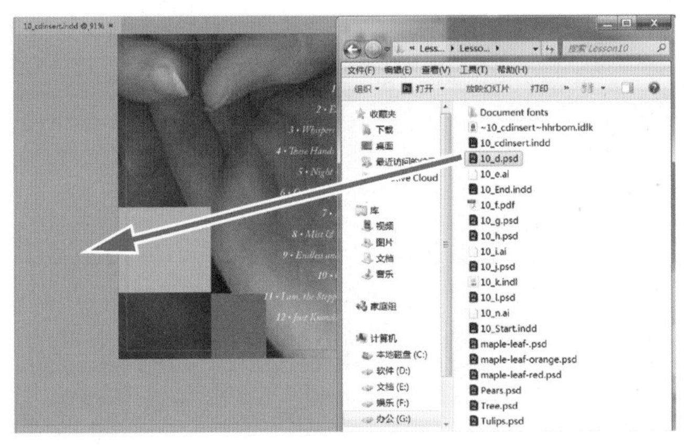

图10.18

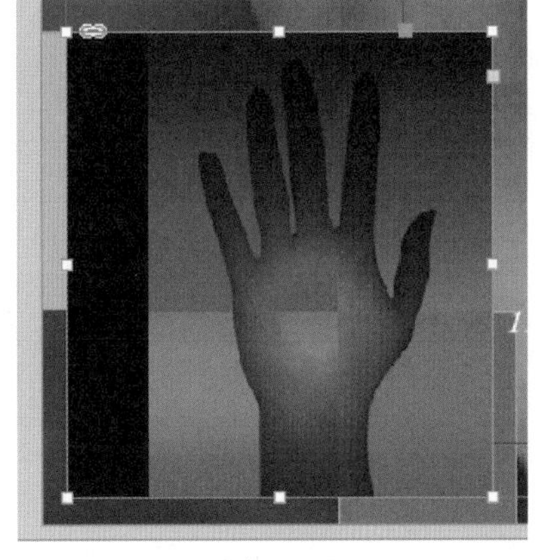

图10.19

> **注意：**在第 4 步置入该文件时，一定要将其拖曳到第 2 页左边的粘贴板上再放下。如果在现有框架中放下，该文件将放到该框架内。如果发生这种情况，选择菜单“编辑”>“还原”再重做。

5. 使用“选择”工具（ ）调整图形的位置，使其左下角与页面左下角对齐。

10.8.2 查看 Photoshop 路径和 Alpha 通道

在您刚拖入 InDesign 中的 Photoshop 图像中，手形图像和很多背景的亮度值相同。您将设置 InDesign，使其使用来自 Photoshop 的 Alpha 通道。首先，您将使用链接面板在 Photoshop 中打开该图像，以查看它包含哪些路径和 Alpha 通道。

> **注意：**Adobe Photoshop CC 是一款图像编辑应用程序，Creative Cloud 可使用它，但必须单独安装。要安装 Photoshop，可使用任务栏（Windows）或菜单栏（macOS）中的 Creative Cloud 桌面应用程序。

为完成本节的任务，您需要安装 Photoshop，如果您的计算机有足够的内存，能够同时启动 InDesign 和 Photoshop，本节的任务完成起来将更容易。如果您的计算机不满足上述两个要求，您仍可阅读这些步骤，以了解 Photoshop 通道是什么样的、有何用途，再接着做下一节的工作。

1. 使用“选择”工具（ ▶ ）选择前一节导入的图像 10_d.psd。

2. 如果链接面板没有打开，选择菜单“窗口”>“链接”。在链接面板中，该图像的文件名将被选中。

3. 在链接面板中单击“编辑原稿”按钮（ ），如图 10.20 所示。这将在一个能够查看或编辑该图像的程序中打开它。该图像来自 Photoshop，因此如果您的计算机安装了 Photoshop，InDesign 将启动它并在其中打开选定的文件。

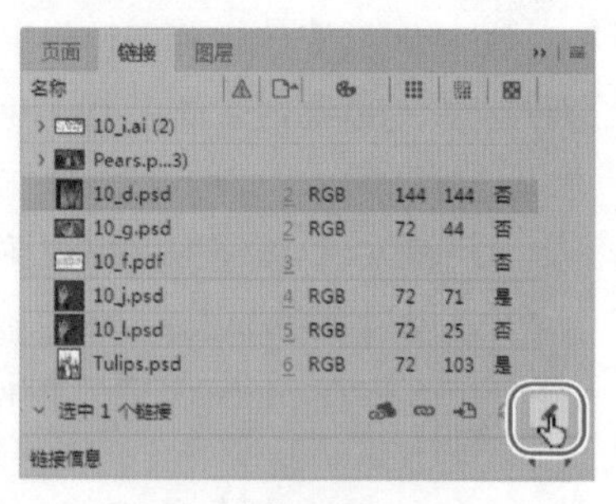

图10.20

> **提示：**要编辑选定的图像，除在链接面板中单击“编辑原稿”按钮外，还可在链接面板菜单中选择“编辑工具”，再选择您要用来编辑图像的应用程序。

> **注意：**单击“编辑原稿”按钮时，文件可能不会在 Photoshop 或创建图像的程序中打开。当您安装软件时，有些安装程序会修改操作系统中将文件类型关联到程序的设置。“编辑原稿”按钮根据这些将文件关联到程序。要修改这种设置，请参阅操作系统文档。

4. 在 Photoshop 中，选择菜单“窗口”>“通道”或单击通道面板图标以显示通道面板。单击通道面板顶部的标签并将其拖曳到文档窗口中。

5. 如有必要，增大通道面板的高度以便能够查看除标准 RGB 通道外的其他 3 个 Alpha 通道（Alpha 1、Alpha 2 和 Alpha 3），如图 10.21 所示。这些通道是在 Photoshop 中使用蒙版和绘画工具绘制的。

6. 在 Photoshop 的通道面板中，单击 Alpha 1 以查看它，再单击 Alpha 2 和 Alpha 3，对它们进行比较。

7. 单击 RGB 通道。

8. 在 Photoshop 中，选择菜单“窗口”>“路径”或单击路径面板图标打开路径面板，如图 10.22 所示。

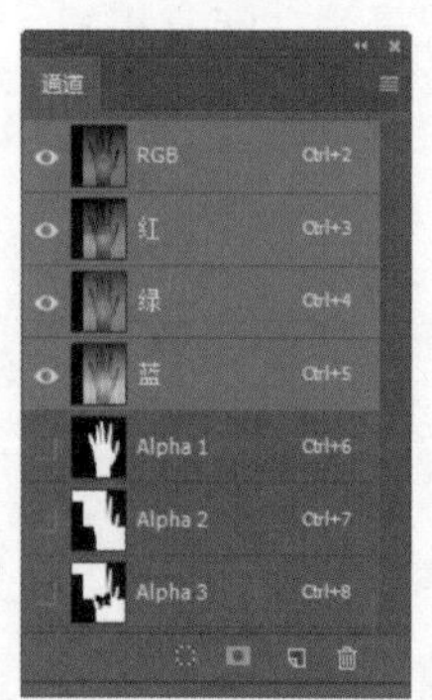

图10.21

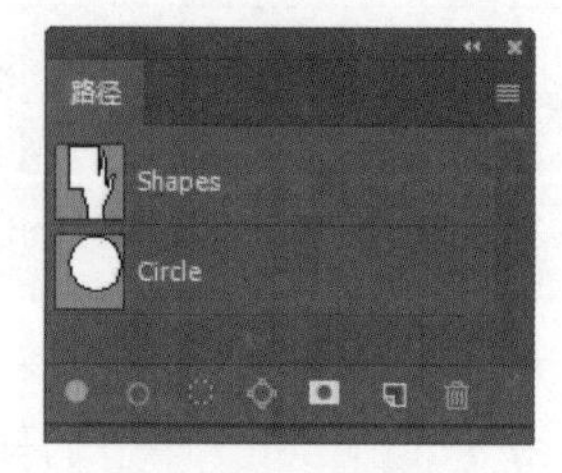

图10.22

路径面板中包含两条已命名的路径：Shapes 和 Circle，这些路径是在 Photoshop 中使用钢笔工具（ ）和其他路径工具绘制的。也可在 Illustrator 中绘制路径，再将其粘贴到 Photoshop 中。

9. 在 Photoshop 路径面板中，单击“Shapes”以查看该路径，再单击“Circle”。

由于您没有做任何修改，因此无需保存这个文件。

10. 退出 Photoshop，因为本课中不再需要使用该程序。

10.8.3 在 InDesign 中使用 Photoshop 路径和 Alpha 通道

下面返回到 InDesign，并探索如何使用 Photoshop 路径和 Alpha 通道创建剪切路径。

1. 切换到 InDesign。确保依然选中了页面中的文件 10_d.psd。如有必要，使用“选择”工具（ ）选择它。

提示：可通过调整选项“阈值”和“容差”来微调 InDesign 根据 Alpha 通道创建的剪切路径。根据 Alpha 通道创建剪切路径时，应从较小的阈值（如 1）开始向上调整。

2. 在依然选择了手形图像的情况下，选择菜单“对象”>“剪切路径”>“选项”打开“剪切路径”对话框。如有必要，将该对话框移到一边以便工作时能够看到图像。
3. 确保选中了复选框“预览”，再从下拉列表“类型”中选择“Alpha 通道”。界面中将出现下拉列表 Alpha，其中列出了您在 Photoshop 中看到的 3 个 Alpha 通道。
4. 从下拉列表 Alpha 中选择 Alpha 1。InDesign 将使用该 Alpha 通道创建一条剪切路径；再从该下拉列表中选择 Alpha 2，并对结果进行比较。
5. 从下拉列表 Alpha 中选择 Alpha 3，再选中复选框“包含内边缘”，如图 10.23 所示。请注意观察图像有何变化。

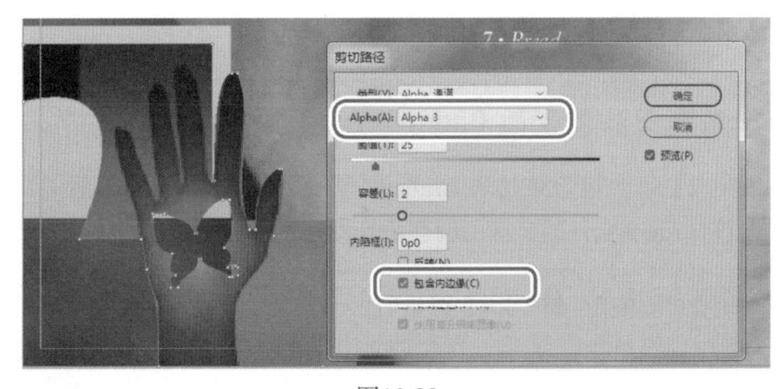

图10.23

选中复选框“包含内边缘”后，InDesign 将能够识别 Alpha 3 内部的蝴蝶形空洞，并将其边缘加入到剪切路径中。

提示：在 Photoshop 中，您可通过查看原始 Photoshop 文件中的通道 Alpha 3 获悉蝴蝶形空洞是什么样的。

6. 在下拉列表“类型”中选择“Photoshop 路径”，再从下拉列表“路径”中选择 Shapes。InDesign 将调整图像的框架形状使其与 Photoshop 路径匹配。
7. 从下拉列表“路径”中选择 Circle，并单击“确定”按钮，结果如图 10.24 所示。

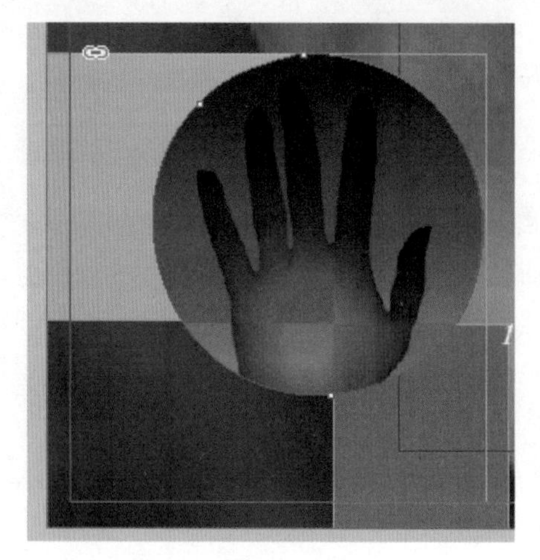

图10.24

8. 选择菜单“文件”>“存储”将文件存盘。

10.9 置入 Adobe 原生图形文件

InDesign 让用户能够以独特的方式导入在 Adobe 应用程序中存储的文件，如 Photoshop 文件（.psd）、Illustrator 文件（.ai）和 Acrobat 文件（.pdf），并提供了控制如何显示文件的选项。例如，在 InDesign 中，用户可调整 Photoshop 图层的可视性，还可查看不同的图层复合。同样，将使用 Illustrator 创建的包含图层的 PDF 文件导入 InDesign 版面时，您也可通过调整图层的可视性来改变插图。

10.9.1 导入带图层和图层复合的 Photoshop 文件

在前一节中，您导入了一个包含路径和 Alpha 通道的 Photoshop 文件，但该文件只有背景图层。导入包含多个图层的 Photoshop 文件时，您可调整每个图层的可视性，另外，还可查看各个图层复合。

> Id **提示：**图层复合是在 Photoshop 中创建的，并随文件一起存储，通常用于创建图像的多个版本以便对不同样式或效果进行比较。将文件置入 InDesign 后，您可对不同图层复合与整个版面的配合情况进行预览。

下面来查看一些图层复合。

1. 在链接面板中单击文件 10_j.psd 的链接，再单击“转到链接”按钮（ ）以选择该图像并使其位于文档窗口中央。这个文件是您在本课前面重新链接的，它包含 4 个图层和 3 个图层复合。
2. 选择菜单“对象”>“对象图层选项”打开“对象图层选项”对话框。在该对话框中，您

可显示 / 隐藏图层以及在图层复合之间切换。

3. 移动“对象图层选项”对话框，以便能够看到尽可能多的选定图像。选中复选框“预览”，这让您能够在不关闭“对象图层选项”对话框的情况下看到图像变化。
4. 在“对象图层选项”对话框中，单击图层 hands 左边的眼睛图标（👁），这将隐藏图层 hands，只留下图层 Simple Background 可见。在图层 hands 左边的方框中单击以显示该图层。
5. 在下拉列表“图层复合”中选择 Green Glow。该图层复合的背景不同。在下拉列表“图层复合”中选择 Purple Opacity，该图层复合的背景不同且图层 hands 是部分透明的，如图 10.25 所示。单击“确定”按钮。

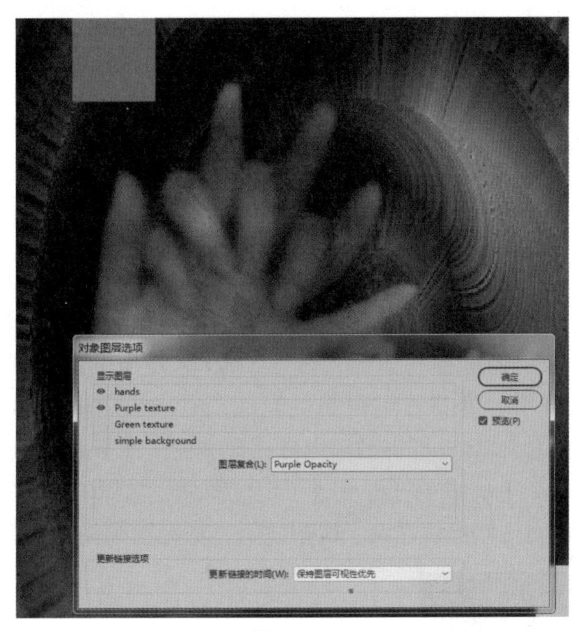

图10.25

图层复合不仅仅是不同图层的排列，还能够存储 Photoshop 图层的效果、可视性和位置。用户修改了包含多个图层的文件的可视性时，InDesign 将在链接面板的“链接信息”部分指出这一点。

6. 在链接面板中，选择图形 10_j.psd。如有必要，单击“显示 / 隐藏链接信息”按钮（▶）以显示“链接信息”部分。找到“图层优先选项”，其中显示了“是（2）”，这表明有两个图层被覆盖。如果没有覆盖图层，将显示“否”。
7. 选择菜单“文件”>“存储”保存所做的工作。

10.9.2 创建定位的图形框架

如果编辑页面导致文本重排，定位的图形框架也随之移动。在本小节中，您将把 CD 封套徽标定位到第 6 页的文本框架中。

1. 在页面面板中双击第 2 个跨页，再选择菜单“视图”>“使跨页适合窗口”。打开图层面板，并解除对图层 Text 的锁定。如有必要，在文档窗口中向下滚动。粘贴板的底部是徽标 Orchard of Kings，下面将该图形插入到该页面的一个段落中。

2. 使用“选择”工具（ ）单击该徽标（务必单击内容抓取工具的外面，以选择框架而不是其中的图形）。注意，该框架右上角附近有一个小型的绿色方块。您可通过拖曳这个方块，将对象定位到文本中。

> Id **提示**：选择这个徽标后，如果看不到表示定位对象控件的绿色方框，请选择菜单“视图”>“其他”>“显示对象定位控件”。

3. 按 Z 键暂时切换到缩放工具或选择缩放工具，再通过单击放大视图，以便能够看清这个徽标及其上方的文本框架。
4. 选择菜单“文字”>“显示隐含的字符”以显示文本中的空格和换行符。这有助于您确定要将框架定位到哪里。

> Id **注意**：置入定位的图形时，并非必须要显示隐含的字符，这里这样做旨在帮助用户了解文本的结构。

5. 选择文字工具（ T. ），并在第二段开头的单词 Addie 前面单击。按回车键，以便让定位的图形独占一段。
6. 使用选择工具单击前面选择的徽标，按住 Shift 键并拖曳徽标右上角的绿色方块，将徽标拖放到第二段开头，您将看到很粗的光标，它指出定位图形将插入到什么地方，如图 10.26 所示。按住 Shift 键可将徽标内嵌在文本内（而不是浮动在文本框架外面）。将图形定位后，图形框架上的绿色方框变成了定位图标，如图 10.27 所示。现在如果编辑第一个段落，这个图形将依然停留在两个段落之间，您无须调整其位置。

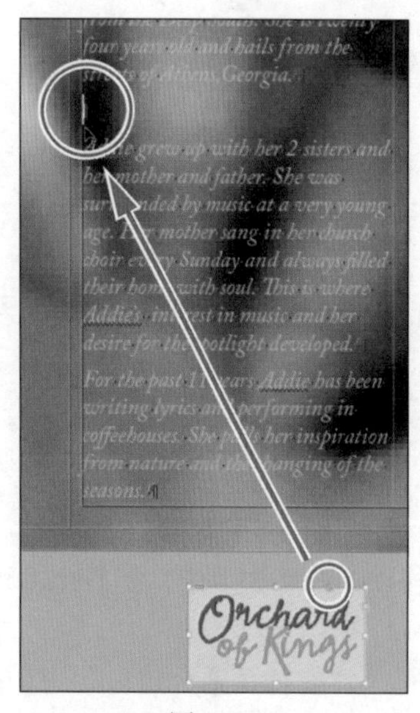

图10.26

图10.27

下面通过设置段前间距来增大图形与其周围的文本之间的间距。定位图形后，就可使用文字工具选择它，并应用影响其位置的文本属性。

7. 使用文字工具（T.）单击内嵌图形的右边，将光标放在这个段落中。
8. 在控制面板中单击“段落格式控制”按钮（¶）。单击文本框“段前间距”（ ）旁边的上箭头，将值改为“0p4”。当您增大这个值时，定位的图形框架及其后面的文本将稍微向下移动，如图 10.28 所示。
9. 编辑文本时，定位的图形将相应地移动。为看到这种情况，单击第一段末尾的句点右边，并按回车键两次。注意，每当您按下回车键时，定位的图形都将向下移动。按 Backspace 键两次将刚才添加的换行符删除。

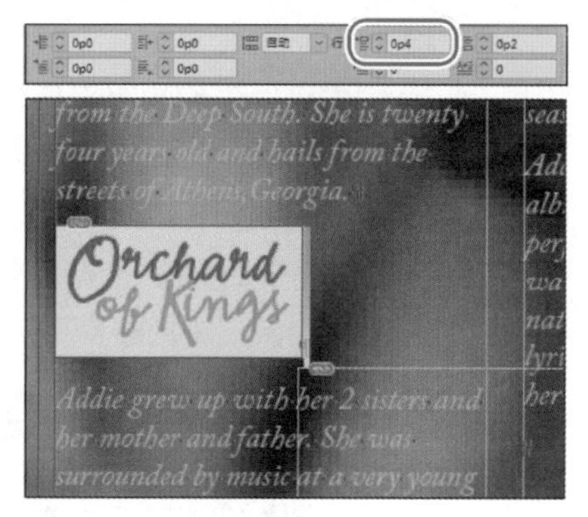

图10.28

10. 选择菜单“文件”>“存储”保存所做的工作。

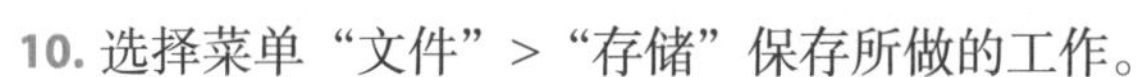

10.9.3 给定位的图形框架设置文本绕排

给定位的图形设置文本绕排非常容易。文本绕排让用户能够尝试不同的布局并立刻看到结果。

1. 使用“选择”工具（ ）选择刚定位的徽标 Orchard of Kings。
2. 按住 Ctrl + Shift（Windows）或 Command + Shift（macOS）键，并向右上方拖曳框架右上角的手柄，直到将图形放大到有大约 25% 位于第 2 栏中，如图 10.29 所示。按住 Ctrl + Shift（Windows）或 Command + Shift（macOS）键让您能够同时按比例缩放图形及其框架。

图10.29

3. 选择菜单“窗口”>“文本绕排”以打开文本绕排面板。虽然该图形被定位了，但它依然位于现有文本后面。

4. 在文本绕排面板中单击“沿对象形状绕排”按钮（ ），为图形设置文本绕排方式。
5. 为增大定界框与环绕文本之间的间距，单击文本框“上位移”（ ）旁边的上箭头，将值增大到 1p0。

也可让文本沿图形形状而不是其定界框绕排。

6. 为看得更清楚，单击粘贴板取消选择所有对象，再单击徽标 Orchard of Kings。在色板面板中，确保选择了填色框（ ）而不是描边框（ ），再按斜杠键（/）将填色设置为无。
7. 在文本绕排面板中，从下拉列表“类型”中选择“检测边缘”。由于该图像是矢量图形，因此它将沿该图中的字母所构成的形状来绕排文本，如图 10.30 所示。

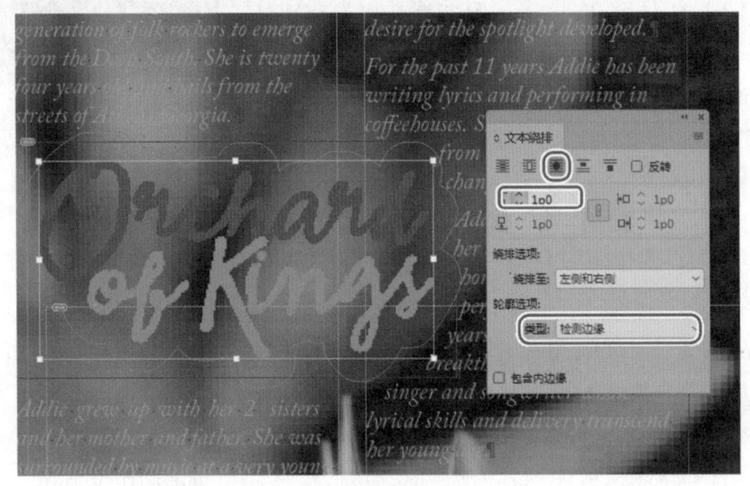

图10.30

8. 为更清楚地查看文档，单击粘贴板取消选择该图形，再选择菜单“文字”>“不显示隐藏字符”以隐藏换行符和空格。
9. 使用“选择”工具（ ）选择包含徽标 Orchard Of Kings 的文本框架。
10. 在文本绕排面板中，从下拉列表“绕排到”中依次选择如下选项。
- “右侧”：文字将移到图像右边，并避开图像正下方的区域，虽然这里有足够的空间显示文字。
- “左侧和右侧”：文字将占据图像周围所有可用的区域，但在文本绕排边界插入到文字的区域中，文字之间有一些间隙。
- “最大区域”：文字将移到文本绕排边界的空间较大的一侧。

11.（可选）使用“直接选择”工具（ ）单击该图形，以查看用于文本绕排的锚点，如图 10.31 所示。使用选项“检测边缘”时，可以手工调整用于定义文本绕排的锚点。为此，可单击锚点并将其拖曳到其他地方。

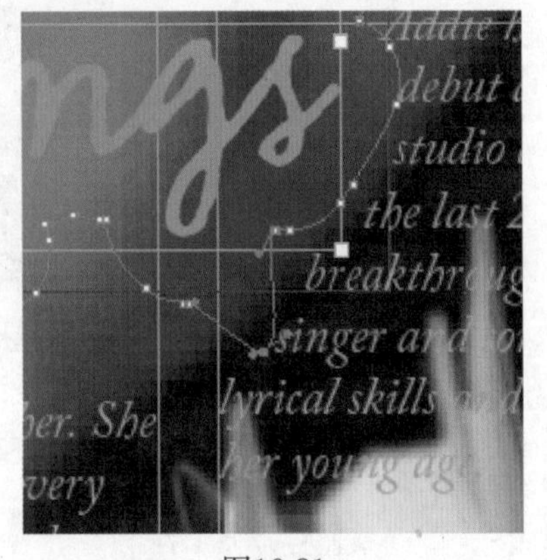

图10.31

12. 关闭文本绕排面板。

13. 选择菜单“文件”>“存储”。

10.9.4　导入 Illustrator 文件

InDesign 可充分利用矢量图形（如来自 Adobe Illustrator 的矢量图形）的平滑边缘。大多数矢量图形不需要剪切路径，因为大多数程序都将它们存储为透明背景。在本小节中，您将把一个 Illustrator 图形置入到 InDesign 文档中。

> **提示：**在 InDesign 中使用高品质屏幕显示时，在任何尺寸或放大比例下，矢量图形和文字的边缘都是平滑的。

1. 在图层面板中选择图层 Graphics。选择菜单“编辑”>“全部取消选择”确保没有选择文档中的任何对象。
2. 选择菜单“视图”>“使跨页适合窗口”以便能够看到整个跨页。
3. 选择菜单“文件”>“置入”，选择文件夹 Lesson10 中的 Illustrator 文件 10_e.ai，确保没有选中复选框“显示导入选项”，再单击“打开”按钮，鼠标光标将变成载入矢量图形图标（ ）。
4. 单击第 5 页的左上角，将这个 Illustrator 文件加入到该页面中，再使用“选择”工具（ ）将其移到如图 10.32 所示的位置。在 Illustrator 中创建的图形的背景默认是透明的。

图10.32

> **注意：**如果导入的 Illustrator 文件带白色背景，则将其删除并重新置入，然后在“置入”对话框中选择复选框“显示导入选项”，再选中复选框“透明背景”。

5. 选择菜单“文件”>“存储”保存所做的工作。

10.9.5　导入包含多个图层的 Illustrator 文件

您可以将包含图层的 Illustrator 文件导入到 InDesign 版面中，并控制图层的可视性、调整图形的位置，但不能编辑路径、对象或文本。

1. 单击文档窗口中的粘贴板以确保没有选择任何对象。
2. 选择菜单“文件”>“置入”，在“置入”对话框的左下角，选中复选框“显示导入选项”，再选择文件 10_n.ai 并单击“打开”按钮。选中了复选框“显示导入选项”后，“置入 PDF”对话框将被打开，这是因为 Illustrator 文件使用的是 PDF 文件格式。
3. 在“置入 PDF”对话框中，确保选中了复选框“显示预览”。在“常规”选项卡中，从下拉列表“裁切到”中选择“定界框（所有图层）”，并确保选中了复选框“透明背景”。
4. 单击标签“图层”以查看图层。该文件包含 3 个图层：由树木构成的背景图像（Layer 3）、包含英文文本的图层（English Title）以及包含西班牙语文本的图层（Spanish Title），如图 10.33 所示。

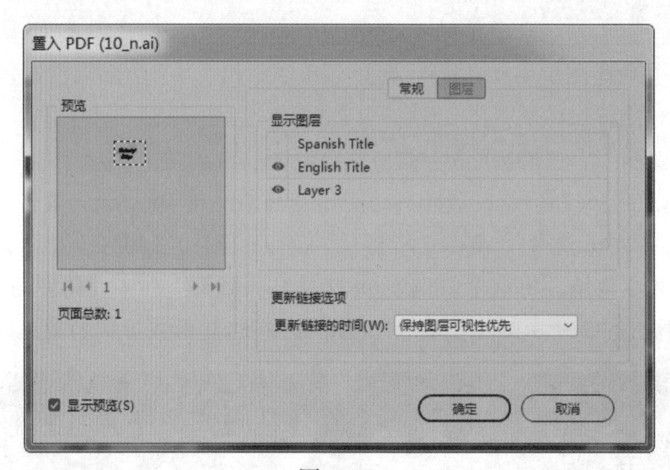

图10.33

虽然在这里可指定要在导入的图形中显示哪些图层，但过小的预览区域使得我们难以看清结果。

5. 单击“确定”按钮。您将在版面中选择要显示哪些图层。
6. 将变成了载入矢量图形图标（ ）的鼠标光标指向第 5 页中较大的蓝色框左边。不要将鼠标光标指向蓝色框内，否则会把图形插入到该框架内。单击以置入该图形，再使用“选择”工具（ ）调整图形的位置，使其在蓝色框前面居中，如图 10.34 所示。
7. 使用缩放工具（ ）放大图形。
8. 在依然选择了该图形的情况下，选择菜单“对象”>“对象图层选项”。如有必要，移动“对象图层选项”对话框以便能够看到文档中的图形。
9. 选中复选框“预览”，再单击图层 English Title 左边的眼睛图标（ ）将该图层隐藏。
10. 单击图层 Spanish Title 左边的空框以显示该图层。单击“确定”按钮，再单击粘贴板以取消选择该图形。

图10.34

使用包含多个图层的 Illustrator 文件让您能够将插图用

于不同的用途，而无需根据每种用途创建不同的文档。

11. 选择菜单“文件”>“存储”保存所做的工作。

10.10 使用 InDesign 库来管理对象

对象库让您能够存储和组织常用的图形、文本和设计元素。InDesign 库作为文件存储在硬盘或共享设备中，您也可以将标尺参考线、网格、绘制的形状和编组的图像加入到库中。每个库都出现在一个独立的面板中，您可以根据喜好将其同其他面板编组。您可根据需要创建任意数量的库，如每个项目或客户一个库。在本节中，您将导入一个存储在库中的图形，再创建自己的库。

> **提示：**可使用库来存储出版物撰稿人的照片、模板元素和常用的页面元素（如带标注的图像）。

1. 如果当前不在第 5 页，在文档窗口左下角的下拉列表“页面”中输入 5 并按回车键。
2. 选择菜单“视图”>“使页面适合窗口”以便能够看到整个页面。
3. 选择菜单“文件”>“打开”，选择文件夹 Lesson10 中的文件 10_k.indl，再单击“打开”按钮。拖曳库面板 10_k 的右下角以显示其中包含的所有项目，如图 10.35 所示。

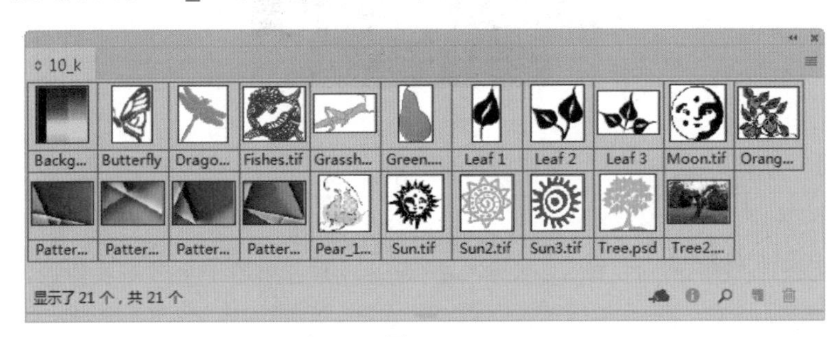

图10.35

> **注意：**打开 10_k 库时，它可能与默认库“样本按钮和表单”组合在一起。

4. 在库面板 10_k 中，单击“显示库子集”按钮（ ）。在“显示子集”对话框中，在“参数”部分的最后一个文本框中输入 tree，再单击“确定”按钮，如图 10.36 所示。这将在库中搜索所有名称包含 tree 的对象，最终找到了两个这样的对象。

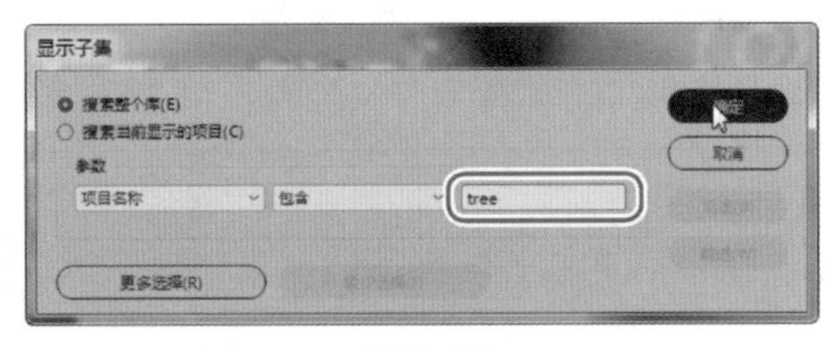

图10.36

5. 在图层面板中确保图层 Graphics 为目标图层。打开链接面板。

6. 库面板 10_k 中有两个可见的对象，将其中的 Tree.psd 拖放到第 5 页。该图像将加入到第 5 页，同时其文件名出现在链接面板中。

> **注意：**由于您将 Tree.psd 从原始位置复制到了硬盘中，因此将它拖放到页面中后，链接面板可能显示一个链接缺失图标（ ）或链接已修改图标（ ）。要消除这种警告，可单击链接面板中的“更新链接”按钮；也可单击“重新链接”按钮，再切换到文件夹 Lesson10 并选择文件 Tree.psd。

7. 使用“选择”工具（ ）移动图像 Tree.psd，使其框架的左边缘和上边缘分别与紫色背景框架的左边缘和上边缘对齐，如图 10.37 所示。

图10.37

8. 选择菜单“文件”>“存储”保存所做的工作。

创建和使用CC库

Creative Cloud库让您能够在任何地方使用喜欢的素材。在Creative Cloud桌面应用程序和移动应用中，您可使用CC库来创建并共享颜色、字符和段落样式、图形、Adobe Stock素材，并在需要时在其他Creative Cloud应用程序中访问它们。您还可与任何有Creative Cloud账户的人分享库，从而轻松地进行协作、确保设计的一致性，您还可以制定供多个项目使用的样式指南。

CC库的工作原理与刚才使用的InDesign库很像，要新建CC库，可采取如下步骤。

1. 选择菜单“窗口”>“CC Libraries”打开CC Libraries面板，您也可单击CC Libraries面板图标（ ）来打开它。

2. 在CC Libraries面板菜单中选择“创建新库”。

> **提示：**CC Libraries 面板菜单中包含多个让您能够创建和管理 CC 库以及指定如何在面板中显示库元素的命令。

3. 在文本框“新建库”中输入CD Elements，再单击“创建”按钮。

4. 使用文字工具选择第3页底端所有的地址文本，单击CC Libraries面板底部的加号，再单击“添加”按钮，如图10.38所示。选定的文本及其段落样式都将添加到CD Elements库中。Creative Cloud 2018新增了将格式化文本和非格式化文本都添加到库中的功能。将鼠标光标指向CC Libraries面板中新增的元素，面板中将显示有关段落样式的格式信息。

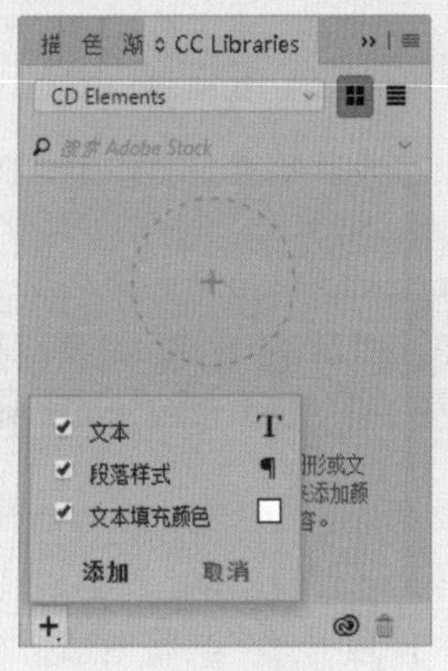

图10.38

5. 使用“选择”工具（ ▷ ）选择第4页的图形Orchard of Kings，再将其拖曳到CC Libraries面板中。双击名称“图稿1”，并通过输入将名称改为Orchard of Kings Logo。

> **提示：**将素材添加到CC库中时，它会有一个默认的名称。如果您要修改素材的名称，可双击它，再输入新的名称。

将素材存储到CC库中后，就可在其他InDesign文档以及诸如Photoshop和Illustrator等其他Adobe CC应用程序中使用它们。

6. 选择菜单“文件”>“新建”>“文档”，单击“边距和分栏”按钮，再单击“确定”按钮，从而使用默认设置新建一个文档。

7. 使用文字工具（ T. ）创建一个文本框架，再输入一行文本。选择这行文本，再单击CC Libraries面板中的段落样式Address（段落样式Address将填色设置为“[纸色]”，因此要看到这些白色文本，您必须给文本框架指定填充色）。段落样式“Address”将添加到段落样式面板的段落样式列表中。

8. 将素材Orchard of Kings从CC Libraries面板拖曳到页面中，鼠标光标将变成载入图形图标。单击鼠标置入该图形。

9. 关闭这个文档，但不保存所做的修改，返回到前面一直在处理的文档。

您还可与小组成员及其他同事共享CC库，有关这方面的详细信息，请参阅10.12节。

10.10.1 创建 InDesign 库

接下来您将创建自己的库，并向其中添加文本和图形。将图形加入到 InDesign 库中时，InDesign 并不会将原始文件复制到库中，而是建立一个到原始文件的链接。要以高分辨率显示和打印存储在库中的图形，需要使用高分辨率的原始文件。

1. 选择菜单“文件”>“新建”>“库”（如果出现“CC 库”对话框，询问您是否要立即尝试使用 CC 库，单击“否”按钮）。将库文件命名为 CD Projects，切换到文件夹 Lesson10 并单击“保存”按钮。
2. 切换到第 3 页，使用“选择”工具（▷）将徽标 Ricky Records 拖放到刚创建的库中，如图 10.39 所示。这个徽标将存储在 CD Projects 库中，让您能够在其他 InDesign 文档中使用它。

> **提示**：将对象拖曳到库中时，按住 Alt（Windows）或 Option（macOS）键可打开“项目信息”对话框，让您能够给对象命名。

3. 在库面板 CD Projects 中双击徽标 Ricky Records，在文本框“项目名称”中输入 Ricky Records Logo，再单击“确定”按钮。
4. 使用选择工具将地址文本块拖曳到库面板 CD Projects 中。
5. 在库面板中双击该地址文本块，在文本框“项目名称”中输入 Ricky Records Address，再单击“确定”按钮。从 CD Projects 库面板菜单中选择“大缩览视图”，以便更容易看清项目，如图 10.40 所示。

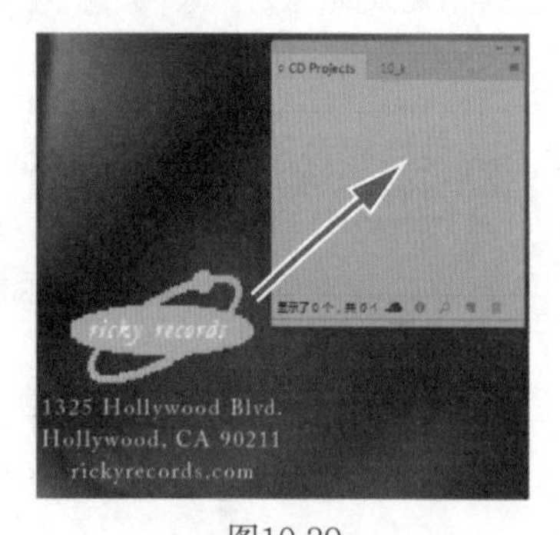

图10.39

图10.40

现在，这个库包含文本和图形。对库进行修改后，InDesign 将立刻存储所做的修改。

6. 单击库面板组右上角的“关闭”按钮将两个库面板关闭。

10.11 使用 Adobe Bridge 导入图形

Adobe Bridge 是一个独立的应用程序，安装了任何 Adobe CC 应用程序的 Creative Cloud 的用户都可使用它。它是一个跨平台应用程序，让用户能够在本地和网络计算机上查找图形，再将其置入 InDesign 版面（如果您没有安装 Bridge，可使用菜单“文件”>“置入”来完成本节的任务）。

1. 选择菜单“文件”>“在 Bridge 中浏览”打开 Adobe Bridge。在收藏夹面板中单击文件夹图标（或在文件夹面板中双击文件夹图标）以切换到文件夹 Lesson10，如图 10.41 所示。

> **注意**：如果您没有安装 Bridge，当您选择菜单项“在 Bridge 中浏览”时，Creative Cloud 将安装它。

2. Adobe Bridge 提供了一种查找并重命名文件的简单途径。由于能够看到预览，因此即便不知道图形的名称，也能够找到它。单击名为 maple-leaf-.psd 的图形（如图 10.42 所示），再单击文件名以选择它。将这个文件重命名为 maple-leaf-yellow，再按回车键提交修改。

Adobe Bridge让您能够查看所有图像的缩览图。
使用右下角的滑块可增大或缩小缩览图

图10.41

图10.42

Id | **提示**：要更深入地了解使用 Bridge 可以做什么，请参阅 Adobe 网站的 Bridge 页面。

3. 拖曳右下角来缩小 Bridge 窗口，再调整其位置，以便能够看到 InDesign 文档的第 4 页。将文件 maple-leaf-orange.psd 拖放到 InDesign 文档的粘贴板中，如图 10.43 所示。在 Windows 中，在粘贴板上单击，这将切换到 InDesign 并将图像以 100% 的比例置入；在 macOS 中，在粘贴板上单击切换到 InDesign，再次单击将图像以 100% 的比例置入。

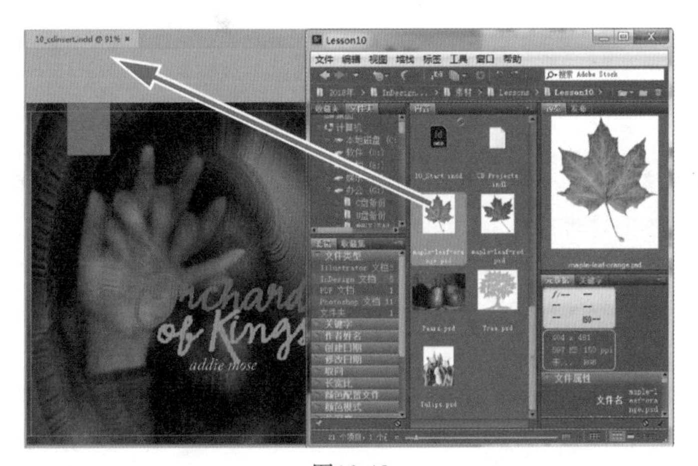

图10.43

4. 使用“选择”工具（▶）将这个枫叶图形放到第 4 页左上角的紫色空框架上面。按住 Shift + Ctrl（Windows）或 Shift + Command（macOS）键，并拖曳框架的一角以缩放它。使用这种键可同时缩放框架及其内容。将这个框架及其中的图片缩放到大致与空的紫色框架大小一致，并使其上边缘和右边缘分别与紫色空框架上边缘和右边缘对齐。
5. 打开图层面板。注意到这个图形放在图层 Text 中，这是因为置入它时，选择了图层 Text。将图层面板右边的彩色方框从图层 Text 拖放到图层 Photo 中。

将图形从 Bridge 拖放到 InDesign 的一个很大的优点是，可快速修改框架中的图片，且能够同时在 Bridge 和 InDesign 中看到图像和结果。这在版面重复但需要导入不同的图片时很有用。下面就来尝试这样做。

6. 在依然选择了橙色枫叶的情况下，切换到 Bridge 并选择文件 maple-leaf-red.psd。将其拖放到橙色枫叶上，InDesign 将保持缩放比例不变。您只用了几秒钟，就用一幅图像替换了另一幅图像，并保持图像的位置不变。尝试再将图像替换为 maple-leaf-yellow.psd，并将图像向左旋转大约 6°，如图 10.44 所示。再将图像替换为红色枫叶图像，注意缩放比例和旋转角度都没变，但更换了图像。

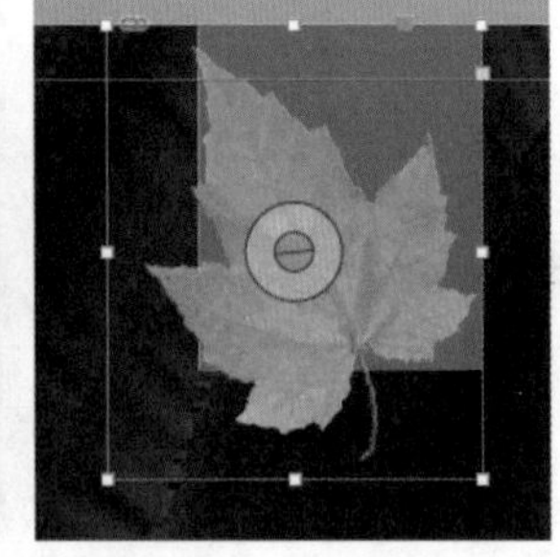

图10.44

祝贺您完成了本课！通过导入、更新和管理多种图形文件格式的图形，您制作了一个 CD 封套。

使用片段

片段是一个文件，用于存放对象并描述对象在页面或跨页中的相对位置。使用片段可以方便地重用和定位页面对象。通过将对象导出为扩展名为.idms（以前的InDesign版本使用扩展名.inds）的片段文件，您可创建片段。在InDesign中置入片段文件时，您可决定是将对象按原始位置放置，还是将对象放在单击鼠标的位置上。您可将片段存储在对象库和Adobe Bridge中，也可存储在硬盘中。在InDesign中，添加到CC Libraries面板中的图稿也被存储为片段。

如果片段包含资源定义，且这些定义也包含在片段被复制到的文档中，则片段将使用该文档中的资源定义。

要创建片段，请执行如下操作。

- 使用选择工具选择一个或多个对象，再选择菜单“文件”>“导出”。从下拉列表“保存类型”（Windows）或“存储格式”（macOS）中选择“InDesign 片段”。输入文件名称，再单击“保存”按钮。
- 使用选择工具选择一个或多个对象，再将所选对象拖放到桌面上。这将创建一个片段文件。重命名该文件。
- 将结构面板（“视图”>“结构”>“显示结构”）中的项目拖放到桌面。

要将片段添加到文档中，可执行如下步骤。

1. 选择菜单“文件”>“置入”。

2. 选择一个或多个片段（.IDMS或.INDS）文件，再单击“打开”按钮，鼠标光标将变成载入片段图标。

3. 在左上角希望片段文件出现的位置单击。

如果光标位于文本框架中，片段将作为定位对象置于该文本框架中。

置入片段后，其中的所有对象都保持选中状态。通过拖曳可调整所有对象的位置。

4. 如果载入了多个片段，可按箭头键切换到不同的片段文件，再单击鼠标来置入当前片段文件。

可以将片段对象按其原始位置置入，而不是根据单击位置置入片段对象。例如，如果文本框架在作为片段的一部分导出时出现在页面中间，则将该文本框架作为片段置入时，它将出现在同样的位置。要将片段置入到原始位置，可选择菜单“编辑”>“首选项”>“文件处理”，在“片段导入”部分，从下拉列表“位置”中选择“原始位置”。

在下拉列表“位置”中，默认设置为“光标位置”，即根据用户在页面上单击的位置来置入对象。

Id **提示：**在使用变成载入片段光标的鼠标单击时，如果按住 Alt（Windows）或 Option（macOS）键，将覆盖当前的“片段导入”设置。

10.12 练习

有一些处理导入文件的经验后，请您独自完成下面的练习。

1. 置入不同格式的文件，在“置入”对话框中选中复选框“显示导入选项”，以了解对于每种格式将出现哪些导入选项。您可使用本书的任何图形文件，还可使用任何可获得的图形文件。有关每种格式的所有导入选项的完整描述，请参阅 InDesign 帮助文档。

2. 置入一个多页 PDF 文件（或包含多个画板的 Adobe Illustrator（.ai）文件），在“置入”对话框中选中复选框“显示导入选项”，以便向该 PDF（或 Illustrator）文件中导入不同的页面（或画板）。

3. 根据您的工作需要创建一个包含文本和图形的库。

4. 在本课中，您创建了一个名为 CD Elements 的 CC 库。在 CC Libraries 面板中，除访问使用多个 Adobe 图形应用程序创建的素材外，您还可与小组成员和其他同事共享素材，确保每个人使用的素材都是最新的。

选择菜单“窗口”>“CC Libraries”打开 CC Libraries 面板，再从该面板顶部的下拉列表中选择“CD Elements”。从面板菜单中选择“协作”，在浏览器中打开的“邀请协作者”窗口中，输入您要与之共享库的同事的电子邮件地址。从下拉列表中选择“可编辑”或“可查看”，以指定收件人能够查看并编辑元素（“可编辑”），还是只能查看元素（“可查看”），再单击“邀请”按钮。收件人将收到协作开发库的电子邮件邀请函。

5. 要将 Illustrator 图形导入 InDesign，另一种方法是在 Illustrator 中复制矢量形状，切换到 InDesign 并粘贴它们，Illustrator 矢量对象将转换为 InDesign 矢量对象。对于这些对象，您可像它们是在 InDesign 中绘制的一样使用它们。如果您安装了 Illustrator，可尝试这样做：将对象粘贴到 InDesign 后，将其颜色修改为 InDesign 色板面板中的颜色，再使用钢笔工具选择锚点并修改矢量形状。

如果您没有安装 Illustrator，可使用文件 Start.indd 中的蝴蝶矢量图形来完成这个练习，它位于第 2 页左边的粘贴板中。

10.13 复习题

1. 如何获悉导入到文档中的图形的文件名？
2. 使用剪切路径来删除背景与使用透明度来删除背景有何不同？
3. 更新文件的链接和重新链接文件之间有何不同？
4. 当图形的更新版本可用时，如何确保在 InDesign 文档中该图形是最新的？
5. 如何同时缩放导入的图形及其框架？

10.14 复习题答案

1. 先选择图形，再选择菜单“窗口”>“链接”，并在链接面板中查看该图形的文件名是否被选中。如果图形是通过选择菜单“文件”>“置入”或从资源管理器（Windows）、Finder（macOS）、Bridge 拖曳到版面中来导入的，其文件名将出现在链接面板中。
2. 剪切路径是矢量路径，生成的边缘清晰而锐利。在 Photoshop 中使用透明度来删除背景时，使用柔边画笔来遮盖背景，因此生成的边缘柔和而模糊。
3. 更新文件的链接只是使用链接面板来更新屏幕上的图形表示，使其呈现原稿的最新版本。重新链接是使用“置入”命令在选定图形的位置插入另一个图形。例如，您可以通过重新链接将 .png 图形替换为其 .jpg 版本。
4. 在链接面板中，确保没有针对该文件的警告图标。如果有警告图标，只需选择对应的链接并单击“更新链接”按钮（如果文件没有移到其他地方）；如果文件被移到其他地方，可单击“重新链接”按钮并找到它。
5. 按住 Shift + Ctrl（Windows）或 Shift + Command（macOS）键，并通过拖曳来缩放它。

第11课 制作表格

课程概述

本课介绍如下内容：

- 将文本转换为表格、从其他应用程序导入表格以及新建表格；
- 修改表格的行数和列数；
- 重新排列行和列；
- 调整行高和列宽；
- 使用描边和填色设置表格的格式；
- 为长表格指定重复的表头和表尾；
- 在单元格中置入图形；
- 创建和应用表样式和单元格样式。

本课需要大约45分钟。

启动InDesign之前，先到异步社区的相应页面将本书的课程资源下载到本地硬盘中，并进行解压。

GREENTOWN Community COLLEGE Summer Schedule

ENRICHMENT COURSES				
Department	**No.**	**Course Name**	**Credits**	
Art	102	Street Photography	3	
Art	205	Fundraising for the Arts	2	
Baking	101	Pies and Cakes	2	
English	112	Creative Writing	3	
Fashion	101	Design and Sewing	2	
Math	125	Math for Liberal Arts	3	
Recreation	101	Planning Summer Camp	3	

Indicates off-site course. 1

在 InDesign 中，您可轻松地创建表格、将文本转换为表格或导入在其他程序中创建的表格。您可将众多格式选项（包括表头、表尾以及行和列的交替模式）存储为表样式和单元格样式。

11.1 概述

在本课中，您将处理一个虚构的大学传单，旨在让该传单具有吸引力、易于使用和修改。您先将文本转换为表格，再使用“表”菜单、控制面板和表面板中的选项来设置表格的格式。如果这个表横跨多页，那么它会包括重复的表头行。最后您将创建一个表样式和一个单元格样式，以便将这种格式快速、一致地应用于其他表格。

> Id **注意**：如果还没有从异步社区下载本课的项目文件，现在就这样做，详情请参阅“前言”。

1. 为确保您的 Adobe InDesign 首选项和默认设置与本课使用的一样，请将 InDesign Defaults 文件移到其他文件夹，详情请参阅“前言”中的“保存和恢复 InDesign Defaults 文件”。
2. 启动 Adobe InDesign。
3. 在出现的 InDesign 起点屏幕中，单击左边的“打开”按钮（如果没有出现起点屏幕，就选择菜单“文件”>“打开”）。
4. 打开硬盘文件夹 InDesignCIB\Lessons\Lesson11 中的文件 11_Start.indd。
5. 如果出现“缺失字体”对话框，请单击“同步字体”按钮通过 Adobe Typekit 访问缺失的字体，同步字体后，再单击“关闭”按钮。
6. 为确保面板和菜单命令与本课使用的相同，选择菜单“窗口”>“工作区”>“[高级]”，再选择菜单“窗口”>“工作区”>“重置[高级]”。
7. 为以更高的分辨率显示这个文档，请选择菜单“视图”>“显示性能”>“高品质显示”。

> Id **注意**：为提高对比度，本书的屏幕截图显示的界面都是中等浅色的。在您的屏幕上，诸如面板和对话框等界面元素要暗些。

8. 选择菜单“文件”>“存储为”，将文件重命名为 11_Tables.indd，并存储到文件夹 Lesson11 中。
9. 如果要查看最终的文档，可打开文件夹 Lesson11 中的 11_End.indd，如图 11.1 所示。可让该文件保持打开状态以供工作时参考。

GREENTOWN Community COLLEGE Summer Schedule

ENRICHMENT COURSES				
Department	No.	Course Name	Credits	
Art	102	Street Photography	3	
Art	205	Fundraising for the Arts	2	
Baking	101	Pies and Cakes	2	
English	112	Creative Writing	3	
Fashion	101	Design and Sewing	2	
Math	125	Math for Liberal Arts	3	
Recreation	101	Planning Summer Camp	3	

Indicates off-site course. 1

图11.1

11.2 创建表格

表格是一组排成行（垂直）和列（水平）的单元格。在 InDesign 中，表格总是包含在文本框架内。要创建表格，您可将已有文本转换为表格，在文本框架的插入点插入新表格（这将把表格添加到文本流中），或创建独立的表格。在这里，您将尝试创建一个新表格，再将其删除，因为本课要使用的表格将通过转换文本来创建。

1. 在文档 11_Tables.indd 中，确保第 1 页位于文档窗口中央，并选择菜单“表”>“创建表”。
2. 在“创建表”对话框中，保留“正文行”和“列”的默认设置（如图 11.2 所示），再单击“确定”按钮，

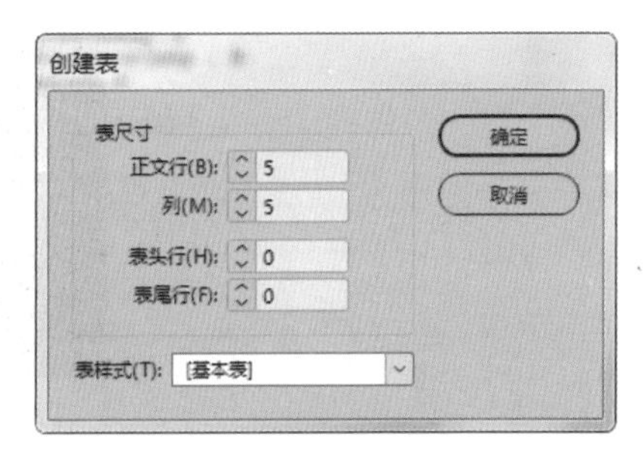

图11.2

鼠标光标将变成表格创建图标（ ）。

3. 在页面中单击并拖曳鼠标，松开鼠标后，InDesign将创建一个表格，其尺寸与您绘制的矩形相同，如图11.3所示。

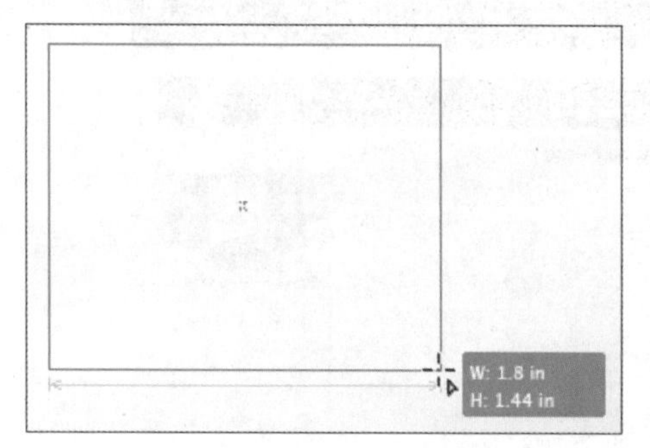

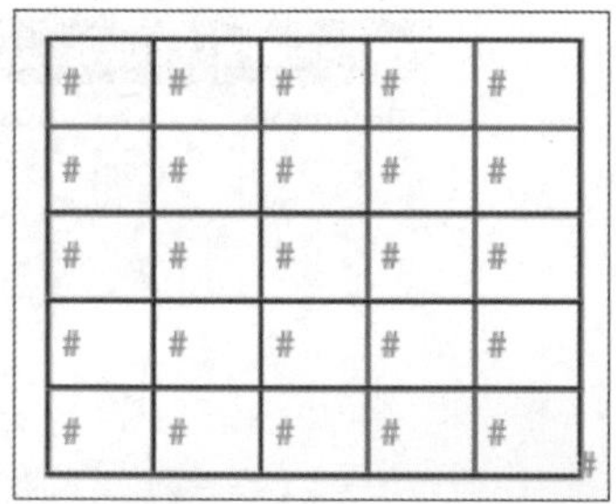

图11.3

4. 使用“选择”工具（ ）选择刚创建的表格所在的文本框架。
5. 选择菜单“编辑”>“清除”将该文本框架以及其中的表格删除。
6. 选择菜单“文件”>“存储”。

11.3 将文本转换为表格

通常，表格使用的文本是以“用制表符分隔的文本”的形式存在，即列之间用制表符分隔，行之间用换行符分隔。在这里，产品目录文本是从电子邮件收到并粘贴到文档中的。下面选择这些文本并将其转换为表格。

> **提示：**使用文字工具来编辑表格以及设置其格式。

1. 使用文字工具（ ）在包含文本ENRICHMENT COURSES的文本框架中单击。
2. 选择菜单“编辑”>“全选”，如图11.4所示。

> **注意：**在本课中，请根据您的显示器尺寸和视力调整缩放比例。

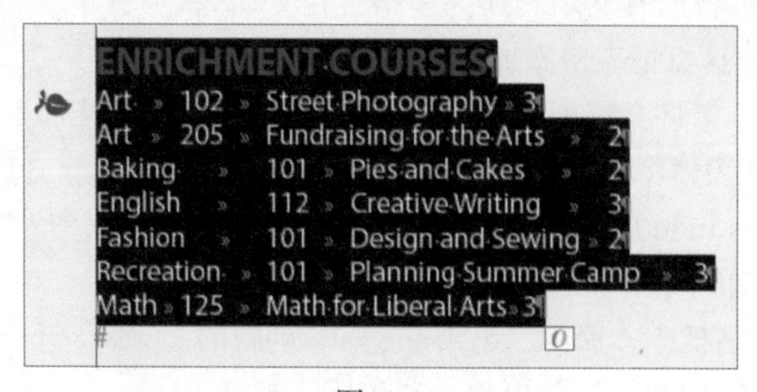

图11.4

3. 选择菜单“表”>“将文本转换为表”。

在“将文本转换为表”对话框中，您将指出选定文本当前是如何分隔的。由于在“文字”菜单中选择了“显示隐含的字符”，因此可以看到列是由制表符（»）分隔的，而行是由换行符（¶）分隔的。

> Id **注意：**如果看不到换行符、制表符和空格，请选择菜单“文字”>“显示隐含的字符”。

4. 在“列分隔符”下拉列表中选择“制表符”，在“行分隔符”下拉列表中选择“段落”。
5. 确认“表样式”被设置为“[无表样式]”，再单击“确定”按钮，如图 11.5 所示。

图11.5

> Id **提示：**如果当前文档包含表样式，您可在将文本转换为表格时指定表样式，这样将自动对生成的表格设置格式。

新表格将自动定位于包含文本的文本框架中，如图 11.6 所示。

ENRICHMENT COURSES#	#	#	#
Art#	102#	Street Photography#	3#
Art#	205#	Fundraising for the Arts#	2#
Baking#	101#	Pies and Cakes#	2#
English#	112#	Creative Writing#	3#
Fashion#	101#	Design and Sewing#	2#
Recreation#	101#	Planning Summer Camp#	3#
Math#	125#	Math for Liberal Arts#	3#
#	#	#	#

图11.6

6. 选择菜单“文件”>“存储”。

导入表格

InDesign可以导入在其他应用程序（包括Microsoft Word和Microsoft Excel）中创建的表格。置入表格时，您可创建到外部文件的链接，这样如果更新了Word或Excel文件，您将可轻松地在InDesign文档中更新相应的信息。

要导入表格，可采取如下步骤。

1. 使用文字工具（T.）在文本框架中单击。

2. 选择菜单“文件”>“置入”。

3. 在“置入”对话框中，选中复选框“显示导入选项”。

4. 选择包含表格的Word文件（.doc或.docx）或Excel文件（.xls或.xlsx）。

5. 单击“打开”按钮。

6. 在“导入选项”对话框中，指定如何处理Word表格的格式。对于Excel文件，可指定要导入的工作表和单元格范围以及如何处理格式，如图11.7所示。

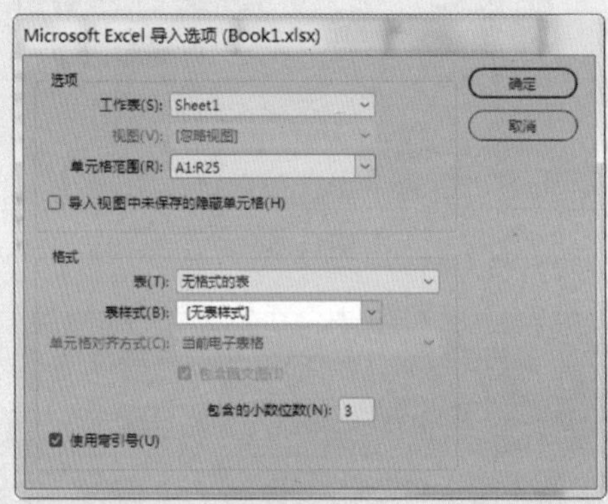

导入Excel电子表格时出现的“导入选项”对话框

图11.7

要在导入表格时创建链接，可采取如下做法。

1. 选择菜单“编辑”>“首选项”>“文件处理”（Windows）或“InDesign”>“首选项”>“文件处理”（macOS）。

2. 在“链接”部分，选中复选框“置入文本和电子表格文件时创建链接”，再单击“确定”按钮。

3. 如果源文件中的数据发生了变化，则可以使用链接面板更新InDesign文档中的表格。

请注意，要确保Excel文件更新后，链接的InDesign表格的格式保持不变，必须使用单元格样式和表样式给InDesign表格中的所有单元格指定格式。更新链接后，必须重新指定表头行和表尾行的格式。

11.4 修改行和列

将客户提供的数据转换为表格时，通常需要在文档设计和审阅阶段在表格中添加一些行、重新排列文本等。创建表格后，您可轻松地添加行和列、删除行和列、重新排列行、调整行高和列宽以及指定单元格的内边距。在本节中，您将确定这个表格的轮廓，确保在设置格式前知道其大小。

11.4.1　添加行和列

可以在选定行的上方或下方添加行。添加或删除列的控件与添加和删除行的一样。下面在表格顶部添加一行来对列进行描述。

> **提示：**在本课中，您将尝试使用各种选择表格元素和修改表格的方式。这包括使用“表”菜单、表面板和控制面板。熟悉表格的处理方法后，您就可以选择最适合的方式了。

1. 使用文字工具（T.）单击表格第一行（该行以“ENRICHMENT”打头）以激活一个单元格。您可在任何单元格中单击。
2. 选择菜单“表”>“插入”>“行”。
3. 在“插入行”对话框中，在“行数”文本框中输入“1”，选中单选按钮“下”（如图 11.8 所示），再单击“确定”按钮添加一行。

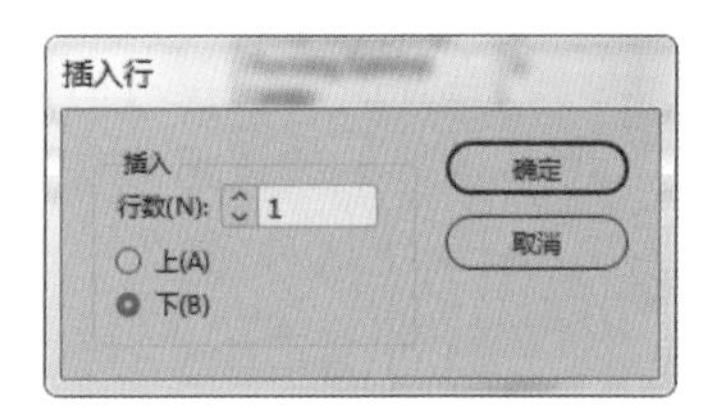

图11.8

4. 在新建行的第一个单元格中单击，并输入 Department。为在余下的单元格中添加列标题，使用文字工具单击每个空单元格，或按 Tab 键从一个单元格跳到另一个单元格。在各个单元格中输入如下文本（如图 11.9 所示）。

- 第二个单元格：No.。
- 第三个单元格：Course Name。
- 第四个单元格：Credits。

ENRICHMENT COURSES			
Department	No.	Course Name	Credits
Art	102	Street Photography	3
Art	205	Fundraising for the Arts	2
Baking	101	Pies and Cakes	2
English	112	Creative Writing	3
Fashion	101	Design and Sewing	2
Recreation	101	Planning Summer Camp	3
Math	125	Math for Liberal Arts	3

图11.9

5. 使用文字工具在第 2 行的第 1 个单元格中单击，再向右拖曳以选择所有包含列标题的单元格。
6. 选择菜单“文字”>“段落样式”。
7. 在段落样式面板中，单击样式 Table Column Heads，如图 11.10 所示。
8. 单击包含单词 Credits 的单元格以激活它。

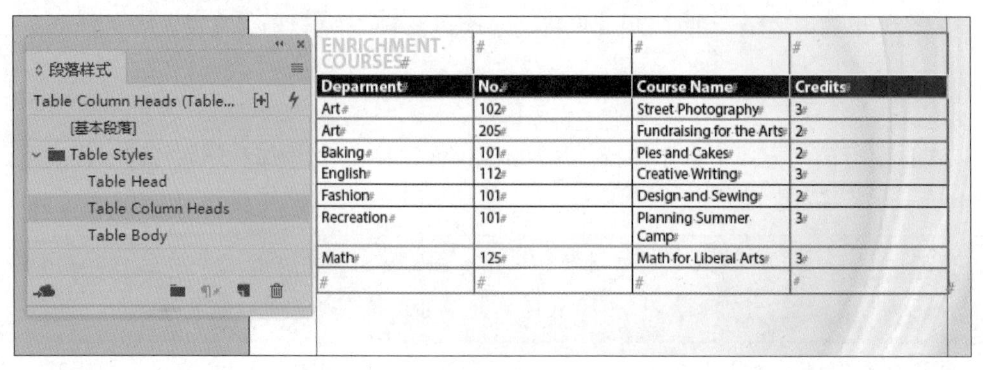

图11.10

下面在该列右边添加一列，用于包含图像。

9. 选择菜单“表”>“插入”>“列”。

10. 在“插入列”对话框中，在“列数”文本框中输入“1”，选择单选按钮“右”，再单击“确定”按钮添加一列，如图 11.11 所示。

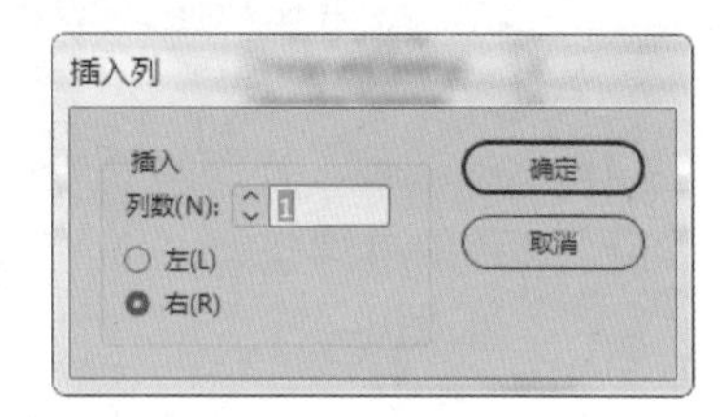

图11.11

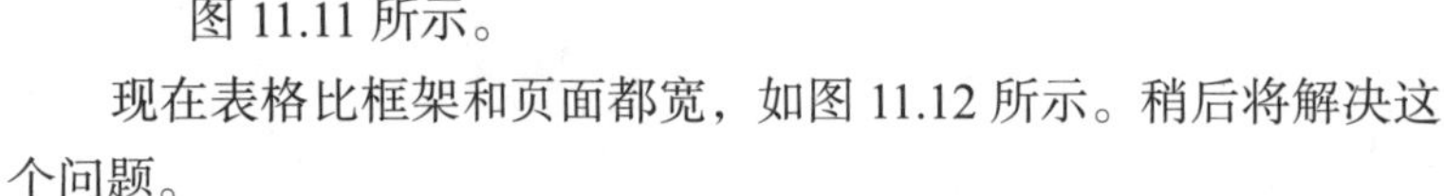

现在表格比框架和页面都宽，如图 11.12 所示。稍后将解决这个问题。

图11.12

11. 选择菜单“文件”>“存储”。

11.4.2 删除行

在 InDesign 中，您可删除选定的行和列。在这里，您将删除表格末尾的空行。

> **提示：**要激活行或列，您可在其中单击。要选择多行以便将它们删除，您可选择文字工具，再将鼠标光标指向表格左边缘，出现箭头后单击并拖曳以选择多行。要选择多列以便将它们删除，您可选择文字工具，再将鼠标光标指向表格上边缘，出现箭头后单击并拖曳以选择多列。

1. 使用文字工具单击最后一行的左边缘，如图 11.13 所示。

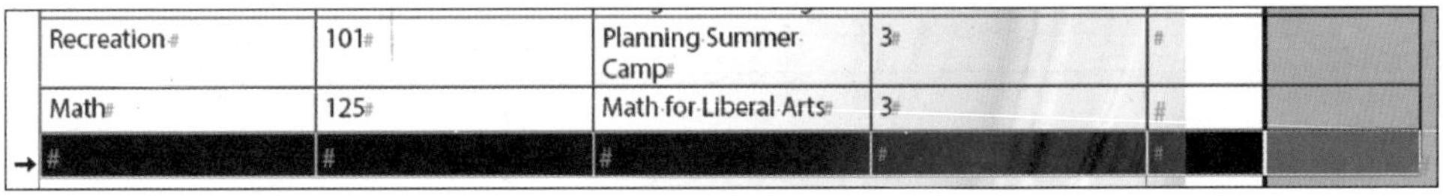

Recreation	101	Planning Summer Camp	3	
Math	125	Math for Liberal Arts	3	

图11.13

2. 选择菜单“表”>“删除”>“行”。
3. 选择菜单“文件”>“存储”。

11.4.3 重新排列行和列

处理表格时，您可能发现信息按不同的顺序排列更合适，或者发现表格有错。在这种情况下，可将行或列拖放到不同的地方。这个表格是根据科目的字母顺序排列的，但 Math 行所处的位置不正确。

提示：要拖放行或列，必须选择整行或整列。要复制行或列并将其移到不同的地方，可按住 Alt（Windows）或 Option（macOS）键并拖曳。

1. 找到表格的最后一行，其第一个单元格包含 Math。
2. 选择文字工具（T.），将光标指向 Math 行的左边缘，出现水平箭头（➜）后单击选择这行。
3. 在选定行上单击并向上拖放到 Fashion 行的下面，蓝色粗线指出了选定行将插入到什么地方，如图 11.14 所示。

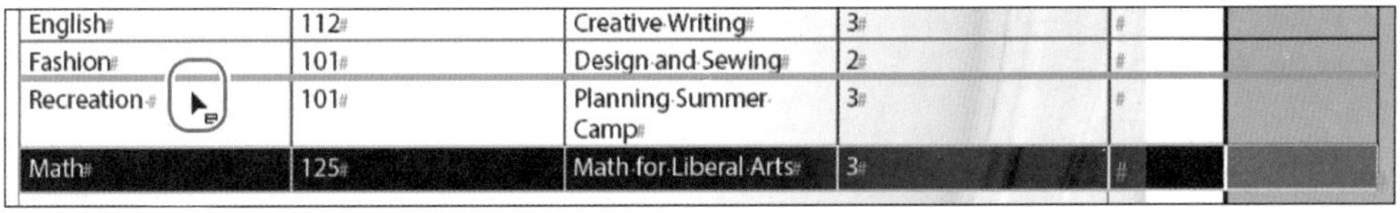

English	112	Creative Writing	3	
Fashion	101	Design and Sewing	2	
Recreation	101	Planning Summer Camp	3	
Math	125	Math for Liberal Arts	3	

图11.14

4. 选择菜单“文件”>“存储”。

11.4.4 调整行高、列宽和文本位置

我们经常需要根据内容和设计微调行高、列宽以及文本的位置。默认情况下，表格中的单元格在垂直方向扩大以容纳其内容，因此如果您不断地在一个单元格中输入文字，该单元格增高。然而，您也可指定固定的行高，也可让 InDesign 在表格中创建高度相等的行和宽度相等的列。要让所有的列都等宽或所有的行都等高，可选择菜单“表”>“均匀分布列”或“表”>“均匀分布行”。

在这里，您将手工调整列宽，再修改文本在单元格中的位置。

1. 选择文字工具（T.），再将鼠标光标指向两列之间的描边，出现双箭头图标（↔）后单击并向左或右拖曳，以调整列宽。
2. 选择菜单“编辑”>“还原”。多次尝试调整列宽，以熟悉这种方法。每次尝试后都选择菜单“编辑”>“还原”。拖曳时注意看文档窗口顶部的水平标尺，如图 11.15 所示。

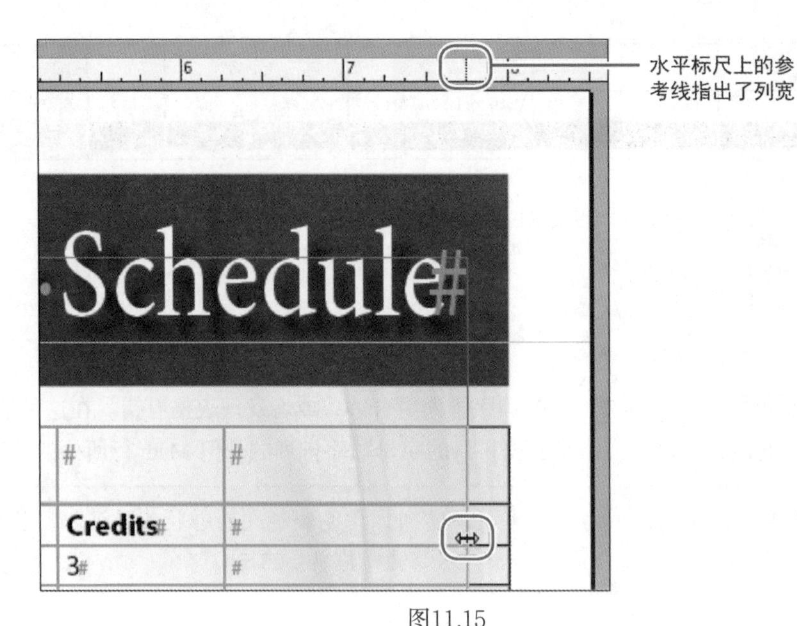

图11.15

3. 拖曳每列的右边缘，根据文档窗口顶部的水平标尺将各列的右边缘拖曳到如下位置（结果如图 11.16 所示）。

- Department 列：2.5 英寸。
- No. 列：3.125 英寸。
- Course Name 列：5.25 英寸。
- Credits 列：6.25 英寸。
- 空的图像列：7.75 英寸。

> **提示**：拖曳列分界线可调整列宽，而右边的所有列都将相应地向右或左移动（这取决于您是增大还是缩小列宽）。为确保在拖曳列分界线时整个表格的宽度不变，您可在拖曳时按住 Shift 键。这样，边界线两边的列将一个更宽、一个更窄，而整个表格的宽度保持不变。

ENRICHMENT COURSES#	#	#	#	#
Department#	**No.#**	**Course Name#**	**Credits#**	#
Art#	102#	Street Photography#	3#	#
Art#	205#	Fundraising for the Arts#	2#	#
Baking#	101#	Pies and Cakes#	2#	#
English#	112#	Creative Writing#	3#	#
Fashion#	101#	Design and Sewing#	2#	#
Math#	125#	Math for Liberal Arts#	3#	#
Recreation#	101#	Planning Summer Camp#	3#	#

图11.16

让列宽更适合文本量后，下面让文本和单元格边框的距离更大些。在这里，您将修改整个表格的设置，也可只修改选定单元格的设置。

4. 选择菜单“窗口”>“文字和表”>“表”打开表面板。
5. 在表格的任何地方单击，再选择菜单“表”>“选择”>“表”。
6. 在表面板中，在文本框“上单元格内边距”（ ）中输入“0.125 英寸”，并按回车键。如有必要，单击“将所有设置设为相同”按钮（ ），将单元格每边的内边距都增大。
7. 在依然选择了表格的情况下，单击表面板中的“居中对齐”按钮（ ），如图 11.17 所示。

这让每个单元格中的文本都垂直居中对齐。

8. 在表格内的任何地方单击以取消选择单元格。
9. 选择菜单“文件”>“存储”。

图11.17

11.4.5 合并单元格

可将选定的几个相邻单元格合并成一个单元格。下面合并第一行的单元格，让表头“ENRICHMENT COURSES”横跨整个表格。

1. 使用文字工具（ T. ）在第 1 行的第 1 个单元格中单击，再拖曳以选择该行所有的单元格。
2. 选择菜单“表”>“合并单元格”，结果如图 11.18 所示。

图11.18

> **提示**：控制面板中也有易于访问的“合并单元格”图标。

3. 选择菜单“文件”>“存储”。

11.5 设置表格的格式

表格边框是指整个表格周围的描边。单元格描边是指表格内部将各个单元格彼此分隔的线条。InDesign 包含很多易于使用的表格格式设置选项，这些选项可让表格更具吸引力且让阅读者更容易找到所需的信息。在本节中，您将指定表格的填色和描边。

11.5.1 添加填色模式

在 InDesign 中，您可给行或列指定填色模式，以实现诸如每隔一行应用填色等效果。您可指定模式的起始位置，从而将表头行排除在外。当您添加、删除或移动行和列时，模式将自动更新。

下面您将在这个表格中每隔一行应用填色。

1. 选择文字工具（T.）单击表格的任何地方以激活它。
2. 选择菜单“表”>“表选项”>“表设置”。在“表选项”对话框中，单击顶部的标签“填色”。
3. 在“交替模式”下拉列表中选择“每隔一行”，保留其他选项的默认设置不变，如图 11.19 所示。

图11.19

4. 单击“确定”按钮，每隔一行设置为灰色背景，如图 11.20 所示。

ENRICHMENT COURSES#				
Department#	No.#	Course Name#	Credits#	#
Art#	102#	Street Photography#	3#	#
Art#	205#	Fundraising for the Arts#	2#	#
Baking#	101#	Pies and Cakes#	2#	#
English#	112#	Creative Writing#	3#	#

图11.20

5. 选择菜单“文件”>“存储”。

11.5.2 对单元格应用填色

整个表格可以有填色，而每个单元格也可有自己的填色。通过使用文字工具进行拖曳，您可选择相连的单元格，以便对它们应用填色。在本节中，您将对表头行应用填色，让其中的灰色文本更容易看清楚。

1. 选择文字工具（T.），将鼠标光标指向 ENRICHMENT 行的左边缘，出现水平箭头（→）后单击以选择这行。
2. 选择菜单“窗口”>“颜色”>“色板”。
3. 在色板面板中，单击填色框（◪），再单击色板 Dark Green。

> Id **提示**：也可使用控制面板中的填色框给单元格指定填色。

4. 将“色调”滑块拖曳到最右边，使其值为100%，如图11.21所示。
5. 选择菜单“编辑”>“全部取消选择”以便能够看清颜色，再选择菜单“文件”>“存储”。

图11.21

11.5.3 编辑单元格描边

单元格描边是各个单元格的边框。您可以删除或修改选定的单元格或整个表格的描边。在本节中，您将删除所有的水平描边，因为交替模式足以将不同行区分开来。

1. 选择文字工具（T.）单击表格的任何地方，再选择菜单“表”>“选择”>“表”。
2. 在控制面板的中央，找到代理预览（▦）。

其中每条水平线和垂直线都表示行描边、列描边或边框描边，您可通过单击来选择这些线条，进而设置相应描边的格式。

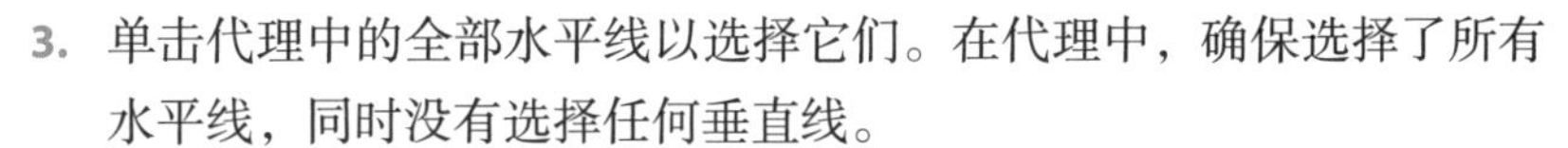

3. 单击代理中的全部水平线以选择它们。在代理中，确保选择了所有水平线，同时没有选择任何垂直线。
4. 在控制面板的“描边”文本框中，输入“0”并按回车键，如图11.22所示。

图11.22

5. 选择菜单“编辑”>“全部取消选择”以查看结果，如图11.23所示。

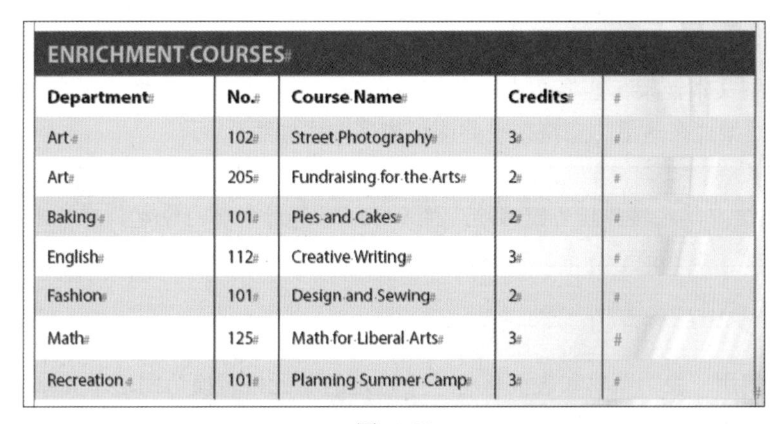

ENRICHMENT COURSES

Department	No.	Course Name	Credits	
Art	102	Street Photography	3	
Art	205	Fundraising for the Arts	2	
Baking	101	Pies and Cakes	2	
English	112	Creative Writing	3	
Fashion	101	Design and Sewing	2	
Math	125	Math for Liberal Arts	3	
Recreation	101	Planning Summer Camp	3	

图11.23

6. 选择菜单“文件”>“存储”。

11.5.4 添加表格边框

表格边框是表格周围的描边。与其他描边一样，您也可定制边框的粗细、样式和颜色。在本节中，您将为这个表格添加边框。

1. 使用文字工具（T.）单击表格的任何地方。

2. 选择菜单“表”>“选择”>“表”。
3. 选择菜单“表”>“表选项”>“表设置”打开“表选项”对话框，并选择左下角的复选框“预览”。
4. 在“表设置”选项卡的“表外框”部分，在“粗细”下拉列表中选择“0.5 点”，如图 11.24 所示。

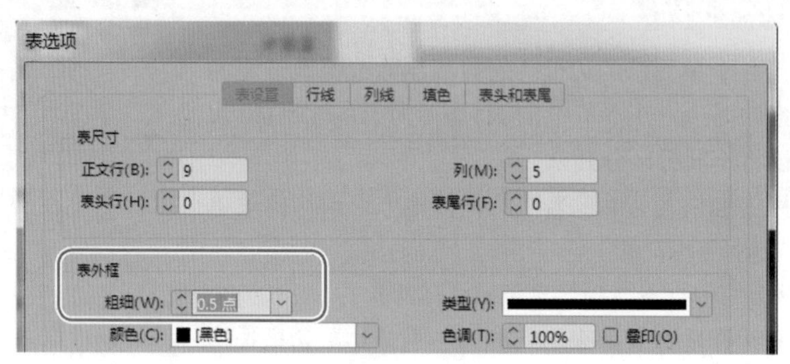

图11.24

5. 单击“确定”按钮，再选择菜单“编辑”>“全部取消选择”。
6. 选择菜单“视图”>“屏幕模式”>“预览”以查看格式设置结果。
7. 选择菜单“视图”>“屏幕模式”>“正常”，再选择菜单“文件”>“存储”。

11.6 在单元格中添加图形

在 InDesign 中，您可使用表格高效地将文本、照片和插图组合在一起。在默认情况下，单元格实际上就是小型文本框架，您将文本单元格转换为图形单元格，这样单元格实际上就是大小受表格控制的图形框架。在这里，您将在一些课程描述中添加照片。

> Id **提示：**除将单元格转换为图形单元格外，还可将对象和图像定位到单元格内的文本中。

11.6.1 将单元格转换为图形单元格

首先，您将使用“表”菜单和表面板将一个选定的单元格转换为图形单元格，然后您将看到，通过置入图像单元格可自动转换为图形单元格。

1. 使用文字工具（T.）单击第一个表体行（包含 Street Photography 的行）中最右边的单元格。
2. 选择菜单“表”>“选择”>“单元格”以选择该单元格。
3. 在选择了这个单元格的情况下，选择菜单“表”>“将单元格转换为图形单元格”，结果如图 11.25 所示。
4. 在依然选择了转换后的单元格的情况下，选择菜单“表”>“单元格选项”>“图形”，以查看用于指定图形在单元格中位置的选项，如图 11.26 所示。

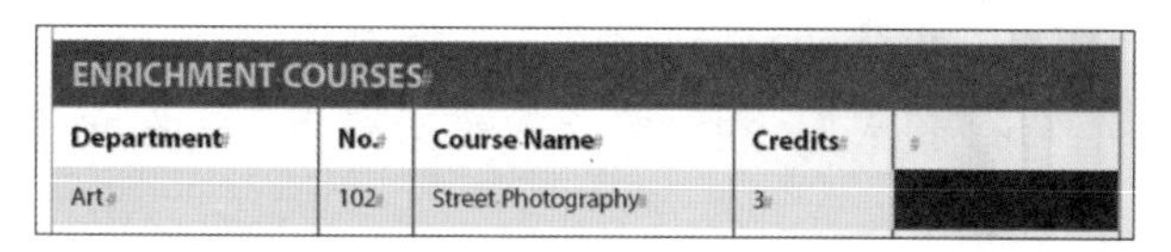

ENRICHMENT COURSES				
Department	No.	Course Name	Credits	
Art	102	Street Photography	3	

图11.25

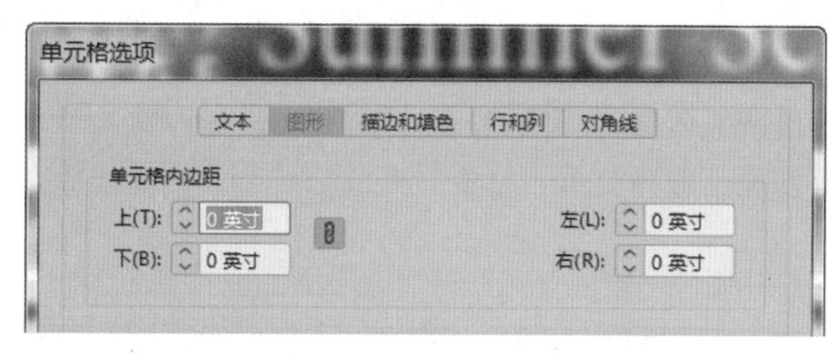

图11.26

> **提示：**只需在文本单元格中置入图像，就可将其转换为图形单元格，但如果您是要创建模板，并指出要将图像放置在什么地方，可采取这里介绍的方法来将单元格转换为图形单元格。

5. 在“单元格选项”对话框中，查看“图形”选项卡中的选项后，单击“取消”按钮。
6. 在第三个表体行（包含 Pies and Cakes 的行）最右边的单元格中单击并向右拖曳，以选择这个单元格。
7. 如有必要，选择菜单“窗口”>“文字和表”>“表”打开表面板。
8. 在表面板菜单中选择“将单元格转换为图形单元格”，如图 11.27 所示。

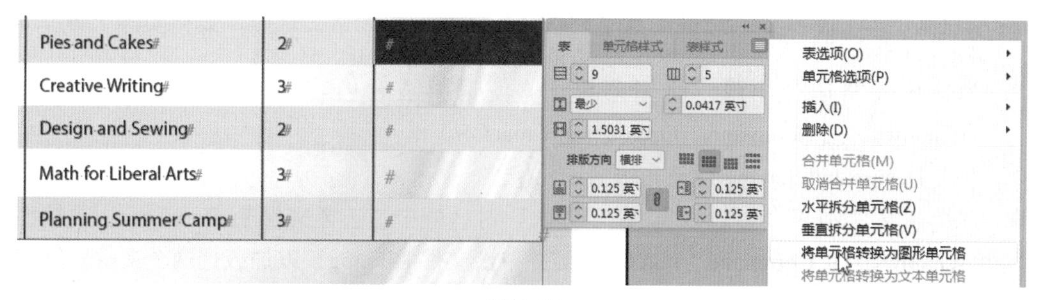

图11.27

> **提示：**要编辑单元格选项或将图形单元格转换为文本单元格，必须先选择单元格。要使用文字工具选择图形单元格，可在其中单击并拖曳。

11.6.2 在图形单元格中置入图像

接下来，在这两个被转换为图形单元格的单元格中置入图像，再在两个文本单元格中置入图像，并自动地将它们转换为图形单元格。

1. 使用“选择”工具（ ）在 Street Photography 行的图形单元格中单击。
2. 选择菜单“文件”>“置入”。在“置入”对话框中，选择文件夹 Lesson11 中的文件 StreetArt.jpg。

> Id **注意：**如有必要，在“置入”对话框中取消选择复选框“显示导入选项”。

3. 选择复选框“替换所选项目”，再单击“打开”按钮。
4. 为让单元格适合图像，选择菜单“对象”>“适合”>“使框架适合内容”，结果如图 11.28 所示。

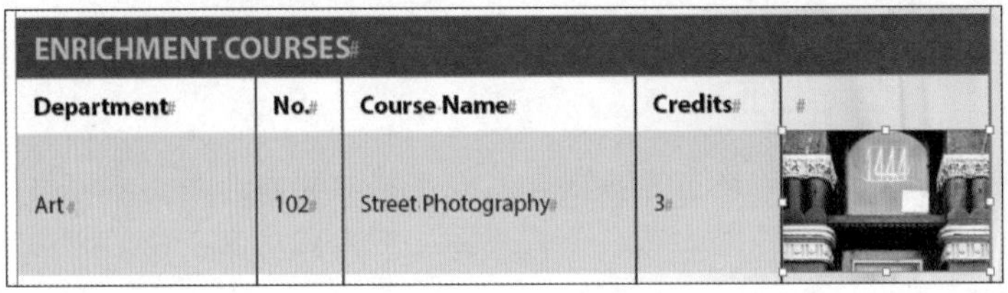

ENRICHMENT COURSES				
Department	No.	Course Name	Credits	
Art	102	Street Photography	3	

图11.28

> Id **提示：**要调整图像的大小及其在单元格中的位置，可在控制面板中使用诸如“按比例适合内容”等选项。

5. 在 Pies and Cakes 行的图形单元格中单击。
6. 选择菜单“文件”>“置入”。在“置入”对话框中，选择文件夹 Lesson11 中的文件 Bake.jpg，再单击“打开”按钮。
7. 为让单元格适合图像，使用菜单项“使框架适合内容”的快捷键：Ctrl + Alt + C（Windows）或 Command + Option + C（macOS）键。
8. 双击 Design and Sewing 行最右边的单元格。
9. 选择菜单“文件”>“置入”。在“置入”对话框中，选择文件 Fashion.jpg，再按住 Ctrl（Windows）或 Command（macOS）键并单击文件 Kite.jpg，以加载这两个文件，然后单击“打开”按钮，鼠标光标将变成载入图形图标。
10. 在 Design and Sewing 行最右边的那个单元格中单击（ ）。
11. 在 Planning Summer Camp 行最右边的那个单元格中单击。
12. 使用选择工具单击围巾图像，再选择菜单“对象”>“适合”>“使框架适合内容”或使用其键盘快捷键让单元格适合图像。
13. 使用选择工具单击风筝图像，再在控制面板中单击“框架适合内容”图标（ ），如图 11.29 所示。
14. 选择菜单“文件”>“存储”。

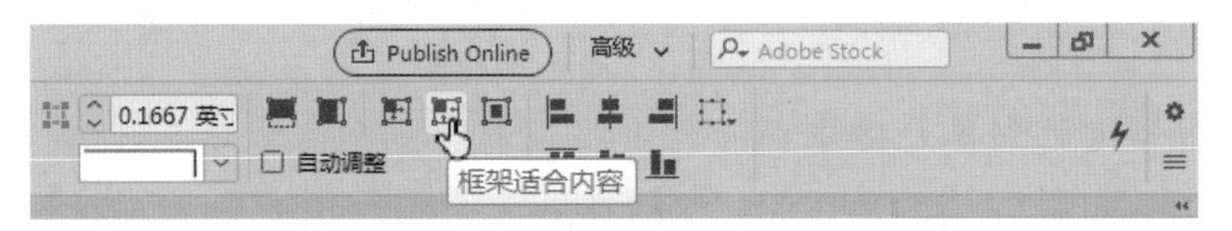

图11.29

11.6.3 调整行高

前面置入的图像的高度都是 1 英寸，因此下面将所有表体行的高度都设置为 1 英寸。

1. 如有必要，选择菜单“窗口”>“文字和表”>“表”打开表面板。
2. 选择文字工具（T.），并将鼠标光标指向第一个表体行的左边缘（➜）。
3. 等出现水平箭头后，将其从第一个表体行（其第一个单元格包含 Art）拖曳到最后一个表格行（其第一个单元格包含 Recreation）。
4. 在选择了所有表体行的情况下，在表面板中的“行高”下拉列表中选择“精确”，再在右边的“行高”文本框中输入“1 英寸”并按回车键，如果 11.30 所示。
5. 选择菜单“编辑”>“全部取消选择”以查看结果，如图 11.31 所示。

图11.30

ENRICHMENT COURSES				
Department	No.	Course Name	Credits	
Art	102	Street Photography	3	
Art	205	Fundraising for the Arts	2	
Baking	101	Pies and Cakes	2	
English	112	Creative Writing	3	
Fashion	101	Design and Sewing	2	
Math	125	Math for Liberal Arts	3	
Recreation	101	Planning Summer Camp	3	

图11.31

6. 选择菜单“文件”>“存储”。

11.6.4 将图形定位到单元格中

通过将图像定位到文本中，您可在单元格中同时包含文本和图形。在本节中，您将置入校外课程表格旁边的叶子图标。

1. 选择菜单“视图”>“使页面适合窗口”，让第 1 页显示在文档窗口中央。
2. 使用“选择”工具（▶）选择表头行旁边的叶子图标，如图 11.32 所示。
3. 选择菜单“编辑”>“剪切”。
4. 选择文字工具（T.），或在表格中双击自动切换到文字工具。
5. 在第一个表体行中 Art 的后面单击。
6. 选择菜单“编辑”>“粘贴”，结果如图 11.33 所示。

图11.32

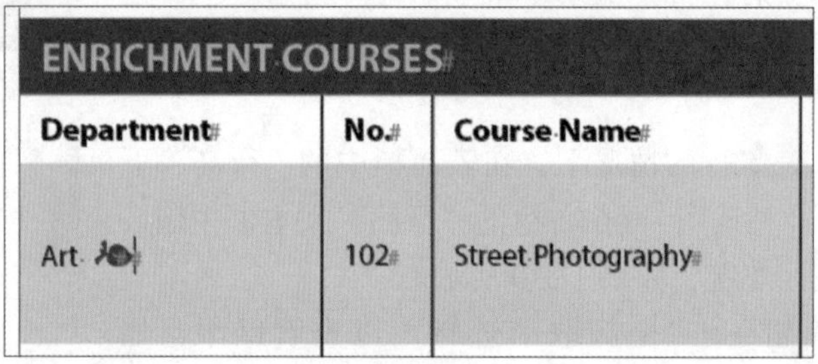

ENRICHMENT COURSES		
Department	No.	Course Name
Art	102	Street Photography

图11.33

7. 使用文字工具在 Baking 后面单击，再选择菜单“编辑”>“粘贴”。
8. 选择菜单“文件”>“存储”。

11.7 创建表头行

对表格名称和列标题应用格式可使其在表格中更突出。为此，可选择包含表头信息的单元格并设置其格式。如果表格横跨多页，则需要重复表头信息。在 InDesign 中，您可以指定表格延续到下一栏、下一个框架或下一页时需要重复的表头行和表尾行。下面将设置表格前两行（表格名称和列标题）的格式，并将它们指定为要重复的表头行。

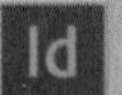

提示：编辑表头行的文本时，其他表头行的文本也将自动更新。您只能编辑源表头行的文本，其他表头行被锁定。

1. 选择文字工具（T.），将鼠标光标指向第一行的左边缘，直到鼠标光标变成水平箭头（→）。
2. 单击以选择第一行，再拖曳鼠标以选择前两行，如图 11.34 所示。
3. 选择菜单“表”>“转换行”>“到表头”。
4. 使用文字工具单击表格的最后一行。
5. 选择菜单“表”>“插入”>“行”。

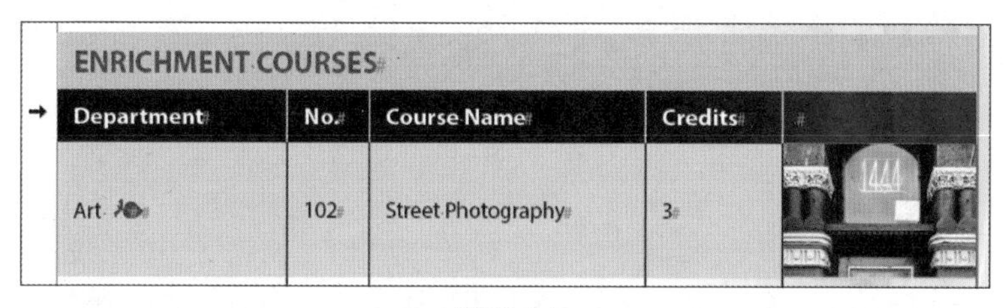

图11.34

6. 在“插入行”对话框中，在“行数”文本框中输入“4”，选中单选按钮“下”，再单击“确定”按钮。
7. 选择菜单“版面”>“下一页”以查看第 2 页。注意，表格延续到第 2 页时，重复了表头行，如图 11.35 所示。

图11.35

8. 选择菜单“版面”>“上一页”返回到第 1 页，再选择菜单“文件”>“存储”。

11.8 创建并应用表样式和单元格样式

为快速而一致地设置表格的格式，可创建表样式和单元格样式。表样式应用于整个表格，而单元格样式应用于选定的单元格、行和列。下面创建一个表样式和一个单元格样式，以便将这种格式迅速应用于其他表格。

11.8.1 创建表样式和单元格样式

在这个练习中，您将创建一种表样式（用于设置表格的格式）和一种单元格样式（用于设置表头行的格式）。这里将基于表格使用的格式创建样式，而不是指定样式的格式。

1. 使用文字工具（T.）在表格中的任何位置单击。
2. 选择菜单“窗口”>“样式”>“表样式”，再从表样式面板菜单中选择“新建表样式”，如图 11.36 所示。

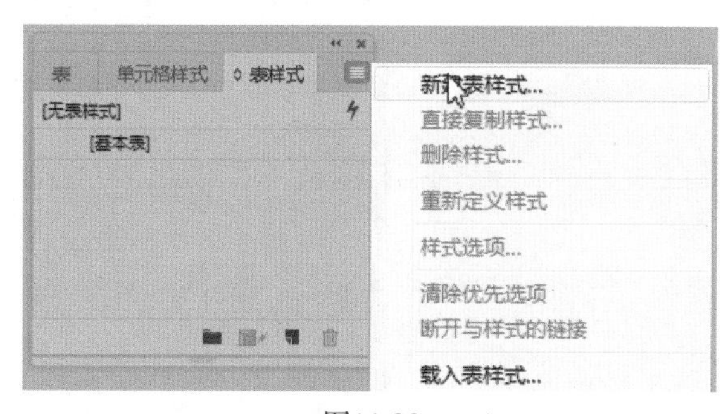

图11.36

> **提示：** 默认情况下，表面板、表样式面板和单元格样式面板位于一个面板组中。

3. 在“样式名称”文本框中输入 Catalog Table，如图 11.37 所示。

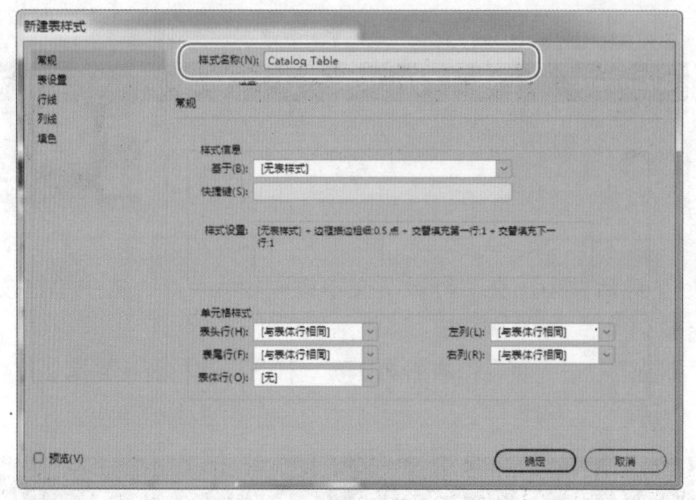

图11.37

4. 单击“确定”按钮，新建的样式将出现在表样式面板中。
5. 使用文字工具在表格第一行（包含 ENRICHMENT COURSE）中单击。
6. 选择菜单“窗口”>“样式”>“单元格样式”，再单击单元格样式面板底部的“创建新样式”按钮，如图 11.38 所示。双击新建的样式“单元格样式 1”以打开“单元格样式选项”对话框。
7. 在“样式名称”文本框中输入 Table Header。

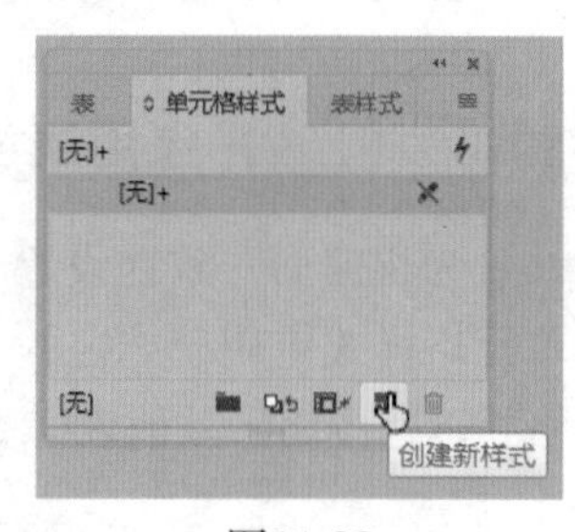

图11.38

下面修改单元格样式 Table Head 的段落样式。

8. 从“段落样式”下拉列表中选择“Table Head（如图 11.39 所示），这是已应用于表头行文本的段落样式。

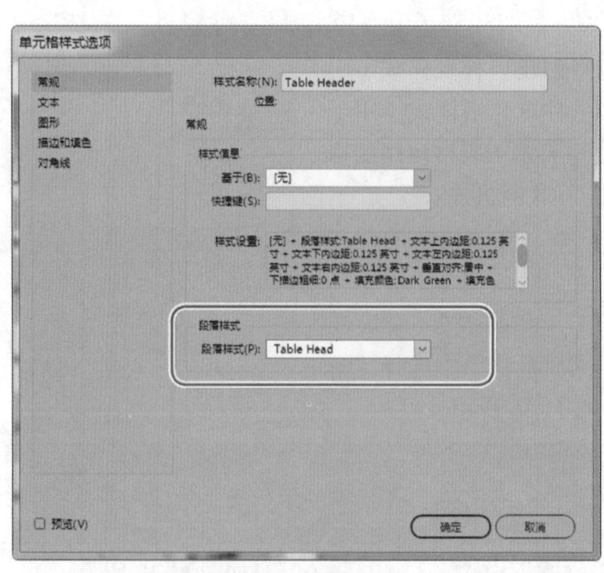

图11.39

9. 单击“确定”按钮。

10. 选择菜单“文件”>“存储”。

11.8.2 应用表样式和单元格样式

下面将这些样式应用于表格。这样做，以后要对表格的格式进行全面修改时，只需编辑表样式或单元格样式即可。

1. 使用文字工具（ T. ）在表格内的任何地方单击。
2. 在表样式面板中单击样式 Catalog Tabler。
3. 使用文字工具在第一个表头行中单击，再选择菜单“表”>“选择”>“行”以选择这行。
4. 在单元格样式面板中单击样式 Table Header，如图 11.40 所示。为查看差别，在单元格样式面板中单击“[无]”，再单击 Table Header。

> **提示：**为了进行自动格式化，可以为表样式中的表头行指定一个段落样式。

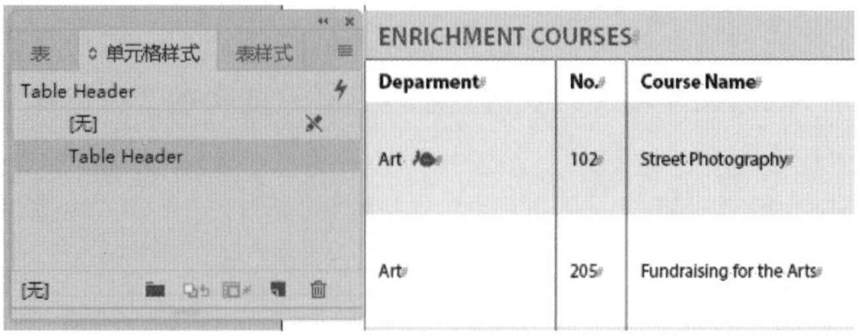

图11.40

5. 全部取消选择，选择菜单“视图”>“使页面适合窗口”，再选择菜单“文件”>“存储”。

作为最后一步，您将预览这张传单。要完成这张传单，可在第 2 页的空单元格中输入数据，并在必要时添加更多的行。

6. 在应用程序栏中，在“屏幕模式”下拉列表中选择“预览”（如图 11.41 所示）以查看最终的表格。

图11.41

祝贺您学完了本课！

11.9 练习

掌握在 InDesign 中处理表格的基本技能后，您可尝试其他的表格创建技巧。

1. 首先创建一个新文档。页面大小和其他规格都无关紧要。
2. 选择菜单“表”>“创建表”，输入所需的行数和列数，再单击并拖曳鼠标以创建一个任意尺寸的表格。
3. 使用文字工具（T.）单击第一个单元格并输入数据。使用方向键在单元格之间移动。
4. 要想通过拖曳来添加一列，可选择文字工具，并将鼠标光标指向表格中某列的右边缘，当鼠标光标变成双箭头（↔）后，按住 Alt（Windows）或 Option（macOS）键并向右拖曳一小段距离（大约半英寸）。当您松开鼠标后，将出现一个新列，其宽度与拖曳的距离相等。
5. 要旋转单元格中的文本，可使用文字工具在单元格中单击以放置一个插入点。选择菜单“窗口”>“文字和表”>“表”，再在表面板中从下拉列表“排版方向”中选择“直排”（ ），最后在单元格中输入文本。必要时可增大单元格的高度，以便能够看到其中的文本。
6. 要将表格转换为文本，可选择菜单“表”>“将表转换为文本”。您可以使用制表符来分隔同一行中不同列的内容，使用换行符来分隔不同行的内容，也可以修改这些设置。同样，要将用制表符分隔的文本转换为表格，您可选择这些文本，再选择菜单“表”>“将文本转换为表”。

11.10 复习题

1. 相比于输入文本并使用制表符将各列分开，使用表格有何优点？
2. 在表格横跨多页时，如何让表格标题和列标题重复？
3. 处理表格时最常用的是哪种工具？

11.11 复习题答案

1. 表格具有更多的灵活性，更容易格式化。在表格中，文本可在单元格中自动换行，因此无需添加额外的行，单元格就能容纳很多文本。另外，可给选定的单元格、行或列指定样式（包括字符样式甚至段落样式），因为每个单元格都像是一个独立的文本框架。
2. 选择要重复的标题行，再选择菜单“表”>“转换行”>“到表头”。您还可重复表尾行，为此可选择菜单“表”>“转换行”>“到表尾”。
3. 要对表格做任何处理，都必须选择文字工具。也可以使用其他工具来处理单元格中的图形，但要处理表格本身，如选择行或列、插入文本或图形、调整表格的尺寸等，必须使用文字工具。

第12课 处理透明度

课程概述

本课介绍如下内容：

- 给导入的灰度图像着色；
- 修改在 InDesign 中绘制的对象的不透明度；
- 给导入图形指定透明度设置；
- 给文本指定透明度设置；
- 设置重叠对象的混合模式；
- 给对象应用羽化效果；
- 给文本添加投影效果；
- 将多种效果应用于对象；
- 编辑和删除效果。

本课需要大约 75 分钟。

启动 InDesign 之前，先到异步社区的相应页面将本书的课程资源下载到本地硬盘中，并进行解压。

Adobe InDesign 提供了一系列的透明度功能，以满足用户的想象力和创造性，这包括控制不透明度、特殊效果和颜色混合。用户还可导入带透明度设置的文件并对其应用其他透明度效果。

12.1 概述

本课的项目是为一家虚构餐厅 Bistro Nouveau 设计菜单。您将通过使用一系列图层来应用透明度效果，创建出视觉效果丰富的设计。

> **注意：**如果还没有从异步社区下载本课的项目文件，现在就这样做，详情请参阅“前言”。

1. 为确保您的 Adobe InDesign 首选项和默认设置与本课使用的一样，请将 InDesign Defaults 文件移到其他文件夹，详情请参阅“前言”中的“保存和恢复 InDesign Defaults 文件”。
2. 启动 Adobe InDesign。为确保面板和菜单命令与本课使用的相同，选择菜单“窗口” > “工作区” > “高级”，再选择菜单“窗口” > “工作区” > “重置［高级］”。为开始工作，您将打开一个已部分完成的 InDesign 文档。
3. 选择菜单“文件” > “打开”，打开硬盘文件夹 InDesignCIB\Lessons\Lesson12 中的文件 12_Start.indd。如果出现“缺失字体”对话框，单击“同步字体”按钮，从 Typekit 同步字体后，单击“关闭”按钮。
4. 选择菜单“文件” > “存储为”，将文件重命名为 12_Menu.indd，并存储到文件夹 Lesson12 中。

由于所有图层都被隐藏，因此该菜单呈现为一个狭长的空页面。您将在需要时打开各个图层，以便能够将注意力集中在特定对象及本课要完成的任务上。

5. 如果想查看最终的文档，可打开文件夹 Lesson12 中的文件 12_End.indd，如图 12.1 所示。
6. 查看完毕后，可关闭文件 12_End.indd，也可让它保持打开状态以供工作时参考。要返回到课程文档，可选择菜单“窗口” > “12_Menu.indd”，也可单击文档窗口左上角的标签“12_Menu.indd”。

图12.1

12.2 导入灰度图像并给它着色

您将首先处理菜单的 Background 图层。该图层用作带纹理的菜单背景，将透过它上面的带透明度设置的对象显示出来。通过应用透明度效果，您可创建透明对象，还可透过它看到下面的对象。

由于图层 Background 位于图层栈的最下面，因此无需对该图层中的对象应用透明效果。

1. 选择菜单“窗口” > “图层”以打开图层面板。

2. 如有必要，在图层面板中向下滚动，找到并选择位于最下面的图层 Background。您将把导入的图像放到该图层中。

3. 确保该图层可见（ ）且没有被锁定（没有图层锁定图标（ ）），如图 12.2 所示。图层名右边的钢笔图标（ ）表明，导入的对象和新建的框架将放在该图层中。

图12.2

4. 选择菜单"视图">"网格和参考线">"显示参考线"。您将使用页面中的参考线来对齐导入的背景图像。

5. 选择菜单"文件">"置入"，再打开文件夹 Lesson12 中的文件 12_Background.tif。这是一个灰度 TIFF 图像。

> **提示：**TIFF 指的是标签图像文件格式（Tag Image File Format），这是一种常见的位图图形格式，常用于印刷出版。TIFF 文件使用文件扩展名 .tif。

6. 鼠标光标将变成光栅图形图标（ ），将其指向页面左上角的外面，并单击红色出血参考线的交点。这样置入的图像将占据整个页面，包括页边距和出血区域。让图形框架处于选中状态，如图 12.3 所示。

图12.3

7. 选择菜单"窗口">"颜色">"色板"。下面使用色板面板给这幅图像及其所在的图形框架着色。

8. 在色板面板中，选择填色框。向下滚动色板列表，找到色板 Light Green 并选择它（ ）。单击色板面板顶部的"色调"下拉列表，并将滑块拖曳到 76%。

> Id **提示：**InDesign 提供了很多应用颜色的方式。您也可选择工具面板底部的填色框，并在控制面板中从下拉列表“填色”中选择填色。

图形框架的白色背景变成了 76% 的绿色，但灰色区域没有变化。

9. 切换到“选择”工具（ ），将鼠标光标指向框架中央的内容抓取工具，等鼠标光标变成手形（ ）后单击以选择框架中的图形，再在色板面板中选择 Light Green。颜色 Light Green 将替换图像中的灰色，但颜色为 Light Green 76% 的区域不变，如图 12.4 所示。

图12.4

InDesign 可将颜色应用于下述格式的灰度和位图图像：PSD、TIFF、BMP 和 JPEG。如果选择了图形框架中的图形再应用填色，填色将应用于图像的灰色部分，而不像第 8 步选择框架时那样应用于框架的背景。

10. 在图层面板中单击图层名 Background 左边的空框将该图层锁定，如图 12.5 所示。让图层 Background 可见，以便能够看到在其他图层中置入透明度对象的结果。

11. 选择菜单“文件”>“存储”以保存所做的工作。

图12.5

您学习了给灰度图像快速着色的方法。虽然这种方法对于合成图像很有效，但对于创建最终的作品而言，Adobe Photoshop 的颜色控制功能可能更有效。

12.3 设置透明度

InDesign 有大量透明度控件。例如，通过降低对象、文本和导入图形的不透明度，您可让它下面原本不可见的对象显示出来。另外，诸如混合模式、投影、边缘羽化和发光以及斜面和浮雕效果等透明度功能提供了大量的选项，让用户能够创建特殊视觉效果，本课后面将介绍这些功能。

> **提示：**通过指定混合模式，您可改变重叠对象的颜色混合方式。

在本节中，您将对菜单中不同图层的几个对象使用各种透明度选项。

12.3.1 效果面板简介

使用效果面板（可选择菜单“窗口”>“效果”打开它）可指定对象或对象组的不透明度和混合模式，可对特定组执行分离混合、挖空组中的对象或应用透明度效果，如图 12.6 所示。

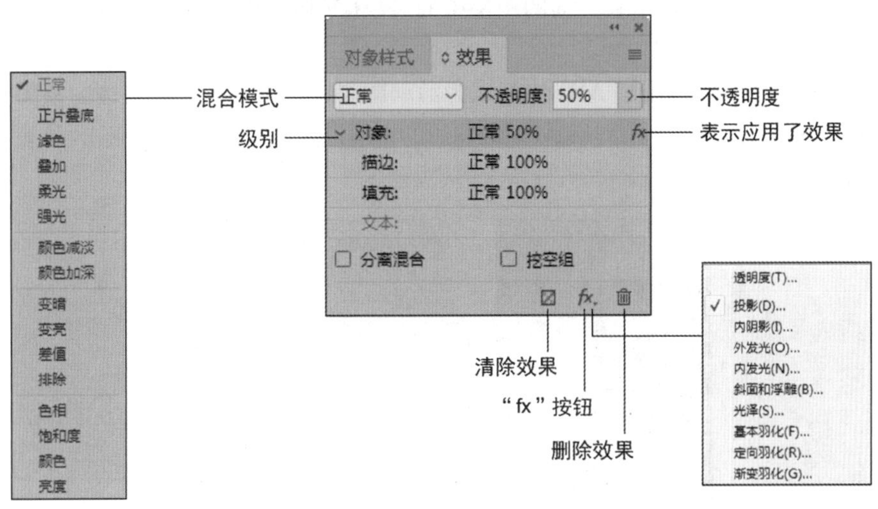

图12.6

效果面板概述

- 混合模式：指定如何混合重叠对象的颜色。
- 不透明度：决定了对象、描边、填色或文本的不透明度，取值为100%（完全不透明）到0%（完全透明）。降低对象的不透明度时，对象将更透明，因此它下面的对象将更清晰。
- 级别：指出选定对象的“对象”“描边”“填色”和“文本”的不透明度设置以及是否应用了透明度效果。单击字样“对象”（“组”或“图形”）左侧的三角形可隐藏或显示这些级别设置。为某级别应用透明度设置后，该级别将显示fx图标，双击该fx图标可编辑这些设置。
- 清除效果：清除对象（描边、填色或文本）的效果，将混合模式设置为“正常”，并将选定的整个对象的不透明度设置为100%。

- fx按钮：打开透明度效果列表。
- 删除：删除应用于对象的效果，但不删除混合模式和不透明度。
- 分离混合：将混合模式应用于选定对象组。
- 挖空组：使组中每个对象的不透明度和混合属性挖空或遮蔽组中的底层对象。

12.3.2 修改纯色对象的不透明度

处理好背景图形后，便可给它上面的图层中的对象应用透明度效果了。首先处理一系列使用InDesign绘制的简单形状。

1. 在图层面板中，选择图层Art1使其成为活动图层，再单击图层名左边的锁图标（🔒）解除对该图层的锁定。单击图层Art1最左边的方框以显示眼睛图标（👁），这表明该图层是可见的，如图12.7所示。

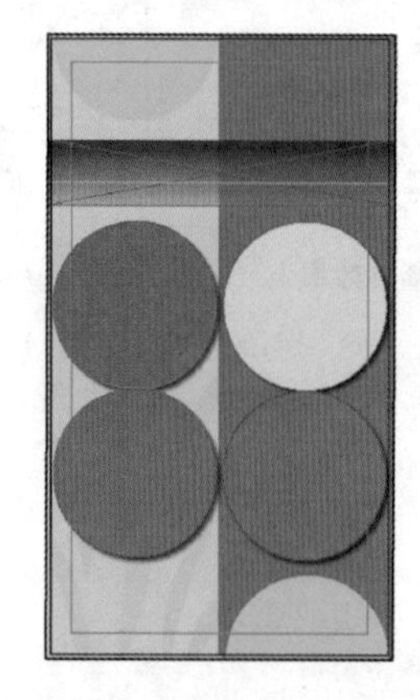

图12.7

2. 使用"选择"工具（▶）单击页面右边使用Green/Yellow颜色填充的圆圈，这是一个在InDesign中绘制的使用纯色填充的椭圆形框架。

> Id **注意：**本章提到的形状是以填充它的色板命名的。如果色板面板没有打开，选择菜单"窗口">"颜色">"色板"打开它。

3. 选择菜单"窗口">"效果"打开效果面板。
4. 在效果面板中单击下拉列表"不透明度"右边的箭头，这将打开不透明度滑块。将该滑块拖曳到70%，如图12.8所示。也可在文本框"不透明度"中输入"70%"并按回车键。

调整圆圈Yellow/Green的不透明度后，它将变成半透明的，最终的颜色是由圆圈的填充色Yellow/Green和它下面覆盖页面右半部分的Light Purple矩形混合而成的。

5. 选择页面左上角使用Light Green填充的半圆；在效果面板中将不透明度设置为50%。由于背景的影响，该半圆的颜色发生了细微的变化，如图12.9所示。

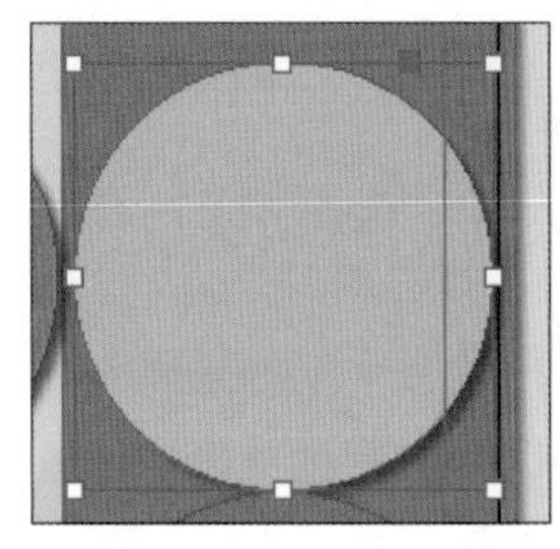

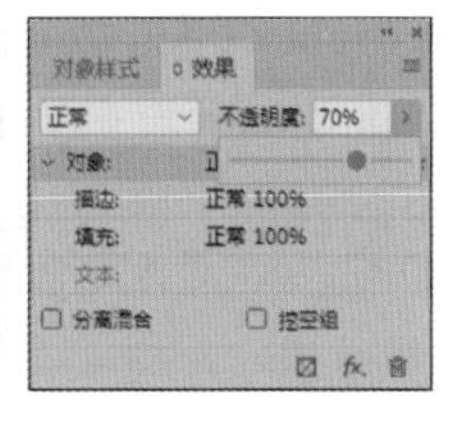

图12.8

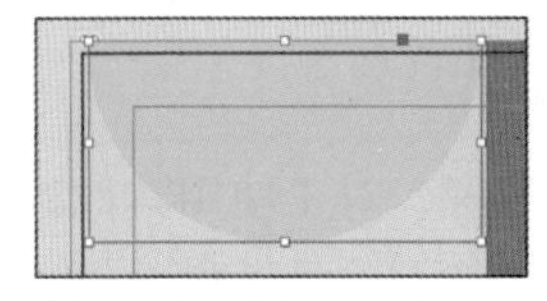

将不透明度设置为50%之前

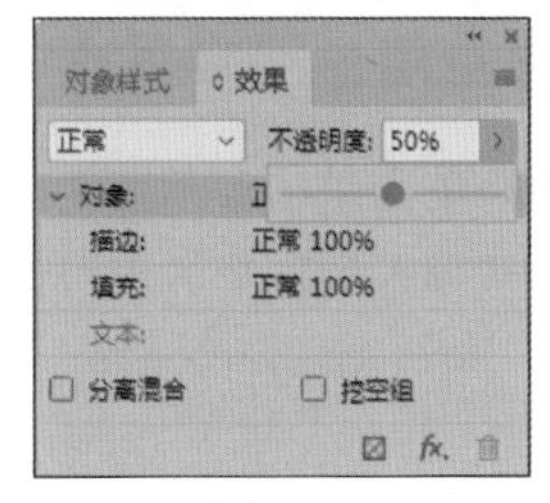

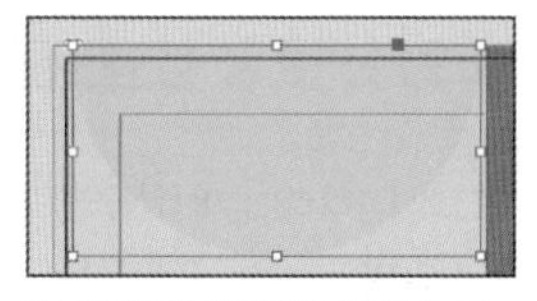

将不透明度设置为50%之后

图12.9

6. 重复第 5 步，使用下面的设置修改图层 Art1 中另外 3 个圆圈的不透明度。

- 左边中间使用颜色 Medium Green 填充的圆：60%。
- 左边底部使用颜色 Light Purple 填充的圆：70%。
- 右边底部使用颜色 Light Green 填充的半圆：50%。

7. 选择菜单“文件” > “存储”保存所做的工作。

12.3.3 应用混合模式

修改不透明度后，您将得到当前对象颜色及其下面的对象颜色组合而成的颜色。混合模式提供了另一种指定不同图层中对象如何交互的途径。

在本小节中，将给页面中的 3 个对象指定混合模式。

1. 使用“选择”工具（ ）选择页面右边使用 Yellow/Green 填充的圆。
2. 在效果面板中，从下拉列表“混合模式”中选择“叠加”，如图 12.10 所示。请注意颜色的变化。

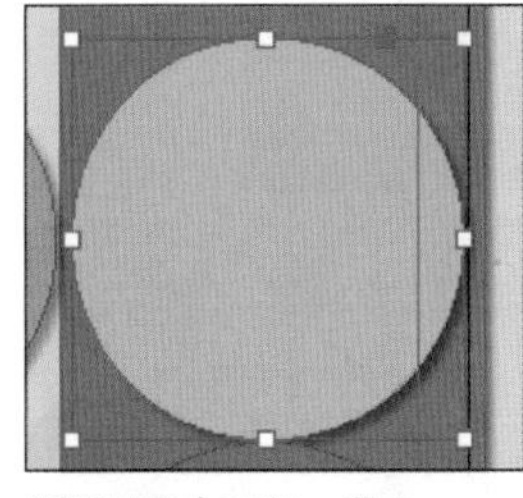

不透明度为70%，混合模式为“正常”

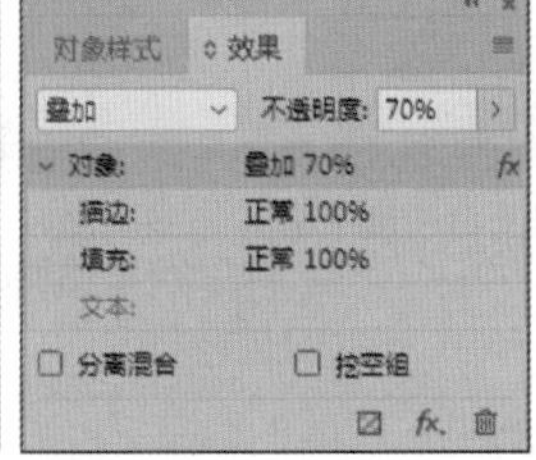

不透明度为70%，混合模式为“叠加”

图12.10

3. 选择页面右下角使用 Light Green 填充的半圆，再按住 Shift 键选择页面左上角使用 Light Green 填充的半圆。
4. 在效果面板中，从下拉列表“混合模式”中选择“正片叠底”，如图 12.11 所示。
5. 选择菜单“文件”>“存储”。

有关各种混合模式的更详细信息，请参阅 InDesign 帮助文档中的“指定颜色混合方式”。

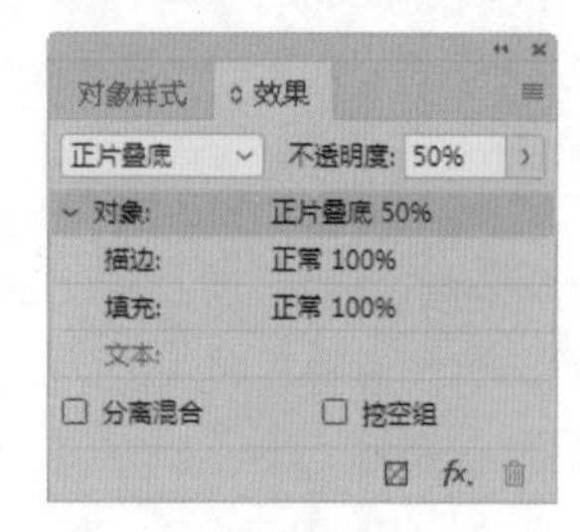

图12.11

12.4 对导入的矢量和位图图形应用透明度效果

本课前面给在 InDesign 中绘制的对象指定了各种透明度设置，对于使用其他程序（如 Adobe Illustrator 和 Adobe Photoshop）创建并被导入的图形，也可设置其不透明度和混合模式。

12.4.1 设置矢量图形的不透明度

1. 在图层面板中，解除对 Art2 图层的锁定并使其可见。
2. 在工具面板中，确保选择了“选择”工具（▶）。
3. 在页面左边，选择包含黑色螺旋图像的图形框架，方法是将鼠标光标指向该框架，等鼠标光标形状变为箭头（▸）后单击。不要单击框架内的内容抓取工具，鼠标光标指向的是内容抓取工具时，其形状为手形（✋），此时单击将选择图形而不是图形框架。这个图形框架位于使用颜色 Medium Green 填充的圆圈前面。
4. 在选择了左边的黑色螺旋框架的情况下，按住 Shift 键并单击以选择页面右边包含黑色螺旋的框架。这个框架位于使用颜色 Light Purple 填充的圆圈前面。同样，确保您选择的是图形框架而不是图形。现在，两个包含螺旋的图形框架都被选中。
5. 在效果面板中，从“混合模式”下拉列表中选择“颜色减淡”，并将不透明度设置为 30%，结果如图 12.12 所示。

设置混合模式和不透明度前，先选择框架

设置混合模式和不透明度后

图12.12

下面设置小鱼图像描边的混合模式。

6. 使用“选择”工具（▶）选择页面右边包含小鱼图像的图形框架。确保单击时鼠标光标形状为箭头（▸）而不是手形（✋）。

7. 在效果面板中，单击“对象”下方的“描边”（如图 12.13 所示），这样对不透明度或混合模式所做的修改将应用于选定对象的描边。

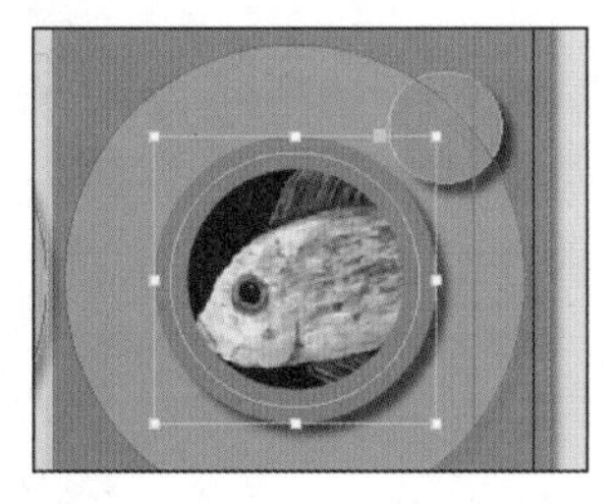
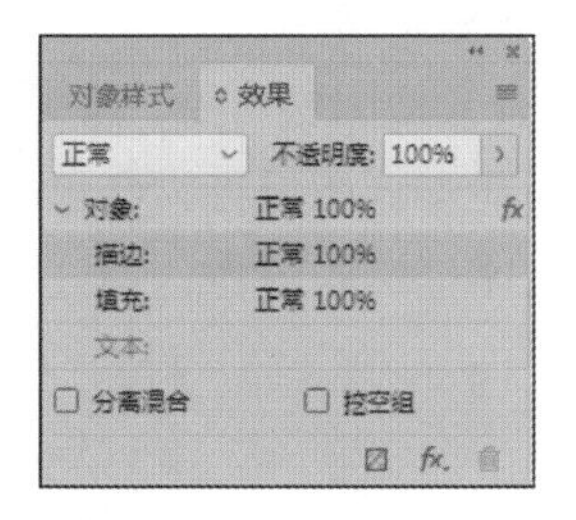

图12.13

级别包括“对象”“描边”“填色”和“文本”等，它指出了当前的不透明度设置、混合模式以及是否应用了透明度效果。这意味着可对同一个对象的描边、填色和文本应用不同的透明度设置。要隐藏 / 显示这些级别设置，可单击“对象”（“组”或“图形”）的左边三角形。

8. 从下拉列表“混合模式”中选择“强光”，如图 12.14 所示。

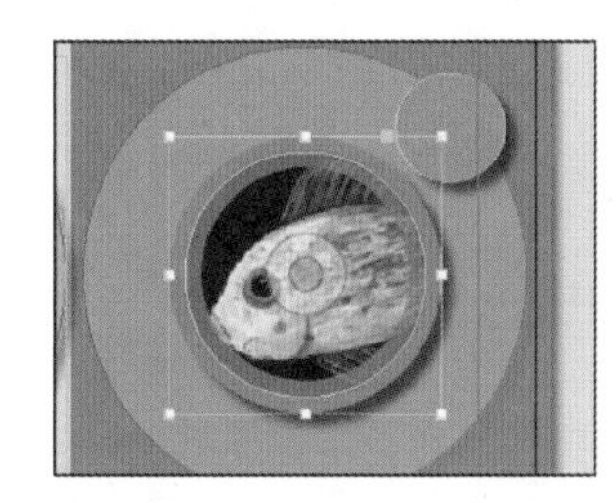
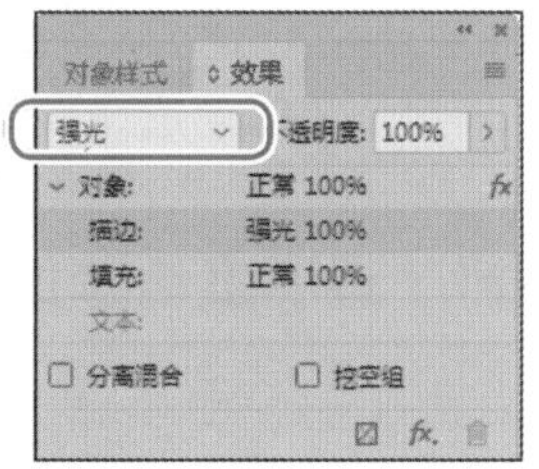

图12.14

9. 选择菜单“编辑”>“全部取消选择”，再选择菜单“文件”>“存储”保存所做的工作。

12.4.2 设置位图图像的透明度

下面设置导入的位图图形的透明度。虽然这里使用的是单色图像，但也可在 InDesign 中设置彩色照片的透明度，方法与设置其他 InDesign 对象的不透明度相同。

1. 在图层面板中选择图层 Art3，解除对该图层的锁定并使其可见。可隐藏图层 Art1 和 Art2 以便处理起来更容易。务必至少让 Art3 下面的一个图层可见，以便能够看到设置透明度后的效果。
2. 使用“选择”工具（ ）选择页面右边包含黑色星爆式图像的图形框架。由于它位于图层 Art3 中，因此框架边缘为蓝色（图层 Art3 的颜色），如图 12.15 所示。
3. 在效果面板中将“不透明度”设置为 70%。
4. 在黑色星爆式图像中间的内容抓取工具中移动鼠标，当

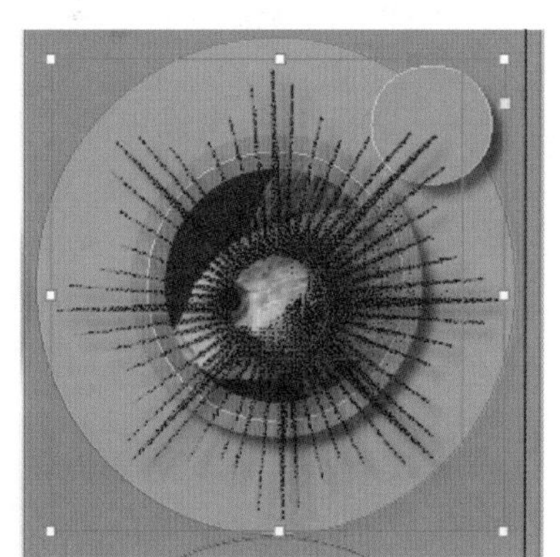

图12.15

鼠标光标变成手形（![hand]）后单击，以选择框架中的图像。

5. 在色板面板中，单击填色框（![fill]），再选择色板 Red 用红色替换图像中的黑色。

如果图层 Art3 下面有其他图层可见，星爆式图像将为淡橙色；如果没有其他图层可见，星爆式图像将为红色。

6. 如果当前没有选择星爆式图像，通过在内容抓取工具上单击来选择它。

7. 在效果面板中，从下拉列表“混合模式”中选择“滤色”，保留“不透明度”为 100%。星爆式图像将根据其下面可见的图层改变颜色，如图 12.16 所示。请注意，位于不同的背景（如粉红色圆圈和灰色圆圈）上时，星爆式图像的颜色将不同。

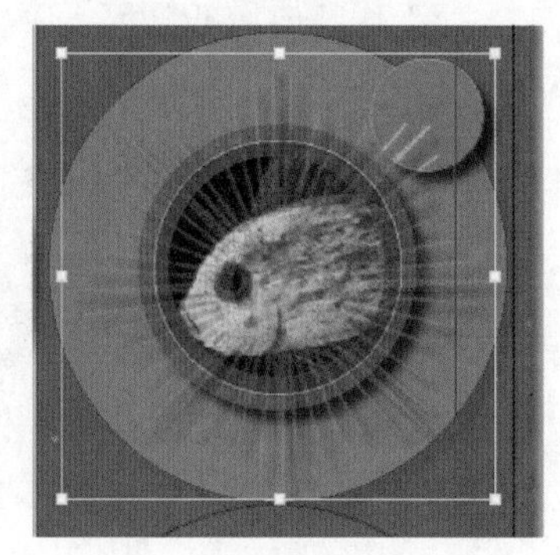

图12.16

> Id **注意：**如果您在第 1 步隐藏了某些图层，结果可能与这里显示的稍有不同。

8. 选择菜单“编辑”>“全部取消选择”，再选择菜单“文件”>“存储”保存所做的工作。

12.5 导入并调整使用了透明度设置的 Illustrator 文件

用户将 Adobe Illustrator（.ai）文件导入 InDesign 文档时，InDesign 能够识别并保留在 Illustrator 中应用的透明度设置。在 InDesign 中，用户还可调整其不透明度设置、添加混合模式和应用其他透明度效果。

下面置入一幅玻璃杯图像并调整其透明度设置。

1. 选择菜单“视图”>“使页面适合窗口”。
2. 在图层面板中确保图层 Art3 处于活动状态，且图层 Art3、Art2、Art1 和 Background 都可见（![eye]）。
3. 锁定图层 Art2、Art1 和 Background 以防修改它们，如图 12.17 所示。
4. 选择工具面板中的“选择”工具（![arrow]），再选择菜单“编辑”>“全部取消选择”以防将导入的图像置入到选定框架中。
5. 选择菜单“文件”>“置入”。在“置入”对话框中，选中复选框“显示导入选项”（您可能需要单击“选项”按钮才能看到这个复选框）。

图12.17

> Id **提示：**要启用“显示导入选项”，且同时避免在“置入”对话框中选择该复选框，可选择要导入的图形，再按住 Shift 键并单击“打开”按钮。

6. 找到文件夹 Lesson12 中的文件 12_Glasses.ai，再双击以置入它，或者先选择它再单击“打开”按钮。
7. 在“置入 PDF”对话框中，确保从下拉列表“裁切到”中选择了“定界框（所有图层）”，并选中了复选框“透明背景”，如图 12.18 所示。

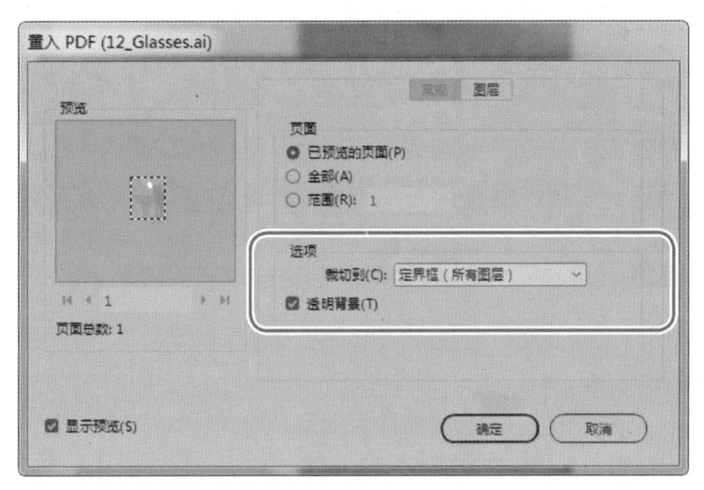

图12.18

8. 单击“确定”按钮关闭对话框，鼠标光标将变成载入矢量图图标（）。
9. 将鼠标光标（）指向页面右边用 Light Purple 填充的圆圈，再单击以实际尺寸置入图像。如有必要，拖曳该图像使其大概位于紫色圆圈中央，如图 12.19 所示。

提示：调整该图像在紫色圆圈内的位置时，可利用智能参考线让它位于紫色圆圈的正中央。

10. 在图层面板中，单击隐藏图层 Art2、Art1 和 Background，使得只有图层 Art3 可见，这让您能够看清置入的 Illustrator 图像的透明度，如图 12.20 所示。

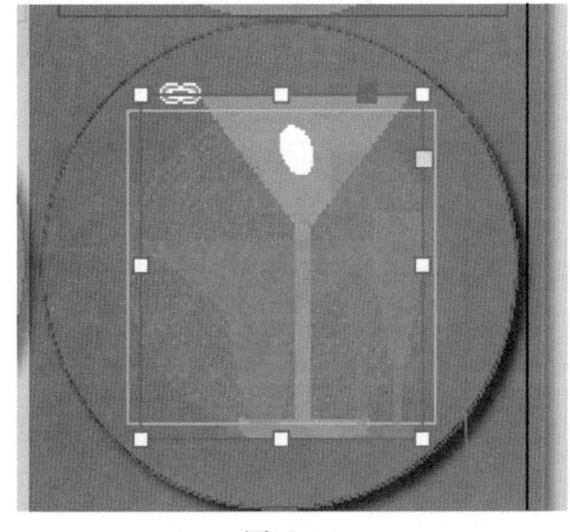

图12.19

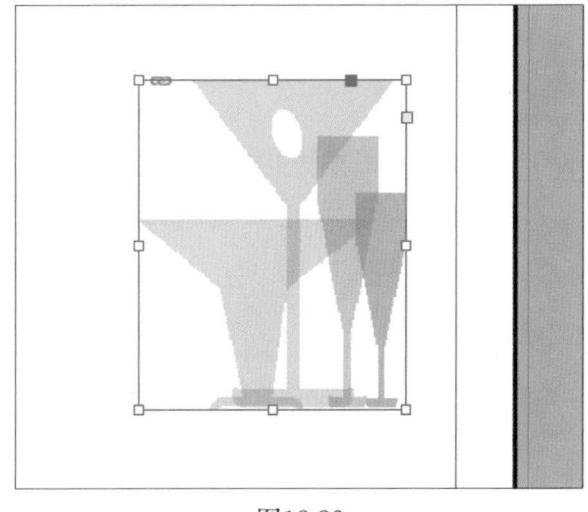

图12.20

> Id **提示：**要显示图层 Art3 并隐藏其他所有图层，可按住 Alt（Windows）或 Option（macOS）键，并单击图层 Art3 的可视性图标。

11. 在图层面板中通过单击使图层 Art2、Art1 和 Background 可见。注意，白色橄榄形状完全不透明，而其他玻璃杯形状是部分透明的。
12. 在依然选择了玻璃杯图像的情况下，在效果面板中将“不透明度”设置为 60%。不要取消选择该图像。
13. 在效果面板中将“混合模式”设置为“颜色加深”，注意，图像的最终颜色完全不同了。
14. 选择菜单“编辑”>“全部取消选择”，再选择菜单“文件”>“存储”。

12.6 设置文本的透明度

修改文本的不透明度就像对图形对象应用透明度设置一样容易，下面修改一些文本的不透明度，这将同时改变文本的颜色。

1. 在图层面板中，锁定图层 Art3，再解除对图层 Type 的锁定使其可见。
2. 选择工具面板中的“选择”工具（ ），再单击包含“I THINK，THEREFORE I DINE”的文本框架。如有必要，放大视图以便能够看清文本。

要对文本或文本框架及其内容应用透明度设置，必须使用选择工具选择框架。如果使用文字工具选择文本，将无法指定其透明度设置。

3. 在效果面板中选择“文本”级别，使得对不透明度或混合模式所做的修改只影响文本。
4. 从下拉列表“混合模式”中选择“叠加”，并将“不透明度”设置为 70%，如图 12.21 所示。

图12.21

5. 双击抓手工具使页面适合窗口，再选择菜单“编辑”>“全部取消选择”。

下面修改一个文本框架的填色的不透明度。

6. 使用“选择”工具（ ）单击页面底部包含文本“Boston | Chicago | Denver | Huston | Minneapolis”的文本框架。如有必要，放大视图以便能够看清文本。
7. 在效果面板中选择级别“填充”，并将不透明度改为 70%，如图 12.22 所示。
8. 在选择了级别“对象”的情况下尝试同样的设置，注意，这次文本也变得不那么清晰了，这不是我们想要的。这里演示了将效果应用于对象不同部分的优点。选择菜单“编辑”>“还原［设置透明度参数］”。

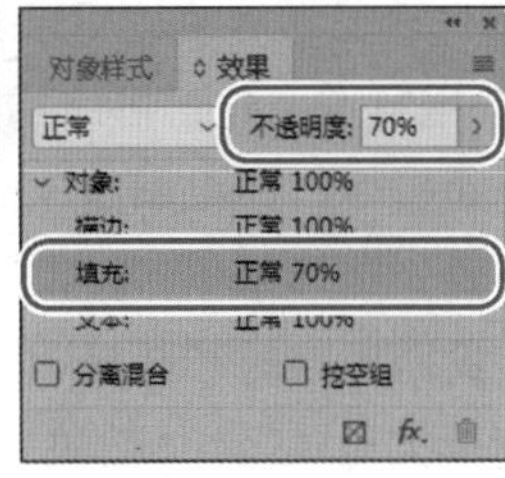

图12.22

9. 选择菜单“编辑”>“全部取消选择”，再选择菜单“文件”>“存储”。

12.7 使用效果

在本课前面，您学习了如何修改在 InDesign 中绘制的对象、导入的图形以及文本的混合模式和不透明度。另一种应用透明度设置的方法是使用 InDesign 提供的 9 种透明度效果。创建这些效果时，很多设置和选项都是类似的。

下面尝试使用一些透明度效果来调整菜单。

透明度效果

在效果面板中，可添加如下效果（如图12.23所示）。

- 投影：在对象、描边、填色或文本的后面添加阴影。
- 内阴影：紧靠在对象、描边、填色或文本的边缘内添加阴影，使其具有凹陷外观。
- 外发光和内发光：添加从对象、描边、填色或文本的边缘外或内发射出来的光。
- 斜面和浮雕：添加各种高亮和阴影的组合，使文本和图像有三维外观。
- 光泽：添加形成光滑光泽的内部阴影。
- 基本羽化、定向羽化和渐变羽化：通过使对象的边缘渐隐为透明，实现边缘柔化。

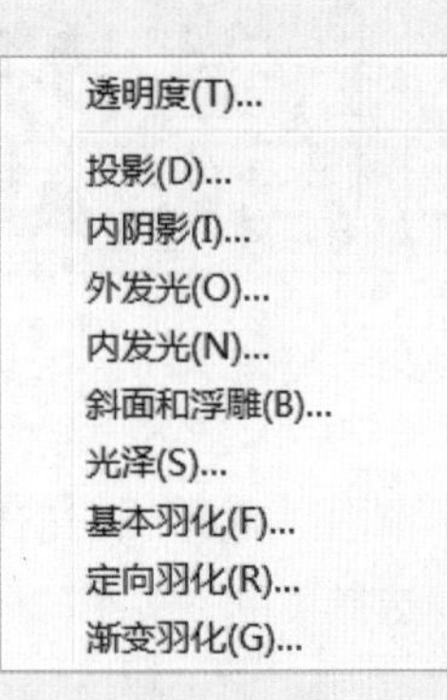

图12.23

12.7.1 对图像边缘应用基本羽化

羽化是另一种对对象应用透明度的方法。通过羽化，您可在对象边缘创建从不透明到透明的平滑过渡效果，从而能够透过羽化区域看到下面的对象或页面背景。InDesign 提供了 3 种羽化效果：

- 基本羽化对指定距离内的对象边缘进行柔化或渐隐；
- 定向羽化通过将指定方向的边缘渐隐为透明来柔化边缘；

- 渐变羽化通过渐隐为透明来柔化对象的区域。

下面首先应用基本羽化，再应用渐变羽化。

1. 在图层面板中，如果图层 Art1 被锁定，解除该图层的锁定。
2. 如有必要，选择菜单“窗口”>“使页面适合窗口”，以便能够看到整个页面。
3. 选择工具面板中的“选择”工具（ ），再选择页面左边用颜色 Light Purple 填充的圆圈。
4. 选择菜单“对象”>“效果”>“基本羽化”，这将打开“效果”对话框，其中左边是透明效果列表，而右边是配套的选项。
5. 在“选项”部分做如下设置：
   - 在“羽化宽度”文本框中输入“0.375 英寸”；
   - 将“收缩”和“杂色”都设置为“10%”；
   - 将“角点”设置为“扩散”。
6. 确保选中了复选框“预览”。如有必要，将对话框移到一边以便查看效果。注意，紫色圆圈的边缘变得模糊了，如图 12.24 所示。

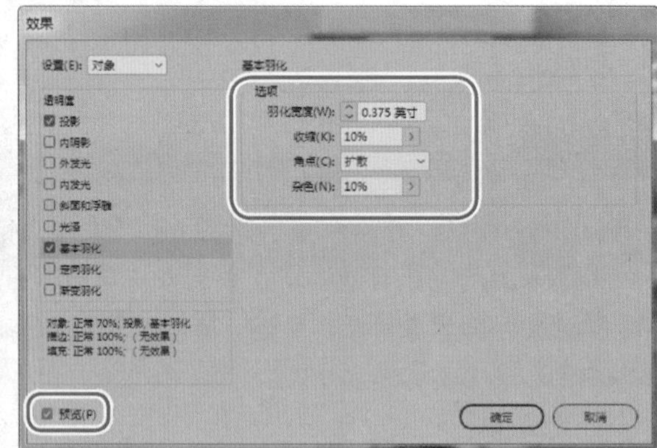

图12.24

7. 单击“确定”按钮让设置生效并关闭“效果”对话框。
8. 选择菜单“文件”>“存储”。

> **注意：**要应用透明度效果，除了选择菜单“对象”>“效果”中的菜单项外，还可从效果面板菜单中选择“效果”或单击效果面板底部的“fx”按钮，再从子菜单中选择一个菜单项。

12.7.2 应用渐变羽化

您可使用渐变羽化效果让对象区域从不透明逐渐变为透明。

1. 使用“选择”工具（ ）单击页面右边用颜色 Light Purple 填充的垂直矩形。
2. 单击效果面板底部的“fx”按钮（ ）并从下拉列表中选择“渐变羽化”，如图 12.25 所示。

这将打开“效果”对话框，并显示渐变羽化的选项。

3. 在“效果”对话框的“渐变色标”部分，单击“反向渐变”按钮（ ）以反转纯色和透明的位置，如图 12.26 所示。

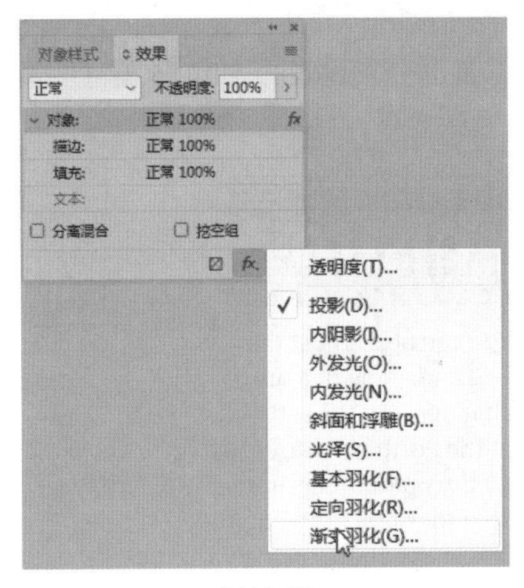

图12.25

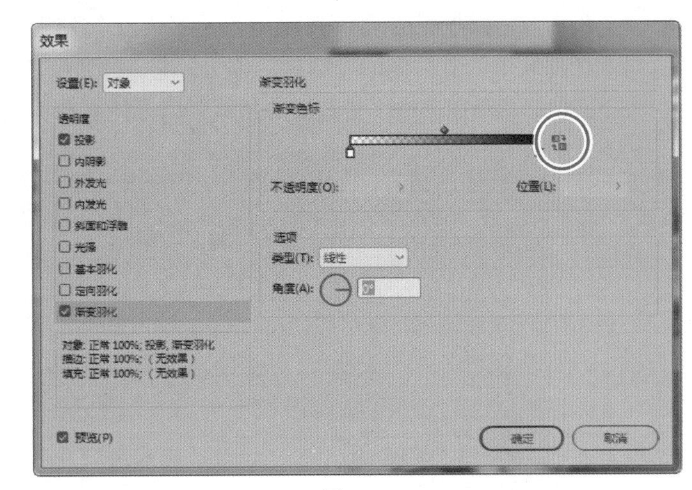

图12.26

4. 单击“确定”按钮。紫色矩形将从右到左渐隐为透明。

下面使用渐变羽化工具调整渐隐的方向。

5. 在工具面板中选择渐变羽化工具（ ），请小心不要选择渐变色板工具。按住 Shift 键并从紫色矩形底部拖曳到顶部以修改渐变方向，结果如图 12.27 所示。通过按住 Shift 键，您可将渐变方向限制为垂直的。

6. 选择菜单“编辑”>“全部取消选择”，再选择菜单“文件”>“存储”。

下面将多种效果应用于同一个对象，再编辑这些效果。

图12.27

12.7.3 给文本添加投影效果

给对象添加投影效果时，会让对象看起来像漂浮在页面上。在页面和下面的对象上投射阴影，可让对象呈现出三维效果。可给任何对象添加投影，还可独立地给对象的描边 / 填色或文本框架中的文本添加投影。

> **注意：**“效果”对话框指出了哪些效果（对话框左边被选中的效果）被应用于选定对象，用户可将多种效果应用于同一个对象。

下面尝试使用这种效果给文本 bisto 添加投影。请注意，只能给整个文本框架添加效果，而不能只给其中的某些文本添加效果。

1. 使用“选择”工具（▶）选择包含单词 bistro 的文本框架。按 Z 键暂时切换到缩放工具或选择缩放工具（🔍）并放大该框架，以便能够看清其中的文本。
2. 单击效果面板底部的 fx 按钮（fx）并从下拉列表中选择“投影”。
3. 在“效果”对话框的“选项”部分，将“大小”和“扩展”分别设置为“0.125 英寸”和“20%”。确保选中了复选框“预览”以便能够在页面中看到效果，如图 12.28 所示。

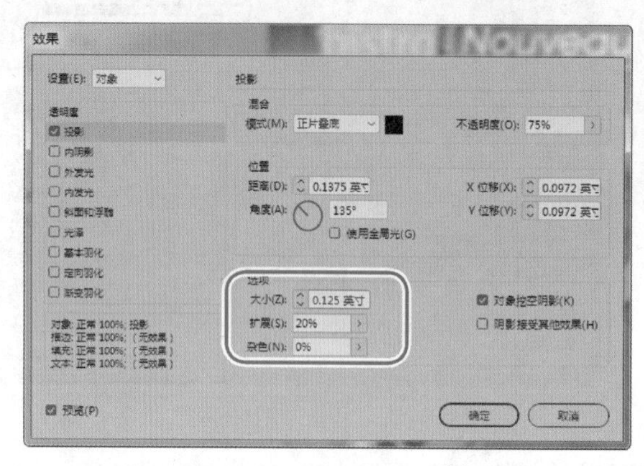

You can also adjust the size and angle of a drop shadow with the settings in the Position area, either by typing numbers in the settings or by dragging the line in the angle circle to a new position.

图12.28

> **注意：**您也可在“位置”部分调整投影的角度，为此您可直接输入度数，也可拖曳圆圈内的线条。

4. 单击“确定”按钮将投影效果应用于文本。
5. 选择菜单“文件”>“存储”保存所做的工作。

12.7.4 将多种效果应用于同一个对象

您可将多种透明度效果应用于同一个对象，例如，可使用斜面和浮雕效果让对象看起来是凸出的，还可使用发光效果让对象周围发光。

下面将斜面和浮雕效果以及外发光效果应用于页面中的两个半圆。

1. 选择菜单“视图”>“使页面适合窗口”。
2. 使用“选择”工具（▶）选择页面左上角使用颜色 Light Green 填充的半圆。
3. 单击效果面板底部的 fx 按钮（fx）并从下拉列表中选择“斜面和浮雕”。
4. 在“效果”对话框中，确保选中了复选框“预览”以便能够在页面上查看效果。在“结构”部分做如下设置（如图 12.29 所示）。
   - 大小：0.3125 英寸。
   - 柔化：0.3125 英寸。
   - 深度：30%。
5. 保留其他设置不变，且不要关闭该对话框。

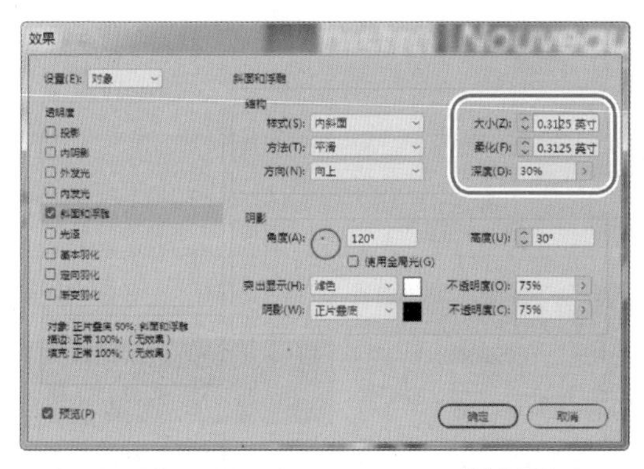

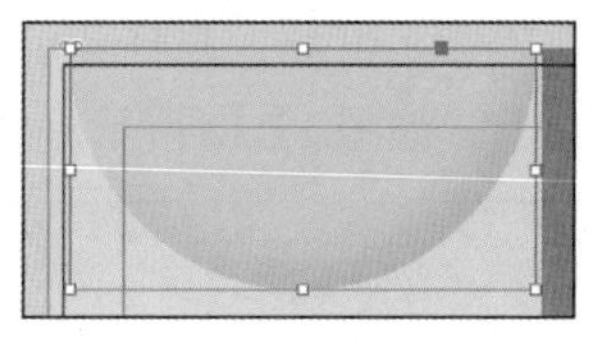

图12.29

6. 单击“效果”对话框左边的复选框“外发光”，给选定的半圆添加外发光效果。
7. 单击“外发光”字样以便能够编辑这种效果，再做如下设置（如图 12.30 所示）。
   - 模式：正片叠底。
   - 不透明度：80%。
   - 大小：0.25 英寸。
   - 扩展：10%。
8. 单击“模式”下拉列表右边的“设置发光颜色”色板。在出现的“效果颜色”对话框中，确保从“颜色”下拉列表中选择了“色板”，从颜色列表中选择了“黑色”，再单击“确定”按钮，如图 12.31 所示。

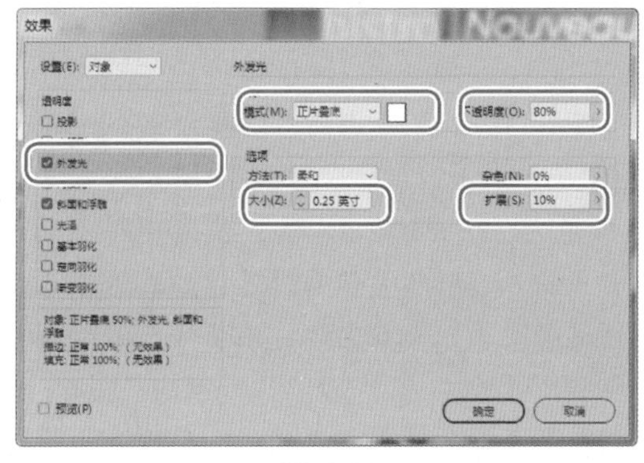

图12.30

图12.31

9. 单击“确定”按钮让多种效果的设置生效。

下面将同样的效果应用于页面中的另一个半圆，方法是将效果面板中的 fx 图标拖放到该半圆上。

12.7.5 在对象之间复制效果

1. 双击抓手工具（ ）让页面适合窗口。
2. 选择工具面板中的“选择”工具（ ），如果没有选择页面左上角的绿色半圆，请选择它。

3. 确保效果面板可见，并将其中的“对象”级别右边的 fx 图标（ fx ）拖到页面右下角的绿色半圆上，如图 12.32 所示。

> **提示：**在效果面板中，可双击“对象”级别右边的 fx 图标来打开“效果”对话框。

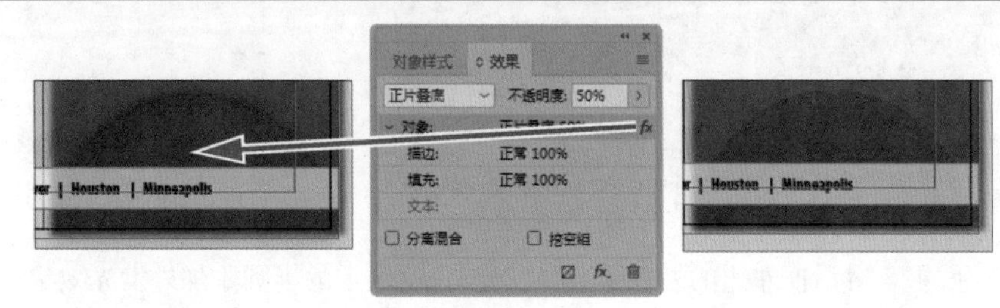

将fx图标拖放到半圆上（左图） 结果（右图）

图12.32

下面将这些效果应用于页面中的小型灰色圆圈。

4. 在图层面板中，单击图层 Art3 的眼睛图标（ ）将该图层隐藏，并解除对图层 Art2 的锁定。
5. 确保依然选择了页面左上角的绿色半圆。在效果面板中，单击 fx 图标（ fx ）并将其拖放到小鱼图像右上方的灰色圆圈上。
6. 选择菜单“文件”>“存储”。

透明度设置和选项

在不同效果中，许多透明效果的设置和选项是相同的。常用的透明度设置和选项如下。

- 角度和高度：确定应用光源效果的光源角度。值为0表示水平；值为90表示在对象的正上方。可以单击角度半径或输入度数测量值来设置。如果您要为所有对象使用相同的光源角度，请选择“使用全局光”。此设置已用于投影、内阴影、斜面和浮雕、光泽和羽化效果。
- 混合模式：指定透明对象中的颜色如何与其下面的对象相互作用。此设置已用于投影、内阴影、外发光、内发光和光泽效果。
- 收缩：与大小设置一起来确定阴影或发光不透明和透明的程度。设置的值越大，不透明度越高；设置的值越小，透明度越高。此设置已用于内阴影、内发光和羽化效果。
- 距离：指定投影、内阴影或光泽效果的位移距离。
- 杂色：指定输入值或拖移滑块时发光不透明度或阴影不透明度中随机元素的数量。此设置已用于投影、内阴影、外发光、内发光和羽化效果。

- 不透明度：确定效果的不透明度。通过拖动滑块或输入百分比测量值来进行操作（请参阅设置对象的不透明度）。此设置适用于投影、内阴影、外发光、内发光、渐变羽化、斜面和浮雕以及光泽效果。
- 大小：指定阴影或发光应用的量。此设置已用于投影、内阴影、外发光、内发光和光泽效果。
- 跨页：确定大小设置中所设定的阴影或发光效果中模糊的透明度。百分比越高，模糊就越不透明。此设置已用于投影和外发光。
- 方法：这些设置用于确定透明效果的边缘是如何与背景颜色相互作用的。外发光效果和内发光效果都可使用“柔和”和“精确”方法。
  - ◊ 柔和：将模糊应用于效果的边缘。在较大尺寸时，不保留详细的特写。
  - ◊ 精确：保留效果的边缘，包括其角点和其他锐化细节。其保留特写的能力优于柔和方法。
- 使用全局光：将全局光设置应用于阴影。此设置已用于投影、斜面和浮雕以及内阴影效果。
- X位移和Y位移：在X轴或Y轴上按指定的偏移量偏离阴影。此设置已用于投影和内阴影效果。

——摘自InDesign帮助

使用这种方法也可将效果应用于其他文档中的对象。

1. 选择菜单“文件”>“打开”，并打开文件 12_Start.indd。
2. 选择菜单“窗口”>“排列”>“平铺”，以并排地显示两个文档。
3. 在文件 12_Start.indd 中，切换到第 2 页，再确保选择了图层 Background（因为它没有锁定）。
4. 使用绘图工具绘制一个形状，如矩形框架或椭圆框架，并在色板面板中指定填色。
5. 切换到文件 12_menu.indd，选择页面左上角用 Light Green 填充的半圆——前面已对其应用了多种效果。
6. 使用本小节前面介绍的方法：将“效果”面板“对象”级别右边的 fx 图标（fx）拖放到刚才绘制的形状上，如图 12.33 所示。

图12.33

7. 关闭文件 12_Start.indd，但不保存所做的修改。

要将效果应用于其他对象，另一种方法是创建对象样式，这在第 9 课介绍过。

12.7.6 编辑和删除效果

您可轻松地编辑和删除效果，还可快速获悉是否对对象应用了效果。

下面首先编辑餐馆名称后面的渐变填充，再删除应用于一个圆圈的效果。

1. 在图层面板中，确保图层 Art1 没有锁定且可见。
2. 使用“选择”工具（▶）单击文本 bistro Nouveau 后面的使用渐变填充的框架。
3. 单击效果面板底部的 fx 按钮（fx）。在出现的下拉列表中，注意，“渐变羽化”效果左边有一个勾号，这表明对选定对象应用了该效果。从该下拉列表中选择“渐变羽化”。

> Id **提示**：想快速获悉文档的哪些页面包含透明效果，可从页面面板菜单中选择“面板选项”，再选择复选框“透明度”。这样，如果页面包含透明效果，其页面图标右边将有一个小图标（▦）。

在什么情况下不使用透明度

透明度和色调：透明度效果是一个极佳的创意工具，但确实会导致文件更复杂。因此应该有目的地使用它们。如果能够以更简单的方式实现所需的视角效果，就不要使用它们。

一种最常见的情形是，您想要让框架的颜色更淡些，而这个框架后面并没有需要显露出来的东西，如框架位于白色背景上，如图12.34所示。在这种情况下，您应设置颜色的色调，而不使用“不透明度”设置。为此，您可使用颜色面板或色板面板中的“色调”滑块，也可创建色调色板。有关色调的详细信息，请参阅第8课。

色调为100%的颜色

位于白色背景上的色调

对位于白色背景上的颜色设置不透明度

图12.34

> Id **提示**：如果您喜欢在做出决策前使用“不透明度”滑块的滑动功能来查看颜色变化，那么在颜色面板中创建色调时也可使用这种功能，如图 12.35 所示。唯一的不同是，在颜色面板中移动色调滑块时，必须松开鼠标才能看到变化。

4. 在“效果”对话框的“渐变色标”部分，单击渐变条右边的色标，再将“不透明度”改为“30%”，将“角度”改为“90°”，如图 12.36 所示。

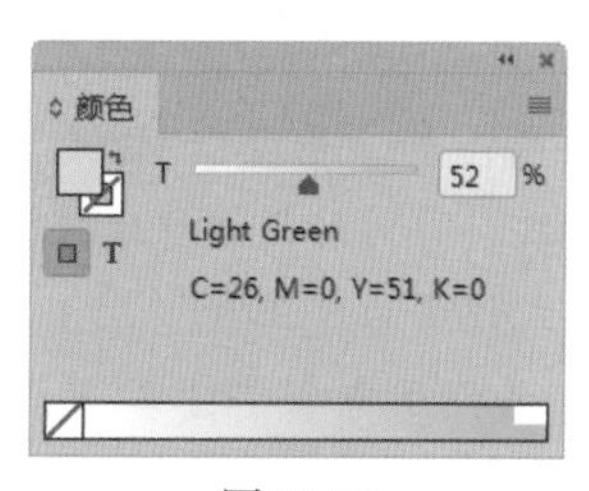

图12.35

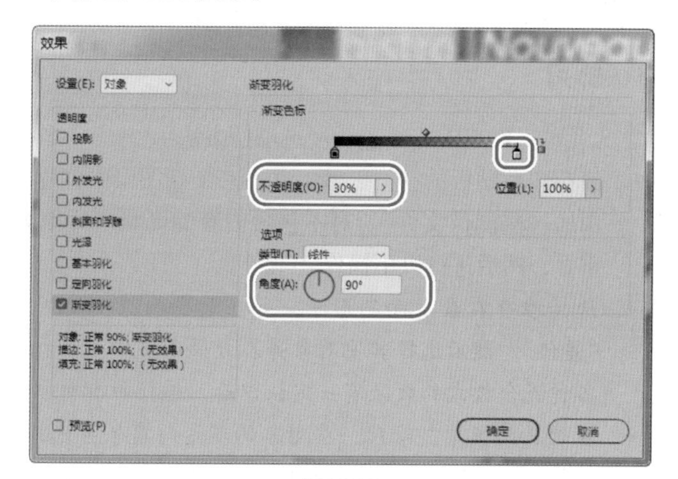

图12.36

5. 单击“确定”按钮更新渐变羽化效果。

下面删除应用于一个对象的所有效果。

6. 在图层面板中，让所有图层都可见，并对所有图层都解除锁定。
7. 按住 Ctrl（Windows）或 Command（macOS）键，并使用“选择”工具（▶）单击页面右边的小型灰色圆圈，它位于小鱼图像的右上方。第一次单击时，您将选择它前面的矩形框架，再次单击将选择这个小圆圈。

> **提示：** 按住 Ctrl（Windows）或 Command（macOS）键并单击重叠的对象时，第一次单击将选择最上面的对象，再不断单击时，将按堆叠顺序依次选择下一个对象。

8. 单击效果面板底部的“清除效果”按钮（⊠），将应用于该圆圈的所有效果都删除，如图 12.37 所示。

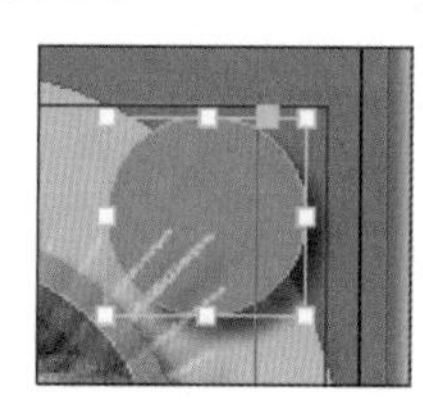

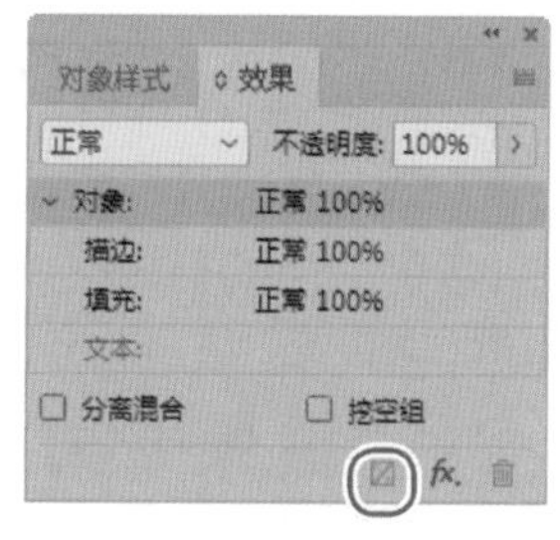

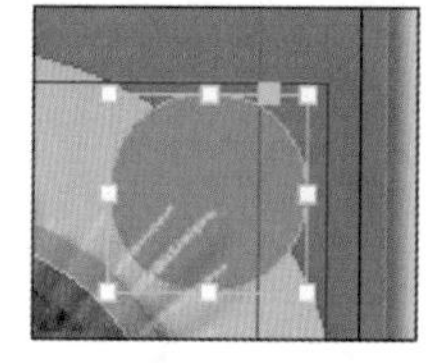

图12.37

> **注意：** 单击“清除效果”按钮也将导致对象的混合模式和不透明度设置分别恢复到“正常”和“100%”。

9. 选择菜单“文件”>“存储”。

祝贺您学完了本课！

12.8 练习

尝试下列使用 InDesign 透明度选项的方法。

1. 滚动到粘贴板的空白区域，并在一个新图层中创建一些形状（使用绘画工具或导入本课使用的一些图像文件）。对不包含内容的形状应用填色，并调整形状的位置让它们至少部分重叠，然后进行以下操作。

- 选择堆叠在最上面的形状，并在效果面板中使用其他混合模式，如“亮度”“强光”和“差值”。然后选择其他对象并在效果面板中选择相同的混合模式，再对结果进行比较。对各种混合模式的效果有一定认识后，选择所有对象并将混合模式设置为“正常”。
- 在效果面板中，修改一些对象的不透明度；再选择其他对象，并使用命令“对象”>“排列”>“后移一层”和“对象”>“排列”>“前移一层”来查看结果。
- 尝试将不同的不透明度和混合模式组合应用于对象，再将同样的组合应用于与该对象部分重叠的其他对象，以探索可创建的各种效果。

2. 在页面面板中，双击第 1 页的图标让该页位于文档窗口中央。打开图层面板，再尝试每次隐藏 / 显示一个 Art 图层，并查看文档的整体效果。
3. 在图层面板中，确保所有图层都没有锁定。在文档窗口中，通过单击选择玻璃杯图像，再使用效果面板对其应用投影效果。

12.9 复习题

1. 如何修改灰度图像中白色区域的颜色？灰色区域呢？
2. 将透明度效果应用于对象后，要将这些效果应用于其他对象，最简单的方法是什么？
3. 处理透明度时，图层及其中的对象的堆叠顺序有何重要意义？
4. 要删除对对象应用的多种透明度效果时，最简单、快捷的方式是什么？

12.10 复习题答案

1. 要修改灰度图像的白色区域的颜色，首先使用选择工具选择图形框架，再在控制面板或色板面板中单击填色框，并在色板面板中选择所需的颜色。要修改灰色区域的颜色，可在内容抓取工具上单击以选择框架中的图形，再在色板面板中选择所需的颜色。
2. 选择对其应用了透明度效果的对象，再将效果面板右边的 fx 图标拖放到另一个对象上。
3. 对象的透明度决定了它后面（下面）的对象是否可见。例如，透过半透明的对象，可看到它下面的对象，就像彩色胶片后面的对象一样。不透明的对象会遮住它后面的对象，而不管这些对象的不透明度是否更低以及羽化设置、混合模式和其他效果如何。
4. 选择该对象，再单击效果面板底部的“清除效果”按钮。

第13课 打印及导出

课程概述

本课介绍如下内容：

- 检查文档是否存在潜在的印刷问题；
- 管理文档使用的颜色；
- 确认 InDesign 文件及其元素可以打印；
- 打印前在屏幕上预览文档；
- 生成用于校样和印刷的 Adobe PDF 文件；
- 创建可用于印刷的 Adobe PDF 预设；
- 为字体和图形选择合适的打印设置；
- 打印文档的校样；
- 创建打印预设以自动化打印工作；
- 收集所有必需的文件以便打印或交给服务提供商或印刷厂。

本课需要大约 45 分钟。

启动 InDesign 之前，先到异步社区的相应页面将本书的课程资源下载到本地硬盘中，并进行解压。

不管输出设备是什么，您都可使用 Adobe InDesign CC 的高级打印和印前功能来管理打印设置。您可轻松地将文档输出到激光打印机、喷墨打印机、可印刷的 PDF、高分辨率胶片或印版机。

13.1 概述

在本课中，您将对一个杂志封面做印前处理，该杂志封面中有彩色图像并使用了专色。您将使用彩色喷墨打印机或激光打印机打印校样，再在高分辨率印刷设备（如印版机或胶印机）上印刷。打印前，把文件导出为 Adobe PDF，以便用于审阅。

> Id **注意：**如果还没有从异步社区下载本课的项目文件，现在就这样做，详情请参阅“前言”。

1. 为确保您的 Adobe InDesign 首选项和默认设置与本课使用的一样，将 InDesign Defaults 文件移到其他文件夹，详情请参阅“前言”中的“保存和恢复 InDesign Defaults 文件”。
2. 启动 Adobe InDesign。为确保面板和菜单命令与本课使用的相同，选择菜单“窗口”>“工作区”>“[高级]”，再选择菜单“窗口”>“工作区”>“重置[高级]”。
3. 选择菜单“文件”>“打开”，打开硬盘文件夹 InDesignCIB\Lessons\Lesson13 中的文件 13_Start.indd。
4. 界面将出现一个消息框，指出文档包含缺失或已修改的链接。单击“不更新链接”按钮，本课后面将修复这种问题。如果出现“缺失字体”对话框，单击“同步字体”按钮，在 Typekit 同步字体后，单击“关闭”按钮。

> Id **提示：**InDesign 有个首选项，让用户决定打开包含缺失或已修改连接的文档时是否显示警告消息。要禁止显示警告消息，可取消选中复选框“打开文档前检查链接”，该复选框位于“首选项”对话框的“文件处理”部分。

用户打印 InDesign 文档或生成用于打印的 Adobe PDF 文件时，InDesign 必须使用置入到版面中的原稿。如果原稿已移动、名称已修改或不存在，InDesign 将发出警告，指出原稿找不到或已修改。这种警告会在文档打开、打印或导出以及使用印前检查面板对文档进行印前检查时出现。InDesign 在链接面板中显示打印所需的所有文件的状态。

5. 选择菜单“文件”>“存储为”，将文件重命名为 13_Cover.indd，并将其存储到文件夹 Lesson13 中。
6. 如果想查看最终的文档，可打开文件夹 Lesson13 中的文件 13_End.indd。在本课中，通过预览无法看到起始文件和最终文件的差别。想看到这些差别，需要查看链接面板、颜色面板和色板面板。
7. 查看完毕后，可关闭文件 13_End.indd，也可让它保持打开状态供工作时参考。要返回到课程文档，可选择菜单“窗口”>“13_Press.indd”，也可单击文档窗口左上角的标签“13_Press.indd”。

13.2 印前检查

在 InDesign 中，您可对文档质量进行检查，在打印文档、将文档交给印刷服务提供商或以数字方式出版前，您可执行检查，这被称为印前检查。在 2.3 节，您学习了如何使用 InDesign 的实时印前检查功能，这让用户能够在制作文档期间对其进行监视，以防止发生潜在的印刷问题。

可通过印前检查面板核实文件使用的所有图形和字体都可用且没有溢流文本。在这里，您将使用印前检查面板，找出示例文档中两幅缺失的图形。

1. 选择菜单“窗口” > “输出” > “印前检查”。

> **提示：**要打开印前检查面板，可双击文档窗口底部的字样“2 个错误”，还可从字样“2 个错误”右边的下拉列表中选择“印前检查面板”。

2. 在印前检查面板中，确保选中了复选框“开”并在下拉列表“配置文件”中选择了“[基本]（工作）”。注意，这里列出了一种错误（链接错误），括号内的 2 表明有两个与链接相关的错误。

在“错误”部分，注意到没有“文本”错误，这表明该文档没有缺失的字体或溢流文本。

3. 单击“链接”左边的三角形，再单击“缺失的链接”左边的三角形，这将显示缺失的图形文件的名称。双击链接名 Tagline.ai，该图形将显示在文档窗口中央，且其所属的图形框架被选中。
4. 在印前检查面板底部，单击“信息”左边的三角形以显示有关这个缺失文件的信息，如图 13.1 所示。在这里，问题是链接的文件缺失，修复方法是使用链接面板找到链接的文件。如果您仔细观察包含杂志宣传语的框架，会发现其左上角有一个包含问号的红色圆圈，这表明缺失原始图形文件。另外，注意，宣传语和杂志名称的颜色不同。

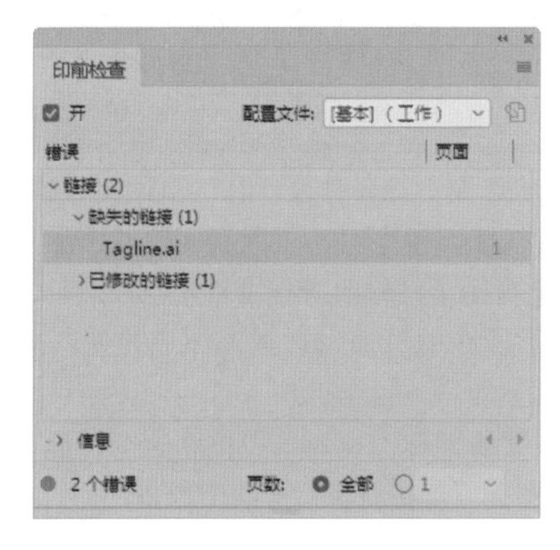

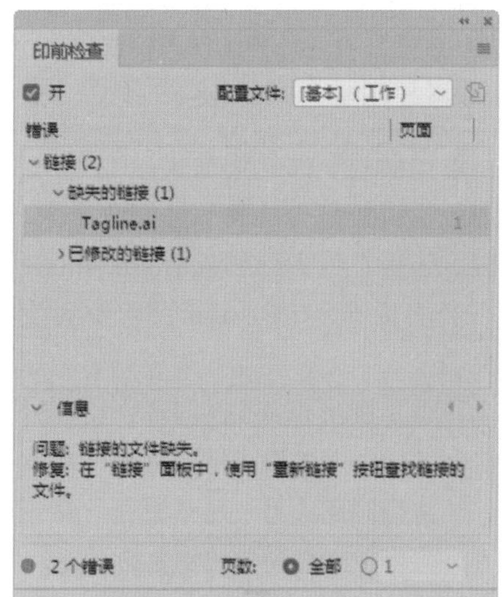

图13.1

在制作过程中，经常会遇到的一个问题是，已决定修改本期的颜色，但 InDesign 文件链接的依然是原来颜色的宣传语。下面来链接到新版本的宣传语。

5. 如果没有打开链接面板，单击链接面板图标或选择菜单“窗口” > “链接”打开它。在链接面板中，确保选择了文件 Tagline.ai（注意到它也显示了一个包含问号的红色圆圈（)），再从面板菜单中选择“重新链接”。切换到文件夹 Lesson13\Links，并双击文件 Tagline-periwinkle.ai。现在链接的是新文件，而不是原始文件。

> Id **注意：**无论当前的“显示性能”设置如何，已修改或缺失的图形都以较低的分辨率显示。

重新链接到图形 Tagline-periwinkle.ai 后，杂志宣传语（of the Coastal Carolinas）的颜色变了，且图形的显示分辨率较低——导入的 Adobe Illustrator 等矢量图形文件默认使用较低的分辨率显示。另外，注意到左上角包含问号的红色圆圈变成了链接符号（ ），这意味着图形已链接到 InDesign 文件，不再处于缺失或已修改状态，如图 13.2 所示。

重链接前缺失图形　　重新链接后

图13.2

6. 为以高分辨率显示文档，选择菜单“对象” > “显示性能” > “高品质显示”。

> Id **提示：**在“首选项”对话框的“显示性能”部分，您可修改格栅图像、矢量图形和应用了透明度的对象的默认显示品质。要打开“首选项”对话框，可选择菜单“编辑” > “首选项” > “显示性能”（Windows）或“InDesign CC” > “首选项” > “显示性能”（macOS）。

7. 单击链接面板顶部的状态图标（ ），按状态而不是名称或所在的页面对链接进行排序。状态包括链接是否缺失、已修改或嵌入。按状态排序时，可能有问题的图形将排在列表前面。您将看到，图形 sea-oats-small.jpg 显示了已修改警告图标（ ）。单击这个文件名右边的页码，InDesign 将切换到该图形所在的页面，选择该图形并使其显示在屏幕中央。
8. 注意，选定图形框架的左上角也有已修改警告图标（ ）。要更新这个图形，可单击这个警告图标，也可双击链接面板中的警告图标。现在就执行这两个操作之一。在制作过程中，经常会遇到的另一种情形是，摄影师对照片做颜色校正后，将其发送给排版人员，排版人员替换了文件夹 Links 中的文件，但没有在 InDesign 文件中更新它。

注意到重新链接后，图形 sea-oats-small.jpg 的颜色变了，另外，左上角的已经修改警告图标变成了链接符号，这意味着图形已链接到 InDesign 文件，不再处于缺失或已修改状态，如图 13.3 所示。

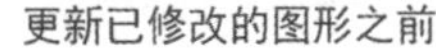

更新已修改的图形之前

更新之后

图13.3

9. 选择菜单“文件”>“存储”保存对文档所做的修改，再关闭印前检查面板。

> **注意：**如果此时还有已修改的链接，请从链接面板菜单中选择“更新所有链接”。

13.3 预览分色

如果文档需要进行商业印刷，可使用分色预览面板来核实是否为特定的印刷方式设置好文档使用的颜色。例如，要使用 CMYK 印刷油墨还是专色油墨来印刷文档？这个问题的答案决定了您需要检查和修复哪些方面。下面来尝试使用预览分色功能。

1. 切换到第 1 页，选择菜单“窗口”>“输出”>“分色预览”。
2. 在分色预览面板中，从下拉列表“视图”中选择“分色”。移动这个面板以便能够看到页面，调整面板的高度以便能够看到列出的所有颜色。选择菜单“视图”>“使页面适合窗口”。
3. 单击每种 CMYK 颜色左边的眼睛图标（ ），以便隐藏使用 CMYK 颜色的所有元素，而只显示使用专色（PANTONE 颜色）的元素，如图 13.4 所示。

> **提示：**在分色预览面板中，如果您从“视图”下拉列表中选择“油墨限制”，InDesign 将以红色显示超过了指定最大油墨百分比（默认“油墨限制”值为 300%）的区域。

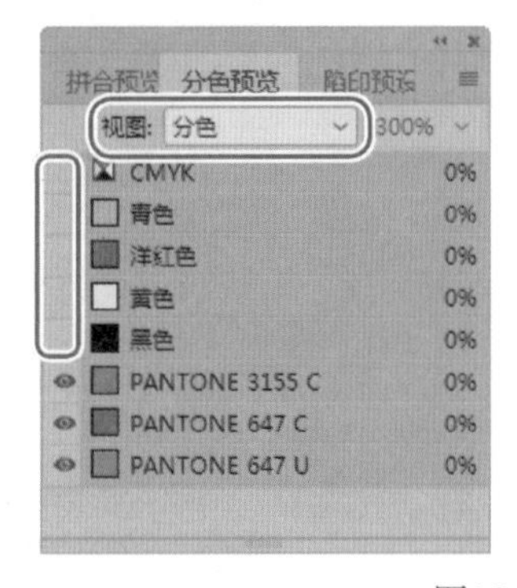

图13.4

您可能注意到了，这个文档使用的两种 PANTONE 颜色的名称中的数字相同（PANTONE 647）。它们表示相同的油墨，差别在于印刷到的纸张不同：蜡光纸（Coated，C）和无涂层纸（Uncoated，U）。在大部分使用专色油墨印刷的项目中，每种油墨只使用一个印版。因此，如果要使用 PANTONE 647 油墨印刷这个文件，需要确保只制作一个 647 印版。本课后面将使用油墨管理器来修复这种问题。

> **提示**：在印刷过程中，有时通过使用专色油墨印刷两次来实现特殊效果，这被称为叠印（second hit），必须在文件中作为额外的颜色进行设置。

4. 单击 PANTONE 647 C 旁边的眼睛图标，杂志名消失了，这意味着杂志名使用的是 PANTONE 647 C 油墨。再次单击眼睛图标以显示使用这种颜色的元素。
5. 单击 PANTONE 647 U 旁边的眼睛图标，右边的文本消失了，这意味着它使用的是这个版本的油墨。如果要使用 CMYK 和 PANTONE 647 油墨印刷这个文件，必须对文件进行校正，确保使用一个 647 印版来印刷这两项内容。
6. 单击 CMYK 旁边的眼睛图标，并切换到第 2 页。单击“黑色”旁边的眼睛图标，注意到标题消失了，但正文依然可见，这意味着黑色正文将使用多个印版印刷。
7. 为找出其中的原因并解决这个问题，单击“黑色”旁边的空框。向左移动第 2 页，以便能够看到第 3 页的部分正文。您以为第 3 页的正文与第 2 页的正文一样，但情况并非如此。打开段落样式面板，并在第 3 页的正文中单击，呈高亮显示的样式为 Body Copy-No Indent。现在在第 2 页的正文中单击，注意到没有段落样式呈高亮显示。现在选择第 1 段末尾和第 2 段开头的一些文本，并单击段落样式 Body Copy-No Indent 以应用它，如图 13.5 所示。

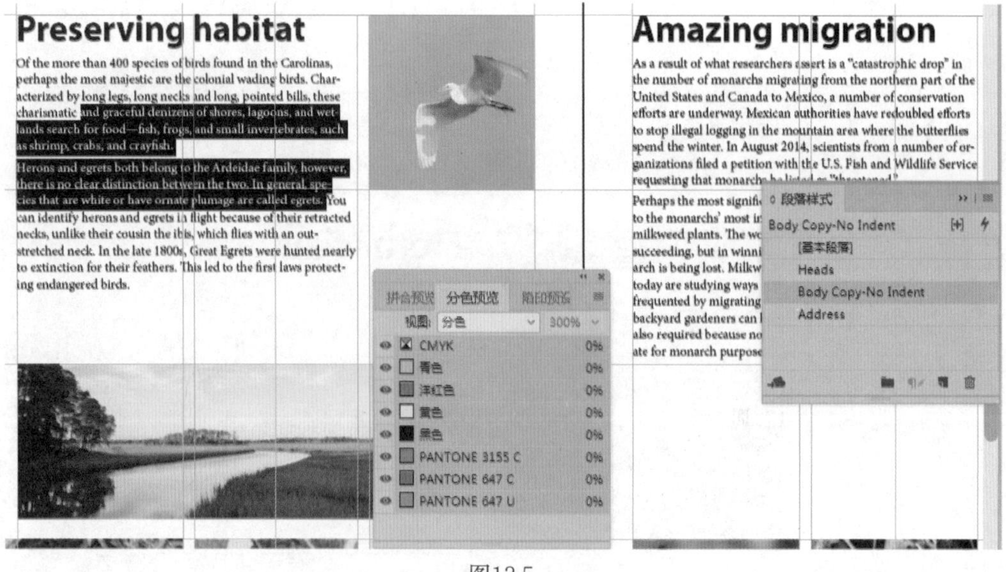

图13.5

8. 在分色预览面板中，单击“黑色”旁边的眼睛图标。现在，所有您期望为黑色的文本都消失了。这是因为这个段落样式包含字符颜色，并将其设置成了黑色。由此可知，使用段落样式可避免很多错误，包括文本的颜色不对这样的错误。
9. 在分色预览面板中，从下拉列表“视图”中选择“关”以显示所有颜色，再关闭这个面板。
10. 选择菜单“文件”>“存储”。

创建印前检查配置文件

启用了实时印前检查功能（在印前检查面板中选择了复选框“开”）时，您将使用默认的印前检查配置文件（“[基本]（工作）”）对文档进行印前检查。该配置文件检查基本的输出条件，如缺失或已修改的图形文件、未解析的字幕变量、无法访问的URL链接、溢流文本和缺失字体。

用户也可创建印前检查配置文件，还可载入印刷提供商或他人提供的印前检查配置文件。创建自定义的印前检查配置文件时，可定义要检测的条件。下面创建一个配置文件，它在文档使用了非CMYK颜色时发出警告。

1. 如果没有打开印前检查面板，选择菜单“窗口”>“输出”>“印前检查”打开它，再从印前检查面板菜单中选择“定义配置文件”。

2. 单击“印前检查配置文件”对话框左下角的“新建印前检查配置文件”按钮（+），以新建一个印前检查配置文件。在文本框“配置文件名称”中输入CMYK Colors Only，如图13.6所示。

3. 单击“颜色”左边的三角形以显示与颜色相关的选项，再选中复选框“不允许使用色彩空间和模式”。

4. 单击复选框“不允许使用色彩空间和模式”左边的三角形，再选中“除CMYK和灰度外的其他所有模式（RGB、Lab和专色）”。之所以在CMYK印刷中可以使用灰色，是因为它只印刷到黑色印版。取消选择复选框“不允许使用青版、洋红版或黄版”（这非常适合用于专色印前检查配置文件）。

5. 保留“链接”“图像和对象”“文本”和“文档”的印前检查条件不变，单击“存储”按钮，再单击“确定”按钮。

6. 在印前检查面板中，从下拉列表“配置文件”中选择CMYK Colors Only，注意到“错误”部分列出了其他错误。

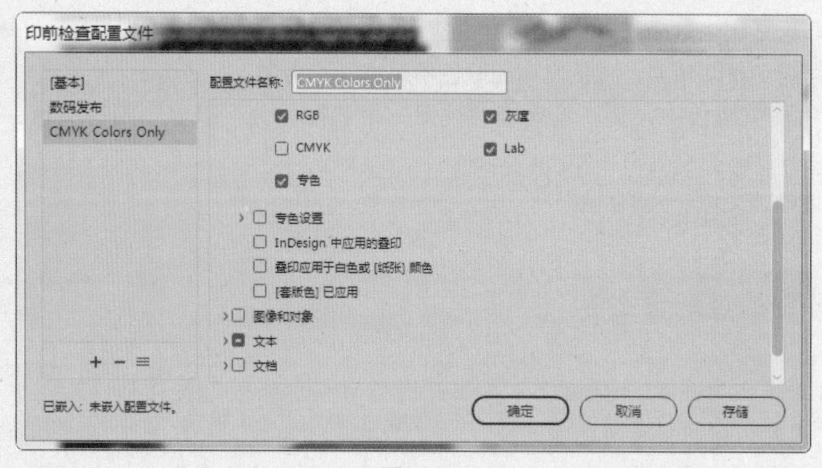

图13.6

7. 单击“颜色”左边的三角形，再单击“不允许使用色彩空间”左边的三角形，将看到一个没有使用CMYK颜色模型的对象的列表。确保印前检查面板中的“信息”部分可见。如果看不到“信息”部分，单击“信息”左边的三角形以显示该部分。单击各个对象，以查看有关问题及如何修复的信息。

8. 在印前检查面板中，从下拉列表“配置文件”中选择“[基本]（工作）”，以返回到本课使用的默认配置文件。

13.4 管理颜色

为确保文件可用于商业印刷，最佳实践是确保色板面板只显示了实际使用了颜色，且显示了所有被使用的颜色。

1. 要快速找出所有未使用的颜色，可从色板面板菜单中选择“选择所有未使用的样式”，结果如图 13.7 所示。注意到这个文件中有多种未使用的蓝色，其中包含一个 RGB 版本。在设计过程中，经常会出现这样的情况，但这种问题必须修复。为此，从面板菜单中选择“删除色板”，将未使用的色板删除。

Id **提示：**注意，有一种名为 THRUMATCH 35-b3 的颜色。Trumatch 是 InDesign 内置的专用于 CMYK 印刷的颜色色板库。

2. 从色板面板菜单中选择“添加未命名颜色”，菜单中将出现两种之前未出现的颜色（当您在颜色面板中创建颜色并使用它们，但没有将它们添加到色板面板中时，这些颜色就是未命名颜色），如图 13.7 所示。在这里，我们关心的是这些颜色使用的是否是这个文件允许的油墨。这些颜色都是 CMYK 颜色，因此没有任何问题。

选择所有未使用的样式

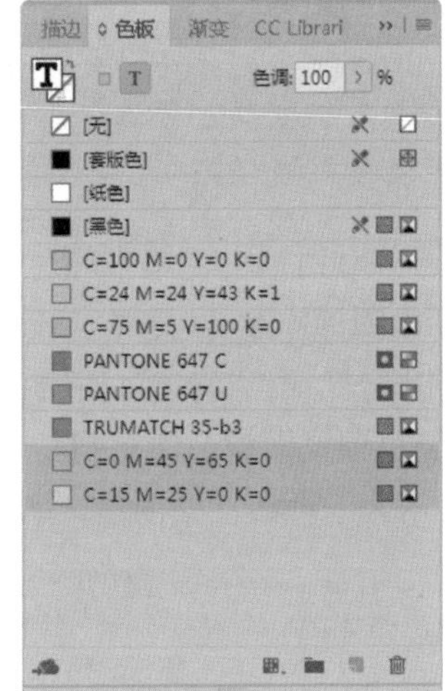

添加未命名颜色

图13.7

选择合适的色板库

色板库可提供大量的颜色，供设计人员从中选择。但必须注意的是，有些色板库包含自定义油墨，如果印刷文档时没有使用这些油墨，可能无法得到期望的结果。最流行的自定义油墨色板库是Pantone Solid Coated。Pantone油墨（和所有的专色）类似于自己混合的颜料，它们不是通过混合CMYK油墨得到的。有些可能能够通过混合CMYK油墨来得到，但很多都不能。您应了解用于输出文档的印刷方式，并使用合适的色板库。

使用油墨管理器

油墨管理器让您能够控制输出时使用的油墨。使用油墨管理器所做的修改将影响输出，但不会影响文档中的颜色定义。

油墨管理器选项很有用，让您能够指定如何使用油墨，从而避免回过头去修改导入的图形。例如，使用 CMYK 印刷色印刷使用了专色的出版物时，油墨管理器提供了将专色转换为等价 CMYK 印刷色的选项。如果文档包含两种相似的专色，但只有一种专色是必不可少的，或如果一种专色有两个名称时，油墨管理器让您能够将这些名字映射到一种专色。

接下来，您将学习如何使用油墨管理器将专色转换为 CMYK 印刷色，还将创建油墨别名，以便文档输出为分色时创建所需的分色数。

1. 单击色板面板图标或选择菜单“窗口”>“颜色”>“色板”打开色板面板，再从色板面板菜单中选择“油墨管理器”。

> **注意：**要打开油墨管理器，可从分色预览面板菜单中选择“油墨管理器”。要打开分色预览面板，可选择菜单“窗口”>“输出”>“分色预览”。

2. 在“油墨管理器”对话框中，单击颜色色板“PANTONE 647 C”左边的专色图标（◘），它将变成 CMYK 图标（◙）。这样，该颜色将以 CMYK 颜色组合的方式印刷，而不是在独立的印版上印刷。单击“确定”按钮关闭油墨管理器。
3. 现在再次打开分色预览面板，注意到其中不再包含“PANTONE 647 C”，但“PANTONE 647 U”依然显示为一种独立的油墨，如图 13.8 所示。下面来处理它。

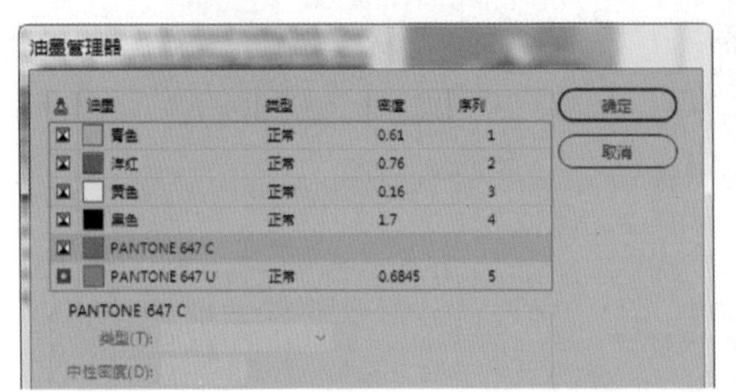

图13.8

在“油墨管理器”对话框的底部，有一个“所有专色转换为印刷色”复选框，该复选框让您能够将所有专色都转换为印刷色。这是一种不错的解决方案，可将印刷限制为使用 4 种印刷色，而无需在导入图形的源文件中修改专色。然而，如果专色图形使用了透明度，油墨管理器的转换结果将不可靠。在这种情况下，必须使用最初用来创建图形的应用程序打开它，并将专色改为印刷色。事实上，如果您在 Illustrator 文件中对专色对象应用了透明度效果，存储该文件时 Adobe Illustrator 将发出如图 13.9 所示的警告。

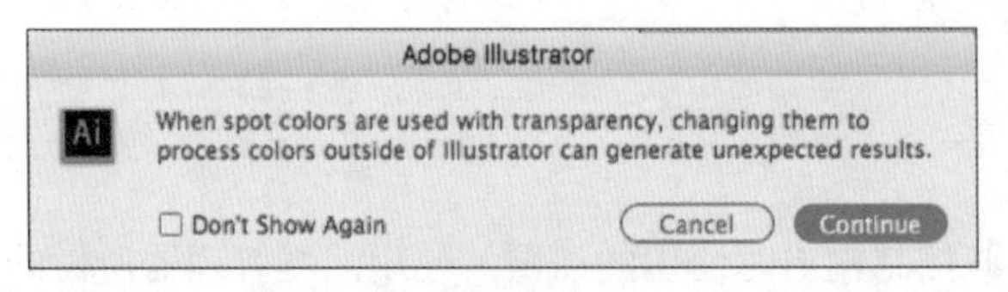

图13.9

> **提示：**如果文件将使用专色油墨印刷，使用透明度效果不会有任何问题，但必须确保其效果与文件的其他部分使用的油墨的效果相同。

4. 现在来合并相同专色的两个版本，以便只生成一个专色油墨分色。如果您要使用 CMYK 印刷油墨和 PANTONE 647 油墨印刷这个作业，就必须这样做。再次打开“油墨管理器”，并单击色板“PANTONE 647 C”左边的 CMYK 图标（◙），将其转换为专色油墨。再单击“PANTONE 647 U”，并从下拉列表“油墨别名”中选择“PANTONE 647 C”，如图 13.10

所示。这将重新映射所有使用颜色 PANTONE 647 U 的对象，使其与 PANTONE 647 C 印刷到同一个印版。单击“确定”按钮。

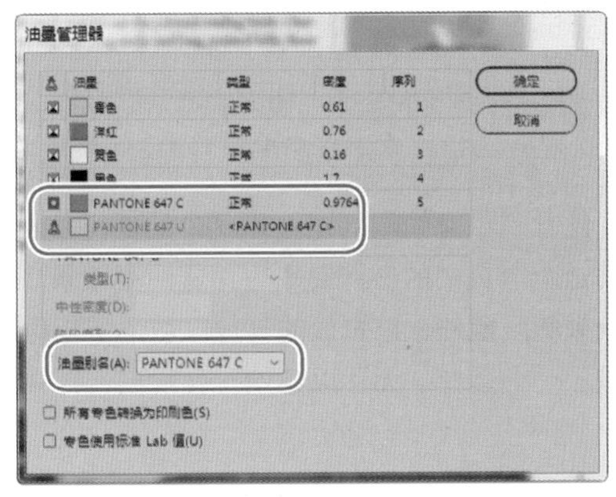

图13.10

13.5 预览透明度效果

以前，如果对文档中的对象应用了透明度效果（如投影、不透明度和混合模式），则打印或输出这些文档时，需要进行一种叫作拼合的处理。拼合将透明作品分割成基于矢量的区域和光栅化的区域。这是因为以前的商业印刷机和办公激光打印机的图像处理器无法理解透明度。

现代图像处理器能够处理透明度。要获得最佳结果，应使用实时透明度，而不是进行拼合。在 InDesign 中，可使用拼合预览面板来确定哪些对象应用了透明度效果，进而确保您是有意（而不是不小心）使用它们的。

在这个杂志封面中，有些对象使用了透明度效果。接下来，您将使用拼合预览面板来确定哪些对象应用了透明度效果以及这些效果将影响页面的哪些区域。

1. 切换到第 1 页并选择菜单“视图”>“使页面适合窗口”。
2. 选择菜单“窗口”>“输出”>“拼合预览”，再调整拼合预览面板的位置，以便能够看到整个页面。
3. 在拼合预览面板中，从下拉列表“突出显示”中选择“透明对象”。除应用了透明度效果的区域外，整个页面都呈灰色。
4. 从下拉列表“预设”中选择“[高分辨率]”，如图 13.11 所示。

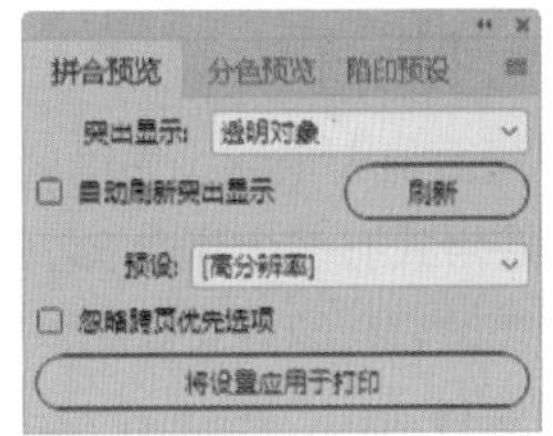

图13.11

注意，红色突出显示了页面顶部的两个对象，这是因为对这些对象应用了诸如混合模式、不透明度、投影等特殊效果。可根据这种突出显示确定页面的哪些区域意外地受透明度设置的影响，进而相应地调整版面或透明度设置。

> **提示**：透明度设置可能是在 Photoshop、Illustrator 或 InDesign 中指定的。无论透明度设置是在 InDesign 中指定的还是从其他程序中导入的，拼合预览面板都能识别透明度对象。

5. 切换到下一个跨页，注意到没有使用红色突出其中的任何对象，就像没有启用拼合预览一样。这是因为没有对这个跨页中的任何对象应用透明度效果。切换到最后一个页面，注意到除应用了透明度效果的区域外，该页面的其他区域都呈灰色。
6. 从下拉列表“突出显示”中选择“无”以禁用拼合预览，再关闭拼合预览面板。

13.6 预览页面

前面预览了分色和版面的透明区域，下面预览页面以了解杂志印刷出来是什么样的。

1. 如果要修改缩放比例，选择菜单“视图”>“使页面适合窗口”。
2. 在工具面板底部的“屏幕模式”按钮（ ）上单击，并从下拉列表中选择“预览”，如图 13.12 所示，这将隐藏所有参考线、框架边缘、不可见的字符、粘贴板和其他非打印项目。要了解文档印刷并裁剪后是什么样的，这是最合适的屏幕模式。

图13.12

> **提示**：要在不同的屏幕模式之间切换，可从应用程序栏的“屏幕模式”下拉列表中选择所需的模式。

3. 单击“屏幕模式”按钮，并从下拉列表中选择“出血”，这将显示最终文档周围的区域。这表明彩色背景延伸到了文档边缘外面，完全覆盖了打印区域。作业打印出来后，将根据最终文档的大小裁剪掉多余的区域。
4. 打印或导出前，请浏览整个文档，并检查各个方面。除在预览模式下检查各个对象外，还可在出血模式下确定位于文档边缘的对象是否延伸到了粘贴板。
5. 从“屏幕模式”下拉列表中选择“正常”。

确认文档的外观可接受后，便可打印它。

13.7 创建 Adobe PDF 校样

如果文档需要由他人审阅，您可轻松地创建 Adobe PDF（便携文档格式）文件以便传输和共享。使用这种文件格式有多个优点：文件被压缩得更小；所有字体和链接都包含在单个复合文件中；在屏幕上显示的文件和打印的文件相同（不管在 Mac 还是 PC 中打开）。InDesign 可将文档直接导出为 Adobe PDF 文件。

在印刷时，将文档存储为 Adobe PDF 格式也有很多优点：将创建一个更紧凑的可靠文件，您或服务提供商可查看、编辑、组织和校样。服务提供商可直接输出 Adobe PDF 文件，也可使用各种工具执行印前检查、陷印、整版、分色等任务。

下面创建一个用于审阅和校样的 Adobe PDF 文件。

1. 选择菜单“文件” > “导出”。
2. 从下拉列表“保存类型”（Windows）或“格式”（macOS）中选择“Adobe PDF（打印）”，并在“文件名”文本框中输入“13_Press_Proof”。如有必要，切换到文件夹 Lesson13，再单击“保存”按钮，将出现“导出 Adobe PDF”对话框。
3. 从下拉列表“Adobe PDF 预设”中选择“[高质量打印]”。该设置创建适合在屏幕上校样以及在桌面打印机和校样机上输出的 PDF 文件。使用它生成的文件不太大，因此易于分享，同时分辨率不太低，可对光栅图形进行校样。

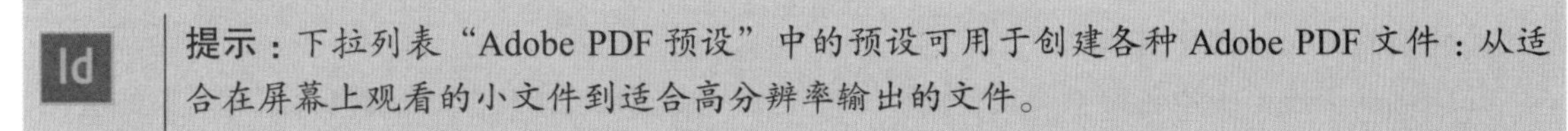

提示：下拉列表“Adobe PDF 预设”中的预设可用于创建各种 Adobe PDF 文件：从适合在屏幕上观看的小文件到适合高分辨率输出的文件。

选择复选框“导出后查看 PDF”，这是一种检查文件导出结果的高效方式。

通过下拉列表“导出图层”可指定创建 PDF 时要导出哪些图层，这里使用默认设置“可见并可打印的图层”，如图 13.13 所示。

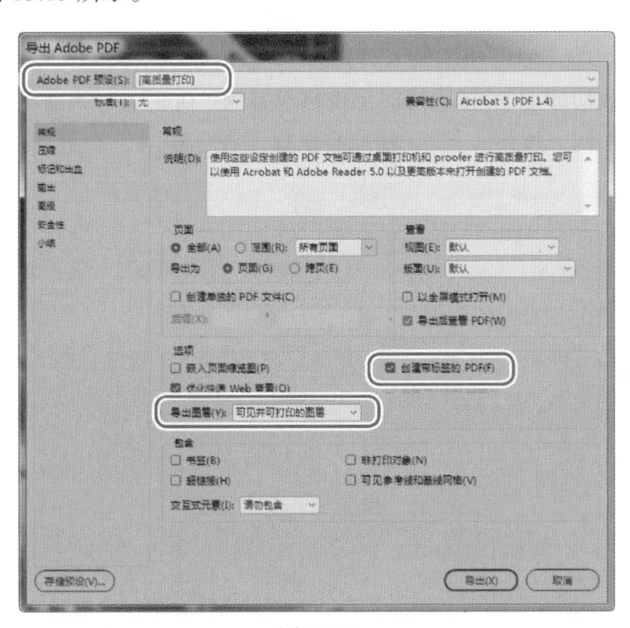

图13.13

注意：在 InDesign 中，导出 Adobe PDF 是在后台完成的，这让您在创建 Adobe PDF 时还能继续工作。在这个后台进程结束前，如果您试图关闭文档，InDesign 将发出警告。

4. 单击“导出”按钮。生成一个 Adobe PDF 文件，并在 Adobe Acrobat Pro DC 或 Adobe Acrobat Reader DC 中打开它。

> **提示：**要查看 PDF 导出进度，可选择菜单“窗口”>“实用程序”>“后台任务”以打开后台任务面板。

5. 检查 Adobe PDF 文件，再返回到 InDesign。这种 PDF 适合与同事或客户分享，或者使用办公打印机打印，以便进行审阅。

13.8 创建可用于印刷的 PDF 并保存 PDF 预设

对于 InDesign 文档，可以将原生文件格式提交给印刷商（这将在本课后面介绍），也可以提交可用于印刷的 PDF 文件。可用于印刷的 PDF 是高分辨率的，并包含出血区域。下面介绍如何创建可用于印刷的 Adobe PDF 文件。

InDesign 提供了一个名为“[印刷质量]”的 PDF 导出预设，但它不适合包含出血对象的文档。您将以该预设为基础，创建一个包含出血的可用于印刷的预设。

1. 选择菜单“文件”>“Adobe PDF 预设”>“定义”。向下滚动到“[印刷质量]”并选择它，再单击“新建”按钮。这让您能够以预设“印刷质量”设置的选项为基础创建新的预设。
2. 在顶部的文本框中，将预设名改为 Press Quality with Bleed。
3. 单击左边列表中的“标记和出血”，再做如下修改：从“类型”下拉列表中选择“默认”；选择复选框“裁切标记”；将裁切标记位移设置为“0p9”；将出血设置为“0p9”；单击“将所有设置设为相同”按钮（ ），让所有出血设置都相同，如图 13.14 所示。

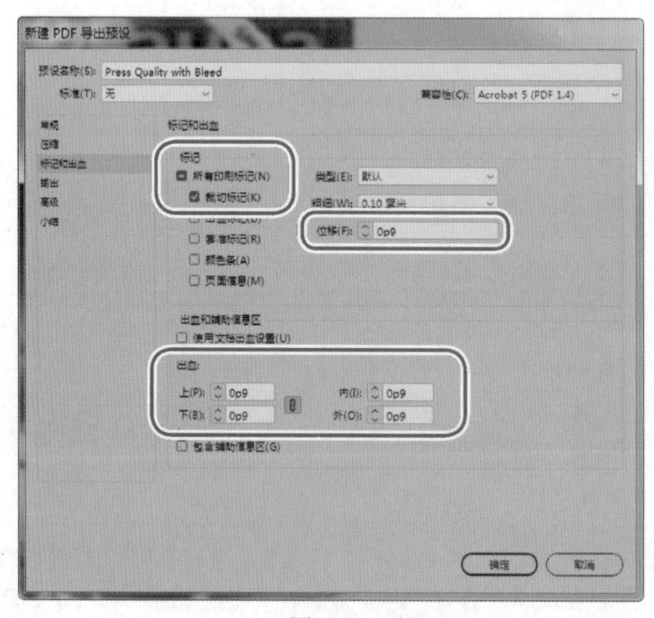

图13.14

4. 单击“确定”按钮，再单击“完成”按钮。现在，每当您导出为 PDF 时，都可使用这个预设。
5. 选择菜单“文件”>“Adobe PDF 预设”>“Press Quality with Bleed”。将文件命名为 13_Press_HighRes.pdf，单击“保存”按钮，再单击“导出”按钮。导出的 PDF 文件在 Acrobat 中打开后，封面照片延伸到了裁切标记外面，如图 13.15 所示。裁切标记指出了将杂志裁切为最终尺寸时，刀片将沿纸张的什么地方裁切。在这里，刀片将在印刷出来的图像内裁切，避免边缘出现没有图像的空白区域。

图13.15

创建用于印刷的 PDF 预设时，最重要的设置如下：

- 栅格图形为高分辨率；
- 包含出血；
- PDF 兼容性至少为 Acrobat 5，这样不会产生拼合透明度效果。

刚才创建的预设满足上述所有要求，但您可能想编辑它。例如，您可能想提高 Acrobat 兼容性版本，因为您知道，参与制作流程的每个人都紧跟潮流，没有理由向后与 Acrobat 5 兼容。

6. 要核实前述 PDF 预设包含实时透明度还是对其进行了拼合，可选择“文件”>“Adobe PDF 预设”>“定义”，再从“预设”列表中选择 Press Quality with Bleed，并单击“编辑”按钮。从左边的列表中选择“高级”以显示相关的设置。注意到“透明度拼合”设置呈灰色，无法修改。将“兼容性”设置改为“Acrobat 4”，“透明度拼合”设置将变得可用，因为导出为 Acrobat 4 意味着导出为一种不支持透明度的文件格式，因此必须拼合透明度效果。单击“取消”按钮，再单击“完成”按钮。

提示：如果要创建可用于印刷的拼合 PDF，可在“导出 Adobe PDF”对话框中单击左边列表中的“高级”，再从“预设”下拉列表中选择“[高分辨率]”。

13.9 打印校样并保存打印预设

InDesign 使得使用各种输出设备打印文档非常容易。在本节中，您将创建一种打印预设来存储设置，这样以后使用相同的设备打印时，就无须分别设置每个选项，从而可节省时间。保存打印预设与保存 PDF 预设很像，这里的预设供办公打印机打印校样时使用——假定该打印机只使用 Letter 或 A4 纸张。

1. 选择菜单“文件”>“打印”。
2. 从下拉列表“打印机”中选择您的喷墨或激光打印机。

在本节中，您看到的选项随选择的设备而异，请尽可能使用您的打印机来完成这里的步骤。

> Id **注意**：如果您的计算机没有连接打印机，可从下拉列表“打印机”中选择“PostScript文件”；如果有打印机，可选择一种 Adobe PDF PPD（如果有的话）并完成下面的全部步骤。如果没有其他 PPD，可将 PPD 设置为“设备无关”，但本节介绍的一些控件将无法使用。

3. 单击“打印”对话框左边的“设置”，并做如下设置（如图 13.16 所示）。
    - 将纸张大小设置为 Letter。
    - 将页面方向设置为“纵向”。
    - 选中单选按钮“缩放以适合纸张”。
4. 单击“打印”对话框左边的“标记和出血”，再选择下列复选框。
    - “裁切标记”。
    - “页面信息”。
    - “使用文档出血设置”。
5. 在文本框“位移”中输入“0p9”，如图 13.17 所示。

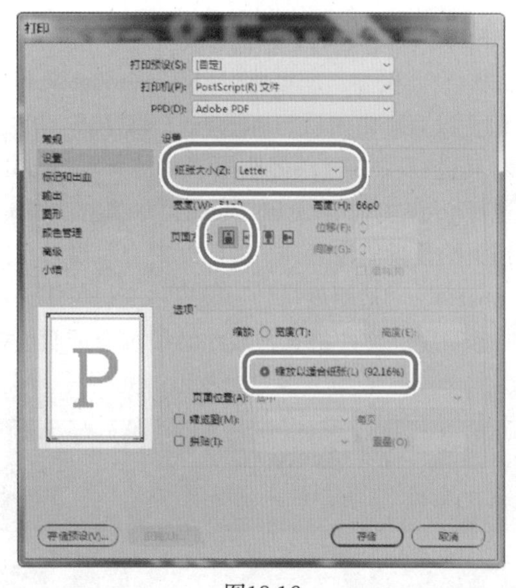

图13.16

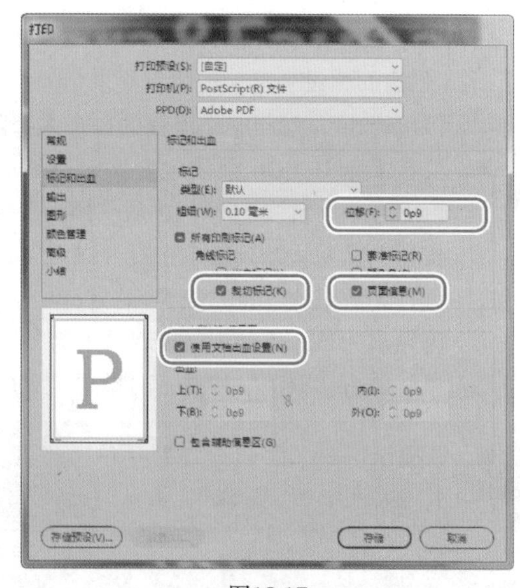

图13.17

> Id **提示**：“打印”对话框左下角的预览指出了将如何打印页面区域、标记和出血区域。

裁切标记打印在页面区域的外面，指出了打印最终文档后在什么地方进行裁切，就像我们在可印刷的 PDF 中看到的一样。选择了复选框“页面信息”时，文档底部将自动添加文档名、页码以及打印日期和时间。由于裁切标记和页面信息打印在页面边缘的外面，因此需要选择单选按钮“缩放以适合纸张”，将所有内容打印到 Letter 或 A4 纸张上。

选择复选框“使用文档出血设置”将导致InDesign打印超出页面区域边缘的对象，这使得您无须指定要打印的额外区域，因为这个值在“文档设置”中指定了。如果在文档设置中没有指出出血，就需要在这里指定。

6. 单击“打印”对话框左边的“输出”选项，从下拉列表“颜色”中选择“复合CMYK”。如果要打印到黑白打印机，请选择“复合灰度”。

选择“复合CMYK”将导致打印时任何RGB颜色（包括RGB图像中的RGB颜色）都将转换为CMYK。该设置不会修改置入图形的原稿，也不会修改应用于对象的任何颜色。

> Id **注意：**可从下拉列表“颜色”中选择“复合保持不变”，让InDesign保持作业中使用的已有颜色不变。另外，使用有些打印机（如RGB校样机）时，无法选择“复合CMYK”。

> Id **提示：**如果您的文档包含将在打印时被拼合的透明设置，请在“打印”对话框的“输出”部分选择复选框“模拟叠印”，以获得最佳的打印效果。

7. 单击“打印”对话框左边的“图形”选项。从下拉列表“发送数据”中选择“优化次像素采样”。

选择“优化次像素采样”后，InDesign只发送在“打印”对话框中选择的打印机所需的图像数据，这可缩短为打印而发送文件所需的时间。要将高分辨率图像的完整信息发送给打印机（这可能增长打印时间），可从下拉列表“发送数据”中选择“全部”。

> Id **注意：**如果将PPD设置为“设备无关”，则无法选择“优化次像素采样”，因为这种通用的驱动程序无法确定选择的打印机需要哪些信息。

8. 从下拉列表“下载字体”中选择“子集”，这将导致只把打印作业实际使用的字体和字符发送给输出设备，从而提高单页文档和文本不多的短文档的打印速度。

在“颜色管理”部分，可设置如何将颜色打印到不同的设备。这里使用默认设置。

9. 单击“打印”对话框左边的“高级”选项，并在“透明度拼合”部分从“预设”下拉列表中选择“[中分辨率]”。

10. 单击“打印”对话框底部的“存储预设”按钮，将其命名为Proof fit to page，并单击“确定”按钮，如图13.18所示。

图13.18

> Id **提示：**要使用预设快速打印，可从菜单“文件”>“打印预设”中选择一种设备预设。如果这样做时按住了Shift键，将直接打印，而不显示“打印”对话框。

11. 单击“打印”按钮。

通过创建打印预设，您可存储这些设置，这样无须在每次打印到相同的设备时都要分别设置每个选项。可创建多种预设，以满足每种打印机和不同项目的各种质量需求。以后要使用这些设置时，可从“打印”对话框顶部的“打印预设”下拉列表中选择它们。

打印小册子

对于要装订成小册子的文档，一种很有用的校样方式是使用“打印小册子”功能。这让您能够创建结构与印刷出来的小册子类似的校样。以这种方式打印文档时，您可将一系列打印出来的纸张对折，在书脊上装订，再通过翻页进行审阅。

1. 选择菜单“文件”>“打开小册子”，打开如图 13.19 所示的“打印小册子”对话框。

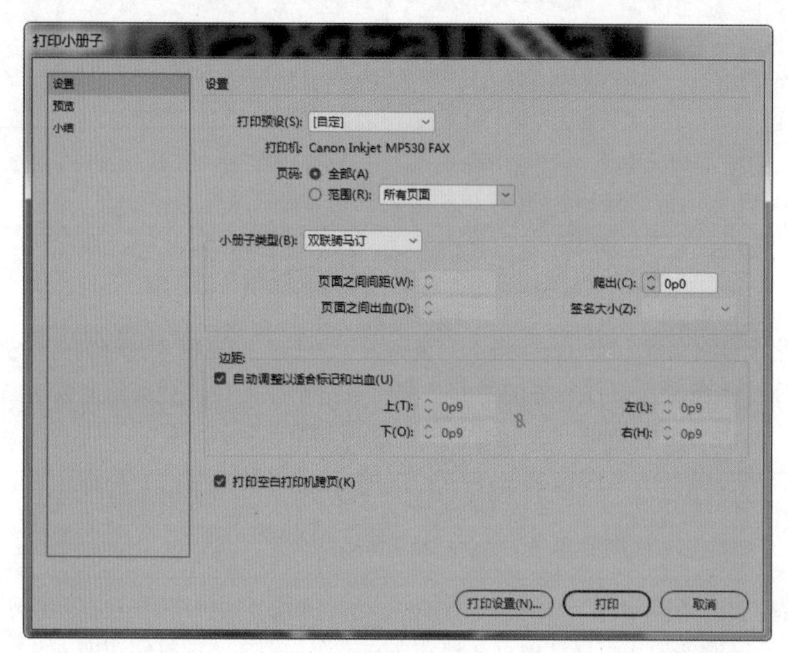

图13.19

2. 单击“打印设置”按钮，在“设置”部分，将“页面方向”改为“横向或水平”，再单击“确保”按钮。保留“小册子类型”的默认设置“双联骑马订”。
3. 单击“预览”，注意到最后一页在封面旁边，如图 13.20 所示。这被称为打印机跨页（这里是封面和封底）。

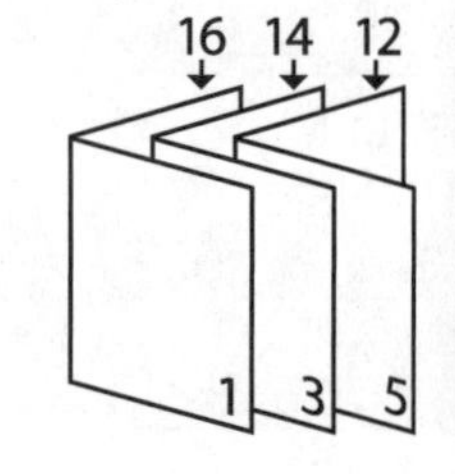

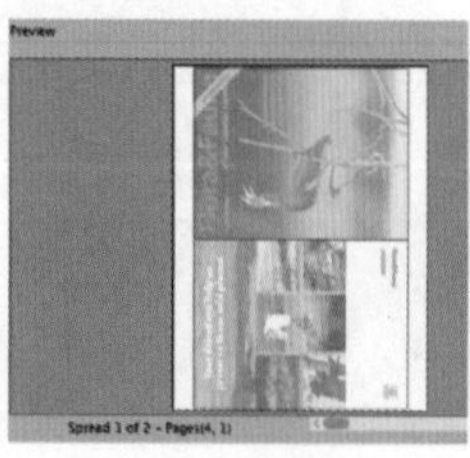
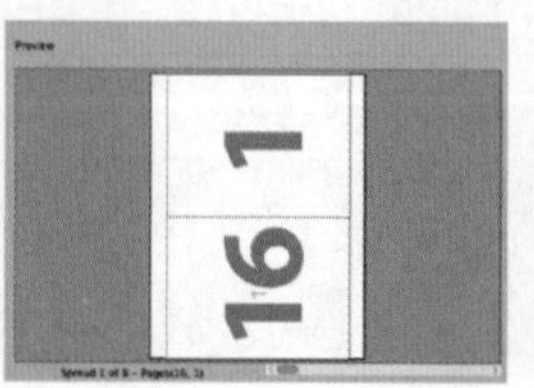

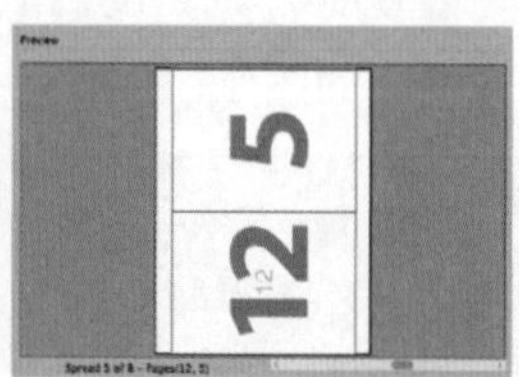

图13.20

4. 单击“取消”按钮（如果您要打印该文档，可单击“打印”按钮）。打开文件 13_SixteenPager.indd，选择菜单“文件”>“打印小册子”，再执行前面的第 2 ~ 3 步。单击预览窗口底部的箭头在跨页之间切换。这个文档包含很多的页码，让您能够明白页面是如何组合成打印机跨页的。单击“取消”按钮（如果您要打印该文档，可单击“打印”按钮），再关闭文件 13_SixteenPager.indd。

13.10 将文件打包

可使用“打包”命令将 InDesign 文档及其链接的项目（包括图形）组合到一个文件夹中，InDesign 还将复制所有的字体供打印时使用。下面将杂志所需的文件打包，以便将它们发送给印刷提供商。打包可确保提供了输出时所需的所有文件。打包和创建可用于印刷的 PDF 是将 InDesign 项目提供给印刷商进行印刷的两种标准方式。

1. 选择菜单“文件”>“打包”。在“打包”对话框中的“小结”部分，列出了另外一个印刷方面的问题（如图 13.21 所示）。

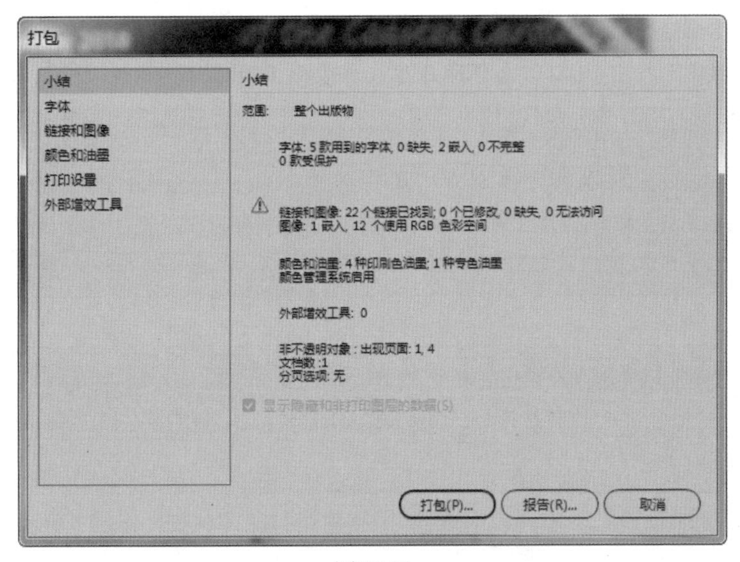

图13.21

这个文档包含 RGB 图形，InDesign 指出了这一点。这种警告是标准做法，因为有些印刷商要求您提交文件前将所有图像都转换为 CMYK。但有些印刷商要自己使用合适的标准将 RGB 转换为 CMYK，因此请注意这种警告，但不要做任何修改。一种最佳实践是，询问印刷提供商喜欢哪种做法。

> **注意**：Creative Cloud 成员可使用 Typekit Desktop 字体，但使用“打包”命名时，不会包含这些字体。

2. 单击“打包”按钮，在 InDesign 询问时单击“存储”按钮保存文档。

3. 在“打印说明”对话框中，在“文件名”文本框中输入将随InDesign文档一起提供的说明文件的文件名（如Info for Printer），并提供联系信息。单击“继续”按钮。

InDesign将使用这些信息创建一个说明文件，它将随InDesign文档、链接和字体一起存储在包文件夹中。接收方可根据该文件了解您要做什么以及有问题时如何与您联系。

4. 在“打包出版物”对话框中，切换到文件夹Lesson13。注意到为这个包创建的文件夹名为“13_Press文件夹”，InDesign根据本课开始时指定的文档名自动给该文件夹命名，但如果您愿意，可对其进行修改。

> Id **注意：**在“打包出版物”对话框中，可单击“说明”按钮来编辑说明文件。

5. 确保选择了下列复选框。
   - 复制字体（CJK和Typekit除外）。
   - 复制链接图形。
   - 更新包中的图形链接。
   - 包括IDML（让人能够在必要时使用以前的InDesign版本打开这个文件）。
   - 包括PDF（打印）（以防忘记随原生文件发送PDF校样）。

> Id **提示：**如果在“打包出版物”对话框中选择了复选框“复制字体（CJK和Typekit除外）”，InDesign将在包文件夹中生成一个名为Document fonts的文件夹。如果打开与Document fonts文件夹位于同一个文件夹中的文件，InDesign将自动为您安装这些字体，并且这些字体只用于该文件。当您关闭该文件时，这些字体将被卸载。

> Id **注意：**IDML指的是InDesign标记语言（InDesign Markup Language）。IDML文件可在较早的InDesign版本中打开，而InDesign原生文件只能在存储它的InDesign版本或更高版本中打开。

6. 从“选择PDF预设”下拉列表中选择“[高质量打印]”，如图13.22所示。

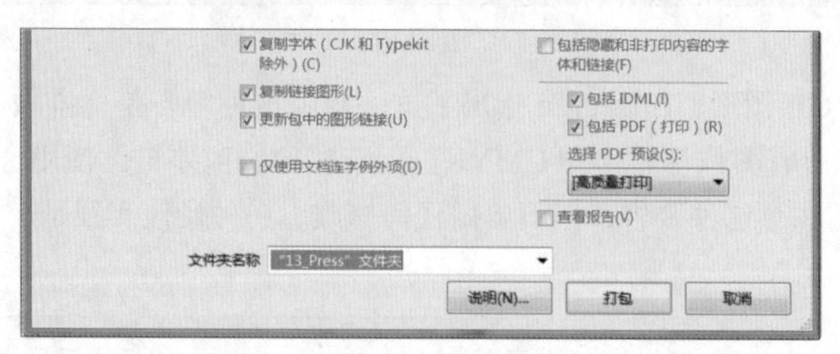

图13.22

7. 单击“打包”按钮。

8. 阅读出现的“警告”消息框，其中指出了许可限制可能影响您能否复制字体，再单击“确定”按钮。

9. 打开资源管理器（Windows）或 Finder（macOS），切换到硬盘中的文件夹 InDesignCIB\Lessons\Lesson13，并打开文件夹“13_Cover 文件夹”。

注意，InDesign 创建了 InDesign 文档以及高分辨率打印所需的所有字体、图形和其他链接文件的备份。由于选择了复选框“更新包中的图形链接”，因此该 InDesign 文档备份链接的是包文件夹中的图形文件，而不是原来链接的文件。这让印刷商和服务提供商更容易管理该文档，同时使包文件适用于存档。

10. 查看完毕后，关闭文件夹“13_Cover 文件夹”并返回到 InDesign。将这个文件夹压缩并发送给服务提供商，其中的 PDF 文件将作为校样，供服务提供商来检查印刷情况。

祝贺您学完了本课!

13.11 练习

1. 通过选择菜单“文件” > “打印预设” > “定义”来创建一种新的打印预设。使用打开的对话框，创建用于特大型打印或各种可能使用的彩色或黑白打印机的打印预设。例如，如果您的打印机使用小报纸张，创建一个让您能够以全尺寸打印 Letter 页面并包含出血的预设。
2. 练习使用本课存储的预设 Press Quality with Bleed 来打印其他文档，如本书其他课程中的文档或您自己的文件。
3. 练习使用“打包”命令来将其他文档打包，如本书其他课程中的文档或您自己的文件。查看生成的文件夹的内容，以熟悉将文件发送给印刷厂等服务提供商时，需要提供哪些内容。
4. 学习如何打开导入的文件，以修复存在的印刷问题。在链接面板中，单击一个图形，在链接面板菜单中选择“编辑工具”，再选择 Photoshop（如果要打开的是栅格图像）或 Illustrator（如果要打开的是矢量图形）。对导入的文件进行修改，再保存并关闭它；然后返回 InDesign 并更新链接。

13.12 复习题

1. 在印前检查面板中，使用配置文件“[基本](工作)”进行印前检查时，InDesign 将检查哪些问题？
2. InDesign 打包时收集哪些元素？
3. 对于可用于印刷的 PDF 文件来说，最重要的 3 个特征是什么？
4. “油墨管理器”提供了哪些功能？
5. 要向诸如印刷厂等服务提供商发送文件，有哪两种标准方式？

13.13 复习题答案

1. 通过选择菜单“窗口”>“输出”>“印前检查”，可确认高分辨率打印所需的所有项目是否都可用。默认情况下，印前检查面板会检查文档使用的所有字体以及所有置入的图形是否可用。InDesign 还查找链接的图形文件和链接的文本文件，看它们在导入后是否被修改，并在图形文件缺失、字幕变量未解析、URL 链接无法访问、缺失字体或文本框架有溢流文本时发出警告。
2. InDesign 收集 InDesign 文档及其使用的所有字体和图形的备份，而保留原件不动。如果您选择了复选框“包括 IDML”，InDesign 将创建文档的 .idml 版本，这种文件可在以前的 InDesign 版本中打开。如果您选择了复选框“包括 PDF (打印)”，InDesign 将创建文档的 Adobe PDF 版本。选择了复选框“包括 PDF (打印)”时，还可选择 PDF 预设。
3. 高分辨率和包含出血，还有使用较晚的 Acrobat 版本作为文件格式，以保留透明度效果 (不被拼合)。
4. “油墨管理器”让您能够控制输出时使用的油墨，这包括将专业色转换为印刷色以及将油墨颜色映射到其他颜色。
5. 包含出血的可用于印刷的 PDF 以及使用 InDesign“打包”命令生成的文件夹。

第14课 创建包含表单域的Adobe PDF文件

课程概述

本课介绍如下内容：

- 定制表单创建工作区；
- 添加并配置各种表单域；
- 了解不同表单域的差别；
- 使用预制的表单元素；
- 设置表单域的跳位顺序；
- 在表单中添加“提交”按钮；
- 导出包含表单域的 Adobe PDF 交互式文件；
- 在 Adboe Acroabat Reader 中测试表单。

本课需要大约 45 分钟。

启动 InDesign 之前，先到异步社区的相应页面将本书的课程资源下载到本地硬盘中，并进行解压。

We're looking for some help

Are You Interested in Volunteering?

If you share our love of animals, you can spread the love by volunteering. Can you offer a home to an orphaned cat or dog? Donate a few hours a month to a local shelter? Make a financial contribution to any of the numerous area non-profits dedicated to improving the lives of our friends in the animal kingdom? If so, please fill out and submit the form below.

First Name: Last Name:

Address:

City: State: ZIP:

E-mail Address:

Click to submit your information

Submit

In what way are you best able to help?

- Adopt a pet
- Volunteer time
- Financial donation

☑ Yes, I would like to receive your quarterly newsletter.

Please send me your newsletter in the following format:

Profile of a Recent Rescue ...

This month's featured pet is Mister Tea, a three-year-old tabby who before birth seemed destined for the feral life of his mother in the back alleys of Albuquerque, N.M. Fortunately, Mister Tea's mother was rescued shortly before he and his three siblings arrived. Mister Tea and his brother, Obiwan, were adopted by a Colorado woman and now live a life of comfortable domesticity with 24/7 outdoor access. Mister Tea remains a free spirit, but is quick to show fondess for those he trusts. He loves corned beef and hiding under a pile of crumpled up newspaper pages.

Adobe InDesign CC 提供了创建简单表单所需的全部工具，但用户依然可使用 Adobe Acrobat Pro DC 来添加 InDesign 未提供的功能。

14.1 概述

在本课中，您将在一个志愿者登记表中添加多个类型各异的表单域，并将其导出为 Adobe PDF 交互式文件，再在 Adobe Acrobat Reader 中打开导出的文件并对使用 InDesign 创建的表单域进行测试。

> **注意：**如果还没有从异步社区下载本课的项目文件，现在就这样做，详情请参阅“前言”。

1. 为确保您的 Adobe InDesign 首选项和默认设置与本课使用的一样，请将 InDesign Defaults 文件移到其他文件夹，详情请参阅“前言”中的“存储和恢复 InDesign Defaults 文件”。
2. 启动 InDesign。为确保面板和菜单命令与本课使用的相同，选择菜单“窗口”>“工作区”>“交互式 PDF”，再选择菜单“窗口”>“工作区”>“重置‘交互式 PDF’”。为开始工作，您将打开一个已部分完成的 InDesign 文档。
3. 选择菜单“文件”>“打开”，并打开硬盘文件夹 InDesignCIB\Lessons\Lesson14 中的文件 14_Start.indd。这个单页文档是一张登记表。如果出现“缺失字体”对话框，单击“同步字体”按钮，从 Typekit 同步字体后，单击“关闭”按钮。

> **注意：**如果出现一个警告对话框，指出文档链接的原文件已修改，请单击“更新链接”按钮。

4. 要查看最终文档，打开硬盘文件夹 Lesson14 中的文件 14_End.indd，如图 14.1 所示。

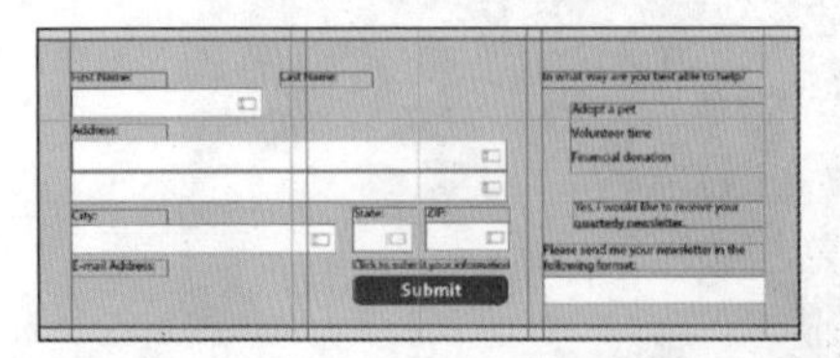

初始文件

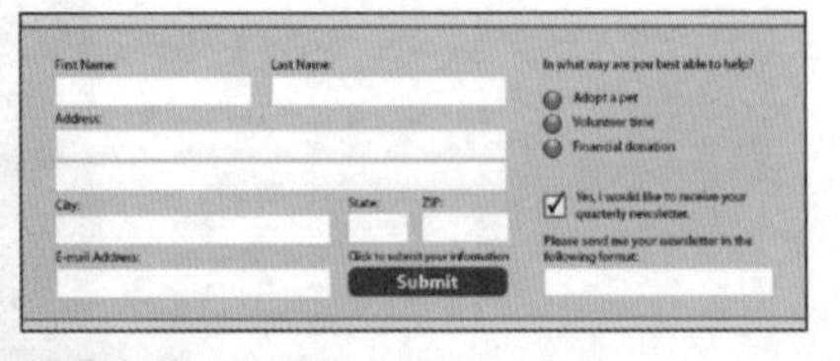

最终文档

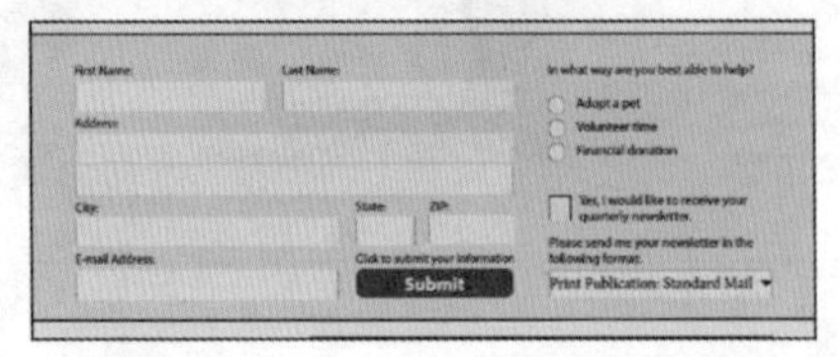

PDF表单

图14.1

5. 查看完毕后关闭文件 14_End.indd，也可让它保持打开状态以供后面参考。
6. 选择菜单“文件”>“存储为”，将文档 14_Start.indd 重命名为 14_PDF_Form.indd，并存储到文件夹 Lesson14 中。

14.2 定制表单创建工作区

使用 InDesign 创建可填写的表单时，您将从已设计好的页面着手，使用专用工具将设计好的表单转换为可填写的 PDF 表单。工作区“交互式 PDF”提供了很多您需要的工具，如果稍微定制一下这个工作区，就可极大地提高效率。

1. 首先，将创建表单时不需要的面板拖离停放区，这包括页面过渡效果、超链接、书签、媒体和 SWF 预览等。单击这些面板，并向左拖曳将其放到粘贴板中。对其他类型的交互式 PDF 来说，这些面板很有用，但创建表单时不需要。另外，将面板链接、颜色和渐变也拖放到粘贴板中，因为创建表单时也不会用到它们。拖曳时，如果有些面板停放在一起，也没有关系。
2. 将刚才您拖放到粘贴板中的每个面板都关闭。
3. 将样本按钮和表单面板拖放到按钮和表单面板下面，如图 14.2 所示。这个 InDesign 库包含预制的复选框、单选按钮、用于提交或打印表单的按钮以及其他一些表单域。

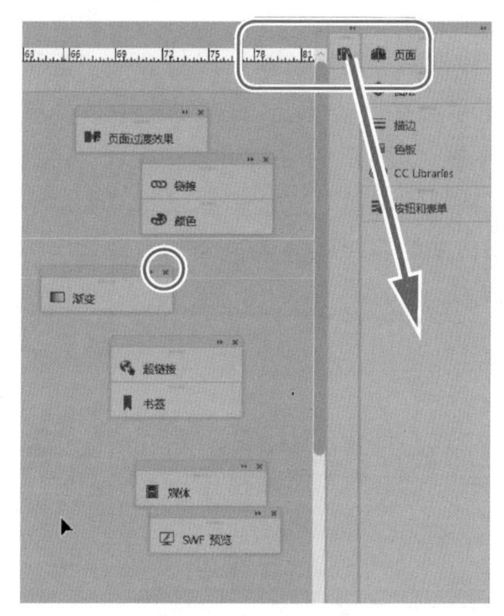

图14.2

4. 保存这个工作区以便能够重用它。为此，选择菜单“窗口”>“工作区”>“新建工作区”，再将工作区命名为 Forms-Basic 或您认为合适的名称。制作更复杂的表单时，您希望停放区有其他工具，包括面板段落样式、字符样式、对象样式和文章。

14.3 添加表单域

为创建表单域设置工作区后，下面来完成这个表单：添加一些表单域，并修改一些已有的表单域。

14.3.1　添加文本域

在 PDF 表单中，文本域是一个容器，填写表单的人可在其中输入文本。除两个框架外，其他框架都已转换为文本域，下面再添加两个框架，并将它们转换为文本域。

1. 打开图层面板。注意到在这个文件中，将属于表单的对象放在了一个独立的图层（Form Elements）中。请锁定另一个图层（Layer 1），以防处理表单对象时不小心移动了其他元素。

> Id **注意：**为让页面更整洁，可在图层面板中隐藏图层 Layer 1。隐藏该图层后，页面将只显示位于表单区域内的对象。

2. 使用缩放工具（ ）放大页面上半部分包含表单对象的区域，本课的所有工作都将在这个区域中进行。
3. 选择“选择”工具（ ），将鼠标光标指向“First Name:”下方的文本域。注意到该对象周围出现了红色虚线，同时右下角显示了一个小图标，如图 14.3 所示。虚线表明这个对象是一个 PDF 表单元素，而小图标表明这是一个文本域。在这个文本域中单击以选择它。
4. 单击按钮和表单面板图标（ ）以打开这个面板，注意到其中包含了选定文本域的设置，如图 14.4 所示。在“类型”下拉列表中选择“文本域”，而这个文本域的名称为 First Name。文本框“说明”中的文本会在用户将鼠标光标指向表单元素时显示，这向表单填写人提供了额外的说明。这个文本域的说明也是 First Name。选择复选框“可打印”，这意味着打印出来的表单将包含这个文本域。字体大小为“10”。在很多情况下，默认字体大小 12 都太大了。

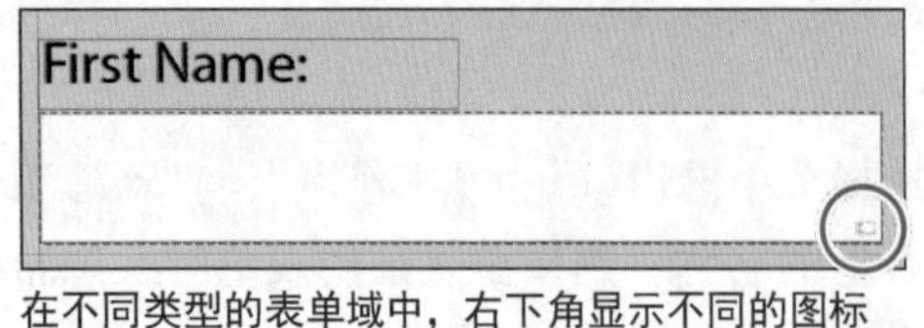

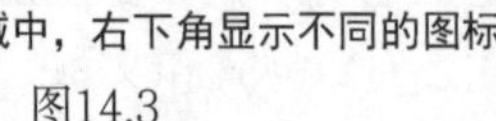
在不同类型的表单域中，右下角显示不同的图标

图14.3

图14.4

> Id **注意：**将文件导出为 Adobe PDF 时，只保留纯色描边和填色。调整组合框、列表框、文本域或签名域的外观时，请别忘了这一点。用户在 Adobe Acrobat Reader DC 或 Adobe Acrobat Pro DC 中打开导出的 PDF 文件时，如果没有按下按钮“高亮现有域”，看到的将是表单域的这些属性。

5. 选择文本域 First Name 所在的框架，按住 Alt（Windows）或 Option（macOS）键并拖曳，将其复制到 Last Name 的下方。向右拖曳右边缘中央的手柄，将这个副本加宽，使其与下方的表单域对齐。与下方表单域的右边缘对齐时，页面中会出现智能参考线。
6. 在按钮和表单面板中，注意到这个表单域名为 First Name 1。这是 InDesign 在您创建表单域时有意识的行为：任何两个表单域都不能同名。为执行这条规则，InDesign 在您复制表单域时在名称中添加序列号。为使用正确的信息且让这个表单域独一无二，将名称和说明都改为 Last Name。
7. 为从空白开始创建表单域，在工具面板中选择矩形工具（ ），并在文本框架 E-mail Address 下面绘制一个框架，并使其右边缘与文本域 City 的右边缘对齐，而上边缘与文本框架 E-mail Address 的下边缘对齐。您可将任何类型的框架（文本框架、图形框架、未指定框架）转换为 PDF 表单域，并非必须从文本框架中创建文本域。
8. 下面给它指定与其他文本域相同的填色和描边。作者已创建好用于文本域的对象样式，为应用这个样式，选择菜单“窗口”>“样式”>“对象样式”打开对象样式面板，使用“选择”工具（ ）单击刚才创建的框架（如果没有选择它的话），再单击对象样式 Text Field Box。这就给这个框架应用了相同的填色和描边。接下来，让这个文本域与其他文本域等高。为此，在控制面板中单击参考点指示器的左上角（ ），再在文本框“H”中输入“1p10”。关闭对象样式面板。
9. 在按钮和表单面板中，从“类型”下拉列表中选择“文本域”，再将名称和说明都设置为 E-mail Address。将字体大小设置为“10 点”，并确保选择了复选框“可打印”和“可滚动”。可滚动意味着这个文本域容纳不下用户输入的内容，用户也可继续输入，但无法看到所有的内容。对电子邮件地址来说，这种设置是合适的，因为电子邮件地址可能很长。
10. 选择菜单“文件”>“存储”。

14.3.2 添加单选按钮

单选按钮向表单填写人提供了多个选项，但表单填写人只能选择其中一个。一组单选按钮被视为一个表单域，其中每个单选按钮都有独特的值。一组复选框类似于列表，其中每个复选框都可独立地设置。

单选按钮通常用简单的圆圈表示，您可自己设计更优雅的单选按钮，也可选择 InDesign 提供的样式。在这里，您将使用一种简单的单选按钮。样本库中预制的按钮都是矢量形状，包含用于设置填色、描边和效果的属性。

> Id **注意：**在两者只能选其一时，使用单选按钮。例如，指定只有一个答案的状态，是组织的成员还是不是组织的成员时。

> Id **注意：**回答问题时可选择多个答案时，使用复选框。例如，培训学校可能这样问：您对哪些培训课程感兴趣？再列出多个课程，如 InDesign、Photoshop、Illustrator 和 Acrobat。填表人可能对多个培训课程感兴趣。

1. 选择菜单“窗口”>“使页面适合窗口”，再使用缩放工具（ ）放大表单的“In what way are you best able to help?”部分。
2. 单击样本按钮和表单面板图标（ ），将这个面板打开（您在本课前面将它拖放到了按钮和表单面板（ ）下方）。
3. 拖曳样本按钮和表单面板中名为 018 的单选按钮，将其放在包含文本“In what way are you best able to help?”的文本框架下方。让最上面的单选按钮的上边缘与右边的第一行文本的上边缘对齐，如图 14.5 所示。单击样本按钮和表单面板右上角的双箭头（ » ）将这个面板关闭。
4. 在控制面板中，确保在参考点定位器中选择了左上角的参考点（ ），在文本框“X 缩放百分比”中输入“40%”，确保按下了“相同设置”按钮（ ），再按回车键。如有必要，移动单选按钮，使其位置与图 14.5 所示的一致。
5. 在依然选择了这 3 个单选按钮的情况下，在按钮和表单面板中，在文本框“名称”和“说明”中输入 Form of Assistance 并按回车键。注意，“类型”已设置为“单选按钮”。
6. 选择菜单“编辑”>“全部取消选择”，也可单击页面或粘贴板的空白区域。
7. 使用“选择”工具（ ）选择第一个单选按钮（文本 Adopt a pet 左边的那个）。
8. 在按钮和表单面板中，在文本框“按钮值”中输入 Adopt a pet 并按回车键。在“外观”部分，单击“[正常关闭]”（如图 14.6 所示）。这意味着用户刚打开表单时，这个单选按钮不会被选中。

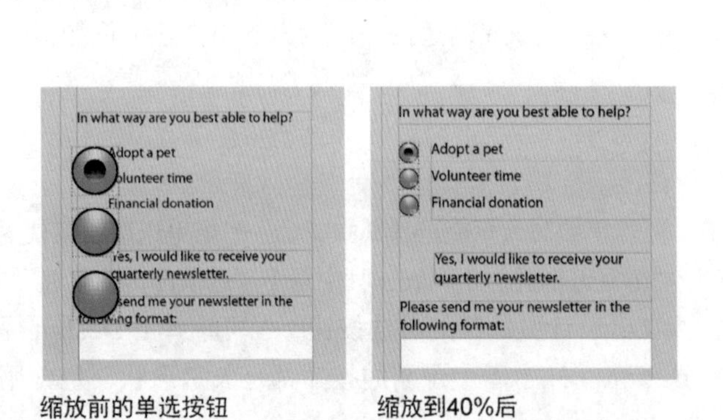

图14.5

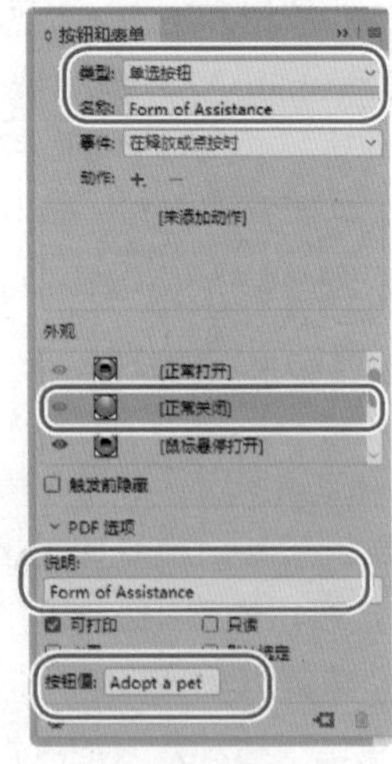

图14.6

9. 重复第 7 ~ 8 步，将中间和最下面的单选按钮的按钮值分别设置为 Volunteer time 和 Financial donation。请注意，这 3 个按钮的名称相同，只是按钮值不同。
10. 选择菜单“文件”>“存储”。

14.3.3 添加复选框

复选框让您做出是 / 否选择。在导出的 PDF 中，复选框默认未被选中，表单查看者可单击它加上勾号，也可让它未被选中。下面来添加一个复选框。

1. 使用“选择”工具（▶）拖曳样本按钮和表单面板中名为 001 的复选框，将其放在这样的位置：勾号上边缘与包含文本“Yes，I would like to receive your quarterly newsletter 的文本框架的上边缘对齐。
2. 按住 Shift + Ctrl（Windows）或 Shift + Command（macOS）键，缩小这个复选框，使其与右边的文本框架等高。
3. 在按钮和表单面板中，在“名称”文本框中输入 Receive Newsletter 并按回车键。注意到“类型”已设置为“复选框”，且其图标为勾号。在“说明”文本框中输入键“Check here if you’d like to receive our newsletter”，如图 14.7 所示。

缩小后的复选框

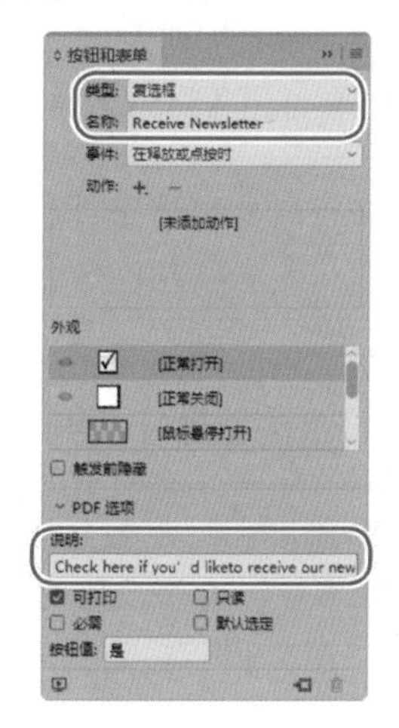

图14.7

4. 对于您从样本按钮和表单面板中拖放而来的复选框和单选按钮，被选择时其边框应为红色，因为它们位于图层 Form Elements 中。从库中拖放而来的对象将被添加到活动图层中。工作期间，最好检查元素是否在正确的图层中。这可确保作品组织有序，在处理复杂的表单时这非常重要。使用“选择”工具（▶）选择您从库中拖放而来的所有元素，并打开图层面板。如果这些元素不在图层 Form Elements 中，在图层面板中将方块拖曳到 Form Elements 图层，以修复这种问题。
5. 选择菜单“文件”>“存储”。

14.3.4 添加组合框

组合框是一个下拉列表，包含多个预定义的选项，表单填写人只能选择其中的一个选项。下面创建一个包含 3 个选项的组合框。

1. 使用“选择”工具（▶）选择标题“Please send me your newsletter in the following format:”下方的文本框架。

> Id **注意**：列表框类似于组合框，但组合框只允许选择一个选项。在列表框中，如果选中了复选框“多重选择”，表单填写人将能够选择多个选项。

2. 在按钮和表单面板中，从“类型”下拉列表中选择“组合框”，再在文本框“名称”中输入Newsletter Format。在文本框“说明”中输入“Choose which way you'd like to receive our newsletter”，并将字体大小设置为“10”。为向PDF表单填写人提供不同的选择，下面添加3个列表项。

3. 在按钮和表单面板的下半部分，在文本框“列表项目”中输入“Print Publication: Standard Mail”，再单击该文本框右边的“加号”按钮。注意到您输入的文本出现在下方的列表中。

4. 重复第3步，再添加列表项“Adobe PDF: E-mail Attachment”和“ePUB: E-mail Attachment”，如图14.8所示。

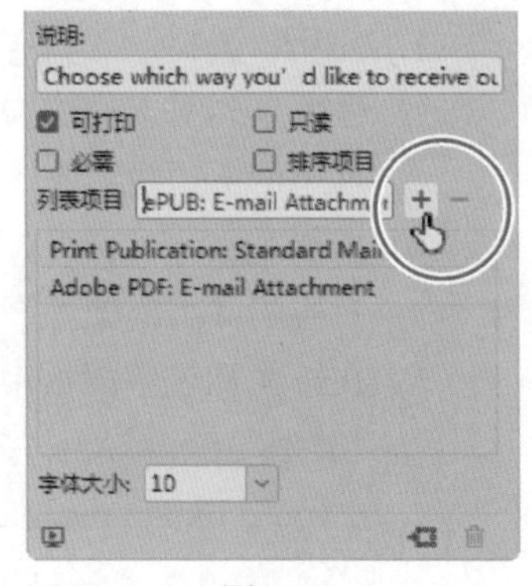

图14.8

提示：要将列表项按字母顺序排序，可在按钮和表单面板中选中复选框“排序项目”。您还可将列表项向上或向下拖曳，以修改列表项的排列顺序。

5. 单击列表项“Print Publication: Standard Mail”，将其指定为默认设置。这样，表单填写人打开导出的PDF文件时，便已选择了列表项“Print Publication: Standard Mail”。

提示：要在用户打开组合框时没有选择任何列表项，确保在按钮和表单面板中没有选择任何列表项。在该面板中选择了一个列表项时，它将在PDF表单打开时默认被选中。

6. 选择菜单“文件”>“存储”。

14.4 设置表单域的跳位顺序

您给PDF表单指定的跳位顺序，决定了表单填写人不断按Tab键时，将以什么样的顺序选择各个表单域。下面设置该页面中表单域的跳位顺序。

1. 选择菜单“对象”>“交互”>“设置跳位顺序”。

2. 在“跳位顺序”对话框中，单击Last Name（您创建的用于输入表单填写人姓氏的文本域的名称），再不断单击“上移”按钮，将其移到列表开头附近。使用“上移”和“下移”按钮或上下拖曳表单域名称来将它们重新排列，使其顺序与页面中的顺序相同，如图14.9所示。单击“确定”按钮关闭这个对话框。

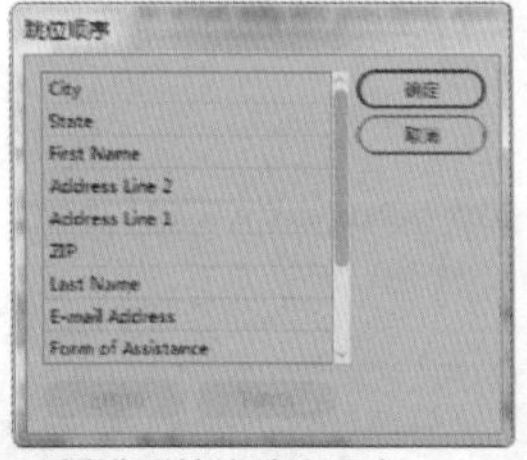

重新排列前的跳位顺序

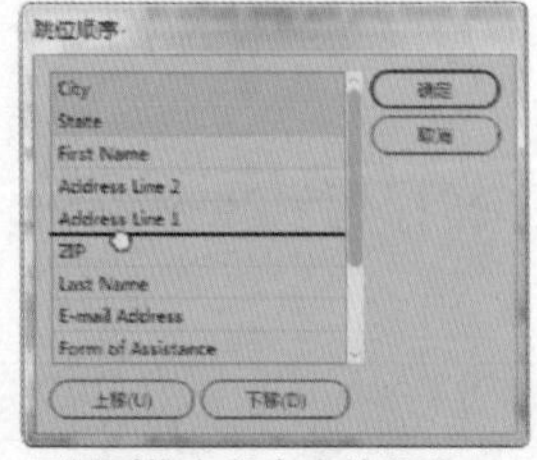

可同时拖曳多个表单字段

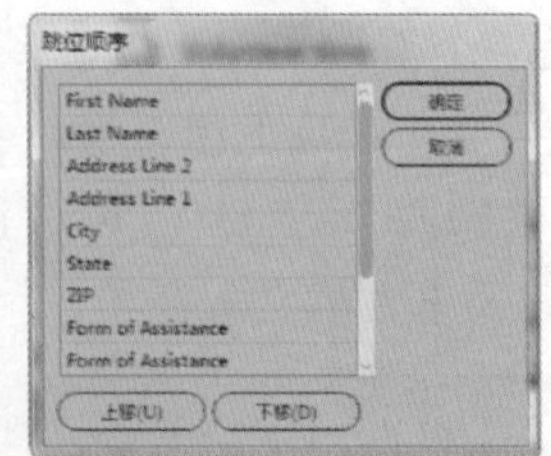

重新排列后

图14.9

3. 选择菜单“文件”>“存储”。

14.5 添加提交表单的按钮

如果打算分发 PDF 表单，就需要提供一种方式，让表单填写人能够以电子邮件的方式将表单交给您。为此，您将创建一个按钮，用于将填写好的表单通过电子邮件发送给您。

1. 使用“选择”工具（▶）用蓝色填充包含文本 Submit 的圆角文本框架。
2. 在按钮和表单面板中，从“类型”下拉列表中选择“按钮”，在“名称”文本框中输入 Submit Form 并按回车键，再在“说明”文本框中输入“Send the completed form via email”。

> Id **提示：**任何对象或对象组都可转换为按钮。例如，带填色且包含文本“Submit”的文本框架可转换为“Submit”按钮。要将选定的对象或对象组转换为按钮，可在按钮和表单面板中从“类型”下拉列表中选择“按钮”。

3. 单击“为所选事件添加新动作”按钮（+），并从下拉列表中选择“提交表单”。
4. 在文本框 URL 中，输入“mailto:”。确保您在 mailto 后面输入了冒号，且冒号前后都没有空格。
5. 在“mailto:”后面输入您的电子邮件地址（如 pat_smith@domain.com），这将把填写好的表单返回给您。

为在用户将鼠标光标指向 Submit 按钮时改变其外观，下面添加一个“悬停鼠标”外观。

> Id **提示：**按钮的外观可包含 3 种不同的状态。显示什么样的状态取决于用户是如何与按钮交互的。在没有交互的情况下，默认显示“正常”状态；用户将鼠标光标指向按钮时，将显示“悬停鼠标”状态；而用户使用鼠标单击按钮时，将显示“单击”状态。

6. 在按钮和表单面板中，单击“[鼠标悬停]”。打开色板面板，在“色调”文本框中输入“50”并按回车键，再关闭这个面板。
7. 返回到按钮和表单面板，注意到“[鼠标悬停]”外观的颜色比“[正常]”外观的颜色浅，这是您修改色调的结果。单击“[正常]”以显示默认外观，如图 14.10 所示。

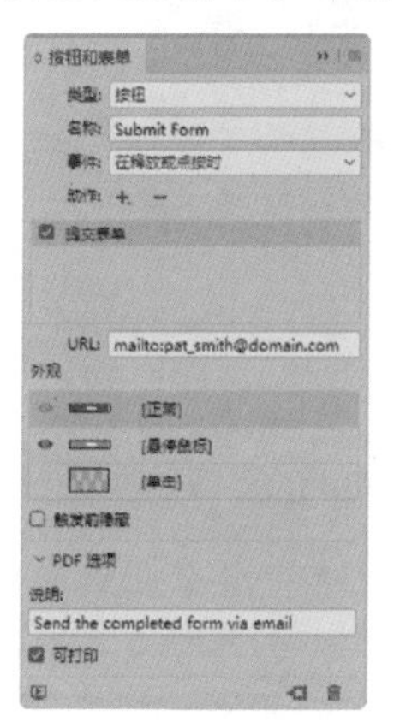

放大以查看表示按钮的图标：指向圆角矩形的手指

图14.10

8. 选择菜单“窗口”>“图层”打开图层面板，并确认所有的图层都是可见的（以防前面隐藏了图层 Layer 1）。
9. 选择菜单“文件”>“存储”。

14.6 导出为交互式 Adobe PDF 文件

制作好表单域后，可将其导出为交互式 Adobe PDF 文件，再对导出的文件进行测试。

1. 选择菜单“文件”>“导出”。
2. 在“导出”对话框中，从下拉列表“保存类型”（Windows）或“格式”（macOS）中选择“Adobe PDF（交互）”，将文件命名为 14_PDF_Form.pdf。切换到硬盘文件夹 InDesignCIB\Lessons\Lesson14，并单击“保存”按钮。
3. 在“导出至交互式 PDF”对话框的“常规”选项卡中，确保在“选项”部分选择了单选按钮“包含全部”。这是确保表单域在 PDF 文件中能够发挥作用的最重要的设置。
4. 在“查看”下拉列表中选择“适合页面”，以便打开导出的 PDF 时其显示整个页面。保留其他设置不变，如图 14.11 所示。单击“导出”按钮，再在有关文档颜色转换的警告对话框中单击“确定”按钮。

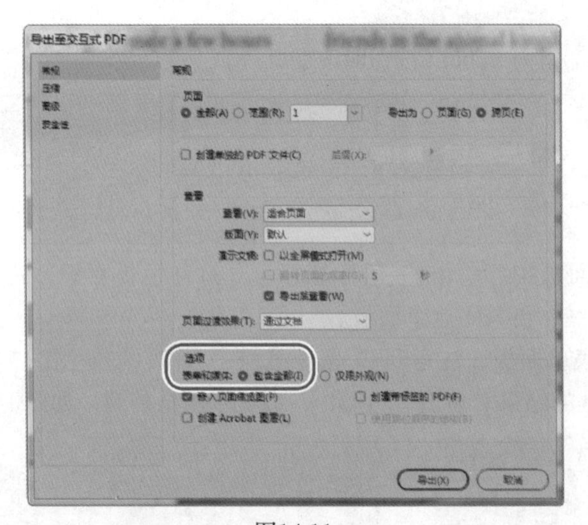

图14.11

表单域类型

按钮：最为实用的交互式元素。按钮可触发很多动作。

复选框：复选框供用户做出是/否选择，要么被选中要么未选中。可使用复选框让用户提供多选题的答案。

组合框：用户只能从列表中选择一个答案。

列表框：类似于组合框，但用户可选择多个答案。

单选按钮：让用户从多个答案中选择一个。

签名域：让用户能够使用数字签名签署表单。

文本域：让用户能够输入文本信息。

14.7 在 Adobe Acrobat Reader 中测试表单

务必在 Adobe Acrobat Reader 中测试表单，因为最终用户很可能使用它来填写表单（大多数人都没有安装 Adobe Acrobat Pro）。如果您没有安装 Adobe Acrobat Reader，现在就安装它。该软件的最新版本名为 Adobe Acrobat Reader DC，可从 Adobe 官网免费下载。

1. 启动 Adobe Acrobat Reader，再打开您刚导出的 PDF。首先，在文本域 First Name 中单击，并按 Tab 键。不断按 Tab 键以遍历所有的表单域，确认跳位顺序正确无误。
2. 接下来，单击“In what way are you best able to help?”下方的单选按钮，注意，您每次只能选择其中的一个。
3. 然后，单击复选框“Yes，I would like to receive your quarterly newsletter”，看看它是否被选中，再从该复选框下方的下拉列表中选择一种新闻稿格式。
4. 将鼠标光标指向每个表单域并停留一会儿，注意到弹出了工具，它们就是您在按钮和表单面板中为每个表单域指定的说明。

如果发现错误，回到 InDesign 进行修复，再导出并进行测试。

5. 测试完毕后，单击按钮将填写好的表单以电子邮件方式发送给您。Acrobat 将创建一封电子邮件，并将填写好的表单作为附件。在此过程中，页面可能显示一个安全警告对话框。在这个对话框中单击“允许”按钮。在接下来出现的对话框中单击“继续”按钮提交表单信息，也可单击“取消”按钮。返回到 InDesign。
6. 查看您收到的电子邮件，注意到主题为“返回的表单：14_PDF_Form.pdf”。这是“Submit”按钮的“提交表单”操作的默认功能。因此，创建要通过电子邮件发送的 PDF 时，给它指定合适的名称很重要。

祝贺您创建并测试了一个 PDF 表单！

14.8 练习

创建简单的 PDF 表单后，您可做进一步的探索，创建其他类型的表单域和自定义按钮。

1. 新建一个文档，在其中创建一个文本框架，并使用按钮和表单面板将其转换为签名域。PDF 表单中的签名域让用户能够对 PDF 文件进行数字签名。请为这个签名域指定名称，再将其导出为 Adobe PDF 交互文件。在 Adobe Acrobat Pro DC 或 Adobe Acrobat Reader

DC 中打开导出的 Adobe PDF 文件，在签名域中单击，再按照屏幕说明创建数字签名。如果出现有关信任证书的对话框，单击“取消”按钮。这个对话框是签名安全识别系统的一部分，没有它也能创建签名。

2. 使用椭圆工具（ ）创建一个小型的圆形框架。在渐变面板中，使用径向渐变填充这个圆圈。如果您愿意，使用色板面板修改渐变的颜色。使用按钮和表单面板将这个框架转换为按钮。给按钮指定“转到 URL”动作，并在文本框 URL 中输入完整的 URL。为测试这个按钮，导出一个 Adobe PDF 交互文件，并在导出的 PDF 文件中单击这个按钮。
3. 尝试使用样本按钮和表单面板中的其他预制表单域。将样本按钮和预制表单域拖曳到页面上，并在按钮和表单面板中查看其属性。尝试修改其外观和属性，再将导出并进行测试。

14.9 复习题

1. 哪个面板让您能够将对象转换为 PDF 表单域并指定表单域的设置？
2. 单选按钮和复选框有何不同？
3. 可给按钮指定哪种操作，让 PDF 表单填写人能够将填写好的表单发送给指定的电子邮件地址？
4. 可使用哪些程序来打开并填写 Adobe PDF 表单？
5. 导出 InDesign 文件以创建可填写的 PDF 表单时，需要做哪两件最重要的事情？

14.10 复习题答案

1. 按钮和表单面板（可选择菜单“窗口”>“交互”>“按钮和表单”来打开它）让您能够将对象转换为 PDF 表单域并指定表单域的设置。
2. 单选按钮用于让用户回答多选一问题，用户只能选择其中的一个。每个复选框都可被选中或不被选中。因此，对于用户可选择多个答案的问题或者可做肯定或否定回答的问题，应使用复选框而不是单选按钮。
3. 要让表单填写人能够返回填写好的表单，可使用按钮和表单面板为按钮指定“提交表单”操作，再在文本框 URL 中输入“mailto:”和电子邮件地址。
4. 要打开并填写 PDF 表单，可使用 Adobe Acrobat Pro DC 或 Adobe Acrobat Reader DC。
5. 首先，在“导出”对话框中，从“保存类型”（Windows）或“格式”（macOS）下拉列表中选择“Adobe PDF（交互）”。其次，在“导出至交互式 PDF”对话框中，在“常规”选项卡的“选项”部分选择单选按钮“包含全部”。

第15课 创建版面固定的EPUB

课程概述

本课介绍如下内容：

- 新建可以在移动设备上查看的文档；
- 使用移动预设和移动路径创建动画；
- 配置多个动画的计时；
- 创建触发各种动作的按钮；
- 在 InDesign 中预览动画和交互性；
- 添加电影、声音、幻灯片、按钮和超链接；
- 导出为版面固定的 EPUB，并在查看应用中进行预览。

本课需要大约 60 分钟。

启动 InDesign 之前，先到异步社区的相应页面将本书的课程资源下载到本地硬盘中，并进行解压。

InDesign 支持固定版面 EPUB，它让您能够创建富含多媒体的出版物，这包括动画、电影、幻灯片、声音和超链接。您还可在出版物中添加按钮，让读者能够执行动作，如翻阅幻灯片和播放声音文件等。

15.1 概述

在本课中，您将首先新建一个适合导出为固定版面 EPUB 的 InDesign 文档，然后打开一个已部分完成的出版物，在其中添加多个多媒体和交互性元素，再将其导出为可在各种 EPUB 阅读器上查看的固定版面 EPUB 并对其进行预览。

> Id **注意：**如果还没有从异步社区下载本课的项目文件，现在就这样做，详情请参阅“前言”。

1. 为确保您的 Adobe InDesign 首选项和默认设置与本课使用的一样，请将 InDesign Defaults 文件移到其他文件夹，详情请参阅“前言”中的“保存和恢复 InDesign Defaults 文件”。
2. 启动 Adobe InDesign。为确保面板和菜单命令与本课使用的相同，选择菜单“窗口”>“工作区”>“[数字出版]”，再选择菜单“窗口”>“工作区”>“重置 [数字出版]”。InDesign 根据本课要完成的任务优化了面板排列，让您能够快速访问所需的控件。
3. 要查看最终文档，请打开硬盘文件夹 Lesson15 中的文件 15_End.indd。如果出现“缺失字体”对话框，单击“同步字体”按钮。从 Typekit 同步字体后，单击“关闭”按钮。如果出现警告对话框指出文档链接的文件发生了变化，请单击“更新链接”按钮。
4. 在最终文档中导航，查看封面及其后面的页面。

在前面所有的课程中，示例文档都是打印文档，即最终的 InDesign 文件被打印出来时，它看起来与屏幕上显示的一样。然而，在本课中，导出的出版物是要在 EPUB 阅读器上查看的，因此当您在 InDesign 中打开示例文件时，在屏幕上看到的外观与导出的 EPUB 外观不完全相同。图 15.1 说明了在阅读器上查看时，文件 15_End.indd 是什么样的。

第1页

第2页

图15.1

5. 查看完毕后关闭文件 15_End.indd，也可让它保持打开状态供后面参考。

15.2 新建以固定版面导出的文档

由于导出的 EPUB 是在屏幕（如平板电脑等移动设备或台式机）上查看的，它包含按钮、动画和视频等打印文档无法包含的元素，因此创建要导出为 EPUB 格式的文档时，方法与创建打印文档的方法有些不同。虽然如此，本书介绍的创建数字出版物时的排版和页面布局功能依然可用，且工作原理没什么不同。下面首先来新建一个移动文档。

1. 选择菜单“文件”>“新建”>“文档”。
2. 在“新建文档”对话框中，单击“移动设备”标签，再从“空白文档预设”列表中选择 iPad。另外，指定如下设置：在“页面”文本框中输入“2”，取消选择复选框“主文本框架”，如图 15.2 所示。保留其他设置不变，单击“边距和分栏”按钮，再单击“确定”按钮。

> **注意：**创建新文档时，如果选择的是移动设备或 Web 型文档预设，将取消选择文本框“对页”、将默认页面朝向设置为横向并将单位设置为像素。另外，在新文档中将透明混合空间（“编辑”>“透明混合空间”）设置为 RGB，将色板面板中的默认颜色色本设置为印刷 RGB。

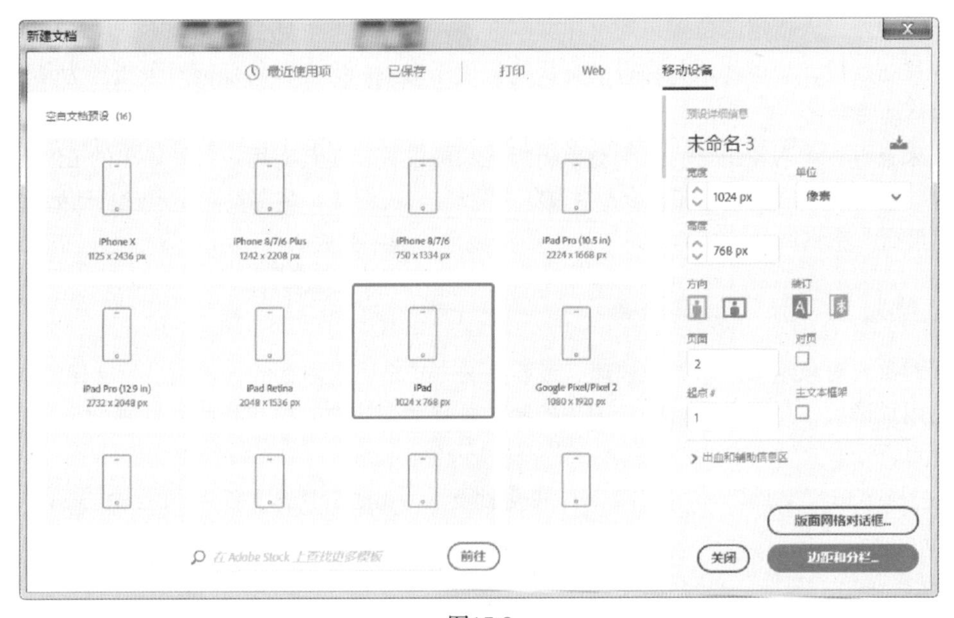

图15.2

3. 选择菜单“文件”>“存储”，将文件命名为 15_Setup.indd。切换到文件夹 Lesson15，再单击“保存”按钮。

本章不重新创建文档，而打开一个已部分完成的文档，该文档包含大部分必不可少的对象。您可让 15_Setup.indd 打开，也可关闭它。

15.3 EPUB：可重排和固定版面

EPUB 文档用于在平板电脑等设备上查看，而不是要打印到纸上。有鉴于此，您可在其中添加众多多媒体元素和交互式功能。EPUB 文档还支持根据查看设备来重排文本。

除导出为固定版面 EPUB 外，EPUB 文档还可导出为可重排 EPUB。它们之间最大的差别在于：前者像 PDF 一样，不管在什么设备上查看，都保持 InDesign 文档的设计；而后者连续地显示内容，并根据电子阅读器的屏幕尺寸和缩放比例重排内容。在可重排的 EPUB 中，阅读者可根据喜好修改字体和字号。

固定版面格式让您能够在出版物中包含按钮、动画、视频和音频，而阅读者可查看页面，并与按钮和多媒体元素进行交互。这种格式适合用于版面复杂的出版物，如儿童读物、教科书和漫画等视觉元素对改善阅读体验至关重要的出版物。对于文字密集型出版物，如视觉元素无关紧要的小说和非小说，可重排格式更合适。

15.4 添加动画

动画效果让您能够为 InDesign 对象和对象组添加移动效果和其他视觉效果。例如，您可让图形框架从页面外飞入指定的位置，还可让文本框淡入——从不可见变得完全不透明。InDesign 提供了多种移动预设，您可将这些预设动画快速应用于对象。您还可将任何对象指定为其他对象或对象组的移动路径。

接下来查看一个对象组。为这个对象组指定动画设置，使其在用户打开导出的 EPUB 文件时自动“飞”到页面上。您将在 InDesign 中预览这种动画，再创建一些在页面显示时自动播放的动画。在本节的最后，您将调整动画的计时，让它们按规定的顺序播放。

15.4.1 使用移动预设创建动画

要让对象或对象组动起来，最快速、最容易的方式是应用内置的移动预设，这样的预设有 40 多种。应用预设后，您可通过多个选项来控制动画将如何播放，这包括触发动画的事件以及动画的持续时间。

1. 选择菜单“文件”>“打开”，打开文件夹 Lesson15 中的文件 15_FixedLayout_Partial.indd。
2. 选择菜单“文件”>“存储为”，将文件重命名为 15_FixedLayout.indd，并将其保存到文件夹 Lesson15 中。

创建动画前，先来看一个应用了动画效果的对象组。

3. 使用缩放工具放大第 1 页的标题下方以“and we provide it”打头的文本框架，再使用“选择”工具（▶）通过单击选择它。虚线边界表明您选择的是一个对象组，这包括前述文本框架和一个红心对象。

请注意这个对象组右下角的小图标，它表明对这个对象组应用了动画。另外，注意到有一条绿线从粘贴板延伸到了该对象组的中心。该绿线右端的圆圈表示它是路径的起点，而左端的箭头表示它是路径的终点，如图 15.3 所示。

图15.3

4. 选择菜单“窗口”>“交互”>“动画”或单击动画图标（ ）以打开动画面板。这个对象组名为 Animated Group，同时从下拉列表“预设”中选择“自定（从右侧飞入）”。该预设名开头的“自定”表明修改了预设“从右侧飞入”的默认设置，在本课后面，您将修改其他预设。在“事件”下拉列表中，选择“载入页面”，这意味着动画将在页面显示时自动开始播放。

在动画面板中，如果您单击字样“属性”旁边的三角形，这个面板将展开，您可以访问另外几个动画控件，如图 15.4 所示。

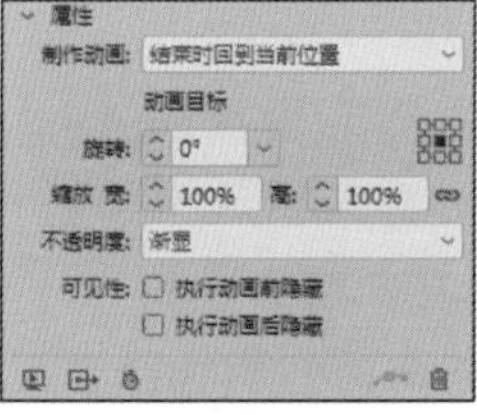

图15.4

5. 为预览动画，单击动画面板底部的“预览跨页”按钮（ ），这将打开 EPUB 交互性预览面板。拖曳这个面板的右下角或左下角，使其大到能够预览出版物。单击面板左下角的“播放预览”按钮，选定的对象组将从页面右侧飞入。

6. 将 EPUB 交互性预览面板拖放到停放区底部（如图 15.5 所示），本课都将使用它。停放区中将显示这个面板的图标（ ）。

图15.5

下面对另一个对象组和一个文本框应用动画预设并定制设置。

1. 选择菜单“视图”>“使页面适合窗口”。
2. 使用“选择”工具（▶）单击页面底部的任何一个小狗或小猫图形（最左边的那个除外，您将在本课后面单独处理它），这将选择一个对象组，其中包括 4 个图形。
3. 打开动画面板（⁂），并从“预设”下拉列表中选择“从底部飞入”，注意到代理预览使用粉色蝴蝶图像指出了这个预设动画是什么样的，如图 15.6 所示。尝试其他一些预设，再重新选择“从底部飞入”，确保从“事件”下拉列表中选择了“载入页面”。

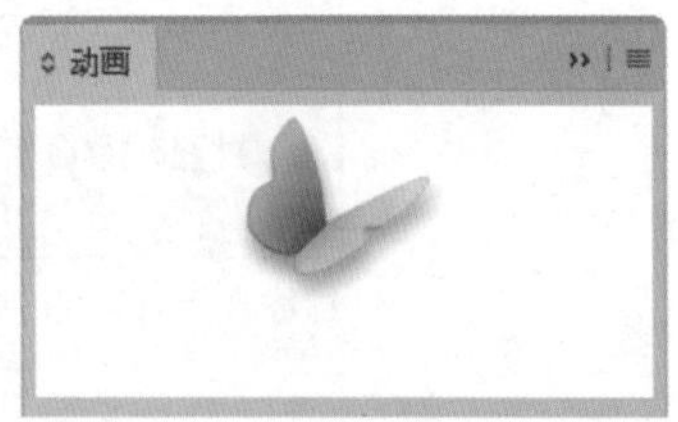

图15.6

> **提示：**当您选择移动预设时，动画面板顶部将出现动画的代理预览。要重新播放选定动画预设的预览，可将鼠标光标指向代理窗口。

4. 选择包含白色文本的红色文本框架。在动画面板中，确保从“事件”下拉列表中选择了“载入页面”。应用预设“渐显”，并将持续时间设置为 2 秒。
5. 在 EPUB 交互性预览面板中，单击左下角的“播放预览”按钮，以查看这些动画。注意，最先出现的是页面顶部的对象组，不久后页面底部的图形组出现，最后出现的是红色文本框架。这种播放顺序是由我们创建的动画的顺序决定的。下面来修改这些动画的播放顺序。

EPUB交互性预览面板

EPUB交互性预览面板让您无需切换到其他程序就能预览包含多媒体、动画和交互性的InDesign文档。要显示这个面板，可选择菜单“窗口”>“交互”>“EPUB交互性预览”，也可在动画面板、计时面板、媒体面板、对象状态面板或按钮和表单面板中单击左下角的“预览跨页”按钮。

在EPUB交互性预览面板（如图15.7所示）中，您可执行如下操作。

- 播放预览（▸）：单击以播放文档预览。按住Alt（Windows）或Option（macOS）键并单击以重播预览。
- 清除预览（■）：单击以清除预览。
- 转至上一页（◂）和转至下一页（▸）：单击以导航到上一页或下一页。要导航到上一页或下一页，必须启用预览文档模式，再单击“播放预览”按钮以启用这两个按钮。
- 设置预览跨页模式（🗋）：单击可将模式设置为预览跨页模式。这是默认模式，适合用于测试当前页面的交互性元素。

图15.7

- 设置预览文档模式（ ）：单击可将模式设置为预览文档模式。这种模式让您能够在文档中翻页并测试交互性元素。
- 折叠/展开面板（ ）：单击它将折叠/展开EPUB交互性预览面板。

15.4.2 调整动画的计时

计时面板列出了当前页面或跨页中的动画，让您能够修改动画的播放顺序、同时播放动画或延迟动画播放。下面使用计时面板来修改第 1 页中 3 个动画的播放顺序，并让其中两个动画同时播放。

1. 选择菜单“窗口”>“交互”>“计时”或在停放区单击计时面板图标（ ）以打开计时面板。确保在下拉列表“事件”中选择了“载入页面”。这个面板列出了前一小节处理的 3 个动画，如图 15.8 所示。
2. 单击动画列表中的 Animated Group。由于它是最先创建的，因此位于列表开头，且最先播放。
3. 将 Animated Group 拖放到列表末尾，使其最后播放。
4. 选择 Dog/Cat Group，再按住 Shift 键并单击动画“Our mission...”

图15.8

以同时选择这两个动画。

5. 单击计时面板底部的“一起播放”按钮（ ），如图 15.9 所示。

图15.9

6. 只选择 Dog/Cat Group，并将延迟设置为 1.5 秒。这将在页面打开时延迟这个动画的播放。延迟时间过后，Dog/Cat Group 将飞入，而红色文本框架也将同时渐显。
7. 单击计时面板底部的“预览跨页”按钮打开 EPUB 交互性预览面板，再单击“播放预览”按钮预览这个页面。
8. 选择菜单“文件”>“存储”保存所做的工作。

15.5 按钮

在出版物中添加多媒体功能方面，按钮是最为多才多艺的工具之一。按钮可触发很多动作。下面来配置“动画播放”按钮并添加两个使用不同操作的按钮。

> **注意：**为保持组织有序并确保按钮位于其他内容上面，一种不错的方式是将按钮放在一个独立的图层中。本课的文件已经这样做了。

15.5.1 使用按钮播放动画

前一节处理的动画被配置成在导出的 EPUB 中的页面显示时自动播放。创建动画时，您也可指定它在用户执行其他操作时播放，如将鼠标光标指向相应的对象或单击作为按钮的对象或对象组时。

在本节中，您将首先查看一个对象，对其应用动画并将其转换成按钮，用户单击它时将播放应用的动画。然后，您将创建一个按钮，用户单击它时将播放应用于另一个对象的动画。

1. 使用文档窗口右边的滚动条稍微向下滚动，您将看到最左边的小狗下方有一顶帽子。使用“选择”工具（ ）调整这顶帽子的位置（如图 15.10 所示）。

图15.10

再选择菜单“视图”>“使页面适合窗口”。

注意，这个对象组的定界框的右下角有两个图标：右边那个表明对这个对象组应用了动画；左边那个表明这个对象组也是一个按钮。

2. 这顶帽子是由多条路径组成的，这些路径是使用钢笔工具创建的，且被编成组（“对象”>“编组”）。在选择了这个对象组的情况下，打开动画面板，注意到它的名字为 HatGroup1。

我们应用了动画预设“旋转”，并从“事件”下拉列表中选择了“释放鼠标”。这意味着这个按钮将触发动画。“持续时间”和“播放”的设置表明，这个动画的播放时间为 1 秒并将播放两次。

3. 关闭动画面板并打开按钮和表单面板（ ），在使用工作区“[数字出版]”时，这个面板位于右边的停放区。除通过单击面板图标来打开按钮和表单面板外，还可选择菜单“窗口”>“交互”>“按钮和表单”来打开它。注意到这个对象组被配置为播放动画 HatGroup1 的按钮，如图 15.11 所示。

4. 在按钮和表单面板中，单击底部的“预览跨页”按钮（ ）来打开 EPUB 交互性预览面板。动画播放完毕后，单击前述帽子播放动画，再关闭 EPUB 交互性预览面板。

图15.11

> **注意：**在本课中，每当您在 EPUB 交互性预览面板中使用交互功能时，都可先单击“清除预览”按钮（ ），再单击“播放预览”按钮（ ）。

下面来配置一个按钮，使其播放应用于另一个对象的动画。

1. 选择页面右下角小狗头上的帽子。

其右下角的图标表明对这个对象组应用了动画，但您可能注意到了，预览页面时看不到这个对象组。这是因为虽然这个对象组被配置成从页面顶部飞入，但没法播放这个动画。为解决这个问题，您将把与之配套的宠物图形转换为按钮。

2. 在工具面板中选择矩形框架工具（ ），并绘制一个框架，它覆盖了页面右下角的白色小狗照片。当前，应该依然处于图层 Buttons 中，如果不是，打开图层面板，将这个框架移到图层 Buttons 中。确保这个框架的填色和描边设置都为“无”，这让用作按钮的对象看起来像是页面上的视觉元素，但实际上它是一个位于图层 Buttons 中的独立对象，从而避免影响图稿。

在 EPUB 中，框架区域是可单击或点按的，因此您可使用没有填色和描边的框架来创建很大的可点按区域，而使用较小的图形无法做到这一点。

3. 在按钮和表单面板中，单击“动作”旁边的加号（+），并从下拉列表中选择“动画”。再从包含当前文件中动画的“动画”下拉列表中选择 HatGroup5，如图 15.12 所示。

4. 将这个按钮命名为 AddHat。务必给按钮命名，否则页面将很乱，因为 InDesign 自动给按钮指定的名称为“按钮 1”“按钮 2”等。确保从“事件”下拉列表中选择了“在释放或点按时”。

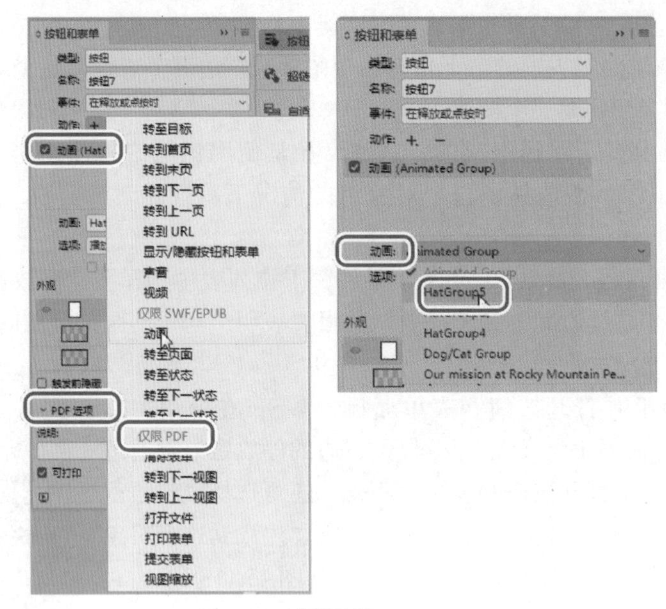

图15.12

您无需先选择类型，因为当您添加动作时，这个对象将自动转换为按钮。请查看可能的动作列表，但最后一组只能用于 PDF。在按钮和表单面板中，单击“PDF 选项”旁边的三角形以折叠这个部分。处理 EPUB 时不需要它。

5. 在按钮和表单面板中，单击底部的“预览跨页”按钮打开 EPUB 交互性预览面板。等页面载入动画播放完毕后，将鼠标光标指向白色小狗照片并单击以播放刚指定的动画，再关闭这个面板。当您将鼠标光标指向可通过单击来激活的对象（如刚创建的按钮）时，鼠标光标将变成手形。
6. 选择菜单“文件”>“存储”以保存所做的工作。

15.5.2 使用按钮触发自定义的动画移动路径

在 InDesign 中，很多移动预设都导致对象沿特定的路径移动。除使用这种预设对对象应用动画外，还可将任意的 InDesign 对象作为另一个对象的移动路径，为此您可将其转换为移动路径。下面来配置一个按钮，使其播放一个有自定义路径的动画，再创建一个自定义路径，并将其用作移动路径。

1. 使用文档窗口右边的滚动条稍微向上滚动，您将在第 4 栏上方看到一顶帽子。使用“选择”工具（▶）选择这个图形。

正如您在前面处理的动画中看到的，绿色移动路径指出了播放动画时，这顶帽子将如何移动，如图 15.13 所示。这条自定义路径是在 InDesign 中使用钢笔工具创建的。

接下来，您将把该栏底部的图形转换为按钮，用于播放给这顶帽子配置好的动画，再为另一顶帽子创建一条自定义路径，并配置用于播放动画的按钮。

2. 选择菜单“视图”>“使页面适合窗口”。选择矩形框架工具（⊠），并绘制一个框架，使其覆盖第 4 栏底部的小猫照片，确保它没有描边和填色且位于图层 Buttons 中。
3. 在按钮和表单面板中，单击“动作”旁边的加号（+），并从下拉列表中选择“动画”，再从“动画”下拉列表中选择 HatGroup4。
4. 将这个按钮命名为 FloatingHat1，并确保在“事件”下拉列表中选择了“在释放或点按时”。
5. 单击在按钮和表单面板底部的“预览跨页”按钮以打开 EPUB 交互性预览面板。等页面载入动画播放完毕后，将鼠标光标指向第 4 栏底部的小猫照片。注意到鼠标光标变成了手形，因为它检测到了您刚创建的按钮。单击鼠标播放指定的动画，再关闭这个面板。

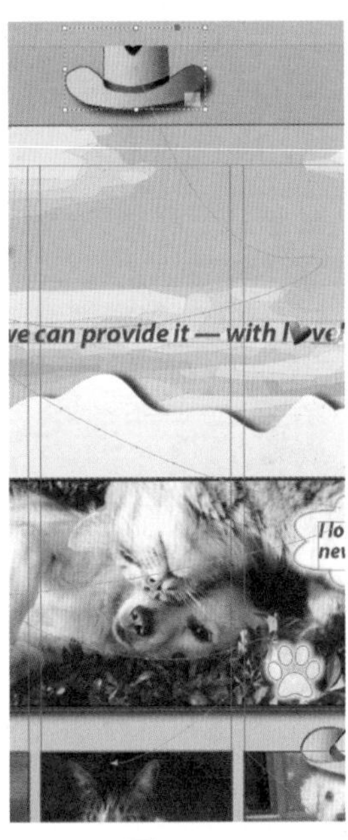

图15.13

知道自定义移动路径的工作原理后，下面来创建自定义动画路径，再配置一个播放动画的按钮。

6. 使用文档窗口右边的滚动条稍微向上滚动，您将在第 3 栏上方看到一顶帽子。
7. 使用钢笔工具（✒）绘制一条之字形的路径，它始于帽子中央附近，终止于第 3 栏底部小狗的头上面。为创建直线路径段而不是曲线路径段，确保每次创建点时都在单击鼠标后立即松开（如果您愿意，可使用钢笔工具或铅笔工具创建更复杂的路径）。
8. 使用选择工具选择第 3 栏上方的帽子和刚才创建的路径，再单击动画面板底部的“转换为移动路径”按钮（⤳），如图 15.14 所示。在“事件”下拉列表中，“载入页面”已被选择，请取消选择它，并将持续时间设置为 2 秒。
9. 选择矩形框架工具（⊠）并绘制一个框架，确保它覆盖了第 3 栏底部的小狗照片没有填色和描边且位于图层 Buttons 中。
10. 在按钮和表单面板中，单击“动作”旁边的加号（+），并从下拉列表中选择“动画”。从“动画”下拉列表中选择 HatGroup3，并将这个按钮命名为 FloatingHat2。
11. 单击按钮和表单面板底部的“预览跨页”按钮以打开 EPUB 交互性预览面板。等页面载入动画播放完毕后，单击第 3 栏的小狗照片（这是您刚才配置的用于播放新动画的按钮），再关闭这个面板。

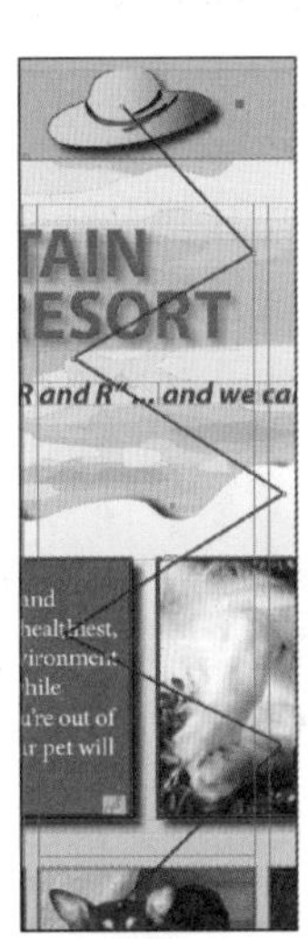

使用钢笔工具创建路径（左）
转换为移动路径后（右）

图15.14

如果需要修改移动路径的终点位置，使得动画结束时帽子位于正确的位置，可使用“选择”工具（▶）选择这个对象组，再切换到“直接选择”工具（▷），并使用它来移动路径的终点。在此过程中，您也可修改路径的其他点和段。

12. 现在只有一只宠物没有帽子了。拖动滚动条以显示第 1 页下方的粘贴板以及余下的那顶帽子。使用前面介绍的动画技术或别的动画技术将这顶帽子放到宠物头上（请注意，在文件 15_End.indd 中，使用的是预设“从底部飞入”）。

13. 选择菜单“文件”>“存储”保存所做的工作。

15.5.3 创建“导航”按钮

接下来您将创建一个“导航”按钮，供读者用来翻页。这是按钮最常见的用途之一。

> Id **提示：**很多用来查看 EPUB 文件的应用都包含导航按钮，但每个应用导航的方式都不同。添加您自己的按钮时，务必确保读者一眼就能看到“导航”按钮。

1. 选择矩形框架工具（⊠），并绘制一个覆盖页面右下角白色三角形的框架，确保它没有描边和填色且位于图层 Buttons 中。让这个框架比白色三角形大（如图 15.15 所示），这样读者就不用在这个三角形内单击了。
2. 打开按钮和表单面板，单击“动作”（ ）旁边的加号（+）并选择“转到下一页”，如图 15.16 所示。将这个按钮命名为 Next Page。

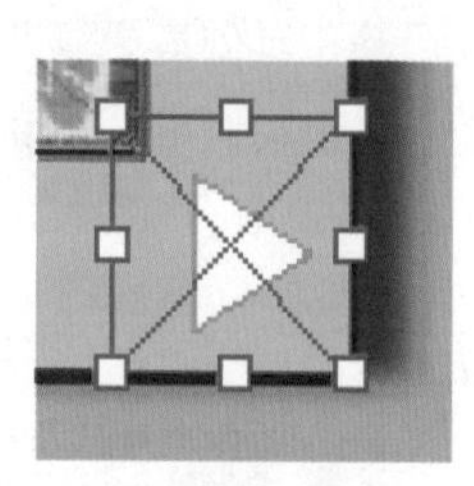

图15.15

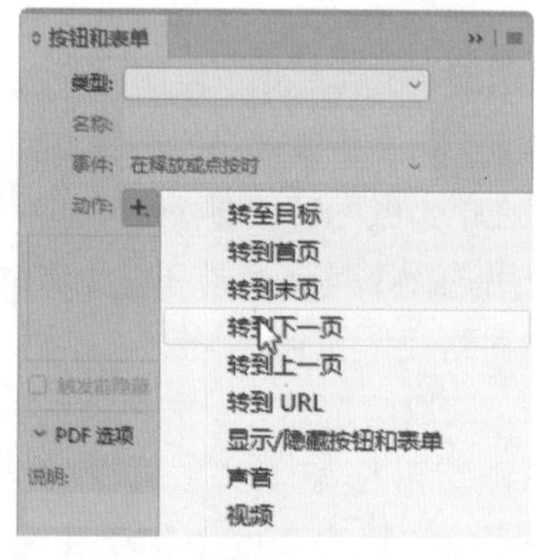

图15.16

3. 打开 EPUB 交互性预览面板，单击“预览文档模式”按钮（ ），以便能够预览多个页面。如果无法执行交互性操作，单击“清除预览”按钮（■），确保按下了“预览文档模式”按钮，再单击“播放预览”按钮（▸）。

> Id **提示：**在长文档中，应在主页中创建“导航”按钮。如果有多个主页，可在父主页中创建“导航”按钮，这样只需创建“导航”按钮一次且所有页面中的“导航”按钮都相同。

4. 等页面载入动画播放完毕后，单击刚才创建的白色“导航”按钮，这将显示下一页。您将在第 2 页中看到一些动画，本课后面将对它们进行处理。
5. 单击左下角的三角形返回到第 1 页。

15.5.4 创建弹出字幕

EPUB 经常使用弹出字幕。创建弹出字幕的方式有很多，但最简单的方式是使用 InDesign 对象的隐藏和显示功能，下面就来这样做。

1. 选择大型小狗和小猫照片上方的爪子图形。首先，您将添加一些动画，提示读者单击这个爪子图形。
2. 打开动画面板（ ）。将动画命名为 Paw Caption Trigger，选择预设“渐显”，将持续时间设置为“1.5 秒”，将播放次数设置为“4”。
3. 打开按钮和表单面板（ ），单击“动作”旁边的加号（ ）并选择“显示 / 隐藏按钮和表单”，将这个按钮命名为 Caption Trigger。
4. 选择字幕“I love making new friends.”，这是一个应用了效果的 InDesign 文本和路径对象组。在按钮和表单面板中，单击“动作”旁边的加号（ ）并选择“显示 / 隐藏按钮和表单”（ ），再将这个按钮命名为 Caption。
5. 在“可视性”部分，对除 Caption 和 Caption Trigger 外的其他按钮都保留默认设置“忽略”（ ）。对于按钮 Caption，单击它旁边的“忽略”符号（ ），然后再单击一次将其设置为“隐藏”（ ）。对于按钮 Caption Trigger，采取同样的做法将其设置为“显示”（ ）。另外，选择“外观”部分下方的复选框“触发前隐藏”。
6. 选择第 3 步将其转换成了按钮的爪子图形。在按钮和表单面板（ ）中，将 Caption 的可视性设置为“显示”（ ），将 Caption Trigger 的可视性设置为“隐藏”（ ），如图 15.17 所示。

> **提示：**选择动作“显示 / 隐藏按钮和表单”时，页面将出现可视性列表，其中包含当前页面或跨页中的所有按钮。在这种动作中，不能设置位于文档其他地方的按钮的可视性。

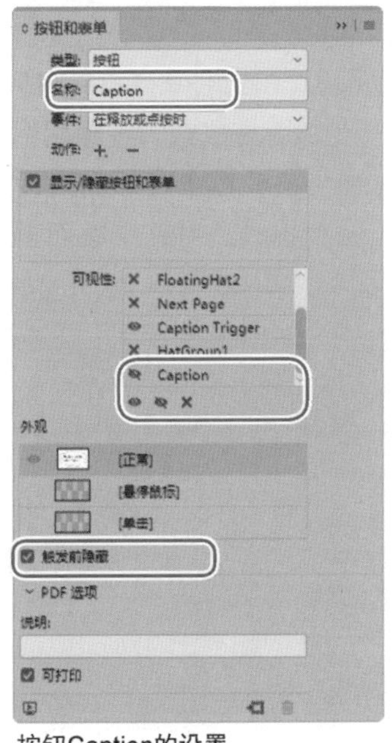

按钮Caption的设置

按钮Caption Trigger的设置

图15.17

上述设置导致读者打开页面时，Caption Trigger 按钮是可见的，而 Caption 按钮被隐藏。用户单击或点按 Caption Trigger 按钮时，这个按钮将消失，而 Caption 按钮将显示出来。用户单击或点按 Caption 按钮时，这个按钮将消失，而 Caption Trigger 按钮将显示出来。

7. 打开 EPUB 交互性预览面板并进行测试：依次单击爪子图形和字幕。
8. 选择菜单“文件”>“存储”保存所做的工作。

15.6 添加多媒体和交互式元素

对于将导出为固定版面 EPUB 的 InDesign 文档，您可在其中添加电影和声音，这意味着您可创建富含多媒体的交互式出版物，这在以打印方式出版时无法做到。

在很多方面，导入的电影和声音都类似于其他 InDesign 对象。例如，可像其他对象一样，复制、粘贴、移动和删除电影和声音，但电影和声音也有其独特的属性，您可在 InDesign 中调整它们。

15.6.1 添加电影

在导出为固定版面 EPUB 的 InDesign 文档中，添加电影的方式与在打印文档中添加照片或插图的方式类似。下面将一个电影导入到这个文档中，对其进行缩放并使用媒体面板选择电影未播放时显示的海报图像。

注意：您可导入使用 H.264 编码的 MP4 格式的视频文件以及 MP3 格式的音频文件。要将其他格式的视频或音频转换为 MP4 或 MP3，可使用 Creative Cloud 应用程序 Adobe Media Encoder。

1. 切换到第 2 页。选择菜单“文件”>“置入”，在文件夹 Lesson15\Links 中，选择文件 CuteClips.mp4，再单击“打开”按钮，鼠标光标将变成载入视频图标（）。
2. 将鼠标光标指向山峰下方的水平标尺参考线与第一栏中央的垂直标尺参考线的交点（如图 15.18 所示），单击鼠标以实际尺寸置入这个视频。对这个版面来说，这太大了，因此需要缩小它。

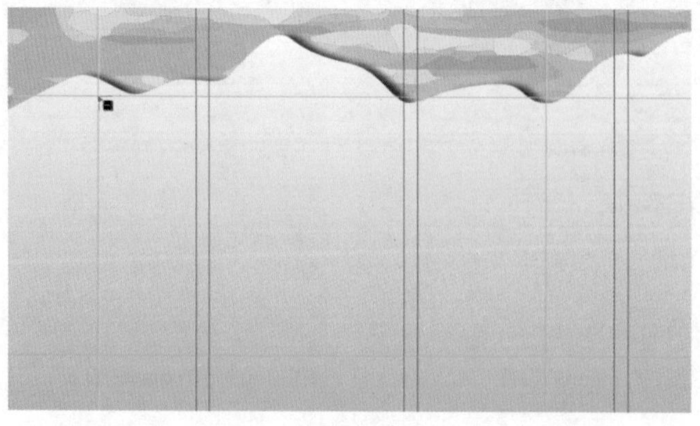

图15.18

3. 在控制面板的最左端，确保选择了参考点指示器的左上角（▦），在文本框“X 缩放比例”或“Y 缩放比例”中输入“43”并按回车键，电影将位于预先绘制的参考线内。
4. 选择菜单“窗口”>“交互”>“媒体”打开媒体面板，您也可单击停放区内的媒体面板图标（■）来打开它。如果您愿意，可使用媒体面板中电影图像下方的控件来预览电影。

当电影未播放时，显示的是影片的第一帧，而我们想要显示的是一张海报图像。

> Id **注意**：在电子阅读器中，播放视频前显示的是静态的海报图像。

5. 将预览窗口下方的滑块拖曳到最右边附近。这部电影的最后几秒钟显示一个警句，您将把选定的帧指定为默认的海报图像。在媒体面板中，从“海报”下拉列表中选择“通过当前帧”。单击“单击可将当前帧作为海报”按钮（◌）以选择当前帧，并在电影框架中显示它，如图 15.19 所示。

图15.19

6. 单击媒体面板底部的“预览跨页”按钮，在 EPUB 交互性预览面板中，单击“播放预览”按钮预览该页面，再单击电影控制器中的“播放 / 暂停”按钮播放和暂停该电影，如图 15.19 所示。在电影控制器中，还有一个调整音量的控件。

> Id **注意**：每个电子阅读器包含的视频播放控件都不同。将文件导出为 EPUB 后，务必在不同的电子阅读器中测试视频播放器。

7. 关闭 EPUB 交互性预览面板。
8. 选择菜单“文件”>“保存”。

15.6.2 添加声音

在页面中添加声音与添加电影没什么不同，但控制声音显示和播放方式的选项与用于电影的选项稍有不同，这是因为电影和声音是不同类型的媒体。

下面在封面中添加声音，再将该页面中的一个对象转换为按钮，以便用户单击它时播放声音。您还将隐藏声音对象，使其在页面上不可见。

1. 切换到第 1 页。选择菜单“文件”>“置入”，选择文件夹 Lesson15\Links 中的文件 BckgMusic.mp3，再单击“打开”按钮。
2. 单击页面左上角外面的粘贴板，如图 15.20 所示。对于声音，您无须关心其置入位置，因为后面会隐藏这个对象。
3. 打开多媒体面板（■），注意其中与声音文件相关的选项，如图 15.21 所示。如果您愿意，可使用播放 / 暂停按钮来预览声音。保留默认设置不变。

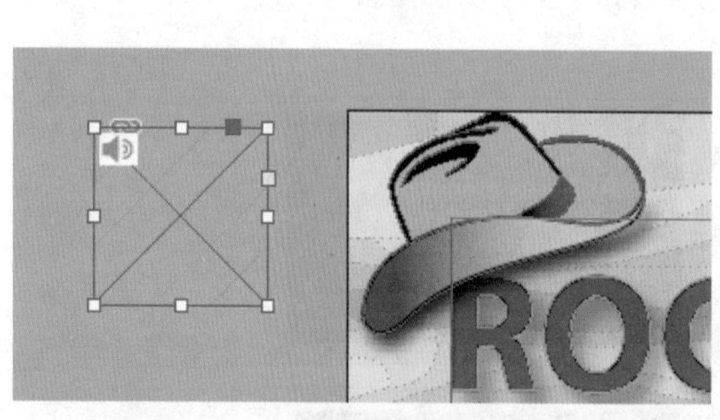

图15.20

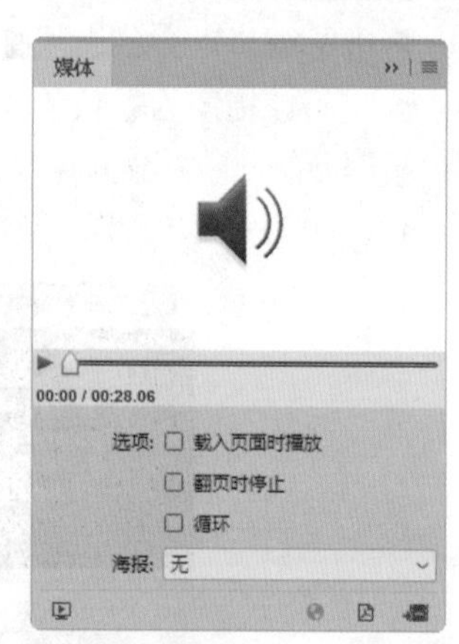

图15.21

注意：对于置入的声音文件，默认情况下页面上会显示一个控制器。在媒体面板中，没有让您能够隐藏声音文件控制器的选项。

这就是添加声音所需做的全部工作，但在这里，您不想显示声音控件（如果您让声音对象原封不动，就会显示声音控件），而是想要缩小并隐藏它，再配置一个播放它的按钮。

4. 在控制面板中，将声音框架的宽度和高度都改为“30”（像素）。
5. 使用选择工具调整声音框架的位置，将其移到帽子图形上面，如图 15.22 所示。
6. 选择菜单“对象”>“排列”>“置为底层”。

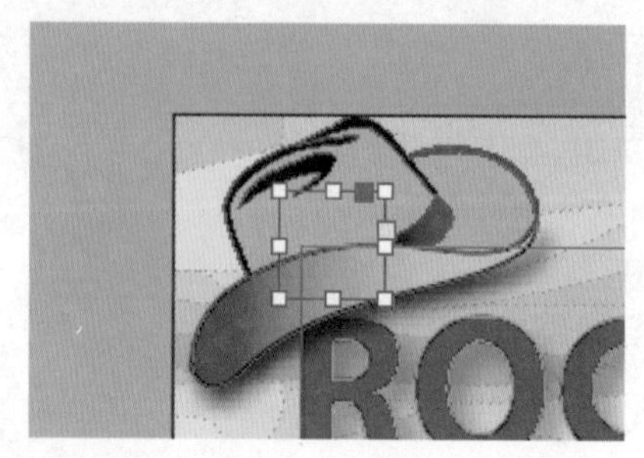

图15.22

7. 使用选择工具选择帽子图形，它现在位于声音框架前面。
8. 打开按钮和表单面板。在这个面板中，从“类型”下拉列表中选择“按钮”，并在“名称”文本框中输入 Play Music。
9. 确保在“事件”下拉列表中选择了“在释放或点按时”。单击“动作”旁边的加号（ ）并选择“声音”。由于这个页面只有一个声音，因此在“声音”下拉列表中自动选择了它。确保在“选项”下拉列表中选择了“播放”，如图 15.23 所示。

图15.23

10. 单击“预览跨页”按钮。在 EPUB 交互性预览面板中，单击“播放预览”按钮，再在帽子图形中单击以播放置入的声音。这个音频剪辑将在播放一次后停止（时长大约 30 秒）。
11. 关闭 EPUB 交互性预览面板。
12. 选择菜单“文件”>“存储”。

15.6.3 创建幻灯片

幻灯片是一系列堆叠的图像，每当用户点按“Previous”或“Next”按钮时，都会显示上一张或下一张图像。本章的示例文档已包含创建交互式幻灯片所需的图形。您将重新排列这些图形，并将它们转换为一个多状态对象，再配置让读者能够在幻灯片之间导航的按钮。

1. 切换到文档的第 2 页。
2. 使用“选择”工具（ ）选择电影框架右边最上面的那张小狗图像（5 个叠在一起的图形框架中最前面的那个框架）。
3. 按住 Shift 键，再按照从前到后的顺序依次单击其他 4 个叠在一起的图形框架。选择全部 5 个框架后再松开 Shift 键，如图 15.24 所示。
4. 选择菜单“窗口”>“对象和版面”>“对齐”。在对齐面板中，从“对齐”下拉列表中选择“对齐选区”（ ）（如果还没有选择它的话）。单击“左对齐”按钮（ ），再单击“底对齐”按钮（ ）。
5. 在依然选择了这些图形框架的情况下，选择菜单“窗口”>“交互”>“对象状态”打开对象状态面板，您也可单击停放区的对象状态面板图标（ ）来打开它。在这个面板中，单击底部的“将选定范围转换为多状态对象”按钮（ ）。如有必要，增大这个面板的高度，以便显示所有对象的名称（执行该转换前，这个面板是空的）。
6. 在对象状态面板中，在“对象名称”文本框中输入 Guest Quotes 并按回车键，如图 15.25 所示。

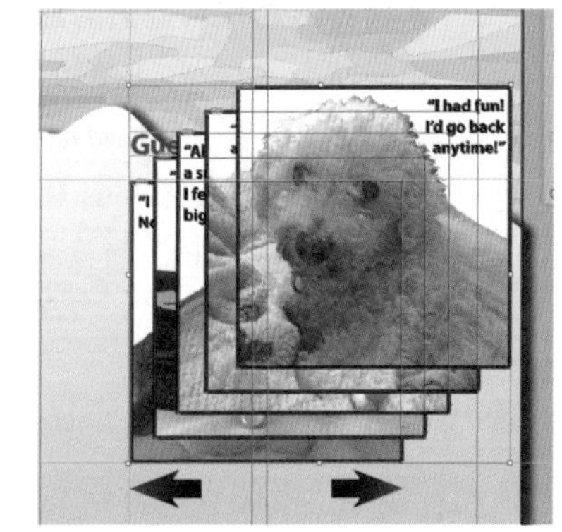

图15.24

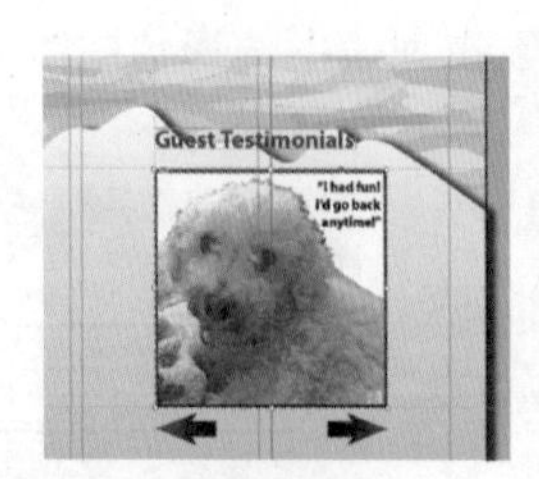

选定的图形框架被合并为一个多状态对象。在对象状态面板中，每幅图像就像是一个独立的状态

图15.25

> Id 提示：对于多状态对象的每个状态，您都可以给它命名。这里的状态栈就像图层栈，要调整状态的排列顺序，可上下拖曳它们。

创建多状态对象后，您将提供一种让读者能够在对象之间导航的途径。

1. 使用“选择”工具选择多状态对象左下角下方的红色箭头，再打开按钮和表单面板（ ）。这个按钮将用于在幻灯片中向后导航。
2. 在按钮和表单面板中，单击底部的“转换为按钮”按钮（ ），在“名称”文本框中输入 Previous。
3. 单击“动作”旁边的加号（ + ）并从下拉列表中选择“转至上一状态”（多状态对象 Guest Quotes 被自动添加到动作列表中）。

> Id 提示：在页面包含多个多状态对象时，您可能需要在按钮和表单面板中从下拉列表“对象”中选择正确的多状态对象。在这里，InDesign 自动选择了多状态对象 Guest Quotes，因为当前页面中只有这个多状态对象。

4. 选择复选框“在最初状态停止”（如图 15.26 所示），这可禁止用户在选择了第一个状态的情况下单击这个按钮又选择了最后一个状态。
5. 选择指向右边的红色箭头，并重复第 2 ~ 4 步配置一个名为 Next 的按钮。为让这个按钮在幻灯片中向前导航，再单击“动作”旁边的加号，从下拉列表中选择“转至下一状态”，最后选择复选框“在最终状态停止”。
6. 打开 EPUB 交互性预览面板，单击“播放预览”按钮，再单击刚创建的 Previous 和 Next 按钮来查看幻灯片。
7. 关闭 EPUB 交互性预览面板。
8. 选择菜单“文件” > “存储”。

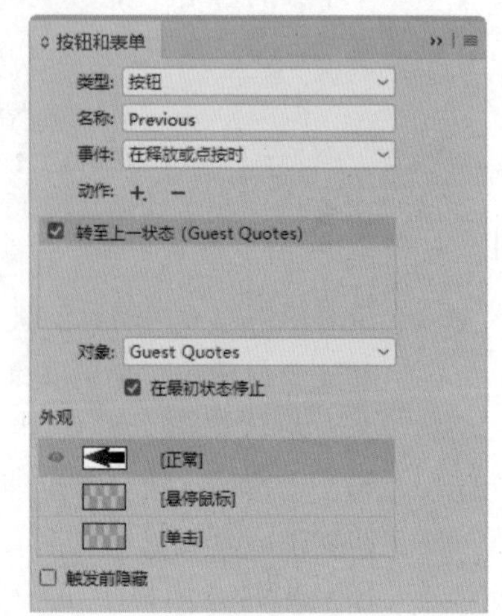

图15.26

15.6.4 创建超链接

超链接让读者能够跳转到文档的其他位置、其他文档和网站。超链接包含一个源元素（文本、文本框架或图形框架）和

一个目标（超链接跳转到的 URL、电子邮件地址、页面或文本锚点）。下面使用图形框架来创建一个到网站的超链接。

1. 使用选择工具选择第 2 页右下角的图形框架。该图形框架的右下角有一个动画图标，因为它（还有该页面底部的其他图形框架）被配置为在页面载入时飞入。
2. 选择菜单“窗口”>“交互”>“超链接”打开超链接面板，您也可单击停放区的超链接面板图标（ ）来打开它。
3. 从超链接面板菜单中选择“新建超链接”。
4. 从下拉列表“链接到”中选择 URL，并在文本框 URL 中输入一个 URL。取消选择复选框“共享的超链接目标”，如图 15.27 所示。
5. 打开 EPUB 交互性预览面板，单击“播放预览”按钮，再单击您添加的超链接的图形框架，这将启动浏览器并访问网站主页。
6. 返回 InDesign 并切换到文档的第 1 页。
7. 关闭 EPUB 交互性预览面板。
8. 选择菜单“文件”>“存储”。

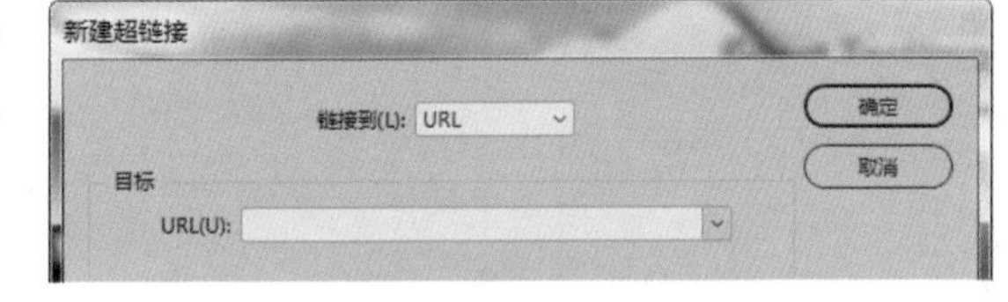

图15.27

15.7 导出为 EPUB 文件

就像“打印”对话框中的设置决定了打印出来的页面的外观一样，将 InDesign 文档导出为 EPUB 时，您所做的设置也决定了 EPUB 文件的外观。

1. 选择菜单“文件”>“导出”。
2. 在“导出”对话框中，从下拉列表“保存类型”（Windows）或“格式”（macOS）中选择“EPUB（固定版面）”。
3. 在文本框“文件名”（Windows）或“存储为”（macOS）中，将文件命名为 15_FixedLayout.epub，将存储位置指定为硬盘文件夹 InDesignCIB\Lessons\Lesson15，再单击“保存”按钮。
4. 在“EPUB- 固定版面导出选项”对话框的“常规”部分，注意到自动显示了版本 EPUB 3.0，这是唯一一个支持固定版面 EPUB 的版本。确保选择了如下选项（如图 15.28 所示）。

- 导出范围：所有页面。
- 封面：格栅化首页。
- 导航 TOC：无。
- 跨页控制：停用跨页。

注意：“格栅化首页”将创建一幅图像，以作为电子图书阅读器和电子图书店面中的出版物图标。

5. 在“EPUB-固定版面导出选项”对话框中，单击左边列表中的“元数据”。在“标题”文本框中输入 Multimedia Brochure，并在文本框“创建程序”中输入您的姓名，如图 15.29 所示。

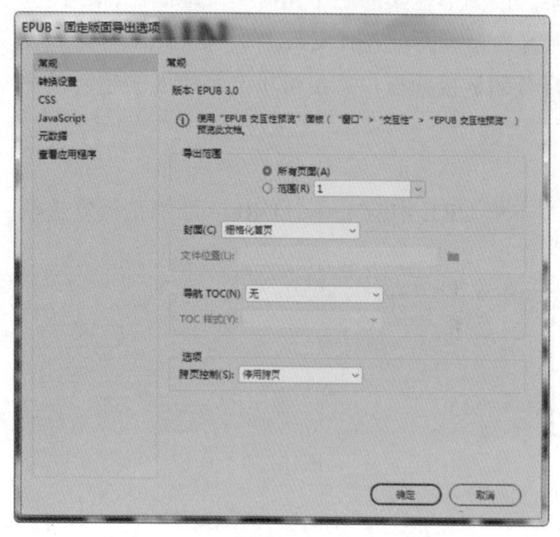

图15.28

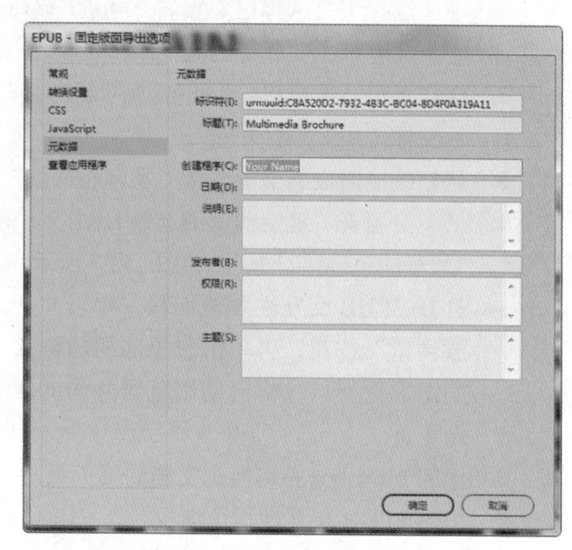

图15.29

提示：如果您的 EPUB 将正式出版，那么在“元数据”部分指定的信息将非常重要。电子图书网站要求必须提供这些信息。请从出版社网站下载元数据规范。

6. 在“EPUB-固定版面导出选项”对话框中，单击左边列表中的“转换设置”。从下拉列表“格式”中选择“PNG”，确保在导出的 EPUB 中能够正确地显示编组对象中的图形。

7. 在“EPUB-固定版面导出选项”对话框中，单击左边列表中的“查看应用程序”。

系统默认的查看应用程序随操作系统而异。本课将把 Adobe Digital Editions 作为查看应用程序（电子图书阅读器）。如果您安装了 Adobe Digital Editions 但没有列出来，可单击“添加应用程序”按钮，并从文件夹 Program Files（Windows）或 Applications 中选择它，再将它作为首选查看应用程序，如图 15.30 所示。当然，您也可选择其他能够阅读 EPUB 的程序。EPUB 导出后，将自动在选定的程序中打开。Adobe Digital Editions 可从 Adobe 官网免费下载，您也可通过 Creative Cloud 安装它。

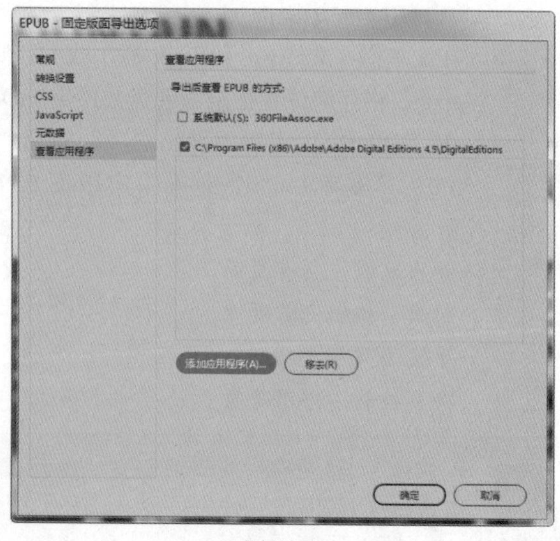

图15.30

8. 单击“确定”按钮导出为固定版面的

EPUB。如果出现警告对话框，指出有些对象导出后的外观可能与预期的不一致，单击“确定”按钮继续导出并查看导出的 EPUB。

如果您的计算机上安装了 Adobe Digital Editions，将自动打开导出的 EPUB 文件，而您可通过导航查看其内容，并使用您创建的多媒体和交互式元素。您也可在任何支持 EPUB 格式的设备上打开这个 EPUB 文件。如果您同时选择了 iBooks 和 Adobe Digital Editions，将同时在这两个程序中打开导出的 EPUB 文件。

请注意，不同电子图书阅读器的界面也不同，如图 15.31 所示。在创建诸如固定版面 EPUB 等数字出版物时，必须在目标读者可能使用的各种设备上对其进行测试。

在Adobe Digital Editions中打开　　在iBooks中打开

图15.31

9. 返回到 InDesign。

10. 选择菜单“文件”>“存储”。

祝贺您制作了一个固定版面的 EPUB 文件，它包含多媒体和交互式元素，且在所有查看设备上的版面都相同。

InDesign CC联机发布

InDesign CC提供了联机发布功能，让您能够将InDesign文档的数字版本分发到互联网上。对于您联机发布的文档，可在任何台式机和移动设备上查看，还可轻松分享到Facebook和Twitter。您可在电子邮件中轻松地提供到这些文档的超链接，还可将这些超链接嵌入到网页中。

从外观上看，联机发布的InDesign文档与原始版面完全相同，同时包含所有的交互功能。

1. 要联机发布当前显示的文档，可单击应用程序栏中的“Publish Online”按钮，也可选择菜单“文件”>“Publish Online”。

> Id **提示：**您也可在打印文档时联机分发它，为此可选择菜单“文件”>“打印”，在打开的“打印”对话框的“常规”部分选择“打印后联机发布”。

2. 在“联机发布您的文档”对话框的“常规”部分，您可使用默认的名称或在“标题”文本框中输入新名称。您还可添加说明。

3. 在这个对话框的“高级”部分，您可选择封面以及指定图像导出设置，如图15.32所示。在这个对话框中，请根据需要修改设置，再单击“发布”按钮。

> **提示：**如果您不想联机发布文档，可隐藏所有与联机发布相关的命令和控件，为此可在“首选项”对话框的“Publish Online”部分选择复选框“停用 Publish Online”。

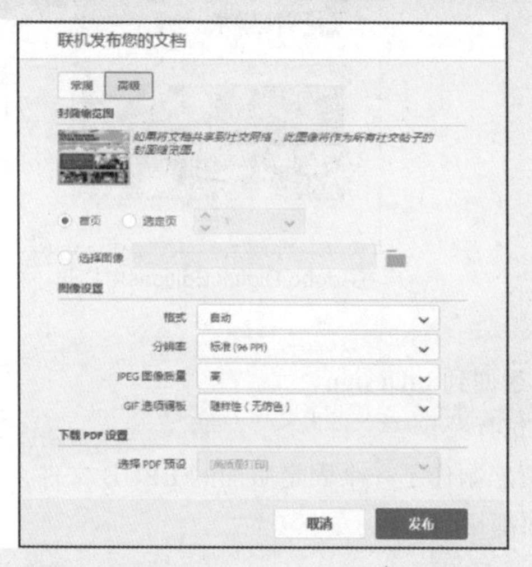

图15.32

在文档上传过程中，页面将出现一个窗口，其中显示了第1页的预览、文档名和说明（如果提供了的话），同时还有一个显示上传进度的状态条。另外，您还可取消上传。

图15.33

4. 上传完毕后，您可单击“查看文档”以在Web浏览器中显示文档，可单击“复制”按钮将URL复制到剪贴板。您还可单击“Facebook”“Twitter”或“电子邮件”按钮，将链接分享到社交网络，如图15.33所示。请在您的浏览器中测试交互功能。请注意，可能需要几分钟才能加载这两个页面；另外，在界面与电子图书阅读器中看到的内容不同（如图15.34所示），而且随浏览器而异。

5. 在线查看文件后返回到InDesign，单击“关闭”按钮关闭“Publish Online”窗口并返回到文档。

图15.34

联机发布文档后，可在InDesign中轻松地访问最近发布的5个文档，为此可选择菜单“文件”>“最近发布”（仅当您至少发布了一个文档后，才会出现菜单项“最近发布”），如图15.35所示。然后，从列表中选择一个文档，它将在Web浏览器中打开。

Publish Online...
最近发布(P)
Publish Online 功能板...

图15.35

Publish Online功能板让您能够查看、分享和删除发布的文档。要删除联机发布的文档，可选择菜单“文件”>“Publish Online功能板”，这将在默认浏览器中打开一个网页，其中的列表按时间顺序列出了您上传的文档——最近上传的排在前面。要删除发布的文档，可将鼠标光标指向它，再单击右边出现的垃圾桶图标。

15.8 练习

为进行更多的实践，请尝试完成下面的练习。您可继续处理本课的示例文档，并保存所做的修改，也可选择菜单“文件”>“存储为”将该文档另存到文件夹 Lesson15 中。

15.8.1 动画计时

在本课中，您使用了计时面板来配置第 1 页中的 3 个在载入页面时自动播放的动画的计时。通过使用计时面板中的控件，您可按任何顺序播放动画，甚至将同时播放和顺序播放结合使用。

1. 切换到这个文档的第 2 页，确保没有选择任何对象，再打开计时面板。
2. 从“事件”下拉列表中选择“载入页面”，页面将列出 5 个动画，它们是按创建顺序排列的。使用“选择”工作（ ）单击第 1 个动画以选择它，再按住 Shift 键并单击最后一个动画以选择全部 5 个动画。单击面板底部的“一起播放”按钮（ ），如图 15.36 所示。

图15.36

3. 单击这个面板底部的“预览跨页”按钮，以预览页面看看结果如何。
4. 再次选择所有的动画，再单击计时面板底部的“单独播放”按钮（ ）。
5. 继续调整计时面板中的设置。“延迟”让您能够在动画之间暂停。为尝试使用它，选择各个动画并指定延迟值，每次修改后都预览页面。
6. 继续尝试创建不同的同时播放和顺序播放的组合。例如，让两个动画先一起播放，延迟一段时间后，让其他所有动画都一起播放。

15.8.2 添加“声音控制”按钮

在媒体面板中，您可对声音文件进行控制。在本课中，您导入了一个声音文件，并配置了一个用于播放它的按钮。您还隐藏了这个声音对象,这同时隐藏了声音控制器。如果不隐藏声音对象，结果将如何呢?

1. 将文件夹 Lesson15\Links 中的声音文件 BckgMusic.mp3 置入到粘贴板中，再将其拖放到任何一个页面中。
2. 在控制面板中，在文本框“X 缩放百分比”或“Y 缩放百分比”中输入“300”并按回车键。放大这个对象后，导出的 EPUB 文件中的声音控件更容易看清楚，也更容易操作。
3. 在媒体面板中，从“海报”下拉列表中选择“标准”，这将在 InDesign 页面（以及导出的 EPUB 文件）中的框架显示声音图标。
4. 在 EPUB 交互性预览面板中预览页面。使用声音控制器中的控件播放 / 暂停声音以及打开 / 关闭声音。您还可将其导出为固定面板的 EPUB，并在查看应用程序中看到声音控件是如何显示和起作用的，如图 15.37 所示。

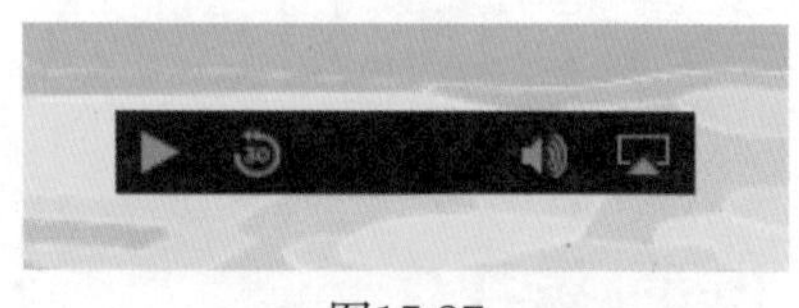
图15.37

15.8.3 在平板电脑上查看 EPUB

对在平板电脑等设备上使用电子图书阅读器阅读 EPUB 的体验进行测试很重要。为此，首先在设备上安装一个或多个电子图书阅读器，如 Adobe Digital Editions。要在 iPad 或 Android 平板电脑上查看 EPUB，最简单的方式是将文件作为电子邮件附件发送给自己。在平板电脑上打开电子邮件并点按附件以下载它，再选择设备上安装的电子图书阅读器（如 Adobe Digital Editions 或 iBooks）来打开它（具体的步骤随您使用的设备和电子邮件应用而异）。然后，在电子图书阅读器中测试交互性功能。

知道出版物的目标读者后，最好在这些读者最有可能使用的电子图书阅读器中对出版物进行测试，并在必要时调整出版物。

15.8.4 查看滑入字幕

另一种字幕效果是滑入字幕。这种字幕效果创建起来比较复杂，因此这里只查看这种效果，看看它是如何工作的。

1. 打开文件 15_FixedLayout-Alternate.indd，其中包含宗旨的框架为滑入字幕。
2. 打开 EPUB 交互性预览面板，单击最左边的背景为白色的狗头左边的文字 Our Mission 上方的红色三角形，一个包含宗旨的文本框将从左向右滑入到狗头图形上面，如图 15.38 所示。

图15.38

3. 再次单击这个红色三角形，包含宗旨的文本框将向左滑动，恢复到最初的状态。
4. 这种效果是使用复制得到的对象状态创建的，这些状态的按钮动作、动画和计时设置各不相同。要探索这个对象的结构，可选择并打开对象状态面板，如图 15.39 所示。

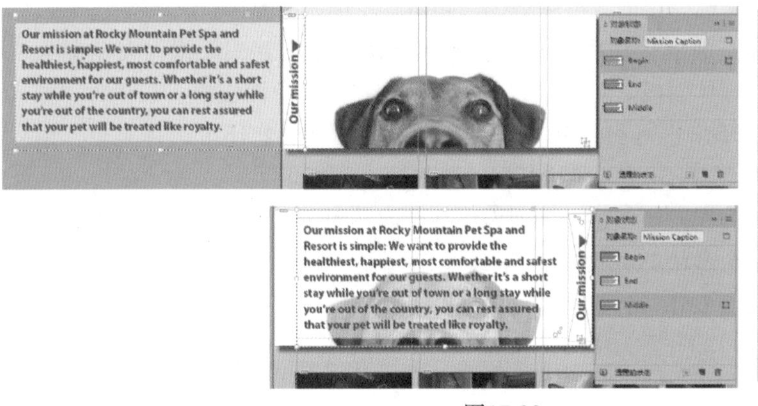

图15.39

15.9 复习题

1. 可重排 EPUB 和固定版面 EPUB 的主要差别是什么?
2. InDesign 提供了两种将动画应用于对象的方式，请问是哪两种？它们有何不同?
3. 默认情况下，动画按创建顺序播放。如何修改动画的播放顺序？如何同时播放多个动画?
4. 在 InDesign 中，如何预览多媒体和交互式元素?
5. 如何创建幻灯片?

15.10 复习题答案

1. 可重排 EPUB 允许 EPUB 阅读器根据显示设备优化内容的排列方式。例如，查看可重排 EPUB 时，读者可调整文本的显示字号，这将影响给定页面包含的文本量以及文本排列方式。固定版面 EPUB 保持原始 InDesign 页面的尺寸和分辨率不变。
2. 要将动画应用于对象组，可在动画面板中选择移动预设，也可创建自定义移动路径。移动路径由两部分组成：要应用动画的对象或对象组以及对象沿它移动的路径。
3. 计时面板中的控件让您能够控制动画将如何播放。所有动画都有与之相关联的事件，如载入页面。您可在列表中拖曳动画名来调整动画的播放顺序。要同时播放多个动画，可选择它们，再单击“一起播放”按钮（ ）。
4. EPUB 交互性预览面板让您能够预览和测试多媒体和交互式元素。在动画面板、计时面板、媒体面板、对象状态面板以及按钮和表单面板中，都包含“预览跨页”按钮，单击它可打开 EPUB 交互性预览面板。您还可选择菜单“窗口”>“交互”>“EPUB 交互性面板”来打开这个面板。
5. 要创建幻灯片，首先需要创建一系列堆叠在一起的对象，再使用对象状态面板将它们转换为一个多状态对象。接下来，创建并配置两个按钮：一个显示多状态对象的上一状态；另一个显示它的下一状态。